U0242992

Symbol

漫漫征途　　与书为伴

第十八章

公元前最后两个世纪的数学[1]

与公元前 3 世纪相比,公元前最后两个世纪的数学史似乎是虎头蛇尾,这只不过是因为欧几里得、阿基米德和阿波罗尼奥斯的时代是一个黄金时代,这个时代在公元 17 世纪以前的 2000 年里都是独一无二的。

有人可能很想把数学和天文学放在一起讨论,但那样会把事情搞混而不会把问题澄清。最好还是先用一章来论述几何学和三角学,然后再用一章来讨论天文学及其衍生学科如测地学、占星学以及历法等。这将使我们不得不把同一个人介绍两次,不过,这无关紧要。

一、亚历山大的许普西克勒斯

在几何学中有一个著名的名字——许普西克勒斯(活动时期在公元前 2 世纪上半叶),这也是一个众所周知的名字。许普西克勒斯在公元前 2 世纪活跃于亚历山大,并且是欧几里得《几何原本》的许多版本中的所谓第 14 卷的作者。也就是说,许多早期版的欧几里得《几何原本》仅限于平面几何(第 1 卷至第 6 卷);包含第 7 卷至第 13 卷的版本,可能也

---

[1] 关于公元前 3 世纪的数学,请参见本卷第三章、第五章和第六章。

包含第 14 卷（和第 15 卷）。[2] 这从逻辑上讲是很充分的，因为第 14 卷（和第 15 卷）涉及正多面体，因此它们可以算作第 13 卷的附录。

第 14 卷包含 8 个有关更复杂的多面体如十二面体和二十面体的命题。作者把某些命题归功于老阿里斯塔俄斯（活动时期在公元前 4 世纪下半叶）和阿波罗尼奥斯（活动时期在公元前 3 世纪下半叶），但我们必须感谢他保存和证明（或重新证明）了某些非常令人惊讶的结果，关于这些可以在下面概述。

281 老阿里斯塔俄斯已经证明："当十二面体和二十面体都内接于同一球体时，同一圆周既外接于十二面体的五角形，也外接于二十面体的三角形。"[3] 这是《几何原本》第 14 卷的命题 2。以此为基础，许普西克勒斯证明了其他定理。

我们假定存在一线段 AB 以及一立方体、一十二面体和一二十面体，所有这些都是正多面体并且都内接于同一球中。在 C 点把线段 AB 按中末比进行分割，AC 为较长的部分（参见图 51）。那么，立方体的边与二十面体的边的比等于 $(AB^2+AC^2)^{1/2}$ 比 $(AB^2+BC^2)^{1/2}$，十二面体的面积和体积与二十面体的面积和体积的比也是如此。这是 3 个不同的命题，它们同样值得注意，而人们不希望被它们缠住。这些

图 51　在 C 点把线段 AB 按中末比进行分割：$AB/AC=AC/CB$

[2] 第 15 卷是一部质量较差而且相当晚的著作。它的作者是米利都的伊西多罗斯的一个学生，而伊西多罗斯是大约于 532 年在君士坦丁堡开工建造的圣索菲亚教堂的建筑师之一。

[3] 参见本书第 1 卷，第 505 页。

美妙的命题的根本成因在于这样一个出人意料的事实：球体的中心到这两种多面体的表面的垂线是相等的。这一事实值得补充到《几何原本》之中。

按照丢番图（活动时期在 3 世纪下半叶）的观点，许普西克勒斯给出了多角数[4]的普遍定义：它们是等差级数中的数列之和；如果公差是 1，那么这类和就是三角形数；如果公差是 2，那么这类和就是平方数；如果公差是 3，那么这类和就是五角数；如果公差是 4，那么这类和就是六角数；如此等等，不一而足。在每一个实例中，角的数等于公差加 2。以下实例会使这一点更清楚：

三角形数	0	1	3	6	10	15	21	28
差 1		1	2	3	4	5	6	7
平方数	0	1	4	9	16	25	36	49
差 2		1	3	5	7	9	11	13
五角数	0	1	5	12	22	35	51	70
差 3		1	4	7	10	13	16	19
六角数	0	1	6	15	28	45	66	91
差 4		1	5	9	13	17	21	25

许普西克勒斯还是一位天文学家，他的天文学研究也会像他的数学一样令我们惊讶，尽管方式有所不同。虽然难以与他杰出的前辈们相媲美，但他还是一个有发明天才的人。

二、其他几位希腊数学家

许普西克勒斯的生卒年月无法准确地确定。对以下 5 个人也可以这么说；我们并不确切地知道他们活跃于什么时

---

[4] 对这类数的第一个构想应归功于毕达哥拉斯，它来源于几何学（参见本书第 1 卷第 205 页）。丢番图的论述出现在他关于多角数的专论中。参见托马斯・L. 希思：《丢番图》（*Diophantus*，Cambridge），第 2 版（1910），第 252 页。

282 期、什么地点;他们大概活跃于公元前 2 世纪或不久之后,而且他们大概(但并非一定)活跃于亚历山大。他们也许活跃于诸多希腊城邦中的任何一个,因为那些城邦之间会相互竞争,并且有着频繁交流。

这 5 个人是泽诺多洛(Zēnodōros)、佩尔修斯、尼哥米德(Nicomēdēs)、狄奥尼索多洛(Dionysodōros)和狄奥克莱斯,他们都像幽灵般的人物,但他们每个人都做了一些不容置疑的事,我们将马上一一予以记述。

1. 泽诺多洛(活动时期在公元前 2 世纪上半叶)。泽诺多洛的出名是因为他在一部题为《论等周图形》(*Peri isometrōn schēmatōn*)的专著中讨论了等周平曲面。他陈述说,在所有具有相等周长的正多边形中,其角(或边)的数量最多的那个多边形的面积最大;圆的面积大于任何与之周长相等的正多边形;正多边形的面积大于任何与之周长相等并且边的数量相等的非正多边形。他还证明了,在所有表面积相等的立体中,球体的体积最大。

不幸的是,泽诺多洛的原文佚失了,不过,它的内容在帕普斯(活动时期在 3 世纪下半叶)的《数学汇编》(第 5 卷)中得到了再现,而它的残篇则保留在亚历山大的塞翁(活动时期在 4 世纪下半叶)的一部评注之中。这是一个新的数学分支的卓越先驱,它太超前了,以至于很久以后才被应用。

在阿拉伯文献中,除了《精诚兄弟社文集》(*Rasā' il ikhwān al-safā*,10 世纪下半叶)以外,没有别的文献提及此类问题,在拉丁语文献中,也只有以下这少数几个人提到过这类问题:比萨的莱奥纳尔多(活动时期在 13 世纪上半叶)、托马斯·布拉德沃丁(Thomas Bradwardine,活动时期在

14 世纪上半叶)、萨克森的阿尔贝特(Albert of Saxony,活动时期在 14 世纪下半叶)以及雷乔蒙塔努斯(1476 年去世)。[5]

若要评价泽诺多洛思想的独创性,就必须思考一下,现在有许多人而且是受过良好教育的人依然理解不了周长与面积的关系。

只有在运用变分法的情况下[约翰·伯努利(Johann Bernoulli,1696);欧拉(Euler,1744);拉格朗日(Lagrange,1760)]对这些问题的充分论述才能成为可能;布鲁塞尔的约瑟夫·普拉托(Joseph Plateau)在一个世纪以前(1843 年至 1873 年)借助肥皂泡在物理上实现了极小表面积。[6]泽诺多洛不可能想象这些问题,但他对它们的最早预示仍是令人赞赏的。[7]

2.佩尔修斯。希思认为,佩尔修斯可能早于阿波罗尼奥斯,如果他的主张是正确的,我们对他的时代的无知比在其他事例中更严重。我们对他的了解来源于普罗克洛(活动时期在 5 世纪下半叶),这是一个非常晚的证人。在其关于欧几里得《几何原本》第 1 卷的评注中,普罗克洛写道:"阿波罗尼奥斯推导出 3 种圆锥曲线每一种的属性,尼哥米德推导

─────────────

〔5〕 参见萨顿:《泽诺多洛传统》("The Tradition of Zēnodōros"),载于《伊希斯》28,461-462(1938)。

〔6〕 参见萨顿:《"'43'年"》("The years 'forty three'"),载于《伊希斯》34,195(1942-1943)。

〔7〕 只是到了 1884 年圆和球体的等周属性才被赫尔曼·阿曼杜斯·施瓦茨(Hermann Amandus Schwarz)运用魏尔斯特拉斯(Weierstrass)的方法证明。参见 B. L. 范德瓦尔登(B. L. Van der Waerden):《科学的觉醒》(Science Awakening),阿诺德·德雷斯登(Arnold Dresden)译(Groningen:P. Noordhoff,1954)[《伊希斯》46,368(1955)],第 269 页。

出蚌线的属性,希庇亚斯(Hippias)推导出割圆曲线的属性,佩尔修斯推导出环面曲线(spirics)的属性。"

283

当一圆环围绕一在其平面上但不穿过圆心的轴旋转时,所产生的曲面的水平断面就是环面曲线。[8] 环面曲线有三类。其中最简单的是当该圆环围绕圆环以外的轴旋转时获得的,在这种情况下,曲面是一个真正的螺旋面(环面或圆环面)。他林敦的阿契塔已经利用了这样一个简单的环面曲线来寻找两条已知直线的两个比例中项。[9] 如果该轴与圆环相切,就可以获得一个中心没有洞的环面。第 3 类是轴横贯该圆时获得的,由此而产生的曲面都包含在该环之中(*epiphaneia empeplēgmenē*)。

因而存在着大量环面曲线,马镳(*hippopedē*)曲线和伯努利双纽线(Bernoulli's lemniscate)是两个特例。佩尔修斯不太可能对这么大量的环面曲线一一加以讨论,但令人惊讶的是,他竟然能够在不使用任何代数工具的情况下对其中的某些曲线进行研究。

3. **尼哥米德**。这组人中的另外一个是尼哥米德,普罗克洛曾提到过他(参见上文);他大概于公元前 3 世纪与公元前 2 世纪之交生活在佩加马(?)。范德瓦尔登告诉我们,他活跃于埃拉托色尼时代与阿波罗尼奥斯时代之间,但这难以想象。[10] 尼哥米德发明了蚌线,用以解决与阿契塔相同的

---

[8] 有关螺线(spiric lines)与其他特殊曲线的关系,请参见 R. C. 阿奇博尔德:《曲线》("Curves"),见于《不列颠百科全书》,第 14 版(1929),第 6 卷,第 887 页—第 899 页,第 11 和第 58。

[9] 以便解决倍立方问题,参见本书第 1 卷,第 440 页。

[10] 他的可能的生卒年代有两个:第一个是公元前 273 年—前 194 年,第二个是公元前 262 年—前 190 年。这两个时期几乎在同一时代。

问题,亦即寻找两条已知直线的两个比例中项,他也把它应用于解决另一个经典问题:把一个已知角三等分。按照帕普斯(活动时期在 3 世纪下半叶)的说法,尼哥米德发明了一种画曲线的工具,他把这种曲线称为 *cochliōdēs*(蚌形线、蛞蝓形线或蜗牛形线);*conchoedēs*(蚌形线)这个名称是后来普罗克洛(活动时期在 5 世纪下半叶)取的。[11]

　　据说,尼哥米德还应用了另一种埃利斯的希庇亚斯[12]发明的曲线,用以求圆的面积,但狄诺斯特拉托(Dinostratos,活动时期在公元前 4 世纪下半叶)已经应用过这种方法了。正 是 由 于 这 一 应 用,该 曲 线 才 被 称 作 割 圆 曲 线(*tetragōnizusa*)。

　　4. 狄奥尼索多洛。阿米苏斯[13]的狄奥尼索多洛(Dionysodōros of Amisos)大约活跃于公元前 2 世纪,通过使抛物线与等轴双曲线相交,他解决了用一个平面按既定比例分割一个球体的阿基米德问题。他撰写了一部论述环面的著作[《论环面》(*Peri tēs speiras*)]。按照亚历山大的海伦的说法,这一著作包含古尔丁定理(Guldin's theorem,实际上是由帕普斯发现或重新发现的)。[14]

　　5. 狄奥克莱斯。狄奥克莱斯大约活跃于同一时期,他解

---

[11] 对应的英语名称是 cochloid 和 conchoid。后来的数学家称尼哥米德曲线为 "conchoid of a line(直线蚌线)",以区别于 "*limaçon de Pascal*(帕斯卡蚌线)" 和 "conchoid of a circle(曲线蚌线)"。参见 R. C. 阿奇博尔德:《曲线》,第 13、第 14 和第 57。"Conchoid" 和 "cochloid" 分别来源于两个希腊语词 "*conchos*" 和 "*cochlos*",意为贝壳。"Cochlos" 也指蜗牛或蛞蝓(*limaçon*)。

[12] 希庇亚斯(活动时期在公元前 5 世纪)是一位年代更久远的数学家,两篇柏拉图的对话使之名扬百世,参见本书第 1 卷,第 281 页。

[13] 阿米苏斯位于本都境内,现称萨姆松(Samsun),在黑海南岸。

[14] 参见萨顿:《古代科学与现代文明》(Lincoln:University of Nebraska Press,1954),第 80 页。

决了同一阿基米德问题,并发明了被称作蔓叶线
(cissoid)[15]的曲线,并且把它用于倍立方问题。他撰写了
一部论述取火镜的著作[《论取火镜》(*Peri pyreiōn*)],而且
可能发明了抛物面取火镜。

　　以上这 6 位数学家可以分为 3 组:第一组,泽诺多洛,他
的研究完全是独创的;第二组,许普西克勒斯,他延续了欧几
里得的研究;第三组,阿基米德的 4 位信徒:佩尔修斯、尼哥
米德、狄奥尼索多洛和狄奥克莱斯,他们对特殊曲线的属性
和应用进行了研究。请注意,这些人仍为公元前 5 世纪的三
个经典问题而困惑;而且在 16 世纪以前,这三个问题一直困
扰着数学思想。[16]

三、尼西亚的喜帕恰斯

　　喜帕恰斯(活动时期在公元前 2 世纪下半叶)是所有时
代最伟大的天文学家之一,我们将在下一章用较大的篇幅来
讨论他,不过,我们现在必须在这里谈一谈他,因为他也是一
位杰出的数学家。这一点有时被人们遗忘了,因为他的数学
成就是附属于他的天文学成就的,是实现目的的方法,但它
们仍然是十分重要的。他不仅是一位数学家,而且是一个新
的数学分支——三角学的奠基者,没有这一分支学科,天文
学计算几乎是不可能的。三角学与天文学有着非常深的从

---

[15] 即 *cissoeidēs*,类似于常春藤(*cissos*)。参见阿奇博尔德:《曲线》,第 3、49、51、53
和 55。

[16] 这三个问题是:求圆的面积、角的三等分和倍立方(参见本书第 1 卷,第 278
页)。有关后来的例子,请参见默拉·鲁特菲·麦格图尔(Mollā Luṭfī' l-maqtūl):
《祭坛的加倍问题》(*La duplication de l' autel*,Paris:Bocard,1940)[《伊希斯》34,
47(1942 - 1943)]。鲁特菲·麦格图尔是征服者穆罕默德(Muhammad the
Conqueror,1451 年—1481 年在位)的图书馆馆长。

属关系,以至于在很长的一段时期中它被认为是构成后者所必需的一部分。即使在当今,球面三角学依然是有关天文学(或航行)的课程不可缺少的一部分,在其他课程中几乎不会学它。

古代的天文学家并不关心星球的距离,他们假定,这些星球都坐落在唯一的一个天球上。只要他们认为所有星球都以同样的速度围绕地球运动,这些星球在这唯一的天球上的共同存在几乎就是一种逻辑上的必然。当他们研究例如3个星球的关系时,他们必须考虑(从观察者的观点看)它们之间的角距,或者换句话说,必须考虑把这些星球两个一组包含在其中的大圆的球缺。把3个星球[17]组合在一起的球缺就构成了一个球面三角形,而所有数学天文学的问题都是球面三角学的问题。

对三角学的研究是由于它的实际用途,但它像几何学一样,也是纯数学的一个分支。学习三角学的学生要像学习几何学的学生解决平面三角问题那样,学会解决球面三角问题。球面三角的边是弧,它们是通过角来测量的;因此,球面三角形是6个方面的组合:A、B、C 三个顶点,a、b、c 三条边。球面三角形问题的解答与平面三角形的解答类似,只不过更复杂一些:已知球面三角形的这6个要素中的某几个,确定其他的要素。

这时,喜帕恰斯已经认识到,如果把对弧的考虑改为对

---

[17] 这些星球中的一个或多个也许是恒星天球上的某个行星的投影,或许球缺的某一部分是到一个大圆(子午线、赤道或黄道)的球面距离。

与之相对的弦[18]的考虑,那么,那些问题就可以简化。但为使这种简化成为可能,有两件事必须做:(1)确立与某一已知球体的各种弧或弦有关的众多命题;(2)为计算而编制一个弦值表。

喜帕恰斯完成了这两项成果,但我们关于它们的知识是间接的和不完整的。

喜帕恰斯是谁呢?他出生于尼西亚[19],可以根据托勒密提到的公元前 161 年至公元前 127 年的天文学观测来确定他的生活时期。公元前 161 年至公元前 146 年在亚历山大所做的较早的观测可能不是喜帕恰斯本人完成的,但对于公元前 146 年至公元前 127 年这段时期则没有什么疑问;他至少于公元前 128 年—前 127 年生活在罗得岛。我们可以有把握地说,他活跃于公元前 2 世纪的第三个 25 年。人们并不知道他于什么时候在什么地方去世。

更糟糕的是,除了一部年轻时对(与柏拉图同时代但比他年轻的)尼多斯的欧多克索的《现象》的评注以及对索罗伊的阿拉图(活跃于公元前 275 年)来源于《现象》的天文学诗的评注外,喜帕恰斯的所有其他著作都失传了。该评注是对星群的描述,显然借助了某种星象仪。该评注肯定是喜帕恰斯的一部次要著作,它的存在对所有其他著作的佚失起不到什么安慰作用。

---

[18] "Chord(弦)"来自希腊词"*chordē*",意指一根肠线,或者七弦竖琴的一根琴弦(chord)。

[19] 在普洛庞提斯(Propontis)(马尔马拉海)以东。尼西亚(Nicaia 或 Nicaea)是比提尼亚的主要城市之一;它最著名的事件就是公元 325 年在这里举行的会议,即第一届基督教教会大会。787 年又在这里举行了第 7 届会议。在现代土耳其语中,它的名称是伊兹尼克(Iznik),英语有时使用尼斯(Nice)这一词形。

我们关于喜帕恰斯的知识来自斯特拉波（活动时期在公元前 1 世纪下半叶）以及更晚的作者，尤其是伟大的天文学家托勒密（活跃于 127 年—151 年）。托勒密的《天文学大成》在哥白尼和开普勒时代以前，一直是天文学界的圣经，这部著作常常提及喜帕恰斯，有时还逐字地引用他的论述。托勒密对这位前辈的评价很高；托勒密称他为热爱研究和热爱真理的人，或最伟大的热爱真理的人；托勒密渴望给予他应得的荣誉，不过，在这两者之间进行划分并且恰如其分地把他们各自应得的荣誉给予这两个人，并不总是可能的。喜帕恰斯似乎写过许多天文学专著，但没写过通论。《天文学大成》的百科全书特性、它的更胜一筹的价值以及它形式上的完美，大概就是喜帕恰斯原作佚失的主要原因。早期的抄写员必定感到，《天文学大成》放弃了以前过时的和多余的著作。托勒密的主要工作（数学和天文学研究）喜帕恰斯已经做过，但托勒密使之完善了，他找到了必要的详细解答，编辑了新的数表，等等。《天文学大成》的情况与欧几里得的《几何原本》的情况极为相似；这两位作者都超越了他们各自的前辈，并且几乎都使人们把他们的前辈忘却了，因为他们把令人惊叹的综合和说明能力与独创的天才结合在一起。

虽然托勒密提到喜帕恰斯的观测年代，然而当他谈到后者时，就仿佛一个人谈起某个与自己同时代的年长者那样。关于古代科学的进步缓慢，没有什么比相隔将近 3 个世纪的这两个"合作者"的这一景象给人留下的印象更强烈了。[20]

───────────

〔20〕喜帕恰斯与托勒密的时间间隔（大约 285 年）比牛顿与阿尔伯特·爱因斯坦（Albert Einstein）的时间间隔（大约 220 年）更大。

由于这个原因,有人可能不愿意多谈喜帕恰斯,除非在讨论托勒密时回顾性地谈一谈他,但这样可能对他是不公平的,而且会歪曲历史的画面。我们现在的目的就是要指出,希腊天文学家早于基督教天文学家125年之前就已经达到一个数学高峰。因此,我们将在本章和下一章中简要地说明喜帕恰斯的研究,因为只有在考虑(2世纪的)托勒密的研究的同时,才能对喜帕恰斯的研究做出全面的描述。

读者应当记住,在这一章以及下一章归于喜帕恰斯名下的任何成就,必然都是尝试性的,因为我们没有文本支持我们的断言。在极少数的几个托勒密把某项发明归功于他的前辈的例子中,我们比较有把握,但即使在那些情况下,我们仍无法对最初的发明或者托勒密对它的补充或修改做出评价。

按照亚历山大的塞翁的说法,喜帕恰斯写过一部论述圆上的直线(弦)的专论,共计12卷。如此浩大的专论必然包含某种关于三角学的一般理论以及一些数表,这些数表也许像《天文学大成》讨论三角学的诸章中给我们提供的数表一样多。运用他所发明的三角学方法,喜帕恰斯第一个准确地确定了黄道十二宫升起和降落的时间。

这暗示着他自己曾编制过一个弦值表。他是怎样做的呢?首先,他必须为他自己找到测量圆和弦的方法。喜帕恰斯已经有了把黄道分为360°的想法;喜帕恰斯是把这种思想加以推广,并且(就像我们现在仍然在做的那样)把每一个圆分为360°的第一人。他把直径分为120个单位或"部分"。比度和部分更小的量大概可以用六十进制分数来表示。那么,问题就成了如何用那些部分来表示一个圆的任何一个弧所对的弦的长度。欧几里得关于正多边形的知识，使得这一点在某些特例中十分容易。因此，60°的弦就是内接于圆中的六边形的边，等于该圆的半径或 60^P（60 个部分）；90°的弦（一个正方形的边）等于 $\sqrt{(2r^2)}$[21] 或 $84^P51'10''$（亦即 84+51/60+10/3600 个部分）；120°的弦（一个三角形的边）等于 $103^P55'23''$；等等。如果知道 $x°$ 的弦，那么就可以迅速推导出 $(180-x)°$ 的弦，因为补弦的平方和等于直径的平方。

运用这类方法，喜帕恰斯就能够测量许多最基本的弦。他怎么测量它们之间的其他弦呢？如果他确实测量了一些，他必定熟悉所谓托勒密定理[22] 或者熟悉与之相当的命题。这使得他能够根据 a 和 b 的弦确定 $(a \pm b)$ 的弦，从而他愿意计算多少额外的弦，就可以计算出多少。如果他的数表发展到托勒密数表最终发展的程度，那么它就能给出从 0° 到 180° 的每半度弦的长度，每一个弦都可以用半径的部分（$r/60$）、分和秒来表示。[23]

熟悉现代三角学的读者可能会对弦感到迷惑不解，因为他使用的是正弦（以及其他比）。正弦是很晚（大约是在 5 世纪）由印度天文学家发明的，后被花拉子密（活动时期在 9 世纪上半叶）以及其他阿拉伯天文学家采用，并且在 14 世纪传播到使用拉丁语的西方世界。虽然从弦转到正弦需要有

---

[21] 半径 r 等于 60 个部分；那么 $\sqrt{(2r^2)} = \sqrt{7200} = 84^P\ 51'10''$。

[22] 在任何一个内接于一圆其边为 a、b、c、d 的四边形中，两个对角线的积 st 等于两个相对的边的积之和：$st = ac + bd$。

[23] 在拉丁语译文中，第一阶的六十进制分数被称作 *partes minutae primae*，第二阶的被称作 *partes minutae secundae*。我们的词"minutes（分）"和"seconds（秒）"是从第一个实例的第一个形容词和另一个实例的第二个形容词愚蠢地引申而来的。

相当高的思想天赋，但并不
困难。

考虑弦 AB 所对的一个角
α，并且画一垂线 OC（参见图
52）。如果半径为1，那么 AC 就

等于 $\frac{1}{2}\alpha$ 的正弦，人们立刻就可

以看出，弦 $AB = 2\sin\frac{1}{2}\alpha$。

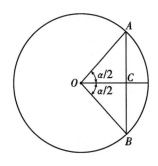

图52　弦与正弦关系的图解：$AC = \sin\frac{1}{2}\alpha$

为什么要有这样的变化？
这只不过是因为处理正弦（以及其他三角比）比处理弦更为
简便。我们的（平面的和球面的）三角公式，由于它们的对
称，相对来说是比较简单而精致的。以弦为基础的类似的公
288　式要复杂得多，而且也不那么精致。无论如何，没有人有勇
气去推导它们，因为正弦把弦永久地赶走了。

从0°到180°的每半度的托勒密弦值表（以及可能的喜
帕恰斯数表）可以很容易地转变为从0°到90°的每四分之一
度的相应的正弦表。

喜帕恰斯的数学直觉还表现在，他意识到阿波罗尼奥斯
发明的本轮法以及可能是由同一个人发明的偏心轮法从运
动学上讲是等价的，也就是说你可以选择这个方法，也可以
选择那个方法。这一点证明了这些方法只不过很便利，但它
们并不必然具有一种自然基础。

当我们听说喜帕恰斯的求知欲拓展到与天文学无关的
数学问题上时，我们并不惊讶。按照普卢塔克的说法，他对
组合分析（排列组合）有兴趣。按照阿拉伯数学家的说法，

他研究了代数问题。我们在下一章讨论巴比伦的影响的那
一小节还会回到这个话题上。

不过,还有一些附带的问题。如果有人想证明喜帕恰斯
的数学天才,这样回答可能就够了:他发明了三角学。这个
回答已经很充分了,不是吗?

四、比提尼亚的狄奥多西

由于以几何学方式研究球面问题这种旧的传统,以及除
非人们试图解决特定的天文学问题并且希望找到它们的数
值解,否则喜帕恰斯新的数学工具的价值并不明显,因此,他
的方法没有立即被接受。由此看来,数学家狄奥多西
(Theodosios,活动时期在公元前 1 世纪上半叶)继续了旧的
传统就没有什么值得大惊小怪的了。狄奥多西大概活跃于
喜帕恰斯以后、斯特拉波以前的时期(亦即公元前 2 世纪末
或公元前 1 世纪之初)。

人们通常以他在黑海以南的故乡称呼他,因而他被称作
比提尼亚的狄奥多西(Theodosios of Bithynia);在抄本中他也
被称作的黎波里(Tripolis)的狄奥多西[24],因为他在那个城
市居住过(?)。发明了可适用于所有纬度(*pro pan clima*,维
特鲁威:《建筑十书》,第 9 卷,第 8 章,1)的日晷的人也叫这
个名字,狄奥多西也许与他是同一个人。他是保留在《小天

289

---

[24] 不幸的是,我们并不知道"的黎波里"指的是哪里。也许可以拒绝把西的黎波里
(Tarābulus al-gharb)考虑在内,但在东方至少有 3 座城市被称作"的黎波里"。
Tripolis(的黎波里)这个名称的意思是"三座城市",被用来指不同的 3 组城市中
心。最著名的东方"的黎波里"在腓尼基海岸[亦即现代黎巴嫩的大叙利亚地区
的黎波里(Tarābulus al-Sham)],但并不能由此推论出狄奥多西居住在那里。甚
至他是否在以"的黎波里"为名的任何城市居住过也是不确定的。人们把他称
作"的黎波里的狄奥多西",也许是与另一个人混了。因而,最好还是称他为"比
提尼亚的狄奥多西"。

文学》("Little Astronomy")中的 3 部专论的作者;[25]他的另外 3 部著作已经失传了,其中一部是对阿基米德方法(*ephodion*)的评注。有了这一本书,许多书都可以不要了!我们在第十九章还会再次提及狄奥多西。

他现存最重要的著作是《球面几何学》(*Spherics* [*Sphairica*]);这是留传至今的最早的这类著作,但它在一定程度上来源于在皮塔涅的奥托利库(活动时期在公元前 4 世纪下半叶)以前已经佚失的一部专论。[26]《球面几何学》分为 3 卷。第 1 卷和第 2 卷的一部分(命题 1—命题 10)说明了球体上的大小圆的属性、切面、不同圆截口的间距、彼此相交或相切的圆、平行的圆。这一著作的其余部分讨论了这些理论在天文学方面的大量应用。

《球面几何学》是按欧几里得的风格撰写的,因而必然是《几何原本》的一个续篇。在欧几里得的著作中,除了那些证明球与球之比等于它们直径的三次比的命题(《几何原本》第 12 卷,命题 16—命题 18)以及少数提及与正多面体相关的球体的命题外,没有其他有关球体的命题。球体是正多面体的发源地和极限,而欧几里得对正多面体的关注如此之多,对球体的关注却如此之少,这的确很奇怪。

《球面几何学》的纯几何学部分与《几何原本》第 3 卷非常相似。从中可以看到诸如一个球体的任何平面截口都是一个圆(命题 1)这样的命题,以及如何找到一个已知球的球

---

[25] 即 *Ho micros astronomoumenos*(*topos*),一部天文学文集,其中的一部分通过阿拉伯译文《中介丛书》留传给我们。参见《科学史导论》第 1 卷,第 142 页、第 211 页和第 759 页;第 2 卷,第 624 页和第 1001 页;第 3 卷,第 633 页。

[26] 参见本书第 1 卷,第 511 页。

心(命题 2)等命题。

狄奥多西试图用几何学方法处理喜帕恰斯用三角学方法处理的问题;几何学方法是很好的方法,它非常有助于说明问题,但由于不包含数量测量,因而它缺乏实用性。

无论托勒密和喜帕恰斯做过什么,狄奥多西的《球面几何学》和他的其他两部专论之所以能保存下来,是因为它们被纳入了《小天文学》,而且,《球面几何学》是欧几里得传统不可或缺的一部分,这种传统对阿拉伯数学家非常有吸引力。

290

《球面几何学》曾经两次分别被萨比特·伊本·库拉(活动时期在 9 世纪下半叶)和古斯塔·伊本·路加(活动时期在 9 世纪下半叶)译成阿拉伯语;阿拉伯语译本又两次被译成拉丁语,第一次是蒂沃利的柏拉图(活动时期在 12 世纪上半叶)翻译的,第二次克雷莫纳的杰拉德(活动时期在 12 世纪下半叶)翻译的;古斯塔翻译的阿拉伯语译本被西拉希雅·赫恩(Zerahiah Hen,活动时期在 13 世纪下半叶)翻译成希伯来语。纳西尔丁·图希(活动时期在 13 世纪下半叶)和穆哈伊-阿尔丁·马格里比(活动时期在 13 世纪下半叶)重新编辑了阿拉伯语版。

回到《球面几何学》在西方的传承,杰拉德的拉丁语译本没有得到注意,而更早的蒂沃利的柏拉图的译本第一次是由奥克塔维亚努斯·斯科图斯(Octavianus Scotus)与其他专论印在一起的(Venice, January 1518),第二次是由容塔(Junta)印制的(Venice, June 1518);拉丁语版第二版是海尔布隆的约翰·弗格林(Johann Voegelein of Heilbronn)编辑的(Vienna, Joannes Singrenius, 1529),第三版是弗朗切斯科·莫罗利科编辑的(Messina, 1558)。

291

图 53　比提尼亚的狄奥多西(活动时期在公元前 1 世纪上半叶)论球面几何学专论的初版(Paris：Andreas Wechelus,1558)。这一版由让·佩纳翻译并编辑,从 1555 年到他于 1558 年去世,他一直在法兰西学院教授数学[承蒙哈佛学院图书馆恩准复制]

　　在拉丁语第三版出版的同一年,由让·佩纳编辑的希腊语第一版与一个新的拉丁语本一起出版了[Paris：André Wechel,1558(参见图 53)]。经过了相对较小的修订后,这个希腊语版先被约瑟夫·亨特(Joseph Hunt)重印(Oxford,1707),后被丹麦的希腊学家埃内斯特·尼泽(Ernest Nizze)重印(Berlin,Reimer,1852)。最后由约翰·卢兹维·海贝尔完成了希腊语考证版的编辑(Berlin,1927)[《伊希斯》11,158,409(1928)]。

　　《球面几何学》出了各种改编本,这证明了它大受欢迎。这些改编本有康拉德·达西波蒂乌斯(Conrad Dasypodius)改编本(Strassburg,1572),克里斯托夫·克拉维乌斯(Christophe Clavius)改编本(Rome,1586),德尼·昂里翁(Denis Henrion)改编本(Paris,1615),皮埃尔·埃里贡

（Pierre Hérigone）改编本（Paris, 1634）[27]，让－巴蒂斯特·迪阿梅尔（Jean-Baptiste Du Hamel）改编本（Paris, 1643），马兰·梅森（Marin Mersenne）改编本（Paris, 1644），卡米洛·古阿里诺·古阿里尼（Camillo Guarino Guarini）改编本（Turin, 1671），克洛德·弗朗索瓦·米列·德·沙莱斯（Claude François Milliet de Chales）改编本（Lyons, 1674），以及艾萨克·巴罗（Isaac Barrow）改编本（London, 1675）。

第一个完整的法译本《的黎波里的狄奥多西的〈球面几何学〉》[*Les Sphériques de Théodose de Tripoli*（175 页），Bruges, Desclée De Brouwer, 1927]应归功于保罗·维尔·埃克。这个译本（像维尔·埃克的每一部译作一样）非常严谨，但不幸的是，他的翻译是以尼泽的不完整本为基础的，因为他还没有得到海贝尔编辑的版本。

由于这一文本在希腊数学史上的重要性，我们已经对它的传承进行了详细的描述。它使得欧几里得的《几何原本》更加完善了，因而值得与《几何原本》一起被我们铭记。

五、数学哲学家

本章中业已讨论的大多数人主要是数学家，或者是必须解决数学问题以便完成自己的工作的天文学家。然而，希腊文化的代表人物、人文知识精英都十分关心哲学和语言学，都把这两门学科纳入科学之中（这是希腊人文主义甚至希腊化时期的人文主义的主要特征）。考虑一下这几个人：西顿

---

[27] 昂里翁和埃里贡是用法语改写的，其他人都是用拉丁语改写的。请注意这些人在世界上的分布。达西波蒂乌斯和克拉维乌斯是德国人；古阿里尼是意大利人；巴罗（牛顿的老师）是英国人；昂里翁、埃里贡、迪阿梅尔、梅森和德·沙莱斯是法国人。

的芝诺、波西多纽、杰米诺斯（Geminos）和狄迪莫斯——其中第一个人是伊壁鸠鲁主义者，第二和第三个人是斯多亚派成员，最后提到的那个人是一个语言学家和文学家。

西顿的芝诺大概在斐德罗之前担任花园学园的园长；西塞罗于公元前 79 年—前 78 年在雅典生活时曾听过他的课[28]，与西塞罗同一时代的赫库兰尼姆的菲洛德穆（Philodēmos of Herculaneum）吸收了他的一些成果。芝诺讨论了欧几里得的《几何原本》开篇的内容，断言它们包含了一些未经证明的假设。伊壁鸠鲁主义者（和怀疑论者）对数学抽象不耐烦；他们的批评可能是令人烦恼的，但并非一无是处。斯多亚派的热情必定会被吸收。波西多纽撰写了一部反驳芝诺论点的专论，但他对数学天文学和测地学比对纯数学更加关心。

芝诺的弟子罗得岛的杰米诺斯（活动时期在公元前 1 世纪上半叶）大约活跃于公元前 70 年，他撰写了一部数学导论，但该著作只有一些残篇保留下来。它的标题大概是《论数学分类（或理论）》[On the Arrangement（or Theory）of Mathematics；Peri tēs tōn mathēmatōn taxeōs（or theōrias）]。它是普罗克洛[29]对欧几里得《几何原本》第 1 卷评论的主要来源，也是后来论述这个主题的作者如阿拉伯人法德勒·伊本·哈帖木·奈里兹（活动时期在 9 世纪下半叶）以及法拉比（Fārābi，活动时期在 10 世纪上半叶）的主要来源。该著

---

[28] 西塞罗在《论神性》第 1 卷 59 中说："我们的朋友斐洛常称他为伊壁鸠鲁学派的领导者（coryphaeus Epicureorum）。"拉里萨（Larissa）的斐洛（大约公元前 160 年—前 80 年）是第四学园的奠基者。

[29] 后继者普罗克洛（活动时期在 5 世纪下半叶）是最后的希腊数学家之一，他大约活跃于欧几里得去世近 8 个世纪以后。

作包含对数学的分类,纯数学被分为算术(数论)和几何学,应用数学被分为计算术(核算)、测地学、声学、光学、力学和天文学。他还对线进行了分类,从简单的线(直线和圆周)到复杂的线(二次曲线、蔓叶线、环面曲线等),并且试图对面也进行分类。他坚持了一些基本概念;例如,他同意他的导师波西多纽把平行线定义为距离相等的直线。杰米诺斯还写过一部天文学导论,关于这一著作,我们将在下一章回过头来讨论。杰米诺斯是古代对数学知识进行哲学阐述的先行者之一。

关于狄迪莫斯(活动时期在公元前 1 世纪上半叶*),我们要转向相反的方向。当杰米诺斯成为一个哲学家时,狄迪莫斯则成了一个无节制的作者、一个博学之士,他的肤浅的好奇心是永无止境的。由于他惊人的和兴趣广泛的事业,他获得了"钢筋铁骨者(*Chalcenteros*)"的绰号,他还有一个绰号"忘记自己作品的人(*Bibliolathas*)",因为他自己都记不住写过什么作品了。归于他名下的作品大约有 3500 篇到 4000 篇[30],不过,即使一个只有少量作品的作者也可能很容易忘记他早期作品的细节。他的大部分作品论及的都是文学问题、词典编纂、语法、考古学以及神话学。在其中的一部著作中,他批评了西塞罗的《论共和国》,这有助于确定他所在的年代。他于公元前 1 世纪(大约公元前 80 年—前 10 年)活跃在亚历山大,并且属于萨莫色雷斯的阿里斯塔科斯(活动时期在公元前 2 世纪上半叶)在一个世纪以前创建的

---

* 原文如此,与本卷第六章有出入。——译者

[30] 其实并没有看起来那样吓人,因为一篇"著作"可能就像一份报纸或杂志上的故事那样短。许多新闻记者所写的著作已经超过 4000"篇"了。

语言学派。他撰写了少量关于木头的度量的专论。[31] 这一点从计量学的观点比从数学的观点看更令人感兴趣。他使用了全部埃及分数（用 1/n 以及 2/3 等表示的各种分数）[32]，例如，1 1/2 1/5 1/10，指 1 4/5，或者 5 1/2 1/5 1/10 1/50 1/125 1/250，指 5 104/125。

狄迪莫斯在本章末出现也许不太适当，而且是一种令人扫兴的结尾。因为他既不是哲学家也不是数学家，但是不能把他放在一边不予考虑，因为在其他地方没有他的位置。其他作者可能偶尔列举过测量结果并进行过计算，而他是他们所有人的代表，并且有助于证明埃及算术经久不衰。

最早编辑他的短篇专论的是安杰洛·梅，见《伊利亚特残篇》（*Iliadis fragmenta*，Milan，1819），随后是古代计量学大师弗里德里希·胡尔奇，见《海伦几何学遗稿》（*Heronis geometricorum…reliquiae*，Berlin，1864），最后是约翰·卢兹维·海贝尔，见《二流希腊数学家》（*Mathematici graeci minores*，Copenhagen，1927）[《伊希斯》*11*，217（1928）]。

保罗·维尔·埃克的法译本《亚历山大的狄迪莫斯论对不同木头的测量》（"Le traité du métrage des divers bois de Didyme d'Alexandrie"）载于《布鲁塞尔科学协会年鉴》（*Annales de la Société scientifique de Bruxelles*）*56*（A），6-16（Louvain，1936）。

提及六十进制分数和埃及的分数暗示着这样的疑问：所论及的这十几个数学家在多大程度上受东方方法的影响？

---

[31]　当我们谈到一堆木头时，就意味着三维测量。不过，他的说明是浅薄和混乱的。

[32]　有关这些埃及分数，请参见本书第 1 卷，第 37 页。埃及人也使用 3/4 这样的分数，尽管用得非常少。在狄迪莫斯那里没有使用这类分数的例子。

这个问题很重要，但我们将把讨论留到下一章，因为那些影响既涉及数学也涉及天文学。

六、维也纳的希腊数学纸草书

人们（我自己以及其他人）常常说，希腊人对数的性质（亦即我们所谓数论）感兴趣，但对计算几乎没有什么兴趣。如果不赶紧对这种说法加以限定，它可能很容易令人误解。哲学家和数学家首先对数论感兴趣，毕达哥拉斯学派和柏拉图学派都认为数具有宇宙论意义，但是，它们究竟有多重要呢？一般的希腊人并不太关心那种理论，然而，如果他是一个从事实际工作的人，而且在许多情况下，如果他是一个迷恋金钱的人，他就不得不对每一种计算深感兴趣。生活中的交易，无论多么简单，都会迫使每个人去算账，而商人、银行家和手艺人必须计算大量的账目。测量、计算价格、准备付款是必须做的。许多这类事可以而且也的确是用算盘或石子来完成的［因此有了我们的词"calculate（计算）"＊］，而且，计算术（*hē logisticē technē*）的发展也是不可避免的。

确实，我们的这个词"算术"（arithmetic，来源于*arithmos*，数）专供更高目的之用。账目被称作 *logisimos*；会计被称作 *logistēs*（在雅典，这个名词也用来指官方账户的审计员）；计算方法被称作 *logistica*［因此有了英语的"logistics"这个词现已废弃的含义（计算术）］。在希腊化世界中而且几乎肯定在希腊世界中，有一种可与我们的计算术相媲美的计算术，但它没有学术地位；它属于家庭经济领域，并且是技

＊　Calculate 来源于 *calculus*，即石子。参见本书第 1 卷，第 205 页，脚注 17。——译者

能的一部分。算账,并且要快速而准确地算账[33],这种本领是每一个手艺人和商人才能中必不可少的一个组成部分,每一个聪明的人也应稍微具有一些这类才能。

在维也纳图书馆中有一部希腊纸草书(编号 19996),其中含有一部立体几何专论,专家们认为,它属于公元前 1 世纪下半叶。该文献从三个方面来看十分重要。首先,它可以使我们对接近希腊化时代末期的埃及几何学知识的状况有所了解;其次,它所包含的计算实例是当时计算术的很好的范例;最后,它说明那时生活在埃及的希腊人既受到埃及人的影响,也受到巴比伦人的影响。

该纸草书是 37 个立体几何学问题的题解集,这些问题在没有几何学证明的情况下都得到了解答,而且解答是正确的。它们属于土地测量员或建筑师必须面对的那类问题,纸草书给出了解决这些问题的适当的公式。该纸草书的第一项是对体积单位即立方尺的定义,接下来是 37 个问题,而对平截头棱锥体的体积的确定达到了高峰。当然,这并不新鲜,同样的问题在莫斯科的戈列尼谢夫纸草书(Golenishchev papyrus)中已经解决了,戈列尼谢夫纸草书属于第十三王朝(the thirteenth Dynasty),亦即公元前 18 世纪。[34] 非常奇怪的是,在维也纳纸草书中,相当先进的几何学与一个古老的巴比伦假设混在一起,该假设相当于设定 $\pi = 3$。

在该纸草书中,计算是古埃及式的,不过有着一种明显

---

[33]　*Logismos* 指计算,*paralogismos* 指错误的计算;*paralogizomai* 指犯错误,故意犯错,或者在被动语态中指某个错误的牺牲品,被欺骗。还有许多其他词来源于 *logismos*,它们都是计算习俗很好的见证。

[34]　参见本书第 1 卷,第 36 页和第 38 页。

的不同之处。古代埃及人只使用单分数(即分子为 1 的分数)以及分数 2/3 和(很少使用的)3/4。在这一纸草书中,分数一般都采用单分数形式,例如,抄写员把 52 47/64 写作 52 1/2 1/8 1/16 1/32 1/64(请注意这一古代埃及文本中分母的等比数列),但也有少数更常用的分数,例如 2/5、4/5、7/15、3/20 等。那个时代的希腊文本也偏爱这种埃及风格的单分数(再加上 2/3、3/4),但阿基米德已经注意到 3 1/7>π>3 10/71。[35] 维也纳纸草书的抄写员可能是一个资质优秀的人,他对常用分数的使用是一些例外;不仅埃及人,而且希腊人和罗马人也偏爱单分数(除了在天文学上使用的以 60 为分母的分数以外),可是那些单分数在中世纪的文本中又突然出现了。

更为详细的讨论,请参见汉斯·格斯廷格尔(Hans Gerstinger)和库尔特·福格尔(Kurt Vogel):《第 19996 号希腊纸草书中的立体几何题集》("Eine stereometrische Aufgabensammlung im Papyrus Graecus Vindobonensis 19996"),载于《维也纳国立图书馆纸草书集通告》(*Mitteilungen aus der Papyrussammlung der Nationalbibliothek im Wien*)[《赖纳公爵纸草书》(*Papyrus Herzog Rainer*)][新系列(Neue Serie)]*1*, 11-76(1932);库尔特·福格尔:《论希腊计算术》("Beiträge zur griechischen Logistik"),载于《巴

---

[35] 《圆的度量》(*Cyclu metresis*),命题 3。在得出这个相对简单的结果之前,阿基米德使用了更为复杂的分数,如

$$\frac{1351}{780}>\sqrt{3}>\frac{265}{153},$$

$$\frac{96\times153}{4673\frac{1}{2}}>\pi>\frac{96\times66}{2017\frac{1}{2}}。$$

伐利亚科学院会议录·数学》(*Sitzber. bayer. Akad. Wiss. Math. Abt.*) 357 – 472 (München, 1936) [《伊希斯》28, 228 (1938)]。

第十九章

公元前最后两个世纪的天文学
与尼西亚的喜帕恰斯[1]

一、巴比伦人塞琉古

本章的男主角是喜帕恰斯,但在谈论他之前,最好简单说说塞琉古(活动时期在公元前 2 世纪上半叶),他大约生活在阿利斯塔克以后的一个世纪,并且在哥白尼时代以前是阿利斯塔克思想的最后一个捍卫者。

遗憾的是,我们对他几乎一无所知。他出生于或活跃在底格里斯河畔的塞琉西亚。[2] 但对这一点我们甚至也无法肯定,不过,如果他确实活跃于这座城市,他可能在那里获得了某些希腊的天文学知识。的确,塞琉西亚是公元前 312 年或在此之后由塞琉古一世尼卡托建立,并且成为他的帝国的首都;它取代巴比伦成为东西方之间贸易的主要中心。在这里,希腊人、巴比伦人和犹太人混居在一起。塞琉古可能游览过亚历山大城,但这也并非绝对必然的;他或许在塞琉西

---

〔1〕 关于公元前 3 世纪的天文学,请参见本卷第四章。

〔2〕 斯特拉波 3 次提到过他,并且说:"塞琉西亚的塞琉古是迦勒底人"(《地理学》第 16 卷,1,6),并且称他为巴比伦人塞琉古(同上书,第 1 卷,1,9)和埃利色雷海(Erythraian Sea)地区的塞琉古(同上书,第 3 卷,5,9)。

亚本地听说过阿利斯塔克的著作，或者完全有可能，他是从西方听说它的。

　　不管他是怎样获得有关地球每天自转和每年围绕太阳公转的理论，反正他认识到了它的价值，甚至比阿利斯塔克对它更肯定。阿利斯塔克只是把该理论作为一个假说（*hypotithemenos monon*）引入的，但塞琉古断言它是正确的（*apophainomenos*）。[3] 这段叙述似乎是非常可信的，令人惊讶的并不是阿利斯塔克的理论被接受了，而是对它的接受所持续的时间如此之短；当我们在不久之后谈到喜帕恰斯时，我们会说明这一点。

296　　地中海潮汐的规模非常小，以至于有时人们观察不到它们；无论如何，人们不可能注意不到较大的潮汐；皮西亚斯（活动时期在公元前 4 世纪下半叶）观察到大西洋的一些潮汐，涅亚尔科（活动时期在公元前 4 世纪下半叶）观察到另一些印度洋的潮汐，而且月球的影响不难发现。墨西拿的狄凯亚尔库（活动时期在公元前 4 世纪下半叶）观察到，太阳对它们也有某种作用。波西多纽（大约公元前 135 年—前50 年）是第一个使该理论得以完善并且用太阳和月球的共同作用来说明潮汐的人；这使得他能够说明那些不规则的过高或过低的潮汐（朔望潮和方照潮）。那么，如果塞琉古活跃于阿利斯塔克之后的一个世纪，他就是波西多纽前一代的人，而且如果他活跃于底格里斯河流域，他可能熟悉波斯湾、印度洋，甚至可能熟悉红海。按照斯特拉波（《地理学》第 3卷，5，9）的说法，他观察过红海中周期性的海潮差异，他把这

----

〔3〕 普卢塔克：《柏拉图问题》（*Platonicae quaestiones*），第 8 卷，2。

些差异与月球在黄道带的位置联系了起来。他试图说明,这些现象是地球大气的周日运动对月球产生的阻力的结果。他的结论是错误的,但它们说明了他的思想的独立性和独创性。

二、尼西亚的喜帕恰斯

读者已经熟悉了作为伟大的数学家的喜帕恰斯,不过,我们现在应当评价一下他的天文学研究,他在这方面的研究至少与他的数学研究是同样重要的。我们是通过将近 3 个世纪以后出版的《天文学大成》间接了解到他的研究的,而且我们已经说明了,想知道托勒密在多大程度上修改了喜帕恰斯的思想几乎是不可能的。不过,按照一般的假设,除了喜帕恰斯没有时间完成的一般的行星运动理论以外,其他基本研究他都做了。对于另一个问题:"喜帕恰斯吸收了多少他的前辈的思想?"我们不久将予以回答,并进行更为充分的讨论。

1.**仪器**。要进行天文学观测,必须有仪器,而且观测结果的价值主要取决于使观测成为可能的仪器的优良程度。为了研究星座,喜帕恰斯当然利用了某种天体仪。这使得他能够在不进行计算的情况下,对星球的形状和排列做出评论。在他对阿拉图的评注中,他提到的星球比阿拉图列入其目录的多许多;他关于那些星球的知识最初是图解式的(即画在球上的图),而不是算术式的。尽管托勒密只在提到一个改进的照准仪时才说喜帕恰斯是个发明家[4](《天文学大成》第 5 卷,第 14 章),但我们可以假定,喜帕恰斯的工具与

---

[4] 他使用了 4 码长并配有瞄准具的标尺。不过,这种装置十分简单,以至于在他之前,如果没有被诸如埃拉托色尼或更早的天文学家使用过,那才会令人感到奇怪。

297 他的继任者的那些工具没有本质区别。视差测量仪(《天文学大成》第 5 卷,第 12 章)和墙象限仪(同上书,第 1 卷,第 10 章)可能经过了托勒密的改进;另外,这种情况具有很高的可能性,即喜帕恰斯已经在使用一种子午环(同上书,第 1 卷,第 10 章)和一种天文工具(*astrolabon organon*,观星仪,同上书,第 5 卷,第 1 章)。在他的仪器允许的范围内,他进行了大量相当准确的观测。他是第一个把仪器的圆周分为 360 度的人,尽管活跃于亚历山大的许普西克勒斯在他之前不久已经对黄道带进行了同样的划分。

2. **行星理论**。《天文学大成》中有一章(第 9 卷,第 2 章)令人钦佩,它说明了喜帕恰斯为了使他的观测结果合理化而必须克服的困难。在喜帕恰斯时代以前,尼多斯的欧多克索(活动时期在公元前 4 世纪上半叶)和佩尔格的阿波罗尼奥斯(活动时期在公元前 3 世纪下半叶)已经做了许多工作,以说明行星变化的星等、太阳和月球不规则的运动,以及行星更大的不规则性活动,尤其是它们神秘的逆行。阿波罗尼奥斯首创了本轮法,他还可能首创了偏心轮法[5],而喜帕恰斯是第一个把这两种方法都付诸应用的人。因而他能够把太阳和月球的运动轨道转换为圆周运动的组合,但他只是开始了对行星轨道的分析,而这种分析是 3 个世纪以后由托勒密完成的。在这里,要说清他们各自做了多少工作仍然是不可能的。

3. **"喜帕恰斯体系"**。喜帕恰斯决心要"拯救现象(*sōzein*

---

[5] 我必须再次提一下奥托·诺伊格鲍尔的论文:《阿波罗尼奥斯的行星理论》,载于《纯数学和应用数学通讯》8,641–648(1955),有些问题专业性太强,无法在这里概述。

ta phainomena)",亦即要在使用最少的系统阐明的假说的情况下,尽可能精确地说明所积累的观察结果。他在科学方面过于谨慎,以至于萨摩斯岛的阿利斯塔克那样大胆地提出的日心说,虽然得到了比他年长的同时代的巴比伦人塞琉古的重申,但却被他拒绝了。喜帕恰斯要对这种否定负责,并且要对通常所谓"托勒密体系"的公式化负责,这种体系与"哥白尼体系"是对立的。但我们不应因此而谴责他,相反应该称赞他,因为大约公元前 280 年的阿利斯塔克理论,甚至 18 个世纪以后的哥白尼理论,都没有解决主要的难题。这些难题是由于毕达哥拉斯派的偏见造成的,按照这些偏见的观点,天体运动必定是圆周运动;这些偏见直到 1609 年才被开普勒抛开。想到所谓哥白尼体系在托勒密体系之前就(粗略地)得到了辩护,会让人感到很奇怪,但事实就是如此。科学的进步并不像人们想象得那么简单;它包含着类似于行星的"逆行"。一个正确的思想也许是早熟的,因而可能无法达到预期的效果;大约公元前 280 年的阿利斯塔克的思想就是这种情况,1543 年的哥白尼思想也略微具有这种特点。

4.**岁差**。插入这一介绍性的小节是为了那些需要恢复记忆的读者。二分点(春分点和秋分点)是两个大圆——赤道和黄道在天球上的交点。可以假定,黄道是固定的而赤道则不然;它会缓慢地滑动,因而二分点也会移动;它们的运动是逆行(对黄道以北的观察者来说顺着时针的方向),而且每年总计运动大约 50″. 2。也就是说,春分点每年在黄道上前进大约 50″. 2;它以这个量领先于(precedes)太阳[因而才会有"进动(precession)"这个词]。由于同样的理由,那两个圆的交角(黄赤交角)每年减少大约半秒(0″.48)。

赤道实际的运动或"滑动",是因为它(根据定义)总是与地轴垂直(参见图54);轴 OE 的方向并不是固定不变的,它会围绕黄道的垂线 OP 画出一个圆锥;该圆锥的角 α(亦即它的顶角的一半)等于黄赤交角。由于已知圆锥的母线(即

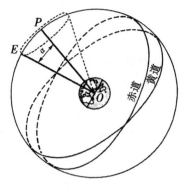

图54　岁差示意图

OE)每年沿顺时针方向运动 50″.2,因此,它将用 360° ÷ 50″.2 = 26,000 年回到原来的位置。

最初,人们不可能认识到这一长期的增长;相反,有人认为,进动不会无限期地在同一方向上继续,过一段时间后会转向相反的方向,这样二分点就会返回,如此等等,围绕一个正常的位置摆动。这就是所谓颤动观,它被人们接受了,而且接受了如此长久的时间,令人难以置信。[6] 9 世纪和更晚的阿拉伯天文学家拒绝了这种观点,但哥白尼(1543 年)没有这样做。由于第谷·布拉赫,这种观点在 1576 年被最终拒绝了[7],但布拉赫以及他以后的开普勒仍对进动的规律性和连续性有所怀疑。他们的怀疑是很自然的,因为到 1600 年时,对进动的观察不足 20 个世纪,而对一个完整周期的观察大概需要 260 个世纪,亦即所需要的时间是已对它

---

〔6〕 有关颤动理论的历史,我已在本书第 1 卷第 445 页—第 446 页讲述过了。

〔7〕 参见 J. L. E. 德雷尔:《第谷·布拉赫》(Tycho Brahe, Edinburgh, 1890),第 262 页和第 354 页—第 355 页。按照德雷尔的说法,最早认识到岁差的稳定连续性的是吉罗拉莫·弗拉卡斯托罗(1538),埃格纳基奥·丹蒂(Egnazio Danti)神父重申了它(1578)。不过,这些断言是武断的。

观察的时间的 13 倍！

只有当这种现象得到全面的说明时,他们的疑虑才会消失。而这只有在万有引力被发现以后才会变为可能。牛顿在他的《原理》(*Principia*,1687 年) 中说明了岁差。地轴在旋转,由于太阳和月球对地球的赤道带的吸引,地球运动起来就像一个陀螺。[8] 欧拉于 1736 年重新说明了这一理论,并且于 1765 年推广了它。进动最初被发现时是与地球相关的,但它也是一种频繁出现的力学现象。例如,有些原子核相当于小的磁体,当它们受到某个强大的磁场影响时,它们就开始像陀螺那样旋转,并且会"进动";磁场愈强,进动就愈快。

喜帕恰斯发现了进动,并且测量了它,但他无法理解甚至无法猜测它的原因。尽管如此,依然可以认为,进动的发现是他的一项杰出成就;这证明了他对星球的观测比较精确,他对这些观测结果较为自信,并且他有着大师那样的思想自由。他撰写过一篇有关这个主题的专论,并在标题中使用了"岁差"或与它们相当的词(*metaptōsis*,移动,《天文学大成》,第 7 卷,第 2 章) 。他把自己对星球的观测结果与亚历山大的提莫恰里斯(活动时期在公元前 3 世纪上半叶) 在公元前 3 世纪之初所做的观测进行了比较,结果发现,星球的经度变小了。例如,按照提莫恰里斯的观测,(室女座中的) 角宿一的经度在公元前 283 年(或前 295 年) 中是 8°;而他在公元前 129 年中所确定的经度仅为 6°。因此,在 154 年

---

[8] 地球的两极较为扁平,赤道处较为突出。赤道半径比极半径长 22 千米。"地球扁率"亦即那个差与赤道半径的比,等于 1/292。

（或 166 年）之中减少了 2°，相当于每年减少（或岁差为）46″.8（或 43″.4）。我们知道，正确的值为 50″.2。我们不久将回过头来进行讨论。

5. **年和月**。喜帕恰斯有关岁差的知识使得他能够把恒星年与（较短的）回归年区分开，亦即把太阳回到一既定恒星的时间间隔与它回到进动的二分点的时间间隔区分开。他比较了对夏至的两种观测结果，一种是他自己获得的，另一种是萨摩斯岛的阿利斯塔克在 145 年以前获得的。他发现，回归年不是 365.25 天，而是短 1/300 天，相当于 365 天 5 小时 55 分 12 秒（他获得的值比实际的值多不到 6.5 分）。[9]

根据喜帕恰斯对大年的估算（有 112 个闰月的 304 年），太阴月[10]的平均长度为 29.531 天或 29 天 12 小时 44 分 3 $\frac{1}{3}$ 秒（而不是 2.9 秒，错误的值少了 1 秒！）。由于可以获得古巴比伦人的观测结果，达到这一精确度是可能的；而这又反过来促进了对日月蚀更为准确的预测。

6. **太阳和月球的距离与规模**。喜帕恰斯对这些问题进行了某种新的研究，并且修正了阿利斯塔克所获得的结果。如果地球的直径是 d，那么太阳和月球的直径就分别是 $12\frac{1}{3}d$ 和 $\frac{1}{3}d$，它们与地球的距离分别是 $1245d$ 和 $33\frac{2}{3}d$。这些结果

---

[9]　实际的值是 48 分 46 秒。用规则的分数表示，1 回归年＝365.242 天，1 恒星年＝365.256 天。前者略短于、后者略长于旧的卡利普斯的近似值 365.250 天。

[10]　又称朔望月。在该月月末，太阳和月球处在相对于地球而言相同的位置上。

与正确值相距甚远,而正确的值他们几乎肯定是算不出来的。对喜帕恰斯以及阿利斯塔克来说,唯一有价值的事情就是,他们都认识到进行这样的测量的可能性;而他们自己进行这类测量的方法是完全不能胜任的。

7. **星表**。喜帕恰斯最早的(唯一现存的)著作是对阿拉图的《物象》的评注。《物象》是一首描述星座的希腊语诗(参见本卷第七章末)。喜帕恰斯的那一著作的科学价值无足轻重,但它在实践方面有着相当大的重要性。它有助于普及保存在我们的词汇中的星球和星座的名字,并且有助于普及我们熟悉的总体轮廓。星球也许曾被以其他方式分组,就像埃及和巴比伦天文学家有时所做的那样,但是从欧多克索到阿拉图再到喜帕恰斯……传承下来的传统都是把 *sphaera graecanica*(希腊天球)与 *sphaera barbarica*(蛮族天球)相对立。

有可能,喜帕恰斯对阿拉图的研究是他天文学生涯的开始,但他很快就认识到需要做一些更有价值的事。他开始进行天文学观测,他观测的数量巨大,观测的精确度也不断提高。确定恒星经度并且把它们与以前所获得的相同的恒星的经度加以比较,使得他发现了岁差;并且可能因此促使他编制了一个包含主要恒星的星表。他发现了一颗新星,这可能增加了他的兴趣;按照中国人的记录,一颗新星于公元前

134 年在天蝎座出现。[11] 普林尼在一段话中描述了喜帕恰斯对它的发现,这段话非常幼稚但又非常具有先见之明,因而我们在这里要 *in extenso*(全文)引用一下:

301

　　喜帕恰斯……对于他,怎么赞扬也不可能过分,没有谁比他更进一步证明人是与星辰相关的,我们的灵魂是天国的一部分,他在世期间发现了一颗新星的诞生;这颗星在光亮度方面的变化导致他想知道这是不是一种常见的现象,以及我们认为固定不动的恒星是否也在运动;结果,他做了一件大胆的事,即使上帝也不应责备他——他勇敢地为后代编制了星表,并且在一份天体一览表中给天体标上了名字;他设计了一种装置,用它可以显示这些天体的不同位置以及星等,以便从此以后不仅可以很容易地辨别是否有些星体消失了、有些星体诞生了,而且还可以很容易地辨别是否有些天体在转变和运动,以及它们的星等是增加了还是减少了——从而把天空作为一个遗产留给全人类,假设发现有人声称拥有那一遗产的话![12]

　　在我们讨论占星术时,我们将着重指出普林尼这段叙述

---

〔11〕 这颗中国新星(以及喜帕恰斯新星)很有可能是一颗彗星。按照拉丁史学家查士丁(活动时期在公元 3 世纪?)的说法,在米特拉达梯大帝的母亲怀他期间和他即位(公元前 120 年)时出现的“彗星”,预示了他的伟大。中国有一些关于公元前 134 年和公元前 120 年的彗星的记录;米特拉达梯大帝大约是公元前 133 年出生的(因而他母亲怀他是在公元前 134 年);这些彗星可能在西方被观察到了,公元前 134 年的一颗彗星大概就是喜帕恰斯新星。参见 J. K. 福瑟林汉姆(J. K. Fotheringham):《喜帕恰斯新星与米特拉达梯出生和登基的时间》(“The New Star of Hipparchus and the Dates of Birth and Accession of Mithridates”),载于《皇家天文学会月刊》(*Monthly Notices of the Royal Astronomical Society*)1919 年 1 月号,第 162 页—第 167 页。

〔12〕 普林尼:《博物志》(*Naturalis historia*),第 2 卷,24,95,见于“洛布古典丛书”(1938),哈里斯·拉克姆(Harris Rackham)译。

中的幼稚之处；而它的先见之明是他对星表的根本价值的理解。

也许可以证明，喜帕恰斯对进动和公元前134年新星的发现，与其说是导致他的星表的原因，不如说是由此而产生的成果，对此这样回答就足够了：他的星表不是在一年之中编制完成的，而且其中的许多数据早在它完成以前就可利用了。另外，埃拉托色尼已经编制过另一个星表，而且可能还存在其他的星表。[13]

喜帕恰斯星表不仅包含超过850颗星球，而且对于每颗星，他都给出了（而且显然是第一个给出了）黄道坐标（黄纬和黄经）和星等。遗憾的是，该星表没有完整地留传下来，我们只是从三个世纪以后托勒密编制的包含1028颗星的更大的星表中知道它的。

8.**巴比伦人的影响**。显而易见，如果喜帕恰斯只以希腊人的观测结果为基础，他既不可能发现岁差（或确定它），也不可能对年和月做出精确的测量，因为可靠的（希腊）观测只有一个世纪多或两个世纪的历史。巴比伦人不仅积累了大量观测结果，而且他们已经开始习惯于参照黄道谈论星球，亦即习惯于测量黄经而不是赤经，这些成果促进了岁差

302

---

〔13〕我的朋友所罗门·甘兹（在1953年7月5日从大西洋城寄至耶路撒冷的一封信中）使我注意到他所说的"最早对星表的提及或暗示"。《以赛亚书》（Isaiah，第40章第26节）说："你们向上举目，看谁创造这万象，按数目领出，他一一称其名……"这是第二以赛亚（Second Isaiah，活跃于公元前550年—前540年），亦即"希伯来诗歌中的弥尔顿"。这一暗示非常有意思，但容易令人误解。古代人为一些星，至少为那些最明亮的星命了名，因为它们与他们有着密切的关系，不确定它们的名字就不可能（像提及矿物、植物和动物等其他事物那样）提及它们。当有足够多的星辰被命名后，编制星辰名称一览表就成为自然而然的事了。不过，星辰名称一览表与星表例如喜帕恰斯的星表还是有本质区别的。

的发现。有一段时间人们认为,这一发现实际上已经在公元前315年被一个巴比伦人完成了,这个人名叫西丹努斯[Ki-din-nu,希腊人称之为基丹纳(Cidēnas),托勒密没有提及过他][14];我们必须为这一发现而赞扬喜帕恰斯,但是,倘若他没有得到巴比伦人有关黄经的资料,他也不可能完成这一发现。一旦有可能把诸星在不同的、相距足够遥远的时代的黄经加以比较,岁差的发现就是不可避免的了。观测结果的时间跨度弥补了它们在精确性上的不足。一个世纪以后大约1°的误差也许是无法观测到的或者就被忽略了,但是,对4个世纪以后小于4°的误差,就需要做出说明。

　　喜帕恰斯的月球和行星理论在一定程度上来源于巴比伦人(或"迦勒底人")的观测结果。托勒密非常明确地这样说过(《天文学大成》,第4卷,第2章;第4卷,第10章;第9卷,第7章;第11卷,第7章),弗朗茨·克萨韦尔·库格勒(Franz Xaver Kugler)神父已经指出,喜帕恰斯对月(平均月、朔望月、恒星月、近点月、交点月)的长度的确定,与在同时代的迦勒底泥板中发现的那些资料完全符合。

　　喜帕恰斯需要巴比伦人的数据,这样他才能发现岁差并增加他自己的观测数据的精确度。另一方面,亚历山大的征服者们(公元前334年—前323年)以及继任者之战(公元

---

[14] 自1923年以降,保罗·施纳布尔就是这种理论的倡导者;他认为,他已经在他的论文中完全证明了它,参见他的《基丹纳、喜帕恰斯与岁差的发现》("Kidenas, Hipparch und die Entdeckung der Praezession"),载于《亚述学杂志》(Zeitschrift fur Assyriologie)37,1-60(1927)[《伊希斯》10,107(1928)]。亦可参见奥托·诺伊格鲍尔:《有待证实的巴比伦人对岁差的发现》("The Alleged Babylonian Discovery of the Precession of the Equinoxes"),载于《美国东方学会杂志》70,1-8,(1950)。

前 322 年—前 275 年)已经使得近东的人们及其思想开始了巨大的混乱。有些迦勒底天文学家可能影响了希腊天文学家,反之亦然。起初,巴比伦方法和希腊方法是截然不同的(他们分别以算术和三角学作为他们的基点),但是现在,每个民族都借鉴另一个民族的成果,即使没有实际的借鉴,他们彼此也都以各种方式激励着对方;最初的结果是模糊和混乱的,最后的综合始于喜帕恰斯,但只能由托勒密完成了。那个混乱时期最诡异的事件是,与喜帕恰斯同时代但比他年长的巴比伦人塞琉古竟然成了最后捍卫日心说的人!

我们将在本章最后一节看到,有些迦勒底人不同意新的希腊天文学,仍然坚持对他们自己的传统的忠诚。

三、其他几位希腊天文学家

在整个这一时期,喜帕恰斯占据主导地位,就像托勒密在古代的黄昏和整个中世纪占据主导地位一样。不过,还有其他一些天文学家,他们的不同活动例证了天文学思想在希腊世界的诸多地方尤其是在亚历山大和罗得岛的酝酿和发展。关于他们每个人,简单说几句就足够了。

1. 许普西克勒斯。数学家许普西克勒斯(活动时期在公元前 2 世纪上半叶),其活动时期早于喜帕恰斯,他没有任何三角学的知识。他撰写了一篇论述黄道十二宫[15]的升起与降落的专论(*anaphoricos*),在其中他以巴比伦的方式武断地确定了升起与降落的时间。十二宫从白羊座到室女座的上升时间形成了递增等差数列,从天秤座到双鱼座形成了递减等差数列。他是第一个把黄道圈分为 360 度的希腊人,而且他对空间之度(*moira topicē*)与时间之度(*monira chronicē*)进行了区分。[16]

2. 阿利安(Arrianos,活动时期在公元前 2 世纪上半叶)。他被称作 *ho meteōrologos*(气象学家),之所以如此称呼,是因为他写过有关气象学的专论和有关彗星的专论;他大概活跃于公元前 2 世纪下半叶。

3. 欧多克索纸草书。亚历山大也许是天文学研究的重要中心。许普西克勒斯大概就是在这个城市中工作。那里的一部希腊纸草书留传了下来(现保存在卢浮宫),它被称作欧多克索纸草书,之所以这样称呼,是因为它的开始有一首藏头诗写着:*Eudoxu technē*(*Eudoxi ars*,欧多克索的技艺)。这一纸草书讨论了天文学和历法,而且它像一个学生的笔记。其中的天文学数据与亚历山大的纬度和公元前 193

---

〔15〕 黄道带(*zōdiacos cyclos*)或兽带是天空中一个宽约 16° 的地带,分布在太阳路径——黄道的两侧;月球、行星以及许多星体都在这条带中运行,黄道带被分为 12"宿"或"宫":1. Aries(白羊宫);2. Taurus(金牛宫);3. Gemini(双子宫);4. Cancer(巨蟹宫);5. Leo(狮子宫);6. Virgo(室女宫);7. Libra(天秤宫);8. Scorpio(天蝎宫);9. Sagittarius(人马宫);10. Capricornus(摩羯宫);11. Aquarius(宝瓶宫);12. Pisces(双鱼宫)。太阳每月进入一个新的宫中,例如,3 月 20 日进入白羊宫,9 月 22 日进入天秤宫,1 月 20 日进入宝瓶宫。黄道带明显是由太阳和月球的路径构成的,这些路径既引起了原始人的注意,也引起了各地专业天文学家的注意。

〔16〕 空间的 1 度是黄道带的 1/360 部分;时间的 1 度是黄道十二宫的任何部分回到既定位置所需要的时间的 1/360。

年—前190年相对应。这样一个笔记本身并不具有多大的重要性，但它是天文学思考和教学的一个见证。

4. **比提尼亚的狄奥多西**（活动时期在公元前1世纪上半叶）。我们对他有着浓厚的兴趣，因为他是编辑欧几里得的《几何原本》的数学家（参见本卷第十八章），但他自己的好奇心主要在天文学方面，而且我们有他的两部专论：《论日夜》（*Peri hēmerōn cai nyctōn*）和《论星辰的位置》（*Peri oicēseōn*），它们说明了从地球的不同位置上看到的星球在一年的不同时间的位置。他的另外两部专论失传了，它们的标题分别是《星宿图》（*Diagraphai oiciōn*）和《占星术》（*Astrologica*）。

5. **波西多纽**。斯多亚学派哲学家阿帕梅亚的波西多纽（活动时期在公元前1世纪上半叶）对地球的大小进行了一次新的测量，这一测量晚于埃拉托色尼的测量；他对太阳的直径和距离的估计比喜帕恰斯（以及托勒密）更为准确，但与正确值依然相距甚远。他是第一个用太阳和月球的共同作用说明潮汐的人，也是第一个促使人们注意朔望潮和方照潮的人。

按照克莱奥迈季斯的说法，波西多纽对地球大小的测量是以下述假设为基础的：（1）罗得岛和亚历山大位于同一经线上；（2）它们的直线距离是5000斯达地；（3）它们的角距离是地球周长的1/48。因此，地球的周长是5000×48＝240,000斯达地。按照斯特拉波的观点，波西多纽的计算结果较小一些,是 180,000 斯达地。[17]

    6.**克莱奥迈季斯**(活动时期在公元前 1 世纪上半叶)。他和杰米诺斯都是波西多纽的弟子,但这并不必然意味着他们与他是同代人[18];我们可以假设他们活跃于公元前 1 世纪。克莱奥迈季斯[19]撰写过一部专论《天体圆周运动理论》(*Cyclicē theōria meteōrōn*),它是对斯多亚学派天文学的出色概括;他没有提及波西多纽以后的天文学家。他不接受后者的这一观点:赤道区被天体占据着。《天体圆周运动理论》分为两卷,第 1 卷说明了世界是有限的,但被无限的真空包围着,这一卷还定义了天球上的各种大圆和地球上的 5 种气候带,讨论了黄道向赤道的倾斜及其后果。我们有关埃拉托

305

---

[17] 埃拉托色尼的方法是相同的,但应用在其他数据上。他假设赛伊尼(阿斯旺)与亚历山大在同一经线上,它们的直线距离是 5000 斯达地,它们的角距离是地球周长的 1/50。因此,地球的周长是 5000 × 50 = 250,000 斯达地,后来,他又把这个结果修正为 252,000 斯达地。这些估算的正确性取决于斯达地的值。相关的讨论请参见奥布里·迪勒:《古代对地球的测量》,载于《伊希斯》*40*,6-9(1949)。克莱奥迈季斯曾提到达达尼尔海峡东北端的利西马基亚(Lysimachia)与亚历山大在同一经线上。这 4 个被假设在同一经线上的地方的坐标如下:

	东经	北纬	差值	
			东经	北纬
利西马基亚	大约 27°	大约 40°30′	大约 1°16′	4° 3′
罗得岛	28°16′	36°27′	1°37′	5°15′
亚历山大	29°53′	31°12′	3° 4′	7° 7′
赛伊尼	32°57′	24° 5′	—	—

[18] 有些学者,例如阿尔贝特·雷姆(Albert Rehm)[在《古典学专业百科全书》第 21卷(1921),679 中]会认为,克莱奥迈季斯的活动时期是在公元 2 世纪以后甚至更晚。唯一可以确定的是,他晚于波西多纽;而且几乎可以肯定,他早于托勒密。

[19] 克莱奥迈季斯也许出生在达达尼尔海峡东北端的利西马基亚,或者在这里生活过一段时间,因为他多次提到过这个地方。参见奥托·诺伊格鲍尔:《克莱奥迈季斯与利西马基亚所处的经线》("Cleomedes and the meridian of Lysimachia"),载于《美国哲学杂志》*62*,344-347(1941)。

色尼和波西多纽对地球测量的信息完全来自这卷著作。地球与天空相比只不过是一个点。

第 2 卷的一开始,论述了一种对太阳规模的反伊壁鸠鲁主义的苛刻的评论,它大概是从波西多纽那里借鉴来的。这一卷包括了对月相、日月食以及有关行星的一些数据的说明。

克莱奥迈季斯对折射(*cataclasis*)甚至对大气折射进行了各种评论,例如,他指出,光的折射可能会使得太阳在低于地平线时仍可被看到。

古代以及阿拉伯的天文学家一直不知道他的这一著作,但少数几个拜占庭学者例如米哈伊尔·普塞洛斯(Michaēl Psellos,活动时期在 11 世纪下半叶)和乔阿尼斯·佩迪亚西莫斯(Jōannēs Pediasimos,活动时期在 14 世纪上半叶)却知道它,而且它引起了早期印刷商的注意。

乔治·瓦拉编辑的这一著作的拉丁语版早在 1488 年就在他的《古籍汇编》中出版了,并且于 1498 年重印(Venice:Bevilaqua);这一著作也出版了单行本[Brescia:Misinta,1497(参见图 55)];因此,它的古版本不少于 3 种。[20] 希腊语版由 C. 内奥巴里乌斯(C. Neobarius)首次出版[Paris,1539(参见图 56)]。

现代附有拉丁语原文的版本由赫尔曼·齐格勒(Hermann Ziegler)编辑在《克莱奥迈季斯论天体循环运动》中(两卷)[*Cleomedis de motu circulari corporum caelestium libri duo*(264 页),Leipzig:Teubner,1891]。

---

[20] 克莱布斯:《科学和医学古版书》,第 280 号和第 1012 号。他遗漏了 1488 年的第一版。

7. 杰米诺斯。杰米诺斯(活动时期在公元前 1 世纪上半叶)在罗得岛的生活实际上是不为人知的;他是波西多纽的一个弟子,并且早于阿弗罗狄西亚的亚历山大(活动时期在 3 世纪上半叶),亚历山大曾引证过他。这些限定太少了,以至于没有多少用途,不过,对他的**全盛期**也许可以给予更严格的确定。他说,在他那个时代,伊希斯节是在冬至前一个月;由此可以推断,这个时期大约是公元前 70 年,根据其他理由来看,这似乎是合理的。因此,他不仅是波西多纽的弟子,而且也是与他同时代的人。

在数学方面,他追随欧几里得,在天文学方面则追随喜帕恰斯和巴比伦人。无论如何,在他的天文学导论中,他使用了巴比伦人的方法来计算月球在黄道带中的速度。我们在前一章已经讨论了他有关数学的专论;他介绍天文学的著作以《天文学导论》(*Eisagōgē eis ta phainomena*)为标题。而关于他的数学著作,我们只是从后来的评论者如普罗克洛(活动时期在 5 世纪下半叶)、辛普里丘(活动时期在 6 世纪上半叶)或阿拉伯人奈里兹(活动时期在 9 世纪下半叶)那里才了解到的,他的《天文学导论》则保留到现在。他的这一导论对天文学的全部领域做了最基本的介绍,并且是希腊天文学史非常有价值的原始资料。

杰米诺斯的《导论》被翻译成阿拉伯语;阿拉伯语文本又被克雷莫纳的杰拉德(活动时期在 12 世纪下半叶)翻译成拉丁语(*Liber introductorius ad artem sphaericam*),并且被摩西·伊本·提本(活动时期在 13 世纪下半叶)翻译成希伯来语。《天文学导论》的希伯来语译本(*Hokmat ha-kokabim* 或 *Hokmat ha-tekunah*)于 1246 年在那不勒斯完成。早在

306

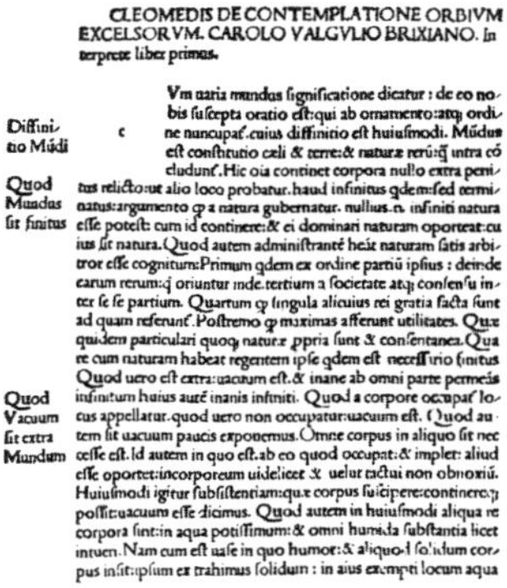

CLEOMEDIS DE CONTEMPLATIONE ORBIVM EXCELSORVM. CAROLO VALGVLIO BRIXIANO. Interprete liber primus.

Diffinitio Múdi

Quod Mundus ſit finitus

Quod Vacuum ſit extra Mundum

Vm uaria mundus ſignificatione dicatur: de eo nobis ſuſcepta oratio eſt: qui ab ornamento: atq; ordine nuncupat᷑. cuius diffinitio eſt huiuſmodi. Múdus eſt conſtitutio cæli & terræ: & naturæ rerú: q̃ intra cócludunt᷑. Hic oia continet corpora nullo extra penitus relicto: ut alio loco probatur. haud infinitus qdem: ſed terminatus: argumento q̃ a natura gubernatur. nullius.n. infiniti natura eſſe poteſt: cum id continere: & ei dominari naturam oporteat: cuius ſit natura. Quod autem adminiſtranté heát naturam ſatis arbitror eſſe cognitum: Primum qdem ex ordine partiũ ipſius: deinde earum rerum: q̃ oriuntur inde. tertium a ſocietate atq; conſenſu inter ſe ſe partium. Quartum q̃ ſingula alicuius rei gratia facta ſunt ad quam referunt᷑. Poſtremo q̃ maximas afferunt utilitates. Quæ quidem particulari quoq; naturæ ꝓpria ſunt & conſentanea. Quare cum naturam habeat regentem ipſe qdem eſt neceſſario finitus. Quod uero eſt extra: uacuum eſt. & inane ab omni parte permeans infinitum huius auté inanis infiniti. Quod a corpore occupat᷑ locus appellatur. quod uero non occupatur: uacuum eſt. Quod autem ſit uacuum paucis exponemus. Omne corpus in aliquo ſit neceſſe eſt. Id autem in quo eſt. ab eo quod occupat: & implet: aliud eſſe oportet: incorporeum uidelicet & uelut tactui non obnoxiú. Huiuſmodi igitur ſubſiſtentiam: quæ corpus ſuſcipere: continereq; poſſit: uacuum eſſe dicimus. Quod autem in huiuſmodi aliqua re corpora ſint: in aqua potiſſimum: & omni humida ſubſtantia licet intueri. Nam cum eſt uaſe in quo humor: & aliquod ſolidum corpus inſit: ipſum ex trahimus ſolidum: in eius exempti locum aqua

图 55　克莱奥迈季斯的《天体圆周运动理论》(*De contemplatione orbium excelsorum*)拉丁语第一版,由枢机主教凯撒·博尔吉亚(Cardinal Caesar Borgia)的秘书布雷西亚的卡罗卢斯·瓦尔古里乌斯(Carolus Valgulius of Brescia)编辑,这本书是题献给博尔吉亚的[21 厘米高(Brescia: printed by Bernardinus Misinta, 3 April 1947)][承蒙哈佛学院图书馆恩准复制]

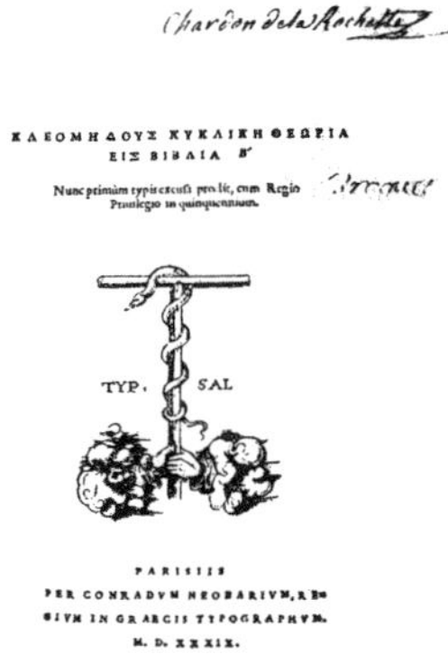

Chardon de la Rochette

ΚΛΕΟΜΗΔΟΥΣ ΚΥΚΛΙΚΗ ΘΕΩΡΙΑ
ΕΙΣ ΒΙΒΛΙΑ Β'

Nunc primùm typis excuſa per lic, cum Regio Priuilegio in quinquennium.

PARISIIS
PER CONRADVM NEOBARIVM, REGIVM IN GRAECIS TYPOGRAPHVM.
M. D. XXXIX.

图 56　克莱奥迈季斯的《天体圆周运动理论》的初版[21 厘米高,44×2 页(Paris: Conradus Neobarius, 1539)]。这本书上有沙尔东·德·拉·罗谢特(Chardon de la Rochette, 1753 年—1814 年)的签名,他是法国希腊学家,并且是阿达曼托斯·科拉伊斯(Adamantos Coraēs)的重要朋友。参见《科拉伊斯致沙尔东·德·拉·罗谢特未发表的书信(1790 年—1796 年)》(*Lettres inédites de Coray à Chardon de la Rochette, 1790 – 1796*)[承蒙哈佛学院图书馆恩准复制]

1499 年,杰米诺斯的《导论》的一部分就以《普罗克洛的天空》(*Proclu sphaira*)为题,作为奥尔都所编辑的《古代天文学家》(*Astronomici veteres*)的结尾部分在威尼斯出版。这实际上是中世纪对杰米诺斯专论摘录的汇编。1620 年时,它已有 20 多个版本出版了。杰米诺斯的《导论》的希腊语第一版由埃多·希尔德里库斯(Edo Hildericus)编辑[Altdorf, 1590(参见图 57)],1603 年在莱顿重印。

现代版附有卡尔·马尼蒂乌斯翻译的德译本[413 页(Leipzig: Teubner, 1898)]。也可参见奥托·诺伊格鲍尔:

307

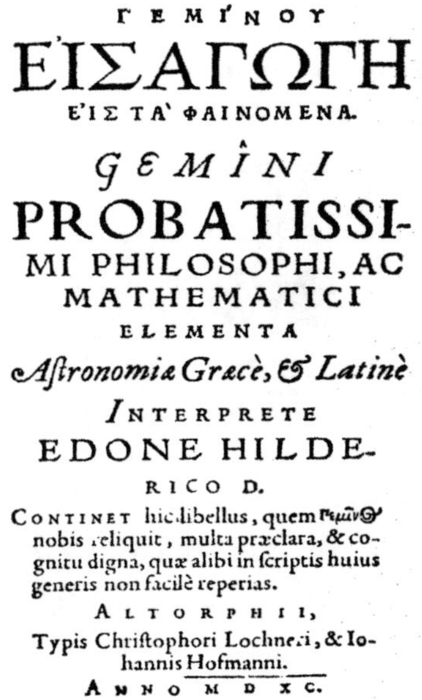

ΓΕΜΙΝΟΥ
ΕΙΣΑΓΩΓΗ
ΕΙΣ ΤΑ' ΦΑΙΝΟΜΕΝΑ.

G E M I N I
PROBATISSI-
MI PHILOSOPHI, AC
MATHEMATICI
E L E M E N T A
Aftronomiæ Græcè, & Latinè
I N T E R P R E T E
EDONE HILDE-
RICO D.

CONTINET hic libellus, quem ἡμῖν σὺ
nobis reliquit, multa præclara, & co-
gnitu digna, quæ alibi in fcriptis huius
generis non facilè reperias.

A L T O R P H I I,
Typis Chriftophori Lochneri, & Io-
hannis Hofmanni.
A N N O M D X C.

图 57　杰米诺斯的《天文学导论》的初版,希腊语和拉丁语由埃多·希尔德里库斯编辑[14.5厘米高,18页(Altdorf, 1590)]。该著作的片段曾被译成拉丁语,并以《普罗克洛的天空》为题,编入《古代天文学家》出版(Venice:Aldus, 1499),而且常常被重印[承蒙哈佛学院图书馆恩准复制]

《数学、天文学和物理学史的原始资料与研究》(*Quellen und Studien zur Geschichte der Mathematik, Astronomie und Physik*),第 3 卷,《楔形文字数学课本》(*Mathematische Keilschrift-Texte*, Berlin:Springer, 1937),第 77 页。

8. **凯斯金托铭文**(Keskinto inscription)。作为天文学的摇篮,罗得岛的重要性仅次于亚历山大,这一点已得到喜帕恰斯、波西多纽、克莱奥迈季斯和杰米诺斯等人的活动的证明。此外,我们还有一块年代在公元前 150 年—前 50 年的天文学铭文,该铭文是在这个岛上的凯斯金托[古称林多斯(Lyndos)]发现的。

9. **克塞那科斯**。奇里乞亚的塞琉西亚[21]的克塞那科斯（活动时期在公元前 1 世纪下半叶），于公元前 1 世纪末活跃于亚历山大、雅典和罗马。他在罗马期间，奥古斯都对他以友相待。他是漫步学派的哲学家和语法学家；斯特拉波是他的弟子之一。他撰写了一部反驳第五原质的专论[22]［*Pros tēn pemptēn usian*（《驳第五元素》）］。在其中，他大胆地批评亚里士多德的天文学原理，他指出：天体的自然运动并不完全是圆周的、匀速的和同心的运动。这一命题在这类论述中是独一无二的；遗憾的是，我们只是从辛普里丘对《论天》（*De coelo*）的评论中才不完整地和间接地了解到它们。

308

四、拉丁天文学者

这个时代最重要的天文学家如塞琉古、喜帕恰斯以及其他人都是用希腊语写作，他们的著作可能在罗马已经得到了研究，而我们将见证一种拉丁语科学文献的开端。这种文献没有涉及天文学研究，但涉及了天文学知识的传播。它的水平并不是很高，但是，我们又能期待什么呢？

---

[21] 这里是塞琉西亚特拉切奥蒂斯（Seleuceia Tracheōtis）。许多城市都曾叫作塞琉西亚，以纪念塞琉西王朝的创立者塞琉古–尼卡托。其中有一个塞琉西亚位于底格里斯河畔［即塞琉西亚巴比伦尼亚（Seleuceia Babylonia）］；还有一个是塞琉西亚佩里亚，它是伸向海中的一个要塞，在奥龙特斯河以北，安条克以西。塞琉西亚特拉切奥蒂斯位于奇里乞亚阿斯帕拉（Cilicia Aspera），有一个关于阿波罗的神谕与此地相关，另外，这里每年还举办一次纪念天上的宙斯神（Zeus Olympios）的运动会。其他以此为名的城市不那么重要。

[22] 柏拉图曾假设存在着一种第五原质或第五元素，以便能在 5 种正多面体与元素之间建立对应关系。在《蒂迈欧篇》，第五种立体被等同于整个宇宙。在《伊庇诺米篇》中，在火之后的第五种元素被称作以太（参见本书第 1 卷，第 452 页）。对亚里士多德来说，以太是最高元素；这一点保留在漫步学派的学说之中，但是，斯多亚学派又恢复了四元素说。随着柏拉图主义的复兴，第五原质又回来了。斐洛（活动时期在 1 世纪上半叶）没有对以太、星际世界的天火以及灵魂的本体做出区分。克塞那科斯的专论《驳第五元素》是对亚里士多德的以太的批判。

在公元前 2 世纪,尚无以天文学为主题的拉丁作者。不过,至少以下这 6 位作者生活在基督纪元以前,而且是基督纪元之前最后的 6 位作者,按照年代顺序,他们是卢克莱修(公元前 55 年去世)、普布利乌斯·尼吉迪乌斯·菲古卢斯(Publius Nigidius Figulus,公元前 44 年去世)、西塞罗(公元前 43 年去世)、瓦罗(公元前 27 年去世)、维吉尔(公元前 19 年去世),最后是希吉努斯(大约公元 10 年去世)。

1. **普布利乌斯·尼吉迪乌斯·菲古卢斯**(活动时期在公元前 1 世纪上半叶)。菲古卢斯是一位政治家,他是元老院议员,并且于公元前 58 年成为执政官。他曾被派遣出任东方的使节,并且在以弗所遇见了西塞罗。他是相当保守的;在罗马内战期间,他站在庞培一边,而且在法萨罗战役(公元前 48 年)中为庞培而战,但此次战役以庞培的战败而告终,凯撒成为世界的主宰。菲古卢斯被凯撒赶走了,他于公元前 44 年在流亡中去世。他的朋友西塞罗试图帮助他,但这样做却危及了西塞罗本人的安全(西塞罗于公元前 43 年被谋杀);西塞罗给他写了一封著名的信,信的结尾是这样的:

我最后要说的是,我郑重地恳求您要勇敢并且要想一想那些发现,不仅是那些您会为之而感激其他伟大的科学之人的发现,而且还有那些您凭借自己的天赋和研究所做出的发现。如果您把它们列出一个清单,那将会使您充满各种希望。[23]

---

[23] 转引自弗雷德里克·H. 克拉默:《罗马法律与政治中的占星术》(Philadelphia: American Philosophical Society, 1954) [《反射镜》*31*, 156-161(1956)],第 64 页。

这封信显示出西塞罗对他非常尊敬。尼吉迪乌斯·菲古卢斯是一个饱学之士,而且极为关心哲学和天文学;他对天文学的兴趣是十分自然的,因为他持有波西多纽所阐明的那种斯多亚学派的宇宙观,而且是一个新的所谓罗马"毕达哥拉斯"学派的核心人物。他以及不久之后的瓦罗,是占星术最早的拉丁支持者。

尼吉迪乌斯·菲古卢斯不仅是占星术的捍卫者,而且是其他形式的占卜和巫术的捍卫者。他撰写了许多著作,其中只有一些残篇保留下来[24],这些残篇涉及神话、占卜、占星术、气象学、地理学和动物学。在他的著作《论诸神》(*De diis*)中,他把"拜火教的"[25]占星术与斯多亚学派的占星术结合在一起,并且讨论了斯多亚学派的世界大火(*ecpyrōsis*)和新生(*palingenesis*)的思想。[26] 他对后代最重要的贡献是他对诸星的研究,亦即对(阿拉图描述的)希腊天球与(来源于东方的)蛮族天球的研究;他是第一个赋予星座和诸星拉丁语名称的人,尤其在"蛮族"天球的情况下,这种命名是非常有助益的。对他来说,占星术是天文知识的有效应用,作为一个占星术士,他的影响是巨大的。他推算了公元前63年9月23日出生的小屋大维(Octavius)的天宫图(屋大维和

309

---

[24]　这些残篇的总量是很少的。最近的一版是安东·斯沃博达(Anton Swoboda)编辑的:《尼吉迪乌斯·菲古卢斯著作残篇》[*Nigidii operum reliquae*(143页),Prague,1889]。

[25]　"拜火教的"这个词之所以加上引号,是因为希腊的拜火教传统与真正的拜火教传统大相径庭。在希腊,拜火教与巴比伦人和迦勒底人的思想、占星术以及许多其他东西混在一起。例如,其创始人琐罗亚斯德(Zoroaster)本人常常被称作占星术士。参见约瑟夫·比德兹和弗朗茨·居蒙:《希腊的博学之士——希腊传说中的琐罗亚斯德、奥斯塔内和希斯塔普》,2卷本(Paris:Belles Lettres,1938)[《伊希斯》*31*,458–462(1939–1940)]。

[26]　有关世界大火和新生,请参见本书第1卷,第602页。

奥古斯都的未来）；据说，他向小屋大维的父亲老屋大维预告，根据星象来看，他的儿子会成为这个世界的主宰。

2. **卢克莱修和西塞罗**。虽然西塞罗非常钦佩尼吉迪乌斯·菲古卢斯的学识，但他并不赞同后者的占星术信念。西塞罗既受到伊壁鸠鲁主义者主要是他的朋友卢克莱修的影响，也受到卡尔尼德和斯多亚学派的帕奈提乌的影响。他的《论占卜》（写于公元前 44 年、凯撒去世之后）是对一般意义上的占卜尤其是对占星术的非常强有力的抨击。对于卢克莱修和西塞罗在一个非常关键的时代为理性主义的辩护，人们怎么感谢也不过分；在那样的时代，由于占星术的谬论日益流行，这样的辩护需要十分清晰易懂，而且由于自由正在逐渐衰落，这样的辩护也需要相当大的勇气。

3. **M. 泰伦提乌斯·瓦罗**。尼吉迪乌斯·菲古卢斯的占星术倾向和百科全书式的倾向，被与他同时代但比他年长的马尔库斯·泰伦提乌斯·瓦罗（公元前 116 年—前 27 年）延续下来。

瓦罗于公元前 116 年出生在萨宾国（Sabine）的雷特（Reate）[27]；他在罗马接受教育，成为斯多亚学派语法学家卢修斯·埃里乌斯·斯提洛（Lucius Aelius Stilo）的学生，后来又去了雅典，拜学园派成员阿什凯隆的安条克为师。他的生活的绝大部分基本上都奉献给了公共事务亦即政治和战争。他为庞培效力，并且在其手下担任过护民官、首席行政官和执政官等职。公元前 76 年，他成为庞培在西班牙的代

---

[27] 雷特位于拉丁姆地区，是古代萨宾的首都，后来成为罗马的 *municipium*（自治市，具有一定程度的地方自主性的城市）。它现称为列蒂（Rieti），在罗马西北偏北 42 英里。

理会计官;公元前 67 年,他参加了庞培打击东地中海海盗的战役;他还参加了庞培与米特拉达梯的战争,并且于公元前 49 年为庞培在西班牙作战,而且再次在希腊作战。凯撒宽恕过他两次,第二次是在法萨罗战役(公元前 48 年)之后,并且委托他管理其希腊-拉丁图书馆。[28] 安东尼没有那么宽宏,并且迫害过他两次,第二次迫害他是在公元前 43 年第二次三人执政时。瓦罗被放逐,他的大部分财产包括他的藏书都被剥夺了,但他的性命保住了,这大概要感谢屋大维的干预。当屋大维当上皇帝时,瓦罗可能恢复了他在凯撒时期开始的工作,并且受命全权负责奥古斯都图书馆。

　　公元前 43 年,他已是一个老兵,已经 73 岁高龄了,但他的人生之旅还有 16 年的路要走,他把余下的时光用于紧张的研究和写作。他在大部分人结束生命的年纪开始了他真正的生活,而且他的声誉几乎完全是建立在他从 73 岁到 90 岁所做的研究的基础之上的。

　　他从事了大量的文学活动,其中大部分,当然也是最出色的部分,是在他晚年完成的。昆提良(活动时期在 1 世纪下半叶)公正地称他为"罗马人中最博学的人"。[29] 我们在本卷的其他章中必定会一而再、再而三地谈到他。现在,我们必须把自己限定在对其著作的一般性考察上,限定在对他的占星术观点和他的科学百科全书的讨论上。

　　他的主要著作有 7 部,我尽可能按照年代顺序把它们列

---

〔28〕 这再次例证了凯撒的宽宏和他对文学价值的鉴赏力。凯撒有可能宽宏,而安东尼则不可能,因为凯撒是伟大的,而安东尼是渺小的。

〔29〕 原文为 *Vir Romanorum eruditissimus*,参见昆提良:《演说术原理》(*Institutio oratoria*),x,1,95。

出来：（1）《墨尼波斯式讽刺诗》（105卷）（*Saturarum Menippearum libri CV*）*，大约写于公元前81年—前67年，"墨尼波斯式讽刺诗"是一种散文与韵文的混合体；（2）《世俗的古代史和宗教的古代史》（41卷）（*Antiquitatum rerum humanarum et divinarum libri XLI*），写于公元前47年；（3）《对话集》（76卷）（*Logistoricon libri LXXVI*），这是从公元前44年开始的有关不同主题的对话的汇编；（4）《论拉丁语》（25卷）（*De lingua Latina libri XXV*），在西塞罗去世（公元前43年12月7日）之前出版，大概写于具有预示性的那一年；（5）《希腊-罗马七百名人传》（15卷）（*Hebdomades vel de imaginibus libri XV*）**，写于公元前39年；（6）《论农业》（3卷）（*Rerum rusticarum libri* Ⅲ），写于公元前37年；（7）《教育》（9卷）（*Disciplinarum libri* Ⅸ），写作时间不明，大概写于他生命的末期。

在这些著作以及诸多尚未列出的他的著作中，只有两部著作得以幸存，一部是他的专论《论农业》（*Res rusticae*），另一部是他的专论《论拉丁语》的第5卷至第10卷；我将在本卷第二十一章讨论《论农业》，将在第二十六章讨论《论拉丁语》，这里似乎是讨论他的《教育》的最好地方，这是一部百科全书式的著作，是同类中最早的，当然也是拉丁语中最早的这类著作。

《教育》分为9卷：（1）《语法》（*Grammatica*），（2）《论辩术》（*Dialectica*），（3）《修辞学》（*Rhetorica*），（4）《几何学》

（*Geometrica*），（5）《算术》（*Arithmetica*），（6）《占星术》（*Astrologia*），（7）《音乐》（*Musica*），（8）《医学》（*Medicina*），（9）《建筑学》（*Architectura*）。

　　我把这 9 卷分为 3 组以便帮助读者认识到，他所面对的传统的"七艺"即"三学"加"四学"，可以追溯到希腊古代，几乎直至他林敦的阿契塔（活动时期在公元前 4 世纪上半叶）时代，亦即柏拉图时代。[30] 在前两个大组中，有一组代表语法加演说术和辩论术（这是任何种类的知识的基础），另一组代表（被设想为科学的）数学。这 9 卷中的最后两部著作论述的是应用科学，即医学和建筑学，在现代的文科学院中，这两个学科已不再教授，它们被划归到特殊的专业学校中了。

　　"三学"和"四学"一起构成"七艺"，它们是古代晚期、中世纪和文艺复兴时期的基础教育；它们的遗迹仍残留在我们的艺术学院中以及艺术类的学士学位和硕士学位之中。

　　当然，我们对"四学"最感兴趣，而且可能会仔细地思考它的 4 个分支：几何学、算术、占星术和音乐。请注意，对"四学"和"三学"的主要划分，并非在自然科学与人文学之间进行的划分。之所以如此，首先是因为，音乐是人文学的一部分，不是吗？你也许会回答说：成熟的音乐是，而视唱练习和乐器演奏技术的基础则不是。每个人都会同意，在这些部分中不存在人文学的成分；它们对学生和他们的邻居而言都是痛苦的。视唱练习和其余部分对于音乐的意义，就像语法对于语言的意义那样。因此，我长期以来坚持认为，教育

311

----

[30]　有关"七艺"的起源，请参见本书第 1 卷，第 434 页和第 440 页。

中的分割不是纵向的：人文学在左，科学和技术在右；而是横向的：语法在底部，人文学在其上。[31] 在"三学"中，既有人文学也有语法，在"四学"中则是既有人文学也有科学；这完全取决于教师和学生个人。

　　"四学"中的第一和第二部分迫使瓦罗去讨论几何学和算术，而他也写过论述这些主题的单独的著作(已失传)。例如一部专论是《论测量法》(*Mensuralia*)；另一部是关于几何学的专论，在其中，他陈述说，地球是卵形的；还有一部论算术的专论[《阿提库斯论数》(*Atticus sive de numeris*)]。"四学"的第三部分被称作 *Astrologia*，这个词既可能指天文学，也可能指我们所说的占星术。[32] 事实上，瓦罗开始时并不是一个占星术士，因为他年轻时接受了新学园的怀疑论；随着他年龄的日益增长，他愈来愈受尼吉迪乌斯·菲古卢斯和罗马的其他斯多亚学派成员的影响以及"毕达哥拉斯学派"的影响；他变得越来越保守、越来越倾向神秘主义。在凯撒和西塞罗去世之后，像尼吉迪乌斯这样的占星学家以及诸如瓦罗这样的占星术的支持者有了很多机会。瓦罗有占星术倾向，但他没有能力绘制天宫图。另外，他喜欢思考占星术的宿命论、数字命理学以及类似的幻想。他撰写了一部专论《数字原理》(*De principiis numerorum*)。他的《希腊–罗

---

[31] G.萨顿:《文艺复兴时期(1450年—1600年)对古代和中世纪科学的评价》(Philadelphia：University of Pennsylvania Press，1955)，第 x 页。

[32] 我在《科学史导论》第 3 卷第 112 页已经讨论过术语的多义性。这两个词(astronomy 和 astrology)同样在指示真正的科学方面是等效的：因为 *logos* 与 *nomos* 是同义的。对于"astronomy(天文学)"，可以比较一下"agronomy(农学)""taxonomy(分类学)"和"bionomy(生态学)"；对于"astrology(占星术)"，可以比较一下"geology(地质学)""biology(生物学)"和"meteorology(气象学)"。"Nomology(法理学)"这个词则是由两个词尾构成的!

马七百名人传》(传记集)之所以有那样的标题,是因为他喜欢沉浸于涉及数字"7"的神秘思想中;他引起或传播了(每7年一次的)"转折(climacteric)年"[33]的恐惧。他还以毕达哥拉斯学派的每440年循环一个周期[34]的思想以及斯多亚学派的新生的思想自娱。他如此迷恋这类幻想,以至于他最终希望按照毕达哥拉斯派的仪式被安葬。[35]　他于公元前27年去世。

　　瓦罗的知识来源于希腊,但他深受罗马文化的影响。他甚至比西塞罗有更强烈的古罗马精神(*Romanitas*),而且这种精神被应用于学术方面而不是用于道德和政治方面。卢克莱修、西塞罗、维吉尔和瓦罗是最早的用拉丁语传授希腊哲学和科学的伟大教师。而在这4个人当中,瓦罗也许是最伟大的教师;他既不像卢克莱修和维吉尔那样是一个诗人,也不像西塞罗那样是一个文体家;他对学问比对文学幻想更有兴趣,而且他的主要目的始终是教学,因此才会有《教育》这一著作,而该著作已经成为古代和中世纪的思想典范之一。

　　由于瓦罗的史学著作充满了涉及占星术的引证,因而在占星学传播方面,他所起的作用像尼吉迪乌斯·菲古卢斯一样巨大(作为一个占星学家,他略逊一筹,但作为一个作家,

―――――――――

[33] *Climactēr* 这个词的词义指环形阶梯,因而又指生活中要迈出的艰难的或决定性的一步。我们的英语词"climacteric"来源于其形容词 *climactēricos*;希腊人也使用相关的动词 *climactērizomai*;处在某个转折时代。在法国的口头传说中,大转折(grand *climatérique*,亦即7×9=63 年)尤其具有预示性。当韦达[Viète,1540 年――1603 年(法国数学家。——译者)]去世时,他是 63 岁,有人对这个问题进行了严肃的评论。据我所知,所有这类荒谬的东西,都是从瓦罗开始的。

[34] 440＝2^3×5×11。我不理解赋予这个数字的重要性。

[35] 参见普林尼:《博物志》,第 35 卷,46。

他更受欢迎）；他们二人都对罗马帝国占星术气氛的形成起到有力的推动作用。但无论如何，作为占星术的朋友，瓦罗的影响是间接的。瓦罗传统主要涉及的是他的《论农业》；我们将在论及该传统时描述他的这部最伟大的著作。

4. 维吉尔、维特鲁威、希吉努斯和奥维德。在公元前 1 世纪下半叶和奥古斯都时代（公元前 27 年—14 年）期间，天文学，或者至少有关星际世界的神话，是罗马绅士教育的一个必不可少的部分。因而我们可以料想，那些最重要的作家都具有某种天文学知识。这种预料已经在西塞罗和瓦罗的事例中得到证明。我们再考虑几个例子：维吉尔，他于公元前 19 年去世；维特鲁威，他活跃于奥古斯都统治时期；希吉努斯，他在公元 10 年时依然领导着帕拉丁图书馆；奥维德，他至少一直活到公元 17 年。

他们的知识的主要来源是阿拉图（活动时期在公元前 3 世纪上半叶）的诗歌，他们可能阅读的是原文，也可能是西塞罗的译文。格马尼库斯·凯撒将军（公元前 15 年—公元 19 年）改进了译文，但是太晚了，也许除了维特鲁威和奥维德外，其他人都没有用上。正如《建筑十书》第 9 卷所证明的那样，维特鲁威也非常熟悉希腊天文学，甚至熟悉迦勒底的"占星术"。他确信，占星术是迦勒底人的一个专长。他有关这个主题的论述非常值得注意，因而我们一定要逐字引用：

谈到占星术（*astrologia*）的其余部分，亦即有关黄道十二宫以及 5 颗行星、太阳和月亮对人类生活进程的影响的研究,我们必须接受迦勒底人的预测,因为算命(*ratio genethlialogiae*)[36]是他们的专长,因而他们可以根据天文计算解释过去和未来。出身于迦勒底族的那些人把他们对一些重要事件的发现一代代传了下来,这些发现证明他们具有了不起的技能和精明。[37]

在伟大的苏拉带回国的战俘中,有一个来自米利都或卡里亚的希腊人,他在罗马成为一个著名的教师并且撰写了如此之多的著作,以至于获得了"博学者亚历山大"的绰号。他的一个前途无量的学生盖尤斯·尤利乌斯·希吉努斯(活动时期在公元前 1 世纪下半叶)也是一个战俘或奴隶,而希吉努斯已被凯撒从亚历山大城带走了。[38] 亚历山大认识到了希吉努斯的非凡价值,并且引起了奥古斯都对他的注意。奥古斯都皇帝不仅释放了他,而且让他管理帕拉丁图书馆。希吉努斯模仿他的恩主的多产和百科全书式的作风,撰写了有关众多主题的相当可观的著作。天文学自然是这些主题之一,他不仅像其他人一样利用了阿拉图的《物象》,而且还使用了一个天体仪。他可能是维吉尔的老师之一。直至公元 10 年,他仍然是帕拉丁图书馆的主管。他作为一个学者的声誉,有可能在一定程度上是由于他担任的职务,因为单

---

[36] 用天文学方法进行的预测分为两组;第一组被称作 *catholicos* (普遍预测),涉及人种、国家、民族、城市;第二组被称作 *genethlialogicos* (星象预测),涉及个体[《四书》(*Tetrabiblos*),第 2 卷,1]。当人们谈到占星术时,一般是指第二组。 *Genethlē* 是指诞生、起源、出生地; *genethilos* 是出生日(*natalis*); *genethialogia* 是指星象。

[37] 维特鲁威:《建筑十书》,第 9 卷,第 6 章,2。维特鲁威有关迦勒底占星术的观点在相当长的一段时间内成为一种传统观点,迦勒底人获得的不良名声证明了这一点。只是从 1880 年起,迦勒底"天文学"才逐渐被揭示。参见本章的最后一节。

[38] 按照另一种说法,希吉努斯是西班牙血统。

纯的人一般都易于相信，一个图书馆馆长必定 *ipso facto*（因此）是一个非凡的学者。

在塞维利亚的伊西多尔（活动时期在 7 世纪上半叶）使人们重新认识他之前，他几乎被遗忘了；多亏了伊西多尔，他的声望在中世纪被恢复了，他的某些著作被保存下来。这些著作中有一些残篇是论述农业和养蜂业的，还有近乎完整的论述天文学的专论［《论天文学》（*De astrologia*）或《论天空中的预兆》（*De signis caelestibus*）］。该著作描述了 42 个星座和有关它们的神话，而且该书被分为 4 个部分：（1）对宇宙、天球及其各个部分的说明，（2）有关星座的故事，（3）星座的外形，（4）行星及其运动（该书的结尾部分佚失了）。

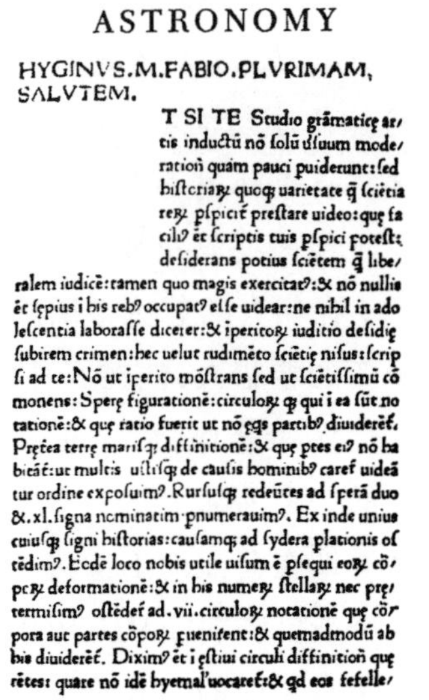
ASTRONOMY

HYGINVS.M.FABIO.PLVRIMAM,
SALVTEM.

T SI TE Studio grãmaticę ar/
tis inductũ nõ solũ ussuum mode/
ratioñ quam pauci puiderunt: sed
histcriaꝶ quoq; uarietate q̃ sciẽtia
reꝶ pspicit prestare uideo: quę fa
cili⁹ ẽt scriptis tuis pspici potest:
desiderans potius sciẽtem q̃ libe/
ralem iudicẽ: tamen quo magis exercitat⁹: & nõ nullis
ẽt sępius i his reb⁹ occupat⁹ esse uidear: ne nihil in ado
lescentia laborasse dicerer: & iperitoꝶ iuditio desidię
subirem crimen: hec uelut rudimẽto sciẽtię nisus: scrip
si ad te: Nõ ut iperito mõstrans sed ut sciẽtissimũ cõ
monens: Sperę figurationẽ: circuloꝶ q; qui i ea sũt no
tationẽ: & quę ratio fuerit ut nõ ęqs partib⁹ diuiderẽt.
Pręterea terrę marisq; diffinitionẽ: & quę ptes ei⁹ nõ ha
bitẽt: ut multis uilisq; de causis hominib⁹ carẽt uideã
tur ordine exposuim⁹. Rursusq; redeũtes ad sperã duo
&. xl. signa nominatim pnumerauim⁹. Ex inde unius
cuiusq; signi historias: causamq; ad sydera plationis os
tẽdim⁹. Eodẽ loco nobis utile uisum ẽ psequi eoꝶ cõ/
poꝶ deformationẽ: & in his numeꝶ stellaꝶ nec pręter/
termisim⁹ ostẽderẽ ad. vii. circuloꝶ notationẽ quę cõr
pora aut partes cõpoꝶ puenirent: & quemadmodũ ab
his diuiderẽt. Dixim⁹ ẽt i ęstiui circuli diffinitioñ quę
rẽtes: quare nõ idẽ hyemal' uocarẽt: & qd eos fefelle/

图 58 希吉努斯的拉丁语天文学诗《星图》（*Poeticon astronomicon*）的初版（Ferrara：Augustinus Carnerius，1475）［承蒙加利福尼亚州圣马力诺市亨廷顿图书馆恩准复制］

314 这一著作非常受欢迎，许多抄本以及不少于 5 种的古版书都证明了这一点，这 5 种古版书中有 4 种是拉丁语版［Ferrara：Carnerius，1475（参见图 58）；Venice：Ratdolt，1482；Venice：T. Blavis，1485 & 1488］。在埃哈德·拉特多尔特（Erhard Ratdolt）移居奥格斯堡（Augsburg）后，他于 1491 年出版了一个德译本《黄道十二宫》［*Von den zwölf*

Zeichen（参见图 59）；Klebs，527.1-4，528.1］。该著作还有许多 16 世纪的版本。新拉丁语版由约翰·索特尔（Johann Soter）编辑（Cologne，1534）。

现代版有伯恩哈德·邦特（Bernhard Bunte）编辑的《希吉努斯的天文学》［*Hygini astronomica*（130 页），Leipzig，1857］，还有埃米尔·夏特兰和保罗·勒让德尔（Paul Legendre）编辑的版本（Paris：Champion，1909）。

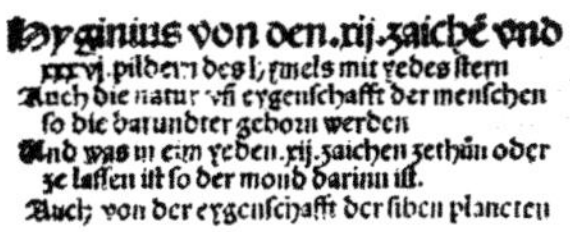
Hyginius von den.xij.zaichē vnd
xxxvj.pildern des hymels mit yedes stern
Auch die natur vñ eygenschafft der menschen
so die darundter geborn werden
Und was in eim yeden.xij.zaichen zethůn oder
ze lassen ist so der mond darinn ist.
Auch von der eygenschafft der siben planeten

图 59 希吉努斯的天文学诗的德译本《黄道十二宫》（Augsburg：Erhard Ratdolt，1491）［承蒙俄亥俄州克利夫兰市军事医学图书馆恩准复制］

维吉尔（活动时期在公元前 1 世纪下半叶）受到尼吉迪乌斯·菲古卢斯和希吉努斯的影响，也受到一个伊壁鸠鲁派的家庭教师和一些斯多亚派典范的影响。这可以说明他的一些矛盾心态；他像每个人一样接受了占星术思想，但有一定的节制。他研究了医学和数学（其中包括占星学）。他的一首田园诗有一种斯多亚派式的占星学情调，或者可以称它有一种救世主似的暗示；那就是《牧歌》（四）（*Ecloga* Ⅳ），它是在布伦迪休姆和约（the peace of Brundisium）签订（公元前 40 年）[39]之后题献给波利奥的。维吉尔宣布了一个新的时代的开始；一个会把黄金时代带回来的孩子将要降生，繁荣会伴随他一起成长，并且在他成年时将达到完满。这个孩子是谁呢？是波利奥的孩子吗（他有一个孩子在公元前 40 年出世）？很有可能，维吉尔所想的并不是现实中的孩子。尽管以田园生活为背景，但这一（从日期和田园诗编号排在第四的）《牧歌》的通篇更像政治诗而不像田园诗。它所具有的政治和预示的特点，会使人想到库迈[40]的西比尔（Sibylla of Cumae）的预言以及俄耳甫斯的预言和伊特鲁里亚的预见，按照这些预言或预见，世界上的生命被分在不同的周期或"年"之中，由阿波罗宣布、由萨图恩（Saturn）和处女阿斯特赖亚（Astraia）开始的每一个周期都是一次彻底的更新。这种预言口吻的宗教意味如此之强烈，以至于从君士坦丁（皇帝，306 年—337 年在位）和圣奥古斯丁（活动时期在 5 世纪上半叶）开始的古代人都认为，这个孩子就是《旧约全书》中已经宣布的救世主！这种解释没有得到证实，但伟大的犹太考古学家萨洛蒙·雷纳克（Salomon Reinach，1858 年—1932 年）仍然可能断言："那首诗写于公元前 40

---

[39]　在屋大维试图防止安东尼登陆进入意大利时，安东尼已经签订了布伦迪休姆（布伦迪西）和约。波利奥促成的三执政官中这两人的和谈，唤起了巨大的希望和普遍的喜悦。在波利奥返回后，他成了执政官。盖尤斯·阿西尼乌斯·波利奥（活动时期在公元前 1 世纪下半叶）曾经为凯撒而战，后来在罗马内战中又为安东尼而战。他在自由宫创办了第一个罗马公共图书馆；他是一位文学评论家和文学的赞助者，是维吉尔、贺拉斯以及其他作家的朋友。

[40]　库迈［现称库马（Cuma）］在佛勒格拉地区（Phlegraean Fields），那不勒斯正西方。它之所以出名主要是因为，它是最早的女先知的居住地。参见本卷第二十章。

年,完全是宗教作品,是最早的基督教著作。"[41]

我将在本卷的另一个部分说明,维吉尔的天文学知识并不仅仅是阿拉图式的;他是一个农夫,并且喜欢与其他农夫交谈;他熟悉气象学和天文学方面的民间传说。[42]

我的最后一个例子是奥维德,他非常熟悉占星术,但依然对之持有某种怀疑。他大概是典型的最有教养的罗马人,他接受占星术幻想,但并不是狂热地接受。在最上流的社会中,拒绝如此流行的思想可能是无济于事的,但应当谨言慎行。当然,以诗的形式所做的描述总是被允许的,人们可能会理解实际的暗示所指的含意,但这未必会影响人们内在的信念。

五、占星术

我在本卷第十一章已经介绍了占星术的起源。在古代,从波斯和巴比伦产生的占星术思想与毕达哥拉斯派和柏拉图派的幻想结合在了一起。但其中的许多成分不是 *stricto sensu*(严格意义上的)占星术,而是天体崇拜神话和有关诸星的神话。只有当有人不仅具有这样的观念,即诸星影响了人类的命运;而且更明确地认为每个人的命运都可以从他的

---

[41] 这段话引自亨利·格尔泽(Henri Goelzer)编辑的《牧歌》的拉丁语–法语对照本(Paris,1925?),第 41 页。

[42] 参见 P. 德埃鲁维尔(P. d' Hérouville):《维吉尔的天文学》[*L' astronomie de Virgile*(35 页),Paris:Belles Letters,1940],该著作包含了一个维吉尔所提到的所有星辰的一览表。维吉尔的选择是武断的;例如,他只命名了黄道十二宫中的 6 宫。一幅天体图说明了维吉尔所提到的星座和星体。也可参见威廉·欧内斯特·吉莱斯皮(William Ernest Gillespie):《维吉尔、阿拉图及其他作家:作为文学主题的气象预兆》[*Vergil, Aratus and others:the weather-sign as a literary subject*(80 页,博士论文),Princeton University,1938],《农事诗》(一)例证了维吉尔在气象学方面的知识。

星象推断出来,亦即从对他出生时行星和主要的恒星的相对位置的"科学的"陈述和解释中推断出来,这时,一种"科学的"占星术才建立起来。不过,有人不久就认识到,在人的生命中,关键的事件不是他的出生,而是他被孕育;怀孕是在一定的时间和一定的地点发生的,而出生的时间和地点是偶然的。遗憾的是,怀孕这件事即使对当事人也是未知的,而出生的时间和地点却是实实在在的和显而易见的;把它们记录下来是可能的,对那些重要的人物来说,可以把它们作为证据,并且用一份公证文件来发布有关的消息。

　　已知最早的天宫图被记录在公元前 410 年和公元前 263 年的楔形文字泥板上。请注意这些年代的久远和它们之间的间隔(147 年),这些暗示着这样的天宫图在迦勒底是非同寻常的。[43] 无论如何,天宫图艺术并没有在美索不达米亚发展起来,而在埃及,自希腊化时代开始直至结束,它一直在发展,而且在这个时代即将结束和罗马时代日益临近时,它的发展更为迅速。希腊化时代的天宫图的作者是希腊的埃及人(或埃及的希腊人),他们不仅以迦勒底人为榜样吸收了其知识,而且也从法老那里吸收了知识。[44]

　　希腊-埃及占星术在奥古斯都时代似乎业已达到了巅峰,斯多亚学派的哲学和泛神论,再加上皇帝的偏爱,极大地

---

[43] 有关这些早期算命天宫图的详细情况,请参见弗雷德里克 · H. 克拉默:《罗马法律与政治中的占星术》(四开本,292 页),见《美国哲学学会研究报告》(Memoirs of the American Philosophical Society),第 37 卷 (Philadelphia, 1954) [《反射镜》*31*, 156−161(1956)],第 57 页。

[44] 参见弗朗茨 · 居蒙与克莱尔 · 普雷奥合作的杰出研究:《占星家的埃及》(254 pp;. Brussels: Fondation égyptologique Reine Elizabeth, 1937) [《伊希斯》*29*, 511 (1938)]。这部著作主要探讨了埃及占星家的社会背景:托勒密诸王及其政府官员、城镇和乡村的生活、运动会、贸易、工艺、宗教和道德观。

促进了它的普及。占星术征服了罗马世界，并且比它更持久，不仅经历了中世纪和文艺复兴时期，即使在今天依然流行。

　　早期的文献有时被修改和扩充了，但在许多情况下，它们仅仅是被誊写或逐字逐句翻译的。在弗朗茨·居蒙的指导下，大量占星术文件在一部文集中发表了，该文集的标题是《希腊占星术抄本目录》(*Catalogus codicum astrologorum Graecorum*)，12 卷本 (Académie Royale de Belgique，1898－1953)[《科学史导论》第 3 卷，第 1877 页；《伊希斯》45，388 (1944)]，缩写为 CCAG。这些文本大都是后期的作品，有些是非常晚的，但这并无太大关系，因为它们具有先天的保守性，而且在占星术方面没有什么进展。对于它们，人们可以有把握地重申这一古老的口号："Plus ça change，plus c'est la même chose(变的越多，不变的越多)"。

　　公元前 2 世纪最著名的占星学著作有着这样模棱两可的标题《尼赫普索－佩托希里斯》("Nechepsō-Petosiris")*，要阐明它几乎是不可能的。在这一文本中可以发现最早的有关黄道十二宫的占星学含义以及其他新事物的说明。这部著作的原文已经佚失了，不过欧内斯特·里斯 (Ernest Riess)收集了许多残篇，并且把它们汇编为《尼赫普索和佩托希里斯巫术残篇》("Nechepsonis et Petosiridis fragmenta magica")，编入《学者》(*Philologus, Suppt.*)第 6 卷，325－394 (1894)，CCAG 展示了更多的残篇。

　　在公元前最后一个世纪期间，有了更多的像蒂迈欧

---

　　* 尼赫普索是一位埃及法老，佩托希里斯是一名大祭司。——译者

(Timaios)那样的希腊占星术士,但是,现在可获得的最有价值的占星学信息却包含在拉丁语著作而不是希腊语著作中,尤其是在我们已经论述过的西塞罗、P.尼吉迪乌斯·菲古卢斯和 M.泰伦提乌斯·瓦罗的那些著作中。

　　不过,那种文献的技术要素没有社会要素那样令人感兴趣。占星术幻想很流行,但其原因主要在于人类需要、宗教以及斯多亚学派的赞同所赋予它们的价值,而不在于它们固有的价值(那种价值几乎是无足轻重的)。政治变迁和社会苦难导致了一种有利于虚假安慰的风气。穆斯林常说"*maktūb*"(天命),并且听任这种无法避免的安排,许多希腊人和罗马人更愿意以穆斯林的这种态度接受他们的命运。奥古斯都时代更安全一些,但那时既没有自由也没有心灵的安宁。[45]

　　虽然专业占星学家的著作也许可以忽略,但我们必须注意那个时代最伟大的天文学家喜帕恰斯的观点。那些观点并非众所周知的,但它们在托勒密(活动时期在 2 世纪上半叶)的《四书》中有所反映,就像喜帕恰斯的天文学知识反映在《天文学大成》中那样。塔恩认为[46],事实上喜帕恰斯对日心说的拒绝并没有确保占星术的胜利,而他对拜星教的接受却蕴涵着占星术的可能的结果。倘若他认为在灵魂与诸星之间有某种联系并且相信占卜(他与他那个时代的几乎每个人都有这种信念),滑向占星术几乎是不可避免的。

---

[45] 有关占星术的社会背景,最出色的说明有:居蒙的《占星家的埃及》以及克拉默的《罗马法律与政治中的占星术》。克拉默的著作一直写到塞维鲁·亚历山大(Severus Alexander)于 235 年被暗杀,甚至写到那以后。

[46] 塔恩和格里菲思:《希腊化文明》,第 48 页。

怎么会出现这样的情况？作为一个纯天文学家，喜帕恰斯与他周围的人是不合群的，然而他依然渴望同情。他必须与他的邻居们分享同样的宗教，于是拜星教就成了最权威、最纯粹的宗教。他接受了它，占星术也随之而来；当我们加入某个宗教圈子时，我们就不得不在一定程度上接受它的迷信。此外，伊壁鸠鲁哲学是声

图 60 科马吉尼（Commagēnē）国王安条克一世埃皮法尼（Antiochos I Epiphanēs）的墓碑天宫图，大概涉及了他在庞培支持下于公元前 62 年的加冕。它有一块 1.75 米×2.40 米的浅浮雕，在距（叙利亚北部的科马吉尼的）萨莫萨塔不远的尼姆鲁德-达格（Nimrud-Dagh）被发现。它呈现了 3 颗行星在狮子座的会合，狮子象征太阳本身，月亮用一弯新月代表。顶部的铭文写着："Pyroeis Hēracleus（火星），Stilbōn Apollōnos（水星，有时也用来指阿波罗）以及 Pyaethōn Dios（木星）。"[A. 布谢-勒克莱尔：《希腊占星术》（L'astrologie grecque, Paris, 1899），第 373 页和第 439 页]

誉扫地的哲学，而斯多亚哲学则是最受尊敬的哲学；伊壁鸠鲁学派拒绝占星术，而斯多亚学派支持它。因此，最崇高的情感、最权威的宗教以及最高级的哲学——他周围所有美好的事物，共同促使他接受了占星术的谬见。一个人怎么能抵制这种趋同的社会义务呢？当然，这纯粹是猜测；我们没有办法洞悉喜帕恰斯的心灵，更无法了解他的灵魂，但那种猜测不是很有道理吗？对他的背叛我们还能有什么解释呢？他的信徒和替代者——托勒密在 3 个世纪以后又重复了这

种背叛。

现在,关于"科学与社会"的讨论有许多,它们旨在探讨社会对科学的影响,以及相反的,科学对社会的影响。后一种影响必然是十分缓慢的[47],因为科学工作者人员稀少,势单力薄,而前一种影响是直接的和势不可当的。"喜帕恰斯和托勒密个案"就是它的最好的例子;这两位古典时代最伟大的天文学家如此彻底地被他们的环境压垮了、打倒了、打败了,以致他们不是去抨击占星术,而是着手为它提供科学的武装。

我们可以肯定,他们非常谨慎地把(如最终在《四书》中所阐明的那种)纯占星术学说与占星术士愚蠢的想法和欺诈的行为区分开了。但他们还是背叛了科学的大本营。人们不会进行那样的区分,而且也不关心那样的区分。伟大的喜帕恰斯业已赞同了占星术;每一个假内行都可以躲在他的后面也对占星术表示赞同。

此外,在喜帕恰斯给予了占星术一定程度的科学名望以后,斯多亚学派的哲学家的信心得到了加强,并且扩大了他们的宣传。这一点在波西多纽那里尤为明显,波西多纽在喜帕恰斯以后不久活跃于罗得岛,并且是斯多亚学派在该岛的领袖。由于他是一个伟大的旅行家,因而他有许多机会不仅在罗得岛而且在罗马(他于公元前 87 年去了那里,并且在他生命即将结束时于公元前 51 年再度去了那里)以及其他许多地方鼓吹他的斯多亚派的占星学说。由于喜帕恰斯和波

---

[47] 技术的影响可能是迅速的,因为新的工具或机器的发明会导致新的需求;不过,在古代,新工具的作用还没有强大到足以干扰生活节奏的地步。

西多纽,占星术获得了所有(自以为)有高度文化素养者的信任,这也许正是它所需要的,而且它几乎取得了全面的胜利。普林尼说(参见前面的引文),由于喜帕恰斯为拜星教的辩护,怎么赞扬他也不过分,我不这么说,而会说,所有人都应该尊敬相对少数的那些人,如西塞罗等,[48]他们看透了如洪水般汹涌而来的占星术,并且敢于抵制它。

喜帕恰斯是最伟大的天文学家;西塞罗则是一个外行。请注意,在这个个案中"外行"是正确的,而"专家"却是错误的,这一点很有意思;在科学史上这并不是唯一的一个个案。

在罗马和一度不断扩展的罗马世界,尽管对占星术的信仰还不能与国教相提并论,但它也几乎成了官方信仰。占星术与国家的关系的沿革是政治史的一部分,这不是我们在这里要考虑的事情。无论如何,元老院对理论占星学和实用占星学进行了区分,对前者从未予以干涉,对后者必须加以约束,因为它被假内行和其他不诚实者滥用了。大多数使罗马市民受到损害的占星术士都是希腊流亡者,其中有些不是坏人,而其余的则是肆无忌惮的冒险家。

公元前 139 年,一项 *senatus consultum*(元老院法令)宣布,把每一个占星术士从罗马驱逐出去。同样的法令一次又一次地颁布,最后一次是在公元 175 年。这些法令实行起来非常困难,而且太极端了。公元 11 年,奥古斯都发布了一道诏书,禁止特殊的占星活动;宣布:倘若"对于顾客打算咨询的主题,占星术士在所谈论时对其范围毫无约束,这样的 à

---

[48] 西塞罗曾经是波西多纽的听众之一。

deux(两人之间的)咨询和路边咨询"[49]是不合法的。那些两人之间的谈话之所以不合法,是因为它们可能是煽动性的;出于某种考虑而做出的反政府的占星断言很容易获得,从而可以被用来作为政治武器。

在大量希腊和罗马的硬币上,呈现出太阳和各种星座、新月和众星、黄道十二宫和单独的某些宫,这些都是拜星教被直接、占星术被间接地赋予了政治重要性的最好的例证。[50]

在我们对古代占星术的判断中,我们始终应当记住,虽然纯占星学是无辜的和无害的,但占星预言可能像巫术那样被人利用(而且它们也的确被利用了)。向一个占星术士咨询与为了满足性欲、复仇、野心、贪婪以及其他罪恶向巫师咨询没有什么两样。一个斯多亚学派的哲学家的占星幻想不会对任何人造成任何伤害,他的安之若素也可以使他避免受到占卜者的伤害。然而在下层社会[51],情况迥然不同,下层社会赋予了占星欺诈以生机,反过来又成为它的主要牺牲品。

不过,我们也不必过于苛求,因为那些错误尚未从公众的心灵中根除,声名狼藉的欺诈依然很猖獗。例如,一家不是为天文学家而是为有教养的读者出版的优秀的天文学杂

---

[49] 克拉默:《罗马法律与政治中的占星术》,第 232 页。克拉默的著作中有大量详细的介绍,主要涉及占星术的政治方面。

[50] 克拉默的同上著作,图 12,硬币图;第 29 页—第 44 页,142 枚硬币目录。

[51] 我不是指物质意义上的下层社会,即贫穷的和受压迫的社会;而是指精神上的下层社会。这里既有富人,也有穷人;既有皇室家族,也有乞丐和娼妓。

志[52]，由于缺乏支持不得不停刊了，而一些占星术杂志却使它们的业主财源滚滚。在许多报纸上都有占星术专栏；那些专栏作家赚的钱可能比诚实的天文学家多得多。在其他国家或多或少也有同样的情况。我们既没有权利把石头投向古代的占星术士，也没有权利把石头投向允许他们存在的社会组织，因为这样做实在是太不光彩了。

六、历法

我们的目的不是谈论整个历法的历史，因为这是一个无穷无尽的话题，在很大程度上，与其说它是一个科学的话题，不如说它是一个政治和宗教的话题；对任何历法的确定都包含着科学因素，但那些因素往往是边缘的而非核心的。而且，许多历法的起源是模糊不清的，它们是佚名作者的民间传说的一部分，而不是可确定时代的创造物。早期的罗马历法无疑就是这样的，关于它我们没有多少确定的知识。[53]

最早的罗马历法大概是阴历，祭司们负责宣布或宣告[54]新月。由于关系到季节，因而必须把太阳的因素考虑进去；农历往往是阴阳历。公元前303年，市政官（the *aedilis*

---

[52] 这里所说的是在明尼苏达州（Minnesota）诺斯菲尔德市（Northfield）出版的《大众天文学》（*Popular Astronomy*），59卷（1893-1951）。

[53] 有关这个主题有大量文献，其中充满了矛盾和争论。我最近收到的著作是约翰·费尔普斯（John Phelps）的《史前太阳历》[*The Prehistoric Solar Calendar*（107页），Baltimore：Furst，1955]。该书讨论了公元71年的科利尼（Coligny）铭文上呈现的古代凯尔特人的日历以及古罗马日历、伊特鲁里亚日历和苏美尔日历。

[54] 即 *Calare*；因此有 *calendae*（calends），朔日，每月的第一天，还有 *intercalaris*，闰（月）的，*intercalaris annus*，闰年。

curulis) [55] Cn. 弗拉维乌斯（Cn. Flavius）列出了一个 *dies fasti*
（公务日）和 *dies nefasti*（公休日，宗教节日和其他节日）[56]
321 的清单，正是他确定了一年有 12 个月的日历（弗氏历），全
年总计 355 天，每两年增加一个包含 22 天或 23 天的月（这
样，每年平均为 366 天，太长了）。闰月在 2 月 23 日以后
加入。

罗马人并不十分精通此类事务；有趣的是，他们的科学
能力体现在了另一类天文学问题上。公元前 263 年在罗马
广场（the Forum）建立的第一个日晷来自卡塔纳
（Catana）[57]，它在罗马以南 4° 23′，由于罗马人无法对日晷
进行校正，也许他们没有意识到有必要进行校正，他们在长
达一个世纪的时间中都对它很满意。第一个适应罗马天文
学需要的日晷是公元前 164 年由 Q. 马基乌斯·菲利普斯
（Q. Marcius Philippus）在其任古罗马监察官时建立的。然
而，对天文学的漠不关心仍是惯例而非例外。奥维德依然会
说古罗马人对武器比对星辰了解得更多：

Scilicet arma magis quam sidera, Romule, noras.

---

〔55〕 市政官（*aedilis curulis*）是罗马的一种地方行政官员，有权使用一把特殊的椅子
〔镶象牙椅（*sella curulis*）〕和镶紫边的长袍（*toga praetexta*）。按照西塞罗《论法
律》，第 3 卷，3，7）的说法，他们是 "*curatores urbis, annonae, ludorumque
sollemnium*"，即城市、税收和重大比赛监督员。

〔56〕 *Fastus* 是任何与 *fas*（神法）相一致的事物。*Fasti* 则是指法定的开庭日和营业
日。它们包括 Calendae（每月的第一日）、Nonae（3 月、5 月、7 月和 10 月的第 7
日，其余月份的第 5 日）、Idus（3 月、5 月、7 月和 10 月的第 15 日，其余月份的第
13 日）、Nundinae（每隔 9 天一次的集市日）以及各种节日。

〔57〕 卡塔纳〔希腊语为 Catanē；现称卡塔尼亚（Catania）〕地处西西里东海岸，位于埃
特纳火山脚下，是一个希腊城邦。第一次布匿战争（公元前 264 年—前 241 年）
时它曾被罗马征服，但在此后的很长一段时间内，它本质上仍是希腊城市。

（你，罗穆路斯，了解武器甚于了解众星。）[58]

他解释说,传说中的罗马的奠基者罗穆路斯估计一年的长度为 10 个月,因为这是妇女怀孕持续的时间![59]

通过新的置闰,人们不时修正了历法中的错误(它缓慢出现的与季节的偏差)。公元前 191 年阿西利亚法(Lex Acilia) 授权高级祭司们根据他们的判断置闰;这说明历法是一项与宗教有关的事物。[60] 有可能其中的有些高级祭司疏忽大意,并且对小的差异没怎么注意。然而,那些差异积累了起来,这样,到了凯撒时代,春天的节日花神节(Floralia) [61]却推迟到夏天庆祝了。

鉴于凯撒是在埃及制订的儒略历(Julian calendar) ,我们必须暂时回到那里。在那个国家,历法方面的麻烦极为严重,因为必须把希腊日期与埃及和迦勒底日期相协调。把一个体系转变为另一个体系总是十分困难的,而且有时是不可能的。

埃及人自己最初尝试使用一种太阴年,但很早(从第一王朝以降)就弃之不用了,转而支持一种太阳历。他们具有避免混合的阴阳历的智慧。他们把每年分为 12 个月,每月 30 天(与 36 旬相对应) ,但不久之后,他们又增加了 5 天的

322

---

[58] 奥维德:《岁时记》(*Fasti*) ,第 1 卷,27~34。《岁时记》是在其生命即将终结时写的;他大约于公元 18 年去世;这部著作是一种诗歌体的年鉴。

[59] 一般估计怀孕持续的时间是 10 个太阴月(或大约一年的 9/12)。参见《科学史导论》第 1 卷,第 252 页、第 268 页、第 1230 页和第 1698 页。

[60] 高级祭司(*pontifices*)们构成了祭司团,这种祭司团很久以前[在传说中的罗马的第二任国王努马庞皮利乌斯(Numa Pompilius) 统治时期]就建立了。他们的首领是罗马大祭司(*pontifex maximus*) ,亦即那时对教皇的称呼。

[61] 花神节(*Floralia* 或 *Florales ludi*)是一个源于农业的节日,开始于公元前 238 年,以纪念花神和春天之神福罗拉(Flora)。当植物学家谈及某一地区的植物群(flora)时,他们无意之中就谈到了她。

度假期。[62] 因此,他们的一年相当于 30×12+5 = 365 天,这略微短了一点。在托勒密-埃维尔盖特(国王,公元前 247 年—前 222 年在位)统治期间,一次祭司大会颁布了《坎诺普斯法令》(公元前 238 年)[63],该法令决定,每 4 年增加 1 天。这个决定是非常正确的,但希腊化的天文学家把月球方面的因素也引入其中了,从而把埃及历搞糟了。显然,《坎诺普斯法令》没有得到执行,因为在一定程度上仍存在着差异,以至于儒略·凯撒觉得必须做点什么。

法萨罗战役(公元前 48 年)使得凯撒成为世界的霸主,在此之后,他在埃及逗留了一段时间,就是在那里,他开始思考日益给罗马政府带来妨碍的历法方面的麻烦。凯撒是从罗马的帝制和统一的角度考虑问题的,由于他对天文学感兴趣,因此他自然而然地认为必须有一个改进的历法,它将成为罗马全国的官方历法。

他得到了漫步学派哲学家和天文学家亚历山大的索西琴尼[64]的合作,雇用了一个名叫 M. 弗拉维乌斯(M. Flavius)的人做抄写员,大概还有他在祭司团中的同僚做顾问;他于公元前 75 年起担任高级祭司,从公元前 63 年起担任罗马大祭司。

塔普苏斯战役(the battle of Thapsos,公元前 46 年)的胜

---

[62] 更详细的论述请参见本书第 1 卷,第 29 页。

[63] 坎诺普斯(Canōbos 或 Canōpos)在尼罗河最西端河口附近,亚历山大城正东方。记录《坎诺普斯法令》的铭文于 1881 年被发现,现在被保存在开罗博物馆。这一法令是用象形文字、古埃及及通俗文字和希腊文写的。

[64] 据说他是一个埃及人。他的名字是一个十足的希腊名字;许多希腊人的名字都以 Sosi 开始或以 genēs 结束。不过,这并不说明什么,因为埃及人和犹太人常常会取希腊人的名字。

利结束了内战,从而使他有机会推进这项势在必行的改革。为了保持平衡,他于公元前 46 年在 11 月与 12 月之间插入了两个闰月共计 67 天,对 2 月也已进行了 23 天的置闰处理;这样,公元前 46 年[乱年(*annus confusionis*)]总计有 355 天+23 天+67 天 = 455 天。新的历法(儒略历)始于公元前 45 年 1 月 1 日;[65] 它为 365 天,在 2 月 23 日以后插入 1 天,[66] 并且每 4 年插入 1 天;这一天被称作 *bissextum*(闰日),增加了闰日的这一年被称作 *annus bissextilis*(或 *intercalaris*,闰年),每年仍分为 12 个月:Januarius(门神月),Februarius(净身月),Mars(战神月),Aprilis(爱神月),Majus(花神月),Junius(朱诺月), Quinctilis[第五月,* 后来改称 Julius(儒略月),以纪念儒略·凯撒],Sextilis[第六月,后来改称 Augustus(奥古斯都月),以纪念这第一位皇帝],September(第七月),October(第八月),November(第九月),December(第十月)。最初,每年是从战神月开始的,这可以说明最后四个月份的名称(第七月、第八月、第九月和第十月);公元前 153 年,一年的开始移到了门神月的第 1 天。[67]

　　在每个月中都有三个重要的日子:*calendae*[68],朔日,每

823

---

[65]　公元前 45 年相当于第 183 届—第 184 届奥林匹克运动会期间,等于罗马纪元 709 年。

[66]　之所以在 2 月 23 日以后置闰,是因为按照弗氏历,每两年之后要在那一天之后加入一个月(参见上文)。这就是习惯的力量,或者可以称它为传统。

　*　参见下文。——译者

[67]　因此,我们的新年起源于公元前 153 年,但从那以后并没有连续地实行。

[68]　*Calendae* 这个词一般写作 *kalendae*,*k* 这个字母只不过是为了宗教古语而保留下来的 *c* 的古代形式。请注意,*calendae*、*nonae* 和 *idus* 这些表示日期的词都是复数形式。那些固定的日子的起源与月亮有关:*calendae*(最初)对应于第一个新月,*nonae* 对应于第一个上弦,*idus* 对应于第一个满月。随着时间的推移,罗马历法变得更偏向于太阳历,那些固定的日子与月相的关联越来越少了。

月 的 第 1 天；*nonae*, 第 5（或 第 7）天；*idus*, 第 13（或 第 15）天。[69]

其他的日子可从这些重要的日子向前推算，人们一般会说朔日前的第几日，（1、2、4、6、8、9、11、12 月的）第 5 日和（3、5、7、10 月的）第 7 日前的第几日，或（1、2、4、6、8、9、11、12 月的）第 13 日和（3、5、7、10 月的）第 15 日前的第几日；因此，

　　1 月 2 日 = *quarto*［*die*］*ante nonas Januarias*（门神月第 5［日］前的第 4 日），

　　1 月 6 日 = *octavo ante idus Januarias*（门神月第 13 日前的第 8 日），

　　1 月 14 日 = *undevicesimo ante calendas Februarias*（净身月朔日前的第 19 日），

　　1 月 31 日 = *pridie calendas Februarias*（净身月前的第 1 日）。

请注意，朔日前一天被称作 *pridie*（……前的第 1 日），在它之前还有 *tertio*（第 三）, *quarto*（第 四）…… 直至 *undevicesimo*（第十一）。这里没有 *secundo*（第二），因为朔日本身就被认为是朔日前的第 1 天！同样，第 5 或第 7 日的前一天被认为是第 5 日或第 7 日前的第 2 天，第 13 日或第 15 日的前一天被认为是第 13 日或第 15 日前的第 2 天。这是非常不合逻辑的。

当有必要在每 4 年增加一天时，这一天将插在 2 月 23 日与正常的 2 月 24 日（从而变为第 25 天）之间。平年的 2 月 24 日被称作 *sexto ante calendas Martias*（战神月朔日前的

---

[69] *Nonae* 和 *idus* 分别指 3 月、5 月、7 月以及 10 月的第 7 天和第 15 天；*nonis Martiis* = 3 月 7 日；*Idibus Octobris* = 10 月 15 日。

第 6 日），在它之前插入的那一天被称作 *bis sexto ante calendas Martias*（战神月朔日前的第二个第 6 日）。[70] 因而我们有了"bissextile（闰的）"这个词。

也许可以顺便说明一下英语表示闰年的词语是 leap year（跳跃年）。为什么这样说？有 365 天的平年等于 7×52+1 天。当两个都有 365 天的平年前后相继时，下一年的每一日都有一天的移位；当插入闰年时，有必要（在 2 月 29 日之后）跳跃两天。

例如，1942 年 7 月 4 日是星期六，这一天在 1943 年是星期日，而在 1944 年则是星期二，1945 年是星期三。

用图解的方式可能会使这一点更为清晰（参见图 61）。对于代表每年前 4 个月的线段，按照比例进行了划分；*K*、*N*、*I* 分别代表 1 月、2 月和 4 月的第 1 日、第 5 日和第 13 日，以及 3 月的第 1 日、第 7 日和第 15 日。字母 *B* 表示闰日，亦即第二个 2 月 23 日（或 24 日）的位置。包含在每个月的不同空间 *a*, *b*, *c* 中的日子，都可以分别从 *K*、*N* 或 *I* 向前推算。因而，每个月的下半月的日子可以从下一个月的第一天向前推算。在闰年的 366 天中，只有 36 天有直接的名字，其他日子亦即大部分日子（330 天）都要通过从这 36 个主要的日子向前推算来命名。

比较详细地（尽管绝不是全面地）说明罗马历是适当的，因为这将揭示罗马人的生活和罗马人的思想的一个新的方面。一般认为，罗马人是务实的和实干的，但他们计算日

321

---

[70] 教会把在 2 月 23 日与 24 日之间插入一天的做法保留下来。因而 2 月 24 日的圣马太节（the feast of St. Matthew），在闰年是在 2 月 25 日庆祝；参见 E. 卡韦尼亚克（E. Cavaignac）:《年代学》（*Chronologie*, Paris, 1925），第 20 页。

图 61　儒略历闰年的前 4 个月

子的方法实在是落后和非常笨拙的。为什么他们使用那么奇怪的方法？答案很简单,确定历法是一项宗教事务;负责此事的高级祭司们喜欢尽其所能使历法显得很深奥。日历越晦涩,它就越会显得神圣。

　　祭司们故弄玄虚,而我热切地希望尽快地得到我的读者的理解,我也许走了另一个极端。例如,我引证的所有日期都是以“公元前”的方式,显然,在基督纪元以前不可能有这样记录的日子。最早提出使用 *Anno Domini*(公元)记录日子的是小狄奥尼修(活动时期在 6 世纪上半叶),但在 10 世纪以前这种用法并没有流行起来;使用“公元前”记录日子的方法是一项晚得多的改革。

　　许多论述古代史的作者在引用日期时喜欢使用 *ab urbe condita*,亦即自罗马建城时起(U. C.,罗马纪元),但建城的时代长期以来是不确定的。时间的确定是在这件事发生了 7 个世纪以后由瓦罗多少有些随意地做出的,相当于公元前 573 年。[71] 然而,罗马人几乎不使用这种方式来确定日期。他们通常的惯例是用在任的执政官的名字标明年。我们若这样做,势必会给读者增加负担和不必要的含糊。说公元前

----

[71] 因此,x U. C. =公元前($753-x+1$)年;753 U. C. =公元前 1 年;754 U. C. =公元 1 年。

某某年无疑是最简单的,[72]正是出于这个理由,我只使用它们。

按照儒略历,每年的平均长度是 365. 25 天,这个长度略长一点。多余出的部分很少,只有 11 分 14 秒,或 0. 0078天,但 128 年就会增加一天。在 1000 年中,儒略历落后了将近 8 天。长期以来,人们觉得有必要进行一次新的改革,而这一改革最终于 1582 年 10 月 4 日由教皇格列高利十三世(Gregory ⅩⅢ)实现了。尽管如此,儒略历的流行还是超过了 16 个世纪(1627 年)。

罗马式的根据朔日、第 5 日或第 7 日或者第 13 日或第15 日计算日子的方法延续到整个文艺复兴时期甚至更晚的时期。在伊拉斯谟(Erasmus)写给他的朋友的信中或者在他收到的他们的来信中一般都是用罗马方法注明日期。[73] 有些在世的所谓人文学家,当他们必须用拉丁语写信时,他们不是这样注明日期,例如:*Vicesimo quinto Augusti* 1955(1955年 8 月 25 日),而喜欢把它写成 *Octavo ante kalendas Septembres* 1955(1955 年 9 月朔日前第 8 天*)。这是一种极

---

[72] 当特·瓦利里(Dante Vaglieri)编辑了一个把执政官年转为罗马纪元或公元前的日期的转换表,并发表在埃托雷·德·鲁杰罗(Ettore de Ruggiero)的《古罗马时代铭文词典》(*Dizionario epigrafico di antichità romane*,Spoleto,1910)第 2 卷,第1143 页—第 1181 页;这些数据从公元前 509 年至公元 631 年。维利·利贝纳姆(Willy Liebenam)编了一个略短一些的转换表,见于《从公元前 30 年至公元 565年的罗马帝国执政官名录》[*Fasti consulares imperii Romani vom 30 v. Chr. bis 565 n. Chr.*(128 页),Bonn,1910];这些转换表仅从儒略·凯撒开始。

[73] 之所以选择伊拉斯谟作为一个例子,是因为参照珀西·斯塔福德·艾伦(Percy Stafford Allen,1869 年—1933 年)及其后继者所编辑的伊拉斯谟的《书信集》[*Opus epistolarium*(11 卷本),Oxford,1906—1947]很容易。伊拉斯谟的有些信是用我们现在的方式注明日期的,大部分则是用罗马方式注明日期。

* 参见前文。——译者

端的传统。

　　儒略·凯撒之所以如此大力参与历法改革，不仅因为他肩负着罗马大祭司之职，而且还因为他对天文学有着真正的兴趣。他撰写过一部专论《星论》(De astris)，这是一种"农用历书"，该著作把涉及星辰、季节以及气候的数据结合在了一起。在有关诸星和气象预兆方面，它延续了阿拉图的传统；通过索西琴尼，他可以获得其他希腊数据；凯撒和他的大臣自然熟悉罗马的气象知识。有可能，儒略历和《星论》是被一起推广的。这种历法一直持续到 1582 年；《星论》不可能持续很久，但它的流行程度还是不同寻常的；它几乎一直持续到古代末期。活跃于 6 世纪的约安尼斯·吕多斯(Iōannēs Lydos)[74]依然在使用它。也许可以把《星论》称作天文-气象学著作，就像我们现在依然有的农用历书那样，但它不是 stricto sensu(严格意义上的)占星学著作。凯撒愿意接受那些农夫的预兆和预言，但不会忍受占星谬论。他在一定程度上持有卢克莱修和西塞罗的健康的怀疑论，而且是最后坚持理性主义的罗马人之一。

　　莎士比亚会使我们想起一个占卜者[75]警告凯撒在 3 月 15 日前 30 天(包括 3 月 15 日)要小心。尽管有这样的警告

---

[74] 约安尼斯·吕多斯于 490 年出生于吕底亚的菲拉德尔斐亚(Philadelphia)。他撰写过有关月份的专论[《月历》(Peri mēnon syngraphē, De mensibus liber)]，讨论了罗马历；他还写过有关奇迹的专论[《论奇迹》(Peri diosēmeiōn, De ostentis)]以及有关罗马地方长官的专论[《论罗马国家官职》(Peri archōn, De magistratibus reipublicae Romanae)]。保留下来的全本最好的版本，是伊曼纽尔·贝克尔编辑的希腊语和拉丁语对照本(Bonn, 1837)。

[75] 即肠卜师(察看牲畜内脏以卜吉凶者)韦斯特里提乌斯·斯普里纳(Vestritius Spurinna)，参见莎士比亚:《儒略·凯撒》(Julius Caesar, 第 1 幕第 2 场，第 3 幕第 1 场)。

和他的妻子卡普尔尼娅(Calpurnia)出于忧虑的恳求,凯撒仍然在那个不幸的日子(公元前44年3月15日)去了元老院,并且被谋杀了。

　　我把讨论限制在罗马历上,罗马历成为这个帝国最重要的历书。我没有讨论希腊化的(希腊的)历法,因为那个问题过于复杂。在这里,罗马的统一与希腊的无政府状态再次形成了鲜明的对比。在每一个希腊化国家中都有不同的历法,除了重大比赛日,如奥林匹克运动会、地峡运动会、涅墨亚(Nemea)竞技会和皮提亚(Pythia)竞技会等之外,它们没有多少一致的地方。

　　奥林匹克运动会每4年在(伯罗奔尼撒西北的)埃利斯(Elis)的奥林匹亚举行一次(与公元前可被4整除的诸年相对应)。皮提亚竞技会在(科林斯湾中北部的)福基斯(Phōcis)的德尔斐附近举行,也是每4年举行一次,但是在奥林匹克运动会两年以后举行。地峡运动会和涅墨亚竞技会每两年举行一次;地峡运动会在科林斯地峡举行,涅墨亚竞技会在(伯罗奔尼撒东北的)阿尔戈利斯(Argolis)的涅墨亚举行。因此,每年至少有一个或者另一个运动会举行,例如公元前480年举行了**奥林匹克运动会**和地峡运动会;公元前479年举行了涅墨亚竞技会;公元前478年举行了**皮提亚竞技会**和地峡运动会;公元前477年举行了涅墨亚竞技会;公元前476年举行了**奥林匹克运动会**和地峡运动会;公元前475年举行了涅墨亚竞技会;公元前474年举行了**皮提亚竞技会**和地峡运动会(每4年一次的运动会用黑体表示)。

　　获胜者的名字被记录下来,那些运动会也被适时地列表造册。谈到那些运动会,尤其是到目前为止最为重要的奥林匹克运动会,令每一个希腊人都感兴趣,而有关它们的列表则提供了年代背景。我在本卷第十二章谈到陶尔米纳的提麦奥斯时,已经对这一点进行了描述。

除了运动会的年代记载以外,最成功而且持续最久的希腊化纪年法就是叙利亚和美索不达米亚的塞琉西历,它的纪元从塞琉古-尼卡托进入巴比伦的公元前 312 年/前 311 年开始。这种编年表不仅对政治史家极为重要,而且对科学史家也是如此,因为它被广泛地应用于楔形文字泥板中,其中有些泥板记录了数学、天文学以及其他科学事实。可以说,当一个编年体系被其他国家采用时,它的成功就已确立。塞琉西历被阿萨息斯王朝(Arsacid dynasty)或帕提亚王朝(Parthian dynasty)采用了。[76] 第一次尼西亚普世教会会议(the first Oecumenical Council of Nicaia)的会议录注明的日期是塞琉西纪元 636 年(=公元 325 年)。另外,阿拉伯人至少为了天文学而采用了它,并称它为"两角人(Dh'ūl-qarnain,即亚历山大大帝)历"。这个名称在一定程度上是合理的,因为塞琉西历是亚历山大革命的一个迟到的成果。

对犹太历,简单说几句就足够了。它的纪元始于公元前 3761 年,但这是一个后来的犹太传教士的发明,他想从假设的创世之日开始算起。作为纯粹的太阴历和宗教日历的犹太历是在基督纪元后第二个世纪末才开始使用的,因此,在本卷中说明它是不适当的。

---

[76] 塞琉西王朝从公元前 323 年或公元前 312 年持续到大约公元前 64 年;阿萨息斯王朝从公元前 250 年持续到公元 226 年。阿萨息斯人也有他们自己的编年体系,但一般都加上塞琉西历来表示阿萨息斯王朝的日期。

七、星期

年、月和日都是时间的天文单位,但对安排公民生活和宗教生活而言,它们还是不够用的。月这个单位太长了,而日又太短了;在它们之间需要有某种居中的时间单位。确实,月亮的 4 个月相(新月、上弦、满月和下弦)暗示着可以把每月分成 4 个部分,但是,那些月相的确切的时间长度并不是很容易确定的。那些月相大概就是我们称之为星期的单位的起源,但在这个补充的单位能够充分标准化以前,还需要很长的演变。

在古代的民族中,先是巴比伦人,后来是犹太人,他们最先想到了 7 天一个星期。对于巴比伦人来说,这 7 天来源于行星(他们知道 7 颗行星,包括太阳和月球在内);在犹太人那里,没有行星影响的证据,这些日子是《创世记》第 1 章或《出埃及记》(Exodus)第 20 章第 11 节列举过的,他们的第 1 天与我们的星期日相对应,第 7 天是主日或安息日。[77]

埃及人使用了一个更长的单位,即旬(decan 或 decade)。他们的每个月分为 3 旬,每年分为 36 旬。我们在阿提卡历中发现了某种类似的情况。大月(有 30 天)分为 3 旬;小月(有 29 天)也分为 3 个周期,但第 3 个周期少一天。值得注意的是,第 3 个周期(而非前两个周期)的日期(像罗马历一样)是向前计数的,这个周期的第 1 天被称作 *decatē* (*hēmera*) *mēnos phthinontos*(月末的第 10 天)。在小月时,这第 3 个周期的第 10 天或第 2 天(亦即月末的第 1 天或第 9

_327_

---

[77] 在《创世记》中,选择 7 天可能在一定程度上是受了存在 7 颗行星的启示,但这一点是不可能证实的。

天）被取消了。

　　罗马人有一个含有 8 天的星期，这第 8 天被称作 *nundinae*［*novem dies*（第 9 天）的缩写］。为什么是第 9 天呢？这些日子在日历中是用以下字母表示的：

A　B　C　D　E　F　G　H

而最后一天即集市日，从前一个集市日数起它是第 9 天！也就是说，如果把第 1 个 H 算作 1 的话，那么从这个 H 数到另一个 H，你数到的是第 9。显然，含有 8 天的星期没有任何行星含义。人们需要周期性的集市日，买方和卖方为了便利以那种方式把它们区隔开，而没有任何宗教方面的反思。

　　在巴比伦，每一天都与一个行星相对应，同样的用法在希腊化时代也已形成，行星的名字被翻译为希腊语，或者在希腊化的埃及被赋予了埃及语的对应词语。这段历史非常漫长和复杂，我们必须把自己限制在主要模式上，可以用一张一览表简略地展现这段历史。[78]

328

行星的名字[79]

现代用语	巴比伦语	希腊语	埃及语	拉丁语
月球	Sin	Selēnē	Thoth	Luna
水星	Nabu	Hermēs		Mercurius
金星	Ishtar	Aphroditē	Isis	Venus
太阳	Shamash	Hēlios	Rē[80]	Sol

---

[78] 参见弗朗茨·居蒙：《行星的名称与希腊人的占星术》（"Les noms des planèts et l'astrolatrie chez les Grecs"），载于《古典时代》（*Antiquité classique*）*4*, 4 – 43（1935）。

[79] 按照与地球的距离逐渐增大排列。

[80] 阿图姆（Atum）和何露斯-哈拉克特（Horus-Harakhte）也被认为是太阳神。

（续表）

现代用语	巴比伦语	希腊语	埃及语	拉丁语
火星	Nergal	Arēs	Ertōsi	Mars
木星	Marduk	Zeus	Osiris	Jupiter
土星	Ninib	Cronos	Horus	Saturnus

严格地说，许多神的名字并非真正的名词，而是一些短语的缩写，如希腊语中的 *ho astēr tu Hermu*，*tēs Aphroditēs*，*tu Dios*，或者拉丁语中的 *Stella*（或 *sidus*）*Mercurii*，*Veneris*，*Jovis*（墨丘利之星、维纳斯之星、朱庇特之星）。只是到了希腊化时代末期，才有人尝试赋予行星希腊名称[81]，而这些名称仅在诗歌、学究气的作品和小范围内使用，从来没有普及。科马吉尼国王安条克一世埃皮法尼的墓碑天宫图就是这种使用的一个很好的例子，这一天宫图再现了公元前 62 年他加冕时火星、水星以及木星的会合。[82]

上述一览表例证了这样一个事实，即 7 颗行星与 7 个神的联系是普遍的。随着时间的推移，这种联系变成了一种实际的身份证明；维纳斯之星变成了维纳斯自身。我们不可能再获得这种幻觉，但毫无疑问，这种幻觉几乎无处不在。

接近公元前 1 世纪末时，整个罗马世界都接受了这种由 7 天构成的行星星期。这本身就很值得注意，而更值得注意

---

［81］水星的希腊名称是 Stilbōn（意为闪烁者）；金星是 Phōsphoros，Lucifer（意为光明使者）；火星是 Pyroeis（意为暴烈者）；木星是 Phaethōn（意为耀眼之物）；土星是 Phainōn（意为发光体）。也可比较一下太阳与照耀者太阳神阿波罗［Apōllon Phoibos（拉丁语为 Phoebus）］的联系。

［82］庞培使他复位，但安东尼于公元前 38 年又把他废黜了。科马吉尼王国在公元前 162 年从塞琉西的版图中分离出去，它经历了各种兴衰变迁，最终于公元 72 年被韦斯巴芗吞并，成为罗马的一部分。

的是,像对任何民俗的接受一样,对这种由 7 天组成的星期的接受也是盲从的和偶然的。

　　怎么会是这样呢？人们有许多偏爱 7 天概念的倾向。7 天是最接近一个月相长度的近似值[83];从这种观点来看,7 天一个周期是很自然的。对七元论(hebdomadism,有关数字"七"的神圣性的理论,参见本卷第 165 页)的信奉是很普遍的。犹太人在《创世记》中关于创世活动的记述只限于 7 天。从生理学上讲,7 天一个星期是适当的;6 天劳作和 1 天休息是一种很好的节奏。[84]

　　正是那些倾向的奇特的趋同,确保了我们星期的确立得以成功。星期是在无意之中被确立下来的;无论如何,我们没有文献或遗物可以证明它的确立得到了政府或宗教当局的认可。

　　对星期的接受和广泛传播可以与对数系中(亦即就整数而言的)10 这个数基的接受和传播相媲美。在这两个个案中,获得一致都相对比较容易,因为这种一致是偶然的和本能的。如果有些爱管闲事的行政人员组织召开一些讨论 7 天为一星期(或十进制数基,或者这二者)的会议,可能就会有一些反对者来说明更短或更长的星期(或以 2、8、12 或 60

───────────

[83] 第一个月相(从新月到上弦)持续 7.5 天,第二个月相持续 6.75 天,第三个月相持续 7.75 天,第四个月相持续 7.5 天,总计 29.5 天,这就是朔望月(更确切地说是 29.52 天)。

[84] 10 天略长了一点;用 9 天工作日取代 6 天工作日也略长了一点。在法国大革命时期制定的日历中,有旬而没有由 7 天组成的星期。这种情况只持续了 15 年(1792 年—1806 年)。我常常想知道它的早逝是否在一定程度上不是由于生理方面的原因;10 天中只有 1 天休息或娱乐对人体舒适度而言太少了。

中的某一个作数基）[85]的优越性，从而就会出现分歧和不一致；随着岁月的推移，就会有持不同意见的少数派、异端之说、反抗活动，等等。

佚名的 7 天一星期的发明者和十进制数基的发明者，以及它们早期的倡导者们，使人类避免了无数的麻烦。

任何一个星期中都有一个宗教日，它或者（在基督教中）是一个星期的开始，或者是一个星期的结束（犹太教的安息日），这一点可以证明星期的宗教渊源。从赋予星期的每一天的名称来看，至少在大多数历法中，星期的占星术渊源更为明显。例如，考虑一下英语和意大利语星期中每一天的名称和与之对应的行星：

英语	意大利语	行星
Sunday	Domenica（星期日）	太阳
Monday	*Lunedi*（星期一）	月球
Tuesday	*Martedi*（星期二）	火星
Wednesday	*Mercoledi*（星期三）	水星
Thursday	*Giovedi*（星期四）	木星
Friday	*Venerdi*（星期五）	金星
Saturday	Sabato（星期六）	土星

---

[85] 有关十进制数基和非十进制数基的讨论，请参见 G. 萨顿：《从古至今的十进制体系》（"Decimal System Early and Late"），载于《奥希里斯》9，581 - 601（1950），图 2。有趣的是，二进制现在又用在了电子计算机上，但其计算结果还是得翻译成十进制体系。在日常生活中，二进制是无法忍受的，因为即使很小的数字也会有许多位，例如，$64 = 2^6 =$ 二进制的 1000000。二进制至少在机器上的复兴是人类事务不可预测性的一个很好的例子。

显而易见,那些用斜体标出的词都与我们的行星有联系。[86]
在英语的名称中,这种联系在第 3 天至第 6 天的名称中是隐
含着的,因为它们来源于盎格鲁－撒克逊(Anglo-Saxon)或斯
堪的纳维亚(Scandinavia)的神,这些神分别与古典时代的神
蒂尔(Tiw)、沃登(Woden)、索尔(Thor)和女神弗丽嘉
(Frig)*相对应。

330　　　　意大利语星期的第一天和最后一天的名称分别是基督
教的名称(主日)和犹太教的名称。在其他拉丁语系和日耳
曼语系的语言中,那些名称与意大利语和英语中所使用的词
有着相同的起源。令人感到惊异的是,天主教会始终未能使
自己从占星术的术语中摆脱出来。[87]

　　　　东正教教会更清醒一些。例如,关于星期中的每日的希
腊语是:*cyriacē*, *deutera*, *tritē*, *tetartē*, *pempē*, *parascevē*,
sabbaton,亦即主日,第二日,第三日,第四日,第五日,预备
日,安息日。这些名称中唯一需要说明的是第六日的名
称——预备日。预备日意味着犹太教为安息日做准备的那
一天;它的希伯来语词是 *netot*,它在《新约全书》(《马可福

---

[86] 严格地讲,就像行星本身没有专门的拉丁语名称一样,星期也没有。诸行星被
　　　称作 *Mercurii stella*(墨丘利之星),*Veneris stella*(维纳斯之星),星期中的每日分别
　　　被称作 *Mercurii dies*(墨丘利日),*Veneris dies*(维纳斯日),等等。只有神有专门的
　　　名称。

　* 在北欧神话中,蒂尔是战神;沃登是诸神之父,蒂尔的父亲,掌管文化、艺术、战
　　　争、死亡;索尔是雷神;弗丽嘉是诸神之母,沃登的妻子,掌管爱情、婚姻和家
　　　庭。——译者

[87] 不过,如果我们想到文艺复兴时期,甚至在教会的上层或学术界中基督教与异
　　　教反常地混合在一起,我们就不会那么惊异了。至少从德尔图良时代(大约 160
　　　年—230 年)起,拉丁礼拜仪式就遵循犹太教的习俗,称 *feria prima*(礼拜天),
　　　feria secunda(礼拜一),*feria tertia*(礼拜二),等等。若非如此,这些词永远不会被
　　　使用,而且世俗之人永远不会知道它们。

音》,第 15 章,第 42 节)中被译成了希腊语。耶稣受难节(Good Friday)在希腊语中称为 *hē megalē* (*hagia*) *parascevē*。在东正教的星期名称中,没有一个与占星术有关。

这些日子的计数从星期日开始,这一天作为第 1 天。这种规则不仅适用于正统的基督徒,而且也适用于犹太教徒和穆斯林,他们都把最后一天称作安息日。穆斯林把第 6 天称作 *yawm al-jum'a* (聚会日),因为这一天是他们的宗教会议日。

年、月、日之间是不可公度的,也就是说,其中的任何一个量都不可能恰好用其他两个量来表达。因此,它们都存在着历法麻烦。星期所导致的也不是小困难,因为星期是跨月和跨年的,而无法以它们为基准。

唯一的例外是巴比伦的星期,他们的星期是他们的月的组成部分。巴比伦人赋予每月的第 7 日、第 14 日、第 21 日和第 28 日以特别的重要意义,因此,每月被分为 4 个由 7 天组成的周期再加上某个余数。那些日子在一定程度上是神圣的日子,但星期并非真正的星期,因为它们是不连续的。每个月的第 1 天总是一个星期的第 1 天。

与之相反,罗马人的 8 天组成的星期是连续的。不过,这里有一个限制。其中被称作 *nundinae* 的第 8 天是集市日,发明了它的周期循环的农夫们并没有想让它与 *nonae* (第 7 天)或 *calendae Januariae* (1 月 1 日)相一致。这只不过是一种禁忌,除非时不时地在两个星期之间插入一日,否则无法克服。这些增加的日子最终被置于一个 32 年的循环之中,因为 32 个儒略年 = 11,688 天,包括 1461 个集市日。

由此看来,巴比伦人和罗马人的星期与我们的星期是不

331 同的,因为巴比伦人的星期是不连续的,而罗马人的星期
(如果我们忽略刚才提到的有点不连续的话)是由 8 天组
成的。

我们的星期,亦即占星 *hebdomas*(星期)是绝对连续的,
绝对不会因月或年而中断。星期中的任何一天都可能是一
年的第 1 天或者一个月的第 1 天。

八、小时

占星学星期还有一个重要的特性需要说明。按照行星
与地球从远到近的距离的顺序排列,古人已经知道的 7 颗行
星是:土星、木星、火星、太阳、金星、水星、月球。人们也许
期望按照这个顺序(或相反的顺序)看到它们,但历书中的
顺序是截然不同的。

为了说明这一点,有必要再谈一下时间的另一种划分,
即每天的组成部分——小时。

埃及人把白天分为 12 个小时,把夜间也分为 12 个小
时,但是,由于白天的增加(或减少),白天小时的长度也得
增加(或减少),而夜间小时的长度就得减少(或增加)。[88]
苏美尔人把白天分为 3 更,把夜间也分为 3 更(这些更的长
度在夜间或白天也会增加和减少)。犹太人也采取了这样的
做法(*ashmoreh*,晨更,《出埃及记》,第 14 章,第 24 节;
phylacē,四更,《马太福音》,第 14 章,第 25 节)。苏美尔人
的数学天才显示得稍微晚了一点,他们认识到对天文学方面
的应用而言,长度不等的更是不切实际的;因而他们把全天

---

[88] 在谈到不相等的小时的时候,我们所指的是不同日子白天长度不相等时的情
况;但是同一日白天的所有小时都相等,夜间的所有小时也是如此。

(昼夜,*nychthēmeron*)分为 12 个相等的小时,每个小时有 30 格(*gesh*)。这样,全天就有 360 格,就像一年有 360 天一样。

我们从埃及人那里继承了对昼夜作 24 小时的划分,并且从巴比伦人那里继承了每个小时相等这一非常重要的概念。

不过,这种概念太先进了,以至于除了天文学家以外,它无法被古代人理解。喜帕恰斯把全天分为 24 个分至[89]小时。[90] 对所有其他人(不仅是普通百姓,而且也包括绝大多数受过教育的人)来说,每天就是分为 24 个不相等的或随季节变化的时辰(*hōrai cairicai*)。其中白天 12 个小时,每个小时具有某一长度;夜间 12 个小时,每个小时具有另一长度。人们安置了一些日晷(*hōrologia hēliaca*,*sciothērica*)或漏壶来指示全年的正确时间。

罗马人使用了不相等的或随季节变化的小时。在春分和秋分时,那些小时是相等的,白天从上午 6 点至下午 6 点,分为 12 个小时,称作 *prima hora*(第 1 小时),…, *duodecima hora*(第 12 小时)。在整个一年中,*septima*(第 7 小时)从正

---

[89] 之所以把相等的小时称作分至小时,是因为昼夜不等的小时在春分和秋分时会变得相等。

[90] 具有我们所说的小时之含义的 *hōra* 这个术语是相对较晚的;最初,白天或夜间的 12 个部只是称作部分(*merē*)。*Hōra* 这个词可以指任何周期(年、月、季);后来才有了专门的意义即一天(相等或不相等)的小时。英语中"小时"这个词的语意与希腊语中的 *hōra* 的语意类似。希腊诗人的天才创造出了时序女神(*Hōrai*,*Horae* 或 *Hours*),她们是负责自然秩序、季节、降雨等的女神。她们由 3 个神组成:塔罗(Thallō)、卡波(Carpō)和奥克索(Auxō),这一组神与另外两组神相对称,一组是命运三女神(*Moirai*,*Parcae* 或 Fates):克洛托、拉克西斯和阿特罗波斯,另一组是美惠三女神(*Charites* 或 Graces):欧佛罗叙涅(*Euphrosynē*)、阿格莱亚(Aglaia)和塔利亚(Thalia)。这些女神的塑像一般是 3 个、6 个或 9 个成组出现。

午（*meridies*）开始。白天也被分为 4 更：*mane*（日一更），从日出到第 2 小时结束；*ad meridiem*（日二更），从第 3 小时到第 6 小时结束；*de meridie*（日三更），从正午到第 9 小时结束；*suprema*（日四更），从第 10 小时到日落。在一年当中，夜间被分为长度不等的 4 更（*vigiliae*），但夜三更总是从子夜（*media nox*, *noctis meridius*）开始。

在欧洲的有些地方，把全天分为不相等的小时的做法延续下来，甚至延续到 18 世纪。

我们现在也许该回到占星星期，并且证实其每周各日的连续性。本来是天文学家的占星学家们，把昼夜分为相等的 24 个小时，每个小时奉献给 7 个行星神中的一个，每日以这一天第 1 个小时的神的名字来命名。

我们先从萨图恩日（*Saturnis dies*）开始，之所以这样称呼，是因为它的第 1 个小时奉献给了农神萨图恩；第 2 个小时是朱庇特小时；第 3 个小时是马尔斯小时；第 4 个小时是日神小时；第 5 个小时是维纳斯小时；第 6 个小时是墨丘利小时；第 7 个小时是月神小时。

不仅第 1 个小时，而且第 8 个小时、第 15 个小时、第 22 个小时也都奉献给了萨图恩。第 23 个小时和第 24 个小时奉献给了朱庇特和马尔斯，因此次日的第 1 个小时属于日神，而这一天被称作日神日（*Solis dies*）。这样，天文学的行星顺序：

土星，木星，火星，太阳，金星，水星，月球，

被一种新的秩序取代了，这种秩序是这样获得的：以第一序列的土星作为第一项，然后每跳过后两项取一项作为新序列的下一项，如此等等。依次下去就会得到：

土星, 太阳, 月球, 火星, 水星, 木星, 金星,

这就是我们的星期中各个日子的顺序：

星期六, 星期日, 星期一, 星期二, 星期三, 星期四, 星期五。

借助图解（参见图 62 和图 63）可以对上述做出更清晰的说明。

请注意, 行星星期证明了两件事。第一, 占星信念在古代如此强烈, 以至于在（构成我们词汇的一个显著部分的）星期中, 其每一天的名称依然留有那种迷信的痕迹。每天, 无论我们情愿与否, 我们都在多次使用占星学术语。第二, 它证明, 把一天分为 24 小时这种划分即使还未被大众接受, 也已被占星学家接受了。

我希望, 读者能原谅我把这么多的篇幅用在历法上, 从纪元讨论到年、月、星期、日和小时。这些看起来可能与科学相距遥远, 但其中每一个周期的确立和调整都隐含着天文学知识, 而它们又都反过来对天文学产生了极为深刻的影响。说它们影响了天文学是一种保守的说法；没有对时间的确定, 任何天文学都是不可能的。即使在今天, 也必须继续愈来愈精确地确定时间, 而且这是天文台和某些物理实验室的重要任务之一。

不过, 这仅仅是这幅图画的一个侧面。年代学不仅仅是天文学家最基本的必要条件；它还是史学家必不可少的工具, 而且, 由于它表现了我们生活的许多周期性规律, 因而它与每个人都相关。理性的人们有助于年代学的建立, 而人数更多的非理性的人也并非无所事事。因此, 历法并不仅仅是一项科学成就, 或者说, 那种成就远非纯科学的, 而是混杂着数量令人难以置信的不规则的东西和杂质。年代史家必须

图 62　从行星顺序推出每星期诸日顺序的图解;从太阳开始,然后沿顺时针方向跳过后两项,这样对角线就会从星期日连到星期一,依次做下去,就会连到星期二(Martedi) ……星期六。在这里,行星沿顺时针方向按照它们古代的顺序排成一个圆圈,从离地球最远的土星开始,到最近的月球为止

图 63　从每星期诸日顺序推出行星顺序的图解;从星期六开始,然后沿逆时针方向跳过一项,这样对角线就会从星期六连到星期四,依次做下去,就会从土星到木星、火星、太阳、金星、水星、月球,亦即按照古代的思想,以和地球的距离递减的顺序排列行星。在这里,每星期的诸日沿顺时针方向按照它们自然的顺序排成一个圆圈

不仅要处理科学问题,而且要处理民间传说(每个民族的民间传说)、占星术迷信以及其他迷信,还要对付行政官员、祭司以及无知的好事者等人的独断专横。结果,对历法的研究变得极为复杂。若想了解这种无限的复杂性,参考一下弗里德里希·卡尔·金策尔(1850 年—1926 年)令人钦佩的著作《数学与技术年表手册:各民族的纪年法》[*Handbuch der mathematischen und technischen Chronologie. Das Zeitrechnungswesen der Völker* (3 卷本, 1652 页), Leipzig:Hinrichs, 1916-1924)] 就足够了。金策尔的著作在其力求完整和一丝不苟方面几乎到了让人难以忍受的地步,但它仍不完备,而且有许多部分需要修正和补充。

对历法的研究是科学与社会之间无休止的相互作用的

一个极好的例子。纯科学是一种理想,它只能在社会真空中得以实现,这只不过是以下说法的一种方式,即它不可能存在,或者它绝不可能长久存在。

金策尔是一个重要的参考来源。还有许多其他著作或论文集。关于星期,可以参见 F. H. 科尔森(F. H. Colson):《星期》[*The Week* (134 页) , Cambridge:University Press, 1926];所罗门·甘兹:《行星星期的起源或希伯来文献中的行星星期》("The Origin of the Planetary Week or the Planetary Week in Hebrew Literature") , 载于《美国犹太研究学院学报》(*Proceedings of the American Academy for Jewish Research*) 18, 213-254(1949)。

九、埃及天文学·丹达拉神庙黄道十二宫图

如果从开罗沿尼罗河逆流而上航行到卢克索,你就会经过北纬 26° 以及基纳(Qena) 市 (希腊语为 Cainēpolis = Newton!),在其邻近地区峡谷的西部,就是埃及最古老的城市之一丹达拉。[91] 丹达拉被献给了快乐和爱之女神哈托尔(希腊人把她等同于阿芙罗狄特),而且它以供奉她的神庙而自豪。这座至今依然存在的神庙是很晚即在托勒密时代结束和奥古斯都统治时期才建造的,它建在一个更老的可以追溯到古埃及帝国的神庙的遗址之上。在神庙顶部一间房子的天花板上,有一幅展现了所有星座的图,它一般被称作丹达拉神庙黄道十二宫图。这是一幅外加圆框的浅浮雕作品,它的直径为 1.55 米。其 *in situ* (原来位置的) 原作被一

---

[91] 丹达拉(Dendera 或 Dendara)是希腊语 *ta Tentyra* 的传讹;它地处河畔,距开罗和卢克索大约 400 英里和 60 英里。

个石膏模型取代了,而原作现在保存在巴黎的国家图书馆。

丹达拉神庙黄道十二宫图是 1798 年被路易·德塞·德·韦古(Louis Desaix de Veygoux)将军发现的,他的波拿巴家族曾派遣一个远征军去上埃及;在《埃及的记述》(*Description de l' Egypte*)[92]中首次宣布了该图以及其他 5 处埃及天文学遗址的存在。该图吸引了相当多的关注,[93]因为它最初被认为是非常古老的。J. B. J. 傅立叶(他曾与波拿巴家族一起去埃及)在其 1830 年的著作中认为,它已经有 40 个世纪了。傅立叶是一位非常有天赋的数学家,但他不是埃及学家。[94]

学者们现在一致同意,丹达拉神庙黄道十二宫图是非常晚的产物,他们的唯一分歧在于,它是托勒密时代晚期的,还是奥古斯都时代的。按照弗朗索瓦·多马(François Daumas)的观点,它最可能的年代是公元前 100 年 ± 20 年。[95] 如果我们认为这个遗物是托勒密时代晚期的,那么

---

[92] 全称为《法国远征军在埃及期间对埃及的记述或所做观察和研究的汇集》(*Description de l' Egypte , ou recueil des observations et des recherches qui ont été faites en Egypte pendant l' expédition de l' armée française*),19 卷本(Paris,1809-1828)。

[93] 有关该图的文献非常多,大部分发表于 1822 年及以后诸年。但关于它尚没有一个令人满意的和充分的说明。E. M. 安东尼亚迪(E. M. Antoniadi)在其《埃及天文学》(*L' astronomie égyptienne*,Paris,1934)[《伊希斯》22,581(1934-1935)]第 60 页—第 74 页,列出了该图所描绘的 48 个星座(北方 21 宫,黄道 12 宫,南方 15 宫)的清单。有关丹达拉的文献,请参见艾达·A. 普拉特(Ida A. Pratt):《古代埃及》(*Ancient Egypt*,New York),第 1 卷(1925),第 124 页—第 125 页;第 2 卷(1942),第 95 页。

[94] 这里所说的是让·巴蒂斯特·约瑟夫·傅立叶(Jean Baptiste Joseph Fourier,1768 年—1830 年)。傅立叶公式、傅立叶级数以及傅立叶定理等都是以他的名字命名的。

[95] 见他于 1954 年 2 月 20 日自埃罗省(Hérault)卡斯特尔诺勒莱兹市(Castelnau-le-Lez)寄给我的一封信。碑文是这个拥有黄道十二宫图的神庙的组成部分,它不像其他部分那样有明显的罗马特点。

它的确切年代并不重要；即使它是到了罗马时代才完成的，也很难对它的本质有什么影响；它肯定是埃及遗物，保留了一些古代的传统。

我们也许可以称它为埃及最后的天文学遗物。它仅仅是一个外加圆框的天文学石碑。[96] 人们甚至可以说，它仅仅是埃及圆形装饰艺术品的一个例子；它本身就是古代后期或晚期的一个充分证明。

十、巴比伦天文学

我在本书第 1 卷中说明了巴比伦（或者更确切地说苏美尔）的数学，这是很有必要的，因为它比希腊数学早许多——大约早 1000 年，而且它有助于说明希腊数学的一些奇特之处。我们现在认识到，希腊人是站在东方巨人的肩膀上，其中有些是埃及人，其他是"巴比伦人"——他们中的一些人居住在尼罗河沿岸，另外一些居住在幼发拉底河和底格里斯河沿岸、两河之间的地带（*hē mesē tōn potamōn*，美索不达米亚）。

至少远在毕达哥拉斯时代，古巴比伦的数学和天文学知识就已经渗透到希腊世界。在后亚历山大时代，当巴比伦、埃及和希腊的天文学家有机会彼此在爱琴海群岛、埃及和西

---

[96] 所依据的是理查德·A. 帕克（Richard A. Parker）的说法（见他于 1955 年 9 月 23 日寄自美国罗得岛首府普罗维登斯的信）；在尼罗河沿岸的索哈杰（Sohāg）墓地 [大约在艾斯尤特（Asyūt）西南 50 英里]，还有其他一些尚未发表的黄道十二宫图。它们是圆形的，但与丹达拉神庙的黄道十二宫图相比非常粗糙。它们大概是公元 1 世纪的罗马产物。帕克教授想不起来有比丹达拉神庙的黄道十二宫图更早的埃及圆形遗物，无论是否与天文学有关。然而，考虑一下底比斯（Thebes）的塞提二世（Seti II，活动时期大约在公元前 1205 年）的地下墓穴墙上的浅浮雕，那是太阳的标志。这些标志由一只圣甲虫和太阳神构成，它们被嵌入一个圆盘之中，这个圆盘本身也是太阳的一个标志，即阿吞（Atōn）太阳盘。参见何塞·皮霍安：《艺术大全》（Madrid），第 3 卷（1932），图 560。

亚会面时,知识的传入就更为活跃。

以 60 为分母的分数的残存就是数学渗透的最好证据;喜帕恰斯对岁差的发现,则是天文学渗透的最好证据,因为他的发现在一定程度上是以巴比伦人的观测结果为基础的。在喜帕恰斯的成就中还有其他一些巴比伦因素,它们传给了他的后继者们,并且出现在《天文学大成》之中。

还有另一个相互影响的证据,尽管这次的影响方向是相反的,即与喜帕恰斯同时代的巴比伦人塞琉古对日心说的辩护。

更确切地了解巴比伦人的知识是如何传播给希腊人的;或者相反,希腊人的知识是如何传播给巴比伦人的,是极为令人感兴趣的,但这类信息较为匮乏。很有可能,资料甚至方法的相互交换在很大程度上是个人的和口头的;这是一种私下进行的传播,它几乎没有留下什么痕迹,而且只能从结果去推断,有时候要从非常远的结果例如《天文学大成》去推断。对我们来说,诸如在科学会议或国际大会上的口头传播仍然是很重要的,而在古代,这种方式则重要无数倍。即使是口头流传至今的信息,在我们亲眼阅读有关的说明之前,我们也不会对它满意。古代人依赖口头传播的信息,因为在大多数情况下没有可利用的书面说明。

塞琉西帝国是虚弱的和混乱的;有些诸侯总是阴谋反对他们的君主。它远比埃及的拉吉德王朝(或托勒密王朝)缺乏凝聚力。塞琉西的统治者并不是非常卓越的(远逊于早期的托勒密诸王),而他们的主要功德也许就是他们在亚洲捍卫了希腊思想和文化。不过,希腊人的数量是非常少的,我们很容易就可以根据我们的经验想象,当地存在着相当强烈的对他们的敌视,有些类似于我们这个时代的反殖民主义、民族主义以及排外等态度。宗教为这类情感提供了最好的汇聚中心和熔炉。在塞琉西帝国正是如此。当地的祭司有权以最秘密和最有效的方式谴责他们的统治者,把当地的民众团结在已被认可的领导者周围,并且焕发民众的激情。

由于迦勒底历是纯太阴历(就像同时代的希伯来历那样),第一个新月(以及其他太阴月时间)的确定是祭司的主要责任之一。这些祭司是天文学家或者变成了天文学家,而且在古巴比伦传统和新的环境的影响下,他们发展出一种非常富有创造性的天文学,关于这种天文学,我将在下一节做简要的说明。

他们的成就的独创性是惊人的;这些成就不仅独立于希腊天文学(即使仅仅基于民族成见,我们也可以很容易理解这一点),而且奇特的是,它们也独立于古代巴比伦的天文学。迦勒底天文学像古代中国天文学和玛雅天文学一样是独创的,后两者在那时距东地中海遥不可及的世界中发展。那时,中国是无法到达的,中美洲是难以想象的。

十一、迦勒底天文学[97]

大约在喜帕恰斯在亚历山大城和罗得岛工作期间,以及塞琉古仍然在维护阿利斯塔克的日心说体系之时,迦勒底祭司则在美索不达米亚的诸神庙中计算月球和行星的星历表。他们并没有发展出一个前后一致的天文学体系,但发展出了

---

[97] 作为整节的标题,下面将要出现的"迦勒底天文学"是一个种的概念,与之不同的是,"巴比伦天文学"是一个属的概念。在几种公认的词义上,"巴比伦的"比"迦勒底的"更为普遍。

一种记录甚至预见月球和行星的位置的经验方法。他们的月球星历表对他们是非常重要的,因为他们的历法是纯太阴历(就像同时代的希伯来历那样);他们的主要任务就是确定新月最初可见时的时间。月球星历表指出了新月预期出现的时间(不过稍微提前了一点),从而为观察者的工作提供了便利。

奥托·诺伊格鲍尔编辑了一本所有已知的迦勒底泥板和残篇的文集,总计有 300 篇,并附有评注。[98] 那些泥板是用楔形文字书写的,其中三分之一是属于乌鲁克(Uruk)[99],其余大概属于巴比伦。大部分泥板写于塞琉西时代(公元前 312 年—前 64 年),有些则比较晚,写于公元 49 年。其中许多注明了日期,日期的标注依据的是塞琉西纪元(塞琉西纪元 1 年 = 公元前 311 年)。

那时,天文学家和抄写员都是为迦勒底各神庙服务的祭司;乌鲁克各神庙的不同抄写员在他们泥板的末页署上了他们的名字,这样,我们就知道他们属于两个家族:埃库扎基尔(Ekurzākir)家族和辛莱格乌尼尼(Sin-legē-unninnī)家族;由于他们的名字是按照通常的闪族方式记录的:"A 是 B 的儿子,B 是 C 的儿子……"因此就有可能重构这两个家族的

---

[98] 参见奥托·诺伊格鲍尔:《天文学楔形文字文本——塞琉西时代太阳、月球和行星运动的巴比伦星历表》(*Astronomical Cuneiform Texts. Babylonian Ephemerides of Seleucid Period for the Motion of the Sun, the Moon and the Planets*),四开本,正文 2 卷,528 页,插图 1 卷,255 幅图,为普林斯顿高等研究院(the Institute for Advanced Study in Princeton)印制(New Jersey, by Lund Humphries, London, June 1955)[《美国东方学会杂志》75, 166-173(1955)]。

[99] 乌鲁克也称以力[Erech(见《创世记》第 10 章,第 10 节)]和瓦尔卡(Warka),位于幼发拉底河下游沿岸,在巴比伦下游很远的地方。

家谱。[100]

尽管事实上那些星历表的绝大多数都属于塞琉西时期，我还是愿意把它们称作迦勒底星表，因为"塞琉西"这个词会使人想到希腊化的政府，而那些祭司–天文学家–抄写员都是当地人。如果塞琉西的统治者希望促进天文学的发展，他们就应该选择赞助阿利斯塔克的弟子或喜帕恰斯的弟子而不是赞助迦勒底的祭司。此外，一方面剥夺迦勒底人最优秀的科学研究成果（并且称之为塞琉西的科学成果），另一方面完全相信他们盛产迷信，这样做是极不公平的。如果我们认为一个民族只做过有害的事，他们的有益的功绩是属于其他民族的（政治家们经常这样做，科学史家不应当这样做），那么就可以随便对任何民族进行诋毁了。

在史学上，"迦勒底的"这个术语，是"巴比伦晚期的"或"新巴比伦的"等术语的简称；它被用来指与新巴比伦帝国（公元前 625 年—前 538 年）有关的，同一地区的苏美尔人亦即巴比伦的迦勒底人，后来被波斯人（公元前 538 年—前 332 年）、亚历山大（公元前 332 年—前 323 年）、塞琉西诸王（公元前 312 年—前 64 年）、帕提亚人（阿萨息斯王朝，公元前 171 年—公元 226 年）统治，后来从公元 226 年至 641 年穆斯林对外征服前，又被波斯人统治。

在地理学上，"迦勒底"这个术语是指巴比伦的东南部分，它沿幼发拉底河从巴比伦延伸到波斯湾。诺伊格鲍尔所出版的所有泥板文献，就我们所了解的它们的起源而言，都来自这个地区。

---

[100]　参见奥托·诺伊格鲍尔：《天文学楔形文字文本》，第 14 页。

　　有人也许会把它们称作巴比伦泥板,但最好还是用"迦勒底(或新巴比伦)的"这个修饰语,因为"巴比伦的"会使绝大多数人想到久远的古代,而迦勒底泥板是相对比较晚近的,其中有些甚至是耶稣基督(Jesus Christ)时代的,而他所处的时代比最早的巴比伦数学家离我们更近。

　　在希腊人关注各种轨迹并且发明了不同的几何学理论来说明它们的时候,迦勒底人的目标显得更为谦卑;他们试图在以前的观测结果的基础上预先确定月球的合与冲(朔望)的时间、新月最初可见和最后可见的时间,以及月食的时间。他们的方法是算术方法而非几何方法。他们遵循古代巴比伦人的传统,使用等差数列来描述周期性事件;他们也从他们的巴比伦祖先那里继承了黄道带的概念,以作为太阳、月球和行星运动的参照框架;他们还继承了对这些运动以及日夜变化的持续时间的一系列特性的描述,继承了那些祖先非凡的算术技能。他们所取得的成果相当令人满意,但对日食的研究除外,因为他们在那里忽略了一个基本的因素,即太阳和月球的视差。[101]

　　对实现宗教的目标而言,月球星历表是必不可少的;我们不知道行星星历表的用途,尽管它们很可能被用于占卜。令人惊讶的是,迦勒底人对木星比对其他行星更有兴趣;木

---

[101] 在诺伊格鲍尔编辑的文集中,(在 300 篇中)与日月食有关的原文只有 3 篇(2 篇是关于月食的,1 篇是关于日食的)。有 41 篇原文和残篇是关于木星的,关于其他 4 个行星的一共只有 40 篇。

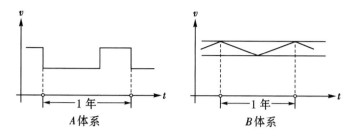

图 64 迦勒底天文学家用来计算他们的月球星历表的两种方法（"A 体系"和"B 体系"）的图解［引自 O. 诺伊格鲍尔：《天文学楔形文字文本》(London，Lund Humphries，1955)，第 1 卷，第 41 页］

星比最明亮的天狼星更为灿烂，但不如金星离我们最近时灿烂。[102]

迦勒底天文学家非常负责，并且尝试用不同的算术方法来计算他们的星表。他们的两种主要方法被称作"A 体系"和"B 体系"（参见图 64）；A 体系的假设是，太阳以（不同的）恒定速度在黄道的两个弧上运行；B 体系的假设是，在一年之中太阳的速度是逐渐变化的。第二个假设比第一个更精确，但仍不能确定它晚于那个假定。无论如何，我们必须面对以下事实。乌鲁克泥板的年代是从公元前 231 年至公元前 151 年，而巴比伦泥板的年代是从公元前 181 年至公元 49 年；也就是说，巴比伦泥板比乌鲁克泥板晚很多年，它们大部分都属于 A 类；而乌鲁克泥板更为古老，几乎无一例外都属于 B 类。

---

[102] 为了便于我的读者理解，我称它为朱庇特之星。对古代巴比伦人和新巴比伦人来说，这颗星是他们的主神、万神之神马尔杜克之星。希腊人用他们的主神宙斯，罗马人则用朱庇特取代了马尔杜克。但是，为什么他们把一颗并非最明亮的星与主神联系在一起呢？

　　我在本章的另一节中已经说明,迦勒底人发明了天宫图,但其应用主要是在托勒密王朝的埃及以及希腊-罗马世界的其他部分开始的。诺伊格鲍尔编辑的泥板并不含有任何占星术的痕迹,但在其他泥板中却包含了更多的占星术成分,而且很有可能,迦勒底天宫图比现已认识到的更多。[103]

　　除了诺伊格鲍尔研究的泥板,还有其他一些泥板,库格勒神父称它们为"二级星历表",[104]它们给出了诸行星进入黄道十二宫的数据。这正是占星学家绘制他们的天宫图所需要的信息。

　　尽管希腊人拥有理性主义,但他们已经为接受偏离正轨的占星学做好了充分准备,因为他们信奉拜星教,对他们来说,拜星教似乎比他们稀奇古怪的神话更"合乎理性",而且变得越来越可以接受了。从拜星教迈向占星术是很容易的,他们那个时代的政治和经济方面的悲惨境遇促使他们采取了这一步骤。

340

　　在理论方面,希腊人既是占星学的创始者,也是天文学的创始者。喜帕恰斯在两个方向上即理性的和非理性的方面都进行了非常有影响的研究,托勒密站在了喜帕恰斯的肩膀上,正是由于喜帕恰斯,他才能够在 3 个世纪以后写出《天

[103] 奥托·诺伊格鲍尔和亨利·巴特利特·范霍伊森(Henry Bartlett Van Hoesen)正在编辑所有希腊天宫图的文集。范德瓦尔登博士[在 1956 年 1 月 11 日从苏黎世(Zürich)寄给我的一封信中]回想起,在塞琉西时代许多法律的和商业的文件不再用泥板书写了;天宫图可能也是如此,这也可以说明它们的稀缺。幸存下来的迦勒底天宫图仅仅是少量书写在泥板上的那些。

[104] 这段以及下一段的信息,应归功于范德瓦尔登教授(1956 年 1 月 11 日的信)。有关"二级星历表",请参见 F. X. 库格勒:《巴别塔中的占星学和占星活动》(*Sternkunde und Sterndienste in Babel*, Münster in Westfalen, 1926),第 2 卷,第 470 页—第 513 页。

文学大成》和《四书》(*Tetrabiblos*)——它们分别是天文学和占星学的圣经。[105]

不过,迦勒底人自己仍在继续传播占星术幻想,他们的名声就是其见证。他们对后人的影响是双重的。喜帕恰斯从他们那里获得的天文学知识(例如有关月球运动的知识)传给了托勒密,并且与西方天文学结合为一体,它们起到了有益的作用。范德瓦尔登已经指出,从奥古斯都时代到哈德良时代的星表都是用迦勒底人的方法计算出来的。在这期间存在着某种进步,因为哈德良星表比更古老的星表更精确。在许普西克勒斯(活动时期在公元前 2 世纪上半叶)、克莱奥迈季斯(活动时期在公元前 1 世纪上半叶)、杰米诺斯(活动时期在公元前 1 世纪上半叶)、马尼利乌斯(活动时期在 1 世纪上半叶)等人[106]的著作中,也可以追溯到迦勒底因素,更不用说维提乌斯·瓦伦斯(Vettius Valens)的《四书》(*Tetrabiblos*)和《文选》(*Anthology*)了。[107] 他们都使用了迦勒底人的方法来计算月亮的升起和降落、它的速度、黄道十二宫升起的时间,等等。马尼利乌斯、托勒密和瓦

---

[105] 参见 G. 萨顿:《古代科学与现代文明》(Lincoln:University of Nebraska Press, 1954),第 37 页—第 73 页。

[106] 这个清单也许还可以延续下去,但后来的希腊(或罗马)作家借鉴了那些已经非常著名的作家和著作的思想,例如普林尼(活动时期在 1 世纪下半叶)、菲尔米库斯·马特努斯(Firmicus Maternus,活动时期在 4 世纪上半叶)、密歇根纸草书(Michigan papyrus,参见《科学史导论》,第 1 卷,第 354 页)、《农耕术》(the *Geōponica*,参见《科学史导论》,第 1 卷,第 370 页)、马尔蒂亚努斯·卡佩拉(活动时期在 5 世纪下半叶)以及格伯特(Gerbert,活动时期在 10 世纪下半叶)。

[107] 《四书》和《文选》都是公元 2 世纪中叶以后的作品。《四书》是一部正式的专著,而《文选》,正如其标题所表明的那样,是占星事例和天宫图的汇集。参见奥托·诺伊格鲍尔:《维提乌斯·瓦伦斯〈文选〉的年表》("The Chronology of Vettius Valens' Anthologiae"),载于《哈佛神学评论》(*Harvard Theological Review*) *47*,65-67(1954)[《伊希斯》*46*,151(1955)]。

伦斯已经把我们带回到占星术。迦勒底的另一种影响不那么有益但更加普遍，这就是占星术的影响。也许可以说，迦勒底人的计算方法被天宫图的制作者或占星学家带到了东方和西方，他们为了给从事实际工作的占星术士提供指导而出版了星表或指南。在梵语和泰米尔语（Tamil）的文献[108]中也可以发现迦勒底占星术的遗迹，通过印度，这些结果又渗透到波斯语和阿拉伯语的著作中。当阿拉伯语的著作被翻译成拉丁语时，那些结果影响了如彼得罗·达巴诺（活动时期在 14 世纪上半叶）这样的西方作者以及西方艺术，例如费拉拉（Ferrara）的希法诺亚博物馆（the Shifanoja Museum）中大约 1470 年的壁画。[109] 然而，所有这些对天文学的发展而言没有什么价值；仅有的影响现代天文学家的迦勒底因素，是那些沿着喜帕恰斯-托勒密脉络流传下来的因素，它们仿佛在希腊传统中结合在一起，又在这一传统中消失了。

迦勒底人很早就获得的名声足以证明他们在占星术以及其他形式的占卜方面的技艺精湛。希腊语中的 *Chaldaios*（迦勒底人）这个词已经有了占星者的含义。卢克莱修曾提到[110]与希腊学说相对立的 *Babyblonca Chaldaeum docrina*，即迦勒底人的巴比伦学说（这是一种把两个形容词结合在一起

[108] 参见奥托·诺伊格鲍尔：《泰米尔天文学》（"Tamil Astronomy"），载于《奥希里斯》*10*,252-276(1952)。

[109] 参见奥托·诺伊格鲍尔对路易·勒努（Louis Renou）和让·菲约扎（Jean Filliozat）合编的《古典印度：印度教育手册》（*L' Inde classique, manuel des études indiennes*, Hanoi: Ecole française d' Extrême-Orient,1953）的详细评论，载于《国际科学史档案》（*Archives internationales d' histoire des science*）*31*（April,1955），第 166 页—第 173 页。

[110] 《物性论》，第 5 卷，第 727 行。

的很好的方法)。《旧约全书》中谈到迦勒底人时把他们当作占星者和巫师,认为他们有点过于精明了。《旧约全书》对巴比伦人的评价也不高,《新约全书》(《启示录》第 17 章,第 5 节)对他们毫不留情地进行了谴责。标签被贴上了,历经数个时代,"迦勒底人(Chaldean)"不仅暗示着占星术,而且还暗示着巫师、神秘主义和蒙骗,而"巴比伦人(Babylonian)"则意味着占星术士和贬义的天主教徒!"Chaldean"这个词常常被用来指占卜者或算命者;除去在宗教方面的用途,这个词还被认为有比"Babylonian"更多的侮辱意味。[111]

迦勒底人的坏名声是他们应得的,因为他们创造了大量迷信。其中许多迷信保留在曼德恩人(Mandaeans)的民俗之中,曼德恩人是一个诺斯替教徒(Gnostic Christian)的部落;今天的曼德恩人居住在古代迦勒底人的土地上,而且在一定程度上,大概是他们肉体和精神上的后代。[112]

虽然他们的坏名声稳定地延续了数个时代,但他们更重大的成就在 1881 年以前几乎不为人知,这真是命运的一种奇怪变化。1881 年以后,耶稣会士先驱约瑟夫·埃平(Joseph Epping,1835 年—1894 年)、约翰·内波穆克·施特拉斯迈尔(Johann Nepomuk Strassmaier,1846 年—1920 年)

---

〔111〕请注意作为形容词的"Egyptian(埃及的,埃及人的,埃及文化的。——译者)"也含有与占星术、神秘主义或吉卜赛知识相关的贬义!

〔112〕埃塞尔·斯蒂芬娜·德劳尔(Ethel Stefana Drower)〔埃塞尔·斯蒂芬娜·史蒂文斯(Ethel Stefana Stevens)〕夫人对现存的曼德恩人的民俗进行了仔细的研究。她编辑了曼德恩人的《黄道十二宫图集》(*Sfar Malwasia*,London:Royal Asiatic Society,1949)。我关于它的评论发表在《伊希斯》*41*,374(1950),结果引起了奥托·诺伊格鲍尔的出色的反驳:《对糟糕主题的研究》("The Study of Wretched Subjects"),载于《伊希斯》*42*,111(1951)。

和弗朗茨·克萨韦尔·库格勒(1862 年—1929 年)发现了
这些成就,并对之进行了编辑和评论。我们认为,最后提到
的这个人的研究最为重要,尤其是其《巴比伦太阴历》(*Die
babylonische Mondrechnung*, Freiburg im Bresigau:Herder,
1900)和《巴别塔中的占星学和占星活动》[(Münster in
Westfalen:Aschendorf),2 卷本(1907,1909 - 1924)]及 3 个
补编 (1913, 1914, 1935)[113][《伊希斯》25, 473 - 476
(1936)]。奥托·诺伊格鲍尔、亚伯拉罕·J. 萨克斯
(Abraham J. Sachs) 和 B. L. 范德瓦尔登非常成功地继承了库
格勒的事业。[114] 他们再现了迦勒底天文学,这是令人极其
感兴趣的,但这种再现对当今的天文学思想不可能有什么影
响。除了通过喜帕恰斯和托勒密传播至今的迦勒底因素,如
果那些天才的迦勒底祭司–天文学家没有进行干预,天文学
的发展可能本质上是同样的。[115]

　　以下这一著作我收到得太晚了,无法在本章中加以利
用:《晚期巴比伦的天文学文本及相关文本》(*Late
Babylonian Astronomical and Related Texts*),由西奥菲勒斯·
戈德里奇·平奇斯(Theophilus Goldridge Pinches)和约翰·
内波穆克·施特拉斯迈尔誊写,这是为亚伯拉罕·J. 萨克斯

[113] 包含年表和索引的第 4 个补编预告于 1935 年出版,但却没有出版,而且大概永
远也不会出版了。
[114] 有关他的观点的概述,请参见奥托·诺伊格鲍尔的论文《古代的数学与天文学》
(" Ancient Mathematics and Astronomy"),见于查尔斯·辛格:《技术史》(Oxford:
Clarendon Press),第 1 卷(1954)[《伊希斯》46,294(1955)],第 785 页—第 803
页。这对希望充分研究从苏美尔时代到基督教时代及其以后的古巴比伦和新巴
比伦的天文学的学者来说,将是非常有用的。
[115] B. L. 范德瓦尔登正在准备一份有关"迦勒底天文学的普遍影响"的研究报告
(见他写于 1956 年 1 月 11 日的信)。

和 J. 绍姆布格尔（J. Schaumberger）出版的著作所做的准备
［"布朗大学研究丛书"（Brown University Studies）第 18 卷，
共 327 页（Providence：Brown University Press，1955）］。这一
著作包含 1300 篇以前未发表的文本，它们于 75 年前在巴比
伦被发掘，现保存于大英博物馆；其中大部分是公元前最后
几个世纪的天文学文本。

第二十章

公元前最后两个世纪的物理学和技术：克特西比乌斯、拜占庭的斐洛和维特鲁威[1]

一、克特西比乌斯

对于希腊化时代的物理学史和技术史，过去常用三个著名人物的名字来概括：亚历山大的克特西比乌斯（Ctēsibios of Alexandria）、拜占庭的斐洛（Philōn Byzantios）和亚历山大的海伦，除了把他们按这样的顺序排列，我们对他们生活的年代并不确定。我在我的《科学史导论》中尝试性地推断他们分别活动于以下时期：公元前 2 世纪上半叶，公元前 2 世纪下半叶，公元前 1 世纪上半叶。对于最后那位即海伦，我的推断肯定错了，断定他活动于公元 1 世纪下半叶更为恰当。[2] 因此，海伦属于较晚的基督以后的时代，而我对希腊化物理学的记述只限于两个人——克特西比乌斯和斐洛。

一首古代的隽语诗间接地表明，克特西比乌斯曾经为阿

---

[1] 关于公元前 3 世纪的物理学和技术，参见本卷第七章。

[2] 有可能海伦活跃于 62 年以后、150 年以前[《伊希斯》30, 140 (1939); 32, 263 (1947-1949); 39, 243 (1948)]。1938 年，奥托·诺伊格鲍尔得出结论说，无论是把海伦的年代确定在公元 1 世纪末抑或是从 100 年至 200 年的所有其他时期，都应当看作同样可能的;《伊希斯》30, 140 (1939)。

尔西诺的雕像制作了一个会鸣响的丰饶角*，该雕像是由她
的弟弟和丈夫托勒密二世菲拉德尔福大约于公元前 270 年
建立的。倘若这种说法属实，那么克特西比乌斯活跃的时期
比我最初认为的早一个世纪。按照保罗·塔内里（Paul
Tannery）的观点，克特西比乌斯生活于托勒密三世埃维尔盖
特（公元前 247 年—前 221 年** 在位）统治时期。无论他活
跃于公元前 3 世纪还是公元前 2 世纪，他都是一个理发匠和
工程师。这两种职业的结合是很古怪的，但并非难以置信；
他既是一个手艺人又是一个发明家，修剪头发和胡须正是一
种手艺。他写过一本书描述了他的发明和实验，但这本书失
传了，我们关于他的任何知识首先来源于维特鲁威（活动时
期在公元前 1 世纪下半叶），其次来源于拜占庭的斐洛（活
动时期在公元前 2 世纪下半叶）、技师阿特纳奥斯（Athēnaios
the mechanician，活动时期在公元前 2 世纪下半叶）、普林尼
（活动时期在 1 世纪下半叶）、海伦（活动时期在 1 世纪下半
叶）、瑙克拉提斯的阿特纳奥斯（活动时期在 3 世纪上半叶）
以及普罗克洛（活动时期在 5 世纪下半叶）。

　　他发明了一种压力泵、一种水风琴（water organ）以及水
钟。当我们说他发明了压力泵时，这只不过意味着他认识到
它需要 3 个必不可少的部分，即缸体、活塞和阀门。他的模
型最终被斐洛和其他人改进了；它是在博尔塞纳（Bolsena）
发现（现保存在大英博物馆）的两种泵以及在奇维塔韦基亚

---

　　* 在希腊神话中，据说仙女阿玛尔忒亚（Amalthea）用羊奶哺育过宙斯，丰饶角
（cornucopia）就是那只羊的角，它是财富的象征。
　　** 原文如此，与前文略有出入。——译者

（Civitavecchia）发现的第 3 种泵的原型。[3]

　　他称之为 *hydraulis* 的水风琴是气泵在音乐上的一种应用,这种管乐器中的气流不是由演奏者的肺部提供,而是由一个机器提供的。根据维特鲁威不完整的描述(《建筑十书》,第 10 卷,第 8 章,6)以及各种古代的陶器模型,可以想象出克特西比乌斯的发明的特性。为了使气流持续,能盛水的发音气室是必不可少的,而为了引导气流进入不同排管中的某一个之中,还必须有一个键盘。泵、发音气室、排管和键盘是这架琴必备的部分。所有管风琴都是在克特西比乌斯所设计的管风琴的基础上的变化和改良。

　　就我们所知,这种水风琴的发明是一种全新的起点。而水钟则是更早的时间计量装置的改进。我们不必谈日晷,它们只在阳光普照时才有用;水钟是在公元前第二个千年期在埃及发明的。[4] 大部分漏壶都是用来计量一段作为一个整体的时间的长度,而不是用来计量它的部分和它的渐进过程的。例如,允许一位发言者发言的时间,就是使漏壶中某一容量的水流光的时间,而流出的速度的变化无关紧要。[5]克特西比乌斯的发明在于调节那种速度并且使观察时间的

---

[3] 有关的详细情况,请参见埃奇·格哈特·德克赫曼(Aage Gerhardt Drachmann):《克特西比乌斯、斐洛和海伦》(*Ktesibios, Philon and Heron*, Copenhagen: Munksgaard,1948)[《伊希斯》*42*,63(1951)],第 4 页。

[4] 参见亚历山大·波戈:《埃及的水钟》("Egyptian Water Clock"),载于《伊希斯》*25*,403—425(1936),附有插图。

[5] 有关古代使用漏壶来计量为发言者限定的时间的论述,请参见阿道夫·罗姆(Adolphe Rome):《阿提卡演说者的语速》("La vitesse de parole des orateurs attiques"),载于《比利时皇家科学院人文学报》(*Bulletin de la classe des lettres, Académie royale de Belgique*)*38*,596—609(1952);*39*(1953)。许多年以前,我在瑞典达勒卡里亚(Dalecarlia)的教堂见证了同样的用法。漏壶被放在讲道坛上显眼的地方,以便为讲道的时间设限。

进程成为可能。他直观地认识到，只要高于出水口的水源保
持不变，[6]而且出水口的大小是恒定的，那么水流量就可能
是稳定的。出水口也许会被泥土堵塞，或者，它也许会由于
受到侵蚀而扩大；使用清洁的水可以避免泥土，用金或坚硬
的石头[7]制造出水口则可以避免侵蚀。只要不断给漏壶补
充供水，水源就可以保持不变，这样，流出的水就可以被收集
到另一个容器中。可以根据容器中水的容量来计量流逝的
时间。图 65 是这种装置的一个图解。水从 A 流进容器 BC；
B 是一个使水保持定高的溢流口；水从 C 流出并流入容器 D
中；在任何时候都可以根据浮标 E 的位置估计流入 D 中的
水量。请注意，把漏壶转变为水钟，必须给流出容器增加一
个流入容器，就像埃及人在数个世纪以前所做的那样。

　　克特西比乌斯的发明是基础性的，如果他那个时代就有
专利，他也许会申请"基本"专利。人们对他关于压力泵、水
风琴和水钟的思想已经进行过无数次改进。

二、拜占庭的斐洛

　　我们得闻其名的最后一位希腊化时期的技师是拜占庭
的斐洛（活动时期在公元前 2 世纪下半叶）。他活跃于克特
西比乌斯之后、维特鲁威（活动时期在公元前 1 世纪下半
叶）以前的时期，他大概与前者而不是后者更接近；他在亚
历山大度过了很长时间，在罗得岛也度过了一段时间。他也

---

〔6〕 弗朗蒂努斯（Frontinus，活动时期在 1 世纪下半叶）首先明确地表述了这一点：
　　　流出的速度是高于出水口的水的高度的因变量。
〔7〕 例如缟玛瑙。阿拉伯作者把出口称作 jaz'，意为缟玛瑙或玛瑙。

许是一个受雇于国家的军事工程师。[8] 人们建造防御工事已经有许多世纪了,而战争则是人类最古老的活动之一。在斐洛时代,建造防御工事的技术和围攻它们的技术(围攻术,poliorcetics)已经得到了充分的发展,没有哪个地方比罗得岛使该技术发展得更好。公元前 305 年,罗得岛人的主要城市受到马其顿国王德米特里的围攻。这个德米特里因围城夺邑的名声如此之大,以至于获得了 Poliorcētēs(围城者)的绰号。尽管他使用了庞大的围攻器械,但仍未能征服罗得岛人,并且不得不在公元前 304 年与他们签订了和约。他非常钦佩他们的勇敢抵抗,因而把用来进攻他们的机械装置送给了他们。这些机械装置被售出,回笼的资金用来修建著名的巨像(Colossus)。罗得岛被卷入诸多冲突之中,因而那里的人们在改善战争术方面比其他任何地方的人都更为勤勉。我们可以假设,斐洛在罗得岛学到了许多东西;另外,他的著作有可能就是为了该岛统治者的技术教育而创作的。

他是第一个试图全面论述战争的工程[9]学问——进攻与防御的人。他撰写了一部伟大的机械学专论[《机械学纲要》(Mēchanicē syntaxis)],该书分为 8(或 9)卷,其中只有三分之一保留下来。除了其现存的部分以外,我们对该著作的分卷并不十分肯定,但它有可能是这样:

(1)《导论》,概述,数学预备知识;例如,讨论了倍立方

---

[8] 军事工程师是最早的职业之一。考虑一下由……阿基米德、克特西比乌斯、斐洛、维特鲁威、海伦……列奥纳多·达·芬奇、万诺乔·比林古乔(Vannoccio Biringuccio)……沃邦(Vauban)……原子弹制造者们所代表的这种传统。

[9] 有关工程方面的学问与有关人的学问(它涉及士兵或水手的训练、战术和战略的教育等)是对立的。武器的选择和制造属于工程方面的问题;它们的使用则是教育和心理学方面的问题。

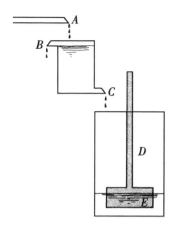

346

图 65　克特西比乌斯的水钟［复制于
埃奇·格哈特·德克赫曼《克特西比
乌斯、斐洛和海伦》(Copenhagen,
1948)第 18 页,插图 2.1］

问题(已失传)。

（2）*Mochlica*,《论一般力学》,讨论了机械中杠杆的使用
(已失传)。

（3）*Limenopoïca*,《论港口的建设》(已失传)。

（4）*Belopoïca*,《论发射装置》,讨论了发射器的建造；最
早由梅尔基塞代克·泰弗诺(Melchisédech Thévenot)以希腊语
和拉丁语出版于《古代数学著作》(*Veterum mathematicorum
opera*),对开本(Paris,1693),第 49 页—第 78 页(参见图 66)。

（5）*Pneumatica*,《论气动》,这卷的希腊语本已失传,但它
以阿拉伯语保存至今；它的从阿拉伯语翻译成中世纪拉丁语
的一小部分也保存下来；拉丁语本由瓦伦丁·罗泽(Valentin
Rose)编入《希腊与希腊化拉丁人逸事》(*Anecdota graeca et
graecolatina*,281‑314; Berlin,1870),由威廉·施密特(Wilhelm
Schmidt)以《论气动装置》(*De ingeniis spiritualibus*)为题重印,见
于拉丁语和德语本的《亚历山大的海伦著作全集》(*Heronis
Alexandrini opera omnia*,Leipzig:Teubner,1899),第 1 卷,第 458

页—第 489 页;阿拉伯语和法语本见于卡拉·德沃(Carra de Vaux):《气动设备与液压机械》[*Le livre des appareils pneumatiques et des machines hydrauliques*, Notices et extraits des MSS de la Bibliothèque Nationale, 38(211 页), Paris, 1902]。

(6)(?)*Teichopoiïca*,《筑城术》,讨论了城墙和要塞的建设(已失传)。

(7)*Parasceuastica*,《备战要义》,讨论了设备和物资的准备;要塞的防御。

(8)*Poliorcētica*,《论围攻术》;第 7 卷和第 8 卷的一部分以希腊语保存下来;其中一部分包含在 1693 年的泰弗诺版中;阿尔贝·德·罗沙·达格兰(Albert de Rochas d'Aiglun)把它翻译成法语:《论筑城术与阵地的攻防》(*Traité de fortification*, *d'attaque et de défense des places*),见于《杜省竞赛协会纪要》(*Mémoires de la Société d'émulation du Doubs*),6 卷本(Besançon, 1872)。

347　　归于拜占庭的斐洛名下的题为《论世界七大奇迹》的短论,是一个较晚(4 世纪或 5 世纪)的作品。

斐洛的天才著作中最令人感兴趣的是《论气动》,它的影响是相当可观的。在用阿拉伯语保存下来的它的 65 章中,在拉丁语本中仅有 16 章保存下来,[10]而有人论证说,阿拉伯语文本中含有一些阿拉伯人的添改。很难坚持说,中世纪的拉丁语文本更接近希腊原作,因为它来源于阿拉伯语译

---

[10]　拉丁语的这 16 章是阿拉伯语本的第 1 章至第 11 章和第 17 章至第 21 章。因此,对于最重要的物理学导论部分(第 1 章至第 8 章),既可以找到中世纪的拉丁语文本,也可以找到阿拉伯语文本。

本——而它以"*basmala*（以真主的名义）"[11]为开篇语就证
明了这一点。阿拉伯人有可能做了添改，因为阿拉伯作家被
这个主题迷住了，但相关的材料在希腊语中是可以找到的，
因而我们可以有把握地假设，阿拉伯语文本基本上再现了古
代的原作。因此，最好描述一下卡拉·德沃编辑的更长的阿
拉伯语文本的内容。它的第 1 章至第 8 章构成了一个理论
介绍，这部分是非常令人期望的。我们来读一读第 1 章：

　　作者说："亲爱的阿里斯通（Aristōn），我已经明白了你对
了解一流设备的渴望，因此我希望通过送你这本书来满足你
的要求，用它作为你的机械研究的一个原型。我首先将描述
气动装置，我将谈到所有古代的科学学者所知道的装置。

　　思考物理问题的哲学家们业已认识到，一个普通人认为
是空的容器并不真是空的，而是充满了空气。在人们确定空
气是诸实体中的一种之前，这一点一直被忽略了。我既不希
望回忆关于这个主题人们已经说过什么，也不想重复有关它
的争论。空气是元素之一［*istuqish*, *stoicheion*］，这不仅是一
种理论，而且是一种事实，实际的观察结果已经使之显而易
见了。我将呈现的是实现我的目的必不可少的东西，并且证

---

[11] 每一个阿拉伯语的穆斯林文本都是以这些词开始的："Bismi ' llāhi-l-raḥmāni-l-
raḥīmi（以大慈大悲的真主的名义）"。这一专论的拉丁语文本是以这些对应的
拉丁语词开始的："In nomine Dei pii et misericordis"。

ΕΚ ΤΩΝ ΦΙΛΩΝΟΣ
ΒΕΛΟΠΟΙΙΚΩΝ
ΛΟΓΟΣ Δ΄.

EX OPERE PHILONIS
LIBER IV.
DE TELORUM CONSTRUCTIONE.

ΦΙΛΩΝ Ἀρίστωνι χαίρειν. ὁ μὲν ἀνώτερος ἀποσταλεὶς πρὸς σὲ οἱ βιβλίον περιέχει ἡμῖν τὰ λιμενοποιικά. νῦν δὲ καθήκει λέγειν, καθ᾿ ὅτι τὴν ὑπόσχεσιν ἐποιησάμεθα πρὸς σὲ, περὶ τῆς βελοποιικῆς, ὅπερ δὲ τινες ὀργανοποιικὴν καλοῦσιν· ἐπεὶ δὲ συνεθεωρήσαμεν οὐσίᾳ, μηθόλως κεχρῆσθαι πρώτοις τοῖς περὶ τὰς συμμετρίας ἀδιαφόροις περὶ τὰς μέγιστας τούτων, ἐπειδὴ οὗτοι μὲν ἄλλα παρεσκεύαζα, πλὴν τὰς συμμετρίας τῶν ὀργάνων ὁμολόγοις οὔσας...

*ἐμφανίζειν

*περὶ

*περὶ τῆς καθόλου τέχνης

Poliorcetica.

PHILO Aristoni salutem. Superior quidem liber ad te missus ea complectitur quæ pertinent ad portuum constructionem. Nunc vero dicendum est juxta ordinem quem tibi polliciti sumus, de telorum, seu ut quidam vocant, machinarum fabricatione. Quod si omnes qui ante nos de hoc argumento scripserunt, simili methodo usi essent, nulla alia re forasse opus haberemus, quam ut instrumentorum constructiones quæ sunt ejusdem rationis ac proportionis explicaremus. Sed quoniam eos reperimus dissentientes, non solum in partium ac se invicem proportionibus, verum etiam in eo quod primum ac præcipuum est elementum, in foramine scilicet quod funem accipere debet: consentaneum est veterum quidem methodos omittere, eas vero reponere, quæ a recentioribus traditæ possunt in machinis perficere id quod inditur. Et artem quidem ipsam habere aliquid quod difficile comprehendi possit a multis, nec facile conjectura percipi, te ignorare non arbitror. Multi certe qui instrumenta ejusdem magnitudinis instituerant, & eadem compositione, iisdem

G

图 66　拜占庭的斐洛（活动时期在公元前 2 世纪下半叶）论发射器制造的专论。初版编入《古代数学家著作集（大部分第一次根据皇家图书馆抄本出版）》(*Veterum mathematicorum … opera grace et latine pleraque nunc primum edita ex manuscriptis codicibus Bibliothecae Regiae*)，由梅尔基塞代克·泰弗诺（1620 年—1692 年）编辑[豪华对开本，44 厘米高(Paris：Royal Press，1693)]，第 49 页—第 104 页[承蒙哈佛学院图书馆恩准复制]

明空气是一种实体。"[12]

这是最出色的希腊风格的开篇，尽管有少量阿拉伯习惯用语。[13] 斐洛描述了一系列证明空气是一种填满空间的物质实体的实验；真空不可能存在，因此除非让空气进入一个容器中并取代水的位置，否则水就不可能流出来，倘若空气被从一个容器中排出，水就会流入其中，甚至向上流入。也就是说，斐洛已经做了人们在托里拆利（Torricelli，1643 年）以前所能做到的一切。在（第 8 章的）一项实验中，一盏灯被置于一个罩状的容器之中，该容器放在一池水的水面上，水会逐渐被吸入容器之中。这是因为火焰驱逐了空气，水便向上进入真空之中。在这方面，他正在做的就是人们在拉瓦锡（Lavoisier，1772 年）以前所能做到的事情。

其他诸章，从第 13 章至第 65 章，描述了虹吸管、各种装置、使水在容器中保持定高的方法（这是水钟必备的方法）、一个可装 6 种液体并且能够把它们分别倒出的罐子、带有水轮和水泵的多种设备、液压玩具、喷水器。如果阿拉伯译者想再添加一点小装置，那是很难的。这部著作的核心是属于希腊文化的。

———————

[12] 卡拉·德沃版（阿拉伯语，第 17 页，法语，第 98 页）。这本书是题献给阿里斯通的，若非如此，我们还不知道这个人。在阿拉伯语中这个阿里斯通被拼写为 Aristūn（或 Yāristūn）。这个希腊名字阿里斯通并非罕见，有两个哲学家叫这个名字：斯多亚学派成员希俄斯的阿里斯通（活动时期大约在公元前 260 年）和漫步学派成员凯奥斯岛的阿里斯通（大约活跃于公元前 230 年）。亚里士多德著作最早的编辑者之一被称作亚历山大的阿里斯通（Aristōn of Alexandria），他活跃于公元前 1 世纪下半叶（参见本书第 1 卷，第 495 页和第 604 页）。

[13] 例如，开头的那句话："Qālā innī ʿalamtu yā Aristūn al-ḥabīb shawqaku..." 以及这些词："jasad min al-ajsād"（诸实体中的一种），"laisa min al-qawl faqaṭ bal min al-faʿl"（这不仅是一种理论，而且是一种事实）。

　　有可能,该书的大部分装置已被克特西比乌斯发明了,但由于克特西比乌斯本人的著作已经失传,因而要想确切地了解实情是不可能的。

　　克特西比乌斯-斐洛传统被亚历山大的海伦(活动时期在 1 世纪下半叶)继承了,后来又被阿拉伯人继承了,这一事实就是最好的证明:正是由于阿拉伯译本,斐洛的大部分原作才得以保存。也可能,亚美尼亚译本和波斯译本先于阿拉伯译本(1902 年卡拉·德沃编辑的版本),而它们也已经失传了。阿拉伯译本的译者没有署名,这暗示着他属于早期的阿拉伯译者,即哈里发马孟(活动时期在 9 世纪上半叶)时代的译者。

　　在收集到的斐洛的装置和小器械中,最古怪的是一个八角形的墨水瓶,[14]它的每一边都有一个孔。你可以转动它,把笔插入任何一个孔中蘸取墨水。这样之所以可能,是因为八角形储墨室中的墨水壶是悬在常平架上的。斐洛发明了我们现在称之为卡尔达诺式悬架(the Cardan's suspension)的装置,这种装置常常被用于船用罗盘和气压计上,或者无论外部的运动如何始终都必须保持同一位置不变的任何设备上。吉罗拉莫·卡尔达诺(Girolamo Cardano,1501 年—1576 年)*可能重新发明了这种聪明的小装置,但斐洛已经在 18 个世纪以前发明了它。在中国,早在汉代人们就已经

---

〔14〕 第 56 号,卡拉·德沃版(阿拉伯语,第 82 页,法语,第 171 页)。

＊ 又译卡尔丹,意大利文艺复兴时期的数学家、医生、占星家和赌徒,百科全书式的学者。他的《大术》(*Ars Magna*)和他去世后出版的《赌博之书》(*Liber de ludo aleae*)中,分别代表了他为代数学和概率论做出的奠基性的贡献。——译者

知道常平架了，[15] 而且《工艺材料要诀》(*Mappae clavicula*，8
世纪下半叶)对它们也做了描述。对悬在常平架上的罗盘最
早的描述出现在马丁·沙维斯(Martin Chavez)的西班牙语
著作《海域与航海术概述》(*Breve compendio de la esfera y de
la arte de navigar*，Cadiz，1546，1551；Seville，1556)中。[16]

　　这些中国的、中世纪的和 16 世纪的重新发现可能是独
立的，或者，安装在常平架上的实物可能是逐一传开的。这
种传统也许(像许多技术传统一样)完全是手工操作传统而
非文字传统。我们并不料想汉代的人听说过斐洛，但他们可
能得到了一些被当作珍奇之物的真正的常平架。

　　三、维特鲁威

　　尽管事实上希腊语是这个时期的学术语言，有一部杰出
的技术著作却是用拉丁语写作的，这就是维特鲁威(活动时
期在公元前 1 世纪下半叶)关于建筑的专著，由于它是这个
领域独一无二的著作，因此简称《建筑》或"维特鲁威之作"
就足以使人们知道是指它了。

　　尽管维特鲁威名声显赫，但实际上我们对他所知寥寥。
我们甚至不知道他生于何时何地，卒于何时何地。[17] 他有
一段时期活跃于法努姆福图尼，因为他是那里的长方形会堂

_350_

──────────

[15]　参见伯特霍尔德·劳弗(Berthold Laufer)；《中国的卡尔达诺式悬架》(*Cardan's
suspension in China*，William Henry Holmes Anniversary volume；Washington，1916)，
第 288 页—第 292 页，另页纸插图 1；《科学史导论》，第 3 卷，第 715 页。

[16]　这种描述出现在第 3 版(1556 年)讨论磁偏角处。我不知道前两版是否有这样
的描述。

[17]　关于他的出生地有两种说法。一种说法是在(卡埃特海湾)位于坎帕尼亚海岸
的福尔米亚，西塞罗在这里有一所庄园住宅而且就是在这附近被暗杀的。另一
种说法是在维罗纳。

的建筑师。[18] 他大概生活在公元前 1 世纪下半叶。

他是独一无二的专著《建筑十书》的作者。从该书第一行来看,它是献给"最高统治者凯撒"的,这肯定是指儒略·凯撒的养子屋大维。献词写于公元前 27 年以前不久。公元前 27 年屋大维获得了"奥古斯都"的称号,如果它是写于公元前 27 年或者以后,那么作者一定会使用这个称号。尽管如此,维特鲁威活跃于奥古斯都时代,并且在罗马的重建过程中担任了某种公职,如建筑师或工程师等;他还负责管道工程和武器的制造。

《建筑十书》分为 10 卷:卷 1,建筑学原理;卷 2,建筑史,建筑材料;卷 3,爱奥尼亚式(Ionic)神庙;卷 4,多利安式(Doric)神庙和科林斯式(Corinthian)神庙;卷 5,公共建筑:剧院(与音乐)、澡堂、港口;卷 6,城市住宅与乡村住宅;卷 7,内部装饰;卷 8,供水系统;卷 9,日晷和钟表;卷 10,机械工程和军事工程。

该书的范围是百科全书式的,并且在许多方面与 *stricto sensu*(严格意义上的)建筑学相重叠。它的主要目的是要对年轻的建筑师进行全面的教育,包括历史、科学、音乐以及其他许多方面。

该书的第 1 卷说明了这种教育的原理以及建筑学本身的原理。在其第 3 章中我们被告知,建筑学分为 3 个部分:

---

[18] 参见维特鲁威之作,第 5 卷,第 1 章,6。这个地方之所以被称作法努姆福图尼(Fanum Fortunae,意为"命运女神圣所")是因为有一座著名的供奉命运女神(Fortune)的神庙。奥古斯都把一群老兵送到了那里,它因此被称作朱利亚法奈斯特里斯移民城(Colonia Julia Fanestris)。它坐落在马尔凯(Marches)的亚德里亚海滨;现在的名字是法诺(Fano)。

建筑术（第 1 卷至第 8 卷）、时钟的制造（第 9 卷），以及机械的建造（第 10 卷）。建筑师既是工程师又是建筑者，还是艺术家。这在今天依然如此，只不过建筑公司的各项职能一般分配给不同的人：有的是设计师和艺术家、建筑承包人，有的是管理者和财务人员；还有的仍然负责技术问题，如管道工程、照明设备、通风设备、声学方面的问题等。在维特鲁威时代，所有这些工作都是由一个人来做的。[19] 第 4 章说明了如何为城市选址；第 5 章说明了如何修城建墙；第 6 章说明了如何基于对主导风向的适当考虑来规划街道；最后，第 7 章说明了如何决定公共建筑的位置。

　　换句话说，第 1 卷的很大一部分都用在了我们所谓"城市规划"方面，这个主题对我们来说是相对比较新的，但它已经有了古老的希腊祖先。[20]

　　要对《建筑十书》的每一卷一一进行分析可能要花费很多篇幅，因而我将只提及其中的某些部分，以此强调该书的复杂性和它在艺术史和技术史上的重要地位。

　　该书第 2 卷讲述了从史前时代开始的住宅史，并且讨论了材料如砖、沙、石灰、火山灰、石料、木材等的使用，如何筑墙［无定型石块墙（*opus incertum*），古代风格的以及"现在每

---

［19］拉丁语名词 *architectus* 是从希腊语名词 *architectōn* 翻译过来的，意为"首席技师，建筑承包人，工作主管"。在雅典，这个称号也被用来指组织者，例如国家剧院的管理者和酒神节的管理者。

［20］城市规划的奠基者是米利都的希波达莫斯，他大约活跃于公元前 5 世纪中叶（参见本书第 1 卷，第 295 页）。

个人都使用的"蜂窝墙(*opus reticulum*)]。[21] 白榴火山灰(*pulvis puteolanus*)是在普特奥利但也在罗马附近发现的一种火山灰烬,可与石灰一起制成一种混凝土。公元前 2 世纪,罗马人认识到混凝土的强度和耐久性,从那时开始,他们便经常用它来建墙和拱顶(第 7 卷第 1 章讨论了混凝土地板)。

第 3 卷论述寺庙的修建,它(按照希腊人的观点来看)非常恰当地从有关对称的评论开始,论述了神庙和人体的对称及比例(*analogia*)。对维特鲁威来说,人体的对称是基础性的,神庙的对称就来源于它们。[22] 在第 3 章的结尾,作者说明了希腊语中的 *entasis*(柱中微凸线),即柱子中央为了更好的透视效应而隆凸的部分。

在第 4 卷中,他讨论了 3 种规则的起源和特性。这卷最令人感兴趣的部分也许是他对托斯卡纳式(Tuscan)神庙的讨论,若没有他的讨论,这些神庙几乎不为世人所知。这些神庙是罗马人在他们屈从于希腊模式以前建造的。

---

[21] 有关这方面的更深入的研究,请参见埃丝特·博伊斯·范德曼和玛丽昂·伊丽莎白·布莱克的重要著作:《意大利从史前时期到奥古斯都时代的古罗马建筑》(*Ancient Roman Construction in Italy from the Prehistoric Period to Augustus*, Washington:Carnegie Institution,1947)[《伊希斯》*40*,279(1949)]。

[22] 并非只有希腊人才寻求美的准则,埃及人和印度人也这样做了(参见《科学史导论》,第 3 卷,第 1584 页)。在希腊,阿尔戈斯的波利克里托斯(Polycleitos of Argos,活跃于公元前 452 年—前 412 年)确立了一种人体美的准则,西锡安的利西波斯(活跃于公元前 368 年—前 315 年)对之进行了修改。建筑的准则或者"规则"随着时间而不断变化,并且常常用多利安式、爱奥尼亚式和科林斯式等词作为象征。希腊人认为,一种准则不应当是永久不变的,真正重要的是寻求它。如果准则过于古板,它就失去了价值,就死亡了。把希腊人关于建筑美的准则的思想与印度思想加以比较是很有意思的。参见塔拉帕达·巴塔恰里亚(Tarapada Bhattacharyya):《印度传统建筑研究》[*A Study on Vāstuvidyā*(382 页),Patna,1947][《伊希斯》*42*,353(1951)]。

第 5 卷专门论述公共建筑，例如长方形会堂、剧院、澡堂、体育场以及角力学校，书中包括了非常重要的对音乐和声学的研究。维特鲁威解释说，声音是一种空气以波的形式的位移，他把声波与水波进行了比较，当把一块石头投入池塘中时，就可以观察到水面上的水波。[23] 更值得注意的是，维特鲁威把波动理论应用在建筑声学领域。声波理论是希腊的产物，它在大厅的音响效果方面的应用则是典型的罗马产物。美国建筑声学领域的大师华莱士·克莱门特·赛宾[24]（Wallace Clement Sabine，1869 年—1919 年）充分赞扬了这一成就。

在第 8 章中，维特鲁威分析了剧院音响效果和可能损害它的现象，亦即我们所谓干涉、反射或回声。同一卷的第 5 章，则全部用来讨论剧院中使用的增强演员声音的扩音瓶，我对这个问题尚不清楚。维特鲁威用希腊语 ēcheia（鼓，锣）来命名那些共鸣器；在这方面，还没有发现古代的例子，但在基督教的欧洲有不少中世纪的例子。[25]

---

[23] 他林敦的阿契塔（活动时期在公元前 4 世纪上半叶）和亚里士多德（活动时期在公元前 4 世纪下半叶）也都充分意识到这一事实，即声音是空气振动的结果。亚里士多德还对声音做了许多其他评论，例如，声音在冬天比在夏天、在夜间比在白天听得更清楚。在卢克莱修和维特鲁威之后，托勒密（活动时期在 2 世纪上半叶）之前，没有更进一步的发展。耶拿（Jena）的物理学家京特·克里斯托夫·舍尔哈默（Günther Christoph Schelhammer，1649 年—1716 年），于 1684 年或 1690 年第一个证明了声音是由大气空气引起和传播的。1872 年，尚皮翁（Champion）和亨利·佩莱（Henri Pellet）提供了一个更惊人的证明：他们指出，声波可以释放化学反应，例如，声音可以引爆"一氨合三碘化氮"（$NI_3 \cdot NH_3$）。

[24] 他是《建筑声学》（*Architectural Acoustics*，Cambridge，1906）和《声学文集》（*Collected Papers on Acoustics*，Cambridge，1922）的作者。

[25] 参见我的《科学史导论》第 3 卷第 1569 页关于"扩音瓶"的论述，那里介绍了已发现的一些实例，它们被嵌入建于大约 1360 年的（塞浦路斯）法马古斯塔（Famagusta）的卡梅尔圣母教堂（St. Mary of Carmel）的拱顶。

他对法诺的长方形会堂的描述[26]可能是对他的原作原文的补充,这个会堂是在他的指导下建设的。描述非常简洁并且会使人想起现代建筑师所谓"施工说明书"。

第 6 卷涉及城市住宅和乡村住宅的建设、使它们与气候相适应的必要性、主房的面积和朝向。他推荐在底层结构中使用拱形(第 8 章)。这并不新鲜,拱形结构已经在埃及、希腊和伊特鲁里亚(Etruria)使用,但罗马人是最先广泛依赖半圆拱形结构的民族。

第 7 卷涉及内部装饰,为地板和墙体所做的准备、为制造灰泥熟化石灰、墙体的粉饰、壁画的绘制、各种涂料和颜料。

第 8 卷涉及供水系统,如何找水(只用合理的方法找,而不使用占卜杖),不同的水源,雨水,水准仪,导水管,水井和蓄水池。这卷还提到了因铅管导致的铅中毒(第 6 章,11),用点燃的灯检测空气的纯度(第 6 章,13)。

第 9 卷论述了日晷和时钟。这是一个出乎意料的脱离主题而对年代学和时钟学的讨论,其中包括必要的天文学导论,介绍了黄道带、行星、月相、太阳的历程、星座、占星术、气象预兆、*analēmma*(即一种日晷仪)和它的使用以及日晷与水钟。

第 10 卷讨论了实用机械学(这是克特西比乌斯和斐洛所做努力的继续,而且是我们研究他们的成果最好的资料之一)。维特鲁威对机械和工具进行了区分,亦即对机械原理和工具原理进行了区分,后者可以有更大的自主性或自动

---

[26] 参见注释 18。

性，而普通的机器需要更多的人力。在前基督教时代发现这
种区分是很有意思的。维特鲁威描述了起重机、提水机、水
轮和水磨、抽水螺旋、克特西比乌斯泵、水风琴、里程计
(taximeter)；他又从和平时期用的机器转到兵器，描述了石
弩或弩炮、投石器、石弩的弦和调整、围攻器械、填沟用的龟
甲形屏障(testudo)、赫格托(Hēgētōr)[27]的撞墙锤和龟甲形
连环盾(ram and tortoise)、防御工具。他最后写道：

在这一卷中，我充分阐明了我所能提供的和我认为在和
平与战争时期最有用的机械方法。在前9卷中，我探讨了其
他几个主题及其分支，这样，这一全部共计10卷的著作把建
筑学的每一个部分都描述了。[28]

这些使我们想到，维特鲁威所认为的建筑学的内容比我
们所认为的要广泛得多，它包括工程学、天文学和钟表学以
及各种机械。

维特鲁威的风格总的来说是清晰但乏味的。他像一个
工程师那样写作，他对各种器械比对缪斯女神更熟悉，而且
对他来说，写作并不是非做不可的事情，因而没有那么大的
快乐。他的文体要么过于扼要，要么过于华丽。他的语法知
识非常贫乏，以至于一些学者倾向认为《建筑十书》是较晚
的作品，例如公元3世纪甚至更晚。因而他们认为，它不可

---

[27] 维特鲁威称他为拜占庭的赫格托(《建筑十书》第10卷，第15章，2)。若不是
他提及，这个拜占庭的赫格托可能还不为人所知。他肯定与外科医生赫格托
(the surgeon Hēgētōr，活动时期在公元前2世纪下半叶)不是一个人。关于后者，
参见K. G. 屈恩主编：《盖伦全集》[20卷本(Leipzig, 1821–1833)]，第8卷，第
955页。
[28] 引自弗兰克·格兰杰(Frank Granger)编辑的拉丁语-英语本，见"洛布古典丛
书"(Cambridge, 1934)，第2卷，第369页。

354

L. VICTRVVII POLLIONIS AD CESAREM AVGV
STVM DE ARCHITECTVRA LIBER PRIMVS.
PREFATIO

Vm diuina mens tua:& numen Impator Cæſar
imperio potiretur orbis terrarú:inuictaqʒ uírtu
te cunctis hoſtibus ſtratis triumpho uictoriaqʒ
tua ciues gloriarentur:& gentes oés ſubacte tuā
ſpectarent nutum.P.Q.R.& Senatus liberatus
timore ampliſſimis tuis cogitatióibus cóſiliiſqʒ
gubernaretur.Non audebam tantis occupatióibus de Architectu
ra ſcripta & magnis cogitatióibus explicata ædere.Metuens ne nó
apto tpe interpellans ſubiré tui animi offenſioné.Cum uero atten
derem te non ſolú de uita cói oíum curam.P.Q. rei conſtitutioné
habere.Sed etiam de oportunitate publicorumqʒ edificiorʒ ut ciui
tas aperte nó ſolú prouinciis eſſet aucta. Verú etiã ut maieſtas im
perii publicorum edificiorum egregias haberet auctoritates.Non
putaui pretermittendum quin primo quoqʒ tpe de his rebus ea ti
bi æderé.Ideoqʒ primum paréti tuo de eo fueram notus & eius uir
tutis ſtudioſus.Cum aút cócilium celeſtium in ſedibus imortalita
tis eú dedicauiſſet.&Impium parentis in tuam poteſtatem tranſtu
liſſet.Illud idem ſtudium meum in eius memoria permanens in te
contulit fauoré.Itaqʒ cum.M.Aurelio & .P. Numidico &. CN.
Cornelio ad preparationé baliſtarum & ſcorpionum reliquorúqʒ
tormentorʒ refectióem fui preſto:& cum eis cómoda accepi:q̃ cum
mihi primo tribuiſti recognitioné per ſororis cómendationem ſer
uaſti.Cum ergo eo beneficio eſſem obligatus ut ad exitú uite non
haberé inopie timoré hec tibi ſcriber cepi.q̃ animaduerti te multa
ædificauiſſe & nunc ædificaí.Reliquo quoqʒ tpe & publicorum &
priuatorum edificiorum pro amplitudine rerum geſtarú ut poſte
ris memorie traderent curam habiturum.Conſcripſi preſcriptióes
terminatas ut eas attendens & ante facta & futura qualia ſint ope
ra per te nota poſſes habere.Náqʒ his uoluminibuſ aperui omnes
diſcipline rationes.

图67　古代最伟大的建筑学专著——维特鲁威(活动时期在公元前1世纪下半叶)的《建
筑十书》的初版,由约安尼斯·苏尔皮蒂乌斯(Joannes Sulpitius)编辑[对开本,29 厘米高,
98×2 页(Rome:Eucharius Silber,1487)]。我们复制了维特鲁威该著作的第1页[承蒙哈
佛学院图书馆恩准复制]

能属于拉丁文献的黄金时代。他们忘记了，维特鲁威不是一个文学家。他试图写得很优雅，但一般来说，当他的华丽辞藻越用越多时，就是他写得最糟糕时。上面引述的他这一卷的结束语就是他的写作的典型；其他几卷也是以同样令人厌倦的方式结束的，仿佛他很高兴，任务终于完成了。在他那个时代没有捉刀代笔之人；如果有的话，他也许会找其中一个人去做那种对他来说并不愉快的工作。他已经竭尽所能，并且允诺把他所能讲的都讲出来（*ut potuero, dicam*；第 2 卷，第 1 章，7）。

手稿的原文是用图例来说明的，但是，大概除了一幅并非必要的风向图以外，那些图例都没有留传下来。

1. **维特鲁威的资源**。维特鲁威懂希腊语，偶尔也使用一些希腊词或者不得不创造一些新的拉丁语词，因为他是这个领域中的第一个或者差不多是第一个作者。他不仅熟悉希腊机械学家的著作，而且熟悉许多其他作者的著作。在第 7 卷的前言中有一个长长的著作清单，他还在各处提及了许多其他著作。有可能，他对其中的许多著作不是直接地了解，而仅仅是间接地，例如通过瓦罗的《教育》了解的。

无论如何，他的最好的信息资源不是文献，而是通过手工操作和口头相传获得的。他知道怎样去做而且能够亲自动手去做。对许多历史遗址，他都掌握了相关的技术知识，并帮助建设了一些新的这类建筑。他的知识是那种有天赋的工匠所能获得的实践知识，它们来自过去的成就，并且通过他自己的经验得以丰富。

2. **传承**。奥古斯都时代的罗马建筑师肯定已经知道《建筑十书》了，因为该书的作者就是奥古斯都的一个官员。老普林尼(活动时期在 1 世纪下半叶)曾引证过他,弗朗蒂努斯(活动时期在 1 世纪下半叶)也引证过他,并且特别提到了管道工程;后来,里昂的西多尼乌斯·阿波利纳里(431年—488 年)多次提到他。维特鲁威的著作的传承比用希腊语撰写的技术专著的传承更为简单,因为它仅限于拉丁世界,而这个世界变得愈来愈沉寂了。维特鲁威的存在被拜占庭和伊斯兰的作者忽视了。确实,阿拉伯人分享了维特鲁威的一部分知识,因为他们利用了他的某些资源(如克特西比乌斯和斐洛的著作)以及他本人的一些工具。在机器方面,没有什么重要的发明可以归功于维特鲁威,但是他使得拉丁读者可以了解希腊的发明了。

艾因哈德(Einhard,活动时期在 9 世纪上半叶)是中世纪最早研究维特鲁威的学者之一,他作为建筑师、外交官和教育家受雇于查理曼大帝(Charlemagne)。这促进了维特鲁威传统在加洛林帝国(the Carolingian empire)的传播以及后来在德语国家的传播。

留传至今的最古老的《建筑十书》的抄本,亦即大英博物馆哈利父子搜集的文稿及图书第 2767 号,长期以来被认为来源于德国,但它是在诺森伯里亚(Northumbria)的撒克逊人的文书房中产生的,具体地点大概是在贾罗(Jarrow)或威尔茅斯(Wearmouth),时间大约是 8 世纪左右。有可能,它是从[卡拉布里亚(Calabria)以东的]斯奎拉切(Squillace)的卡西奥多鲁斯(Cassiodorus,活动时期在 6 世纪上半叶)所收藏的一个手稿抄来的,或者是从蒙特卡夏诺(Monte Cassino)的本笃会修士的那些抄本中抄来的。12 世纪以前还有各种其他抄本。非常奇怪，最重要的是哈利父子[29]搜集的另一份文稿（第 3859 号，11 世纪），该抄本写于根特的圣彼得本笃会修道院（the Benedictine Abbey of St. Peter），乔瓦尼·德尔焦孔多修士（Fra Giovanni del Giocondo）曾使用过它。

薄伽丘（Boccaccio，活动时期在 14 世纪下半叶）的科学知识有一部分来自维特鲁威，当波焦·菲奥伦蒂诺[30]发现了一份新的手稿时，文艺复兴时期的学者们对他的兴趣大增。

维特鲁威的著作有不少于 3 个的古版本：欧查里乌斯·西尔伯（Eucharius Silber）1486 年—1487 年印于罗马的版本（参见图 67），克里斯托夫罗斯·德·彭西斯（Christophorus de Pensis）1495 年—1496 年印于威尼斯的版本；第二个版本于 1497 年被西蒙·贝维拉夸在威尼斯重印于他编辑的克莱奥尼德斯[31]著作的初版之中（Klebs，1044. 1－2，281. 1）。这些版本被维罗纳（Verona）的焦孔多[32]修士编辑的版本（Venice：Joannes de Tridino alias Tacuino，1511）取代了（参见

---

[29] 哈利图书馆（the Harleian Library）的藏书由牛津第一伯爵罗伯特·哈利（Robert Harley，1661 年—1724 年）和他的儿子、牛津第二伯爵爱德华·哈利（Edward Harley，1689 年—1741 年）收集。该图书馆于 1753 年被大英博物馆收购。参见《目录》（Catalogue），4 卷本（London，1808－1812）。

[30] 即佛罗伦萨的波焦·布拉乔利尼（1380 年—1459 年）；参见《科学史导论》，第 3 卷，第 1291 页。

[31] 克莱奥尼德斯（活动时期在公元前 2 世纪上半叶），是一位音乐作家，阿里斯托克塞努斯（活动时期在公元前 4 世纪下半叶）晚期的追随者。

[32] 即维罗纳的乔瓦尼阁下（大约 1435 年—1515 年），多明我会的焦孔多修士，1499 年—1506 年活跃于巴黎，在罗马去世。他是一位考古学家、建筑师和手稿与铭文的收集者。他在巴黎发现了图拉真（Trajan）与小普林尼（the younger Pliny）的通信；他于 1508 年编辑了普林尼的书信，于 1513 年在威尼斯编辑了凯撒的著作。

图 68），这是第一个加上图解的版本。[33] 容塔对这一版进行了修订和重印[Florence，1513；1522（再版）]。文艺复兴时期的维特鲁威热主要应归功于焦孔多修士。除上述之外，还有许多 16 世纪的版本和译本：第一个意大利语本（Como，1521）；让·马丁（Jean Martin）的第一个法语本（Paris，1547）；G. H. 里维乌斯（G. H. Rivius）的第一个德语本（Nuremberg，1548）；第一个西班牙语本（Alcalá de Henares，1602）。

在这里应当说一下，维特鲁威之作的初版是在莱昂内·巴蒂斯塔·阿尔贝蒂（Leone Battista Alberti，1407 年—1472 年）* 的《论建筑》（*De re aedificatoria*）第一版以后出版的，《论建筑》是在作者去世后应其兄弟巴尔纳多（Barnardo）的要求出版的（Florence：Nicolaus Laurentii，29 December 1485）。阿尔贝蒂十分熟悉维特鲁威的著作，他曾多次提及维特鲁威，但他的著作有一部分来源于菲利波·布鲁内莱斯

---

[33] 这些图解是这类图解中最早的，因而非常重要。它们对许多读者来说是一种启示。例如，读者在焦孔多版中发现了第一张罗马房屋的设计图。在他编辑的凯撒的著作（1513）中，他复制了莱茵河上的凯撒桥的图片。

* 莱昂内·巴蒂斯塔·阿尔贝蒂，意大利文艺复兴时期博学的人文主义者、作家、艺术家、建筑师、诗人、牧师、语言学家和哲学家，其主要著作除文中提及的《论建筑》外，还有《绘画》（*De Pictura*）、《摩莫斯》（*Momus*）、《多字母密码》（*De Cipher*）等。——译者

图 68　维特鲁威之作一个更好的版本的扉页，这一版有许多插图并附有索引，由维罗纳的乔瓦尼阁下（大约 1435 年—1515 年）编辑，乔瓦尼更出名的是他的多明我会头衔：焦孔多修士。这本书是 30 厘米的对开本，题献给尤里乌斯二世（Julius II，教皇，1503 年—1513 年在位）（Venice：Joannes de Tridino，alias Tacuino，22 May 1511）［承蒙哈佛学院图书馆恩准复制］

基（Filippo Brunelleschi，1377? 年—1446 年）* 的新建筑学。[34] 很奇怪的是，虽然阿尔贝蒂极为钦佩布鲁内莱斯基，但他没有提及后者著名的佛罗伦萨圣母百花大教堂（Santa Maria del Fiore）的穹隆顶。《论建筑》获得了相当大的成功，它被翻译成意大利语（Venice，1546），后来再次被科西莫·巴尔托利（Cosimo Bartoli）译成意大利语（Florence，1550），被让·马丁翻译成法语（Paris，1553），并且被贾科莫·莱奥尼（Giacomo

---

*　菲利波·布鲁内莱斯基，意大利文艺复兴时期初期的建筑师和工程师之一。其代表作品除文中提及的佛罗伦萨圣母百花大教堂穹隆顶之外，还有佛罗伦萨的孤儿院（the Ospedale degli Innocenti）、圣劳伦斯教堂（the Basilica di San Lorenzo）、佛罗伦萨的老圣器室（the Sagrestia Vecchia）、圣灵圣母教堂（the Basilica of Santa Maria del Santo Spirito）、比萨礼拜堂（the Cappella dei Pazzi），等等。——译者

[34] 参见弗兰克·D. 普拉格（Frank D. Prager）：《布鲁内莱斯基的发明与"罗马砖石工程的复兴"》（"Brunelleschi's Inventions and the 'Renewal of Roman Masonry Work'"），载于《奥希里斯》9，457–554（1950）。

358

图 69 克洛德·佩罗(Claude Perrault,1613 年—1688 年)翻译的维特鲁威著作之法译本的卷首插图。该译本附有丰富的评注和精彩的插图,这是一个大对开本(43 厘米高),是题献给路易十四(Louis XIV)的(Paris, 12 June 1673)。佩罗设计了卢浮宫的柱廊。他还是一个非常卓越的解剖学家[承蒙哈佛学院图书馆恩准复制]

Leoni)从意大利语翻译成英语(London,1726)。莱奥尼译本的第 3 版(London,1755)的复制本刚刚出版(London:Tiranti,1956)。无论如何,相对于维特鲁威的影响而言,阿尔贝蒂的影响很小。我们现在回来继续谈维特鲁威。

有一家文艺复兴时期较小的研究院——艺术研究院(Accademia della Virtù)以研究维特鲁威为主。该研究院是由克劳迪奥·托洛梅伊(Claudio Tolomei,1492 年—1555年)[35]和其他人在利奥十世(Leo X)的侄子枢机主教伊波利托·德·梅迪契(Cardinal Ippolito de' Medici,大约 1511年—1535 年)支持下创办的。

维特鲁威的声望非常大,以至于那时吉罗拉莫·卡尔达诺(1501 年—1576 年)把他列入了各个时代最重要的12 名思想家之一,他是其中唯一的一个真正的罗马人。[36]安德烈亚·帕拉迪奥(Andrea Palladio,1518 年—1580 年)的著作把他的荣誉神圣化了,这使古典建筑在欧洲各地大获成功,并且使哥特式建筑暂时受到轻视。帕拉迪奥的著作《建筑四书》(I quattro libri dell' architettura)于 1570 年首次在威尼斯出版(参见图 70),并且被翻译成法语和英语。伊尼戈·琼斯(Inigo Jones,1573 年—1652 年)为英译

---

[35] 克劳迪奥·托洛梅伊(1492 年—1555 年),来自锡耶纳(Siena),是科尔丘拉(Korčula,远离达尔马提亚海岸的一个岛)的主教和使用拉丁语韵律的新托斯卡纳语(Tuscan)诗歌[la poesia barbara(蛮族诗歌)]的奠基者。

[36] 全部名单见我的《科学史导论》,第 3 卷,第 738 页。

图 70　安德烈亚·帕拉迪奥的《建筑四书》的第一版 [对开本，30 厘米高 (Venice，1570)]，该书使维特鲁威的影响复兴了。上图中间的圆形浮雕显示，命运女神奥达克斯 (Audax) 站在正义女神 (Justicia) 驾驶的一艘船上。载于《里希诺》杂志 (Uppsala，1954 – 1955)，第 165 页—第 195 页 [承蒙哈佛学院图书馆恩准复制]

本增加了一些注释。[37] 帕拉迪奥和琼斯主要是建筑师，他
们是许多纪念性建筑的建造者，而希腊－罗马式建筑［"帕
拉迪奥主义"（Palladianism）］的成功既是通过他们的艺术
创作也是通过他们的著作得以确立的。

综上所述，维特鲁威是整个古典时期最有影响的作者
之一，科学史家应当对他予以充分的注意。他的著作是一
种百科全书式的著作，在其领域中可以与瓦罗已失传的
《教育》（Disciplinae）和老普林尼的《博物志》相媲美。除了
纪念性建筑之外，该书还是研究希腊－罗马式建筑最好的
资料。他本人也是一个科学史家和技术史家；例如，不妨
读一读他关于建筑风格之发展的评论（《建筑十书》，第3
卷—第4卷）、关于天文学史的评论（第9卷）、关于地理学
的评论（第8卷第3章）以及关于力学的评论（第10卷）。
他的评论并不总是正确的（他并不是一个优秀的史学家），
而且助长了一些错误观点的传播，例如这种观点：尼日尔
河（the Niger）是尼罗河的一个分支，以及人们应当在遥远
的西方寻找尼罗河的源头，等等[38]。但这类错误是无法避
免的。

近代版本。瓦伦丁·罗泽编辑的考证版［Leipzig：
Teubner，1867；1899（再版）］以及弗里德里希·克龙
（Friedrich Krohn）编辑的考证版（Leipzig：Teubner，1912）。

莫里斯·希基·摩根（Morris Hicky Morgan）的英译本

---

[37] 第1卷的英译本于1668年面世（"第2版"），第6版于1700年面世；参见附
有伊尼戈·琼斯注释的《四书》（15 parts；London，1715），意大利语、英语和法
语本。

[38] 《建筑十书》第8卷，第2章，6-7。参见我的《科学史导论》，第3卷，第1772
页。

860

[344 页(Cambridge：Harvard University Press，1926）] 和弗兰克·格兰杰在"洛布古典丛书"中的英译本 [2 卷本（ Cambridge：Harvard University Press，1931－1934）]。

四、其他几位希腊和罗马的物理学家和技师

在这一节中，我们来关注这样几个人，他们的名字已经对后人产生了影响，我们要记住，一些更重要的新产品或简单的小装置的发现者是一些文盲，或者是一些不愿花费工夫写东西的人，他们长久以来已被人遗忘了。

对点火镜的研究是一种阿基米德传统，这种研究被归功于一个名叫狄奥克莱斯的人（活动时期在公元前 2 世纪上半叶）。阿利安（活动时期在公元前 2 世纪上半叶）被称作气象学家，因为他在这个领域从事过研究。至于监察官加图（公元前 234 年—前 149 年），我们马上还要进行更多的介绍，他发表了最早的普通灰浆的配方以及最早的对 *bain-marie*（双层蒸锅）[39]的描述。阿特纳奥斯（活动时期在公元前 2 世纪下半叶）写了一篇论述攻城器械的简短的专论（参见图 71），它讲述了其中一些攻城器械的起源，把它与维特鲁威之作的第 10 卷加以比较是很有意思的。[40] 安条克的卡尔普斯

---

[39] 即双层蒸锅。它不仅是一种科学设备，而且变成了日常的厨房用具。主妇们在使用时应当感谢监察官加图，而且切莫把他与其曾孙乌提卡的加图（公元前 95 年—前 46 年）混为一谈。双层蒸锅这一表述的起源不得而知。按照迪康热（Du Cange）的《中世纪和新近拉丁语词汇》（*Glossarium mediae et infimae latinitatis*），*balneum Mariae* 这个短语来源于阿诺尔德·德·维拉诺瓦（Arnold de Villanova，活动时期在 13 世纪下半叶），意为 *fornax philosophicus*（哲学家的烤箱）。

[40] 梅尔基塞代克·泰弗诺首次把希腊语文本与拉丁语译本编入他的《古代数学家》（*Veteres mathematici*，Paris，1693）；卡尔·韦斯谢尔（Carl Wescher）重新编辑了希腊语本并且把它编入《希腊攻城术》（*Poliorcétique des Grecs*，Paris，1867）；罗沙·达格兰的法译本见于《夏尔·格罗文集》（*Mélanges Charles Graux*，Paris，1884），第 781 页—第 801 页，附有 12 幅图例。

图 71　阿特纳奥斯（活动时期在公元前 2 世纪下半叶）的机械学专论的扉页，见于 M. 泰弗诺的《古代数学家》（*Veteres mathematici*, Paris, 1693），第 1 页—第 11 页 [承蒙哈佛学院图书馆恩准复制]

362　（Carpos of Antioch，生卒年代不详）被称作 *ho mēchanicos*（技师）。他发明了一种 *chōrobatēs*，即水准仪，按照亚历山大的塞翁（活动时期在 4 世纪下半叶）的说法，它类似于 *alpharion* 或 *diabētēs*（水平仪）。那时，水平仪（*libella*）业已被发明，不仅萨摩斯岛的塞奥多洛（活动时期在公元前 6 世纪）发明了这种仪器，而且在他以前，至少第二十王朝（Twentieth Dynasty，公元前 1200 年—前 1090 年）的埃及人已经发明过水平仪了。它是铅垂线在水平测量方面的应用。这是不可或缺的工具（没有它就不可能安全地进行建设）的很恰当的例子，因而这种工具一而再、再而三地被发明。最早的发明可能被模仿了，但这种工具非常简单，重新独立地发明它也是非常可能的。[41]

在公元前 1 世纪或公元前的最后一个世纪期间，继续进行气象学研究的有波西多纽以及另外两个人，他们可能是他的弟子，首先是克莱奥迈季斯，他作为天文学家更为重要，其次是阿斯克勒皮俄多托（Asclēpiodotos）。克莱奥迈季斯研究了折射（*cataclasis*），包括大气折射。阿斯克勒皮俄多托撰写了一篇简短的关于战术（*technē tacticē*）的专论，并用了一些插图和图示进行说明。克劳狄乌斯·埃里亚诺斯（Claudios Ailianos，活动时期在 3 世纪上半叶）剽窃了这一专论，但它

---

[41] 有关 *diabētēs*，参见本书第 1 卷，第 124 页和第 191 页。另可参见阿道夫·罗姆：《关于卡尔普斯的新资料》（"Un nouveau renseignement sur Carpus"），载于《东方语文学与东方史研究所年鉴》（*Annuaire de l' Institut de philologie et d' histoire orientales*）2，813－818（Brussels，1934）。*Chōrobatēs* 这个词是维特鲁威在其著作的第 8 卷，第 5 章，1 中使用的。

的原文还是留传下来了。[42]

所有这些并没有什么了不起的。非常奇特的是，最优秀的理论工作不是希腊人完成的，而是用拉丁语写作的罗马人、两个与维吉尔同时代的人——维特鲁威和瓦罗（在其已失传的著作中）完成的。最出色的工作已经做了，但并没有被写出来。这是一个伟大的公共工程的时代，其中的有些建筑我们马上就会对之进行考察。

五、公共工程

1. **希腊化的亚洲**。在众多希腊化的城市中，最好的例子就是佩加马，它建在小亚细亚一个风景秀丽的地方，那里大概与大约相距 15 英里远的一个岛——莱斯沃斯岛（Lesbos）在同一纬度上。三条河在那里汇合，在那些可爱的河谷附近高耸着陡峭的山冈。统治者们把他们的卫城建在山顶，从这里他们可以俯视整个地区。下面的城市是逐渐修建起来的，但它的黄金时代是在公元前 2 世纪（比亚历山大城晚一个世纪）。只有在他们打败了他们最危险的对手高卢人（或加拉太人）[43]之后，他们才可能真正地开始经济和文化的拓展。

---

[42] 希腊语–英语对照本由威廉·阿博特·奥德法瑟（William Abbott Oldfather）编辑，见《埃涅阿斯·塔克提库斯、阿斯克勒皮俄多托和奥纳桑德》（*Aeneas Tacticus*, *Asclepiodotus*, *Onasander*, Loeb Classical Library; Cambridge, 1923），第 229 页—第 340 页，附有专业词汇表。

[43] 这些高卢人是真正的高卢人或凯尔特人，他们应比提尼亚国王尼科梅德一世（公元前 278 年—前 250 年在位）之邀向东迁移，来到他的王国定居，并且向其南部扩展，遍布安纳托利亚的中心地带。这些高卢人分为 3 个部落，其中一个是居住在第一加拉太（Galatia prima）的特克托萨季人（Tectosages），他们的首府是安卡拉（Ancyra），亦即现在土耳其共和国的首都安卡拉（Ankara）。然而，最好还是称他们为加拉太人而不称他们为高卢人，因为他们与当地妇女或者与希腊移民通婚了，而且必然变得与他们的西欧祖先截然不同。一方面，他们讲希腊语，模仿希腊人的生活方式；另一方面，罗马人称他们为高卢希腊人。传道者保罗的一部使徒书就是写给他们这些人的。

加拉太人首先于公元前 276 年被叙利亚的塞琉西国王安条克一世索泰尔打败。后来大约又在公元前 235 年被阿塔罗斯一世索泰尔打败。阿塔罗斯一世是在一段时间之后第一个采用佩加马国王这个称号的人,他把塞琉西王国的很大一部分纳入他自己的版图,并且开始了其与罗马的危险的逢场作戏。他的政治天分较差,但他证明了他本人是艺术和文学的重要赞助者。他希望佩加马仿效亚历山大城,并且委托一个希腊建筑师来建造其首都,这个建筑师保证,建在山坡的不同水平面上的公共建筑都会非常壮丽。

佩加马复兴始于阿塔罗斯一世(公元前 241 年—前 197 年在位)统治时期,在他的儿子和继任者欧迈尼斯二世(公元前 197 年—前 160 年在位*)统治时期达到了鼎盛。我将在本卷第二十七章描述其艺术成就。佩加马变成了希腊化世界最美丽的城市之一。它的一个特点是其精心设计的供水系统,对游人来说,该系统不像它的美丽的建筑杰作那样显眼,但其重要性却非同寻常。水是从马达格拉斯山(Madaras-dag)引来的,供水管道使水跨越山谷,几乎把它们输送到卫城(海拔 332 米)的顶部。供水管道特别长,管道中的压力必然高达 16 至 20 个大气压。已经发现了一些石头,它们被钻了洞以便管道通过,但 in situ(在原处)没有发现任何管道。这些管道是铅制的还是青铜制的?现存一些陶制水管,每个水管的直径为 6 厘米至 9 厘米,长 48

---

* 原文如此,与第十章略有出入。——译者

厘米。[44]

2. **罗马世界**。罗马人不仅是神庙、剧院、体育场、凯旋门以及其他建筑杰作的伟大建造者，而且也是道路、引水渠、桥梁和码头的伟大建造者。只须举几个例子就足够了。

罗马商业中心(the Emporium of Rome) 于公元前 194 年由市政官 M. 埃米利乌斯·李必达和埃米利乌斯·保卢斯修建，这是一种市场或者是为在罗马靠岸的船提供的货栈。*Navalia* 或干船坞以及其他建筑杰作要归功于萨拉米斯的赫谟多洛(Hermodōros of Salamis)，他于公元前 2 世纪下半叶活跃在罗马。[45]

大约在公元前 160 年，罗马以南的蓬蒂内沼泽(the Pontine marshes) 中的水被排干了。这块地区从内图诺(Nettuno) 延伸到泰拉奇纳(Terracina)，大约 60 公里长，6 至 15 公里宽。现在已经发现了古代排水系统的遗迹。那里的水既是通过明渠也是通过管道排出的。那些土地得到了开垦，有些罗马人为自己建起了周围是农田和菜园的庄园住宅。在罗马衰落后，需要持续管理的排水系统被忽视了，结果又形成了新的沼泽，导致疟疾夺去了许多人的生命并使人们失去了信心。几乎直到我们这个时代以前，坎帕尼亚都被人放弃了。

---

[44] 更详细的论述见于库尔特·默克尔：《古代的工程技术》(Berlin, 1899)，第 508 页。然而，很难了解其中有多少是佩加马人制造的，有多少是后来的罗马人制造的。罗马的统治始于公元前 133 年，但持续了许多世纪。

[45] 参见西塞罗：《论演说家》(De oratore)，第 1 卷，62。

364 稍 晚 些 时 候 (大 约 公 元 前 109 年), 在 普 拉 琴 蒂 亚 (Placentia)[46] 的 波 河 流 域 (Po Valley) 中 部, 人 们 使 排 水 系 统 实 现 了 它 们 的 另 一 项 功 效。

我在本卷第七章已经简要地描述了罗马最早的引水渠——阿皮亚引水渠(公元前 312 年)和老阿尼奥引水渠(公元前 272 年)。随着城市的发展,需要越来越多的供水,因而越来越多的引水渠被修建起来。根据执政官昆图斯·马基乌斯·雷克斯(Quintus Marcius Rex)的命令,马尔恰引水渠(Aqua Marcia)于公元前 144 年开始修建,公元前 140 年完工。在这个时期,可以非常强烈地感受到希腊的影响,从建筑上讲,这一引水渠远远超越了老的引水渠。它是用新的材料和新的方法建造的。这一引水渠含有美丽的桥梁和壮观的拱形结构。因为它的许多部分都是凌空而建的,所以它是古罗马第一个"高架"引水渠。它大约 59 英里长,但是后来,它的一部分被跨越峡谷与它们周围长长的渠道相连的拱桥取代了,因而变短了。像那些大教堂的年代的确定一样,这些浩大工程的年代的确定也是不牢靠的。人们可以说它开建于某一年,过了多少年以后"完工"了,但实际并没有最终完工。例如,考虑一下马尔恰引水渠的一个桥——蓬泰卢波桥(Ponte Lupo),它使该引水渠得以跨过另一条小河——罗莎溪(Aqua Rossa)。这座桥是一个庞大的建筑,长 365 英尺,底部宽 70 英尺,最大高度达 100 英尺。它常常被

---

[46] 即现代的皮亚琴察。帕杜斯河(Padus)(或波河)流域位于山南高卢(Cisalpine Gaul)地区。普拉琴蒂亚和克雷莫纳是罗马的殖民地,公元前 219 年建在波河右(南)岸。公元前 200 年,高卢人重新占领并且毁坏了普拉琴蒂亚,但罗马人又重建了该城。它变成了一个重要的城市。

修补，以至于范德曼博士把它描述为"几乎长达 9 个世纪的罗马建筑史的石头和混凝土的缩影"。

第 4 个引水渠是泰普拉引水渠（Aqua Tepula），它始建于公元前 125 年，比马尔恰引水渠高，但负载量略小一些。它把水从阿尔班丘陵（Alban hills）引来。由于水是微温的，因而它被称作"泰普拉（*tepula*，意为微温的）"引水渠；更糟的是，那里的水并不是非常有益于健康的。

公元前 33 年，元老院委托马尔库斯·维普萨尼乌斯·阿格里帕修理和改造较老的引水渠。他修建了一个新的引水渠，起名为儒略引水渠（Aqua Julia），以纪念他的支持者 C. 儒略·凯撒·屋大维（公元前 27 年被尊为奥古斯都）。他还对泰普拉引水渠进行了调整，使它的一部分路线与儒略引水渠结合在一起。儒略引水渠大部分都是用混凝土而不是用昂贵的琢石建造的。

公元前 19 年阿格里帕开始建造另一个新的引水渠，以便为他修建的一些公共澡堂供水。由于水是在威斯塔节（Vesta's feast day）开始流入的，因而这个新的引水渠被称作处女引水渠（Aqua Virgo）。这里的"处女"是指女神的女祭司亦即威斯塔处女（Vestal Virgins 或 *Vestales virgines*），她们是圣水和圣火的保护者。[47] 处女引水渠的水源在罗马城外仅 8 英里的地方，但由于陆地构造因而必须绕许多路，以至于它的水道长达约 14 英里。

在我们所讨论的这个时代的末期，奥古斯都促成了阿尔

---

[47] 威斯塔［希腊神话中称赫斯提亚（Hestia）］，健康的保护人，人们不是通过雕像而是通过威斯塔女祭司使之长明不灭的火来表现她的。

西蒂纳引水渠(Aqua Alsietina)的修建,之所以这样命名是因为它的水来自阿尔西蒂努斯湖(Lake Alsietinus)。该渠长 25 英里,其造价必定是巨大的,而修建它的唯一目的就是为水战剧(naumachia)或海战模拟表演提供丰富的水。这些模拟战在一个竞技场的沙地中举行,这个竞技场会暂时被复杂的管道和泄水道系统的水淹没,有时被某个人工湖淹没。公元前 2 世纪,阿尔西蒂纳引水渠在供奉复仇者马尔斯(Mars Ultor)的神庙第一次被使用,当时奥古斯都在一个临时挖成的 1200 英尺×1800 英尺的特殊内港中组织了一次海战模拟表演,内港的四周是大片的绿地。这类娱乐表演的演员是诸如角斗士、罪犯、囚犯或乞丐这类人,他们的生命权利已被剥夺而且很容易成为牺牲品。

像阿皮亚引水渠和处女引水渠一样,阿尔西蒂纳引水渠没有净水池,它那些不适于饮用的剩余的水被用来灌溉。

不仅在佩加马和罗马,而且在许多城市都有供水系统;我们甚至可以说,在罗马每一个有足够规模的城镇中都有供水系统。例如,在阿莱特里乌姆(Aletrium)[48]发现了(当地的一块碑文上记载的)公元前 100 年 L. 贝蒂利努斯·瓦鲁斯(L. Betilienus Varus)建造的供水系统和排水管道。虹吸管已被使用,落差超过了 100 米;有些管道是铅制的(直径 10 厘米,壁厚 10 至 35 毫米)。在里昂(Lyons)、阿尔勒(Arles)、尼姆(Nîmes)、桑斯(Sens)、琉提喜阿[Lutetia(巴黎)]、昂蒂布(Antibes)、维埃纳(Vienne)以及斯特拉斯堡

---

[48] 即现代弗罗西诺省的阿拉特里(Alatri),位于意大利中部。那里有前罗马时代巨石城墙的遗址。

（Strassburg）、梅斯
（Metz）、美因茨（Mainz）、
科隆（Cologne）和维也纳
也发现了罗马水道的其
他遗迹。

塔拉戈纳引水渠（费
雷拉斯引水渠）〔the
aqueduct of Tarragona[49]

图72　加尔桥。公元前18年修建于尼姆
附近的加尔河（罗讷河的支流）上的罗马引
水渠

（Acueducto de las Ferr-eras）〕始建于帝国时代之初,它绵延
35公里。它通过一座高30米、长211米的大桥跨越一个峡
谷,这座桥分上、下两层,下层有11个拱门,上层有25个
拱门。

加尔桥〔the Pont du Gard（参见图72）〕建于公元前18
年,它是尼姆供水系统的一部分,该供水系统几乎长达50公
里。我们不知道加尔桥的建筑师是谁,但知道,它是在阿格
里帕在尼姆担任高卢总督期间修建的。它一共有3层,每层
都有一系列圆弧拱,最下层有6个非常大的拱门（最大直径
是24米）,中层有10个较小的拱门,最上层有许多非常小的

---

〔49〕即古代的塔拉科（Tarraco）,位于地中海沿岸的巴塞罗纳西南偏西54英里。它
　　是塔拉戈纳西班牙行省（Hispania Tarraconensis）的首府,坐落在这个半岛的东半
　　部分。更著名的塞哥维亚（Segovia）引水渠（马德里西北部偏北40英里）是较晚
　　的图拉真时代的产物。

拱门。[50]

这些桥是引水渠固有的部分,它们暗示着,为了使一般
道路跨越峡谷而延续下去,还需要其他的桥梁,但要把罗马
的道路和桥梁一一列举出来,这个清单可能太长了。罗马的
第一座石桥是建于公元前 179 年的埃米利乌斯桥(the pons
Aemilius)。它由石桥桩支撑木桥面构成;公元前 142 年又增
加了石拱门[这个桥即现代的圣玛利亚桥(Ponte di S.
Maria)或断桥(Ponte Rotto)]。

公元前 292 年,在台伯河(Tiber)的一个岛上修建了一
座供奉阿斯克勒皮俄斯的神庙。这个岛通过两座桥与两岸
连接,这两座桥最后用石头重建了,法布里齐乌斯桥(the
pons Fabricius)建于公元前 62 年,由两个直径大约是 25 米
的石拱门支撑,塞斯蒂乌斯桥(the pons Cestius)建于提比略
(Tiberius)统治时期。*

另一种桥是临时性的木桥(参见图 73),如公元前 55 年
由凯撒建在莱茵河(Rhine)上的木桥,而且他在其《高卢战
记》(*De bello Gallico*,第 4 卷,16-19)中描述了它。这是第

---

[50] 加尔桥是一个非常美丽的建筑杰作。我们来回想一下它在大约 1740 年给让·
雅克·卢梭(Jean Jacques Rousseau,他那时 28 岁)留下的印象:"Que ne suis-je né
Romain! Je restai là plusieurs heures dans une contemplation ravissante. Je m'en
revins distrait et rêveur, et cette rêverie ne fut pas favorable à madame de Larnage. Elle
avait bien songé à me prémunir contre les filles de Montpellier, mais non pas contre le
pont du Gard. On ne s'avise jamais de tout."[倘若我是一个罗马人该多好啊!我
在那里待了好几个钟头,沉溺在令人心旷神怡的默想里。归来时我精神恍惚,好
像在想什么心事似的,这种魂不守舍的样子是对拉尔纳热(Larnage)夫人不利
的。她十分关心我不要被蒙彼利埃(Montpellier)的姑娘所勾引,但她却忘记告诫
我不要被加尔桥所迷惑,可见,谁都不能料事如神。]见《忏悔录》(*Confessions*),
第一部,第 6 章。

* 提比略·克劳狄乌斯·尼禄(Tiberius Claudius Nero,公元前 42 年—公元 37
年),古罗马第二代皇帝,公元 14 年—37 年在位。——译者

一座有如此规模的军用桥梁。我们并不确切地知道它的位置，它处在安德纳赫（Andernach）与科隆之间的某个地方。它是一座叉架桥（*pont de chevalets*），借助浮桥而修建；它的桥桩被打入河床中，并借助其他木桩增加了整个结构的坚固性，另外，不得不采取一些特殊的预防措施以使桥梁抵御水流的冲击。凯撒用这些清晰的词句结束了他的描述："从收集木材到大军通过，整个工作用了 10 天即告结束。"

图 73　焦孔多修士所编的凯撒《高卢战记》（Venice，1513）中的插图，该图展示了凯撒的桥是如何于大约公元前 55 年在莱茵河上修建的［承蒙哈佛学院图书馆恩准复制］

考虑一下：首先，缺乏先例；其次，莱茵河的宽度、水流之急以及河水的深度；最后，建筑者的速度。由此，这的确是一项令人惊异的成就。它有助于说明罗马军队在黄金时代的强大。正是由于像凯撒这类伟大的指挥官的意志力、士兵的干劲和严明的纪律以及最后（但绝不是最微不足道的）对聪明的工程师的有效利用，这座桥才得以建成。

开凿运河也是必不可少的。第一条意大利以外的运河是马略运河（Fossa Mariana）［以盖尤斯·马略（Gaius Marius，大约公元前 155 年—前 86 年）的名字命名］，于公元

前 101 年在罗讷河三角洲(the Rhône delta)开凿,以确保其
航道畅通。一般而言,三角洲的存在往往会使一条河的入口
缩小;只有在实施工程矫正(修建运河和堤防)之后,才有可
能使其下游的水道畅通。有时候,类似的矫正也必须用于河
流本身。罗马人做了这样的工作以便改进莱茵河的航行条
件,但这样做更主要地是出于军事而不是商业方面的原因。
美因茨、科布伦茨(Coblenz)和科隆都建立了海军基地,而在
公元前 13 年至公元 47 年修建的堤岸则使河床保持了清洁
和坚固。

　　道路和桥梁主要是出于军事方面的原因而修建的,港口
的修建更是如此,许多港口都是为了满足帝国的需要而建造
的。塔拉戈纳市就是一个很好的例子。在奥古斯都统治时
期,当该市成了塔拉戈纳省的首府并且它的海港成了东西班
牙的港口时,工程需要量有了实质的增长。公元前 36 年,阿
格里帕在那不勒斯正西方的巴亚(Baiae)建造了一个巨大的
港口。为了纪念屋大维,它被取名为儒略港(Portus Julius)。
罗马的古港口奥斯蒂亚(Ostia)港直到稍晚些时候才有了实
质的改进,但台伯河的航行需要持续的监管;它被委托给一
些专门的地方官员, *Curatores riparum et alvei Tiberis*(台伯河
岸及河床监理官)。希律大帝在凯撒里亚(Caesarea)[51]修建
了一个港口,极大地增加了该城在商业方面的重要性,凯撒
里亚市是他(于公元前 22 年)建立的,为纪念奥古斯都而如
此命名。该港口的建设持续了 10 年,公元前 9 年亦即希律

367

----

[51] 即巴勒斯坦的凯撒里亚,希腊语为 Caisareia,阿拉伯语为 Qaisāriya。公元 70 年,
　　该市成为罗马巴勒斯坦行省(Roman Palestine)的首府和罗马代理人的居住地。
　　它现在属于以色列。那里残存着大量废墟,1953 年 8 月,我有幸访问了那里。

在位的第 28 年，他为港口举行了落成典礼。建设中使用了
巨型的石砖，港口的周围修建了堤岸和非常高的围墙。一些
漂亮的建筑以及奥古斯都和罗马英雄的塑像使港口别具
特色。

　　3. **佛勒格拉地区**。我们现在转向意大利，转向它的一个
地区，在那里可以见证许多自然奇观，以及较小型的罗马工
程奇迹。我所说的是佛勒格拉地区[52]。它位于那不勒斯以
西的海岸，这里是坎帕尼亚的火山平原，大地母亲在这里表
演了各种各样的魔术：人们在这里可以时不时地看到燃烧的
熔岩、矿物温泉、火山喷气孔、硫黄矿、地震以及不太明显的
海湾缓慢下沉。这就是人们所能梦想到的最奇异的景
象——讨厌的和不祥的古怪现象与令人难以置信的可爱的
景色混合在一起：湛蓝的天空、欢笑的大海、茂盛的植物、艳
丽的花朵和美味的果实，一片片无花果树、橄榄树和葡萄树。
至少从三个方面讲，这是一块值得崇敬的土地。正是在那里
的库迈，[53]希腊人大约在公元前 750 年建立了他们的第一
个意大利殖民地。在数个世纪中，库迈既是伊特鲁里亚人也
是罗马人的生气勃勃的希腊文化中心。

　　最长寿的和最著名的意大利西比尔（Sibyl）* 就是在库
迈发布预言的，今天人们还可以参观她在司祭时使用过的令

---

〔52〕 这个名称来自希腊语 *ta phlegraia*，意为"燃烧的"（地方）。它的拉丁语名称是
　　　 Phlegraei campi。
〔53〕 希腊语为 Cymē，其拉丁语译文为 Cumae，意大利语译文为 Cuma。罗马第七位也
　　　 是最后一位传说中的国王高傲者塔奎尼乌斯（Tarquinius Superbus）在悲惨的放逐
　　　 生活中（于大约公元前 510 年）死在这里。
　＊ 西比尔原为希腊传说中寿命极长的女预言家，后来成为女算命师的一种头
　　　 衔。——译者

人十分难忘的洞室。[54] 库迈的西比尔是一个阿波罗女祭司
(priestess of Apollōn);她和其他西比尔都是人与未知事物的
中介,其预言可与多多纳神谕(the oracle of Dōdōnē)或德尔
斐的皮提亚神谕(the oracle of Pythia of Delphoi)等量齐
观。[55] 当她们处在一种癫狂的状态时,她们就会像降神者
那样表演,聪明的政治家会为了公众的福祉或是为了他们自
己的利益来解释她们痴迷和晦涩的神谕。据说,库迈的西比
尔常常会在橡树(棕榈树)叶上写下她发布的一些神谕,这
些树叶随风飘走了。这与事实并不相符,实际上她的神谕被
保留在一些专门的书中。

据说,高傲者塔奎尼乌斯(大约公元前 510 年去世)获得
了《女先知书》,这些书被放在卡皮托利诺山朱庇特神庙
(Jupiter Capitolinus),由专门的祭司保管[这些祭司组成了
圣事两人委员会(the *duo viri sacris faciundis*),他们的人数后
来增加到 10 人,最终增加到 15 人]。[56] 有可能,那部早期
的神谕集不仅包括库迈的西比尔发布的神谕,而且也包括更
老的埃利色雷(Erythrai,位于爱奥尼亚,正对着希俄斯岛)的
西比尔的神谕,也许还包括其他西比尔的神谕。这部神谕集
逐渐增加,为了预防可怕的紧急情况,元老院下令 *Decemviri*
(十人委员会)去审查(*adire*, *inspicere*)那些圣书(*libri*

---

[54] 它的入口隐藏了多个世纪,1932 年 5 月阿梅迪奥·马尤里(Amedeo Maiuri)对
之进行了发掘。在"西比尔的洞室"被发现以前,维吉尔在《埃涅阿斯纪》第 1 卷
11 中曾描述过它,但他错误地把阿韦尔诺湖(Lake Avernus)附近的一个洞室当
作这个洞室了(参见下文)。

[55] 有关这些古代神谕,请参见本书第 1 卷,第 196 页。

[56] 这个 15 人的委员会在公元 405 年的弗拉维乌斯·斯提利科(Flavius Stilicho)时
代以前一直在发挥作用。与代表罗马宗教仪式的高级祭司相反,它所代表的是
希腊宗教仪式。

fatales），并对它们加以阐释。阐释的结果总的来说就是采纳一种宗教仪式，它被设计用来赎罪或转移灾难。公元前83年，整个神谕集在毁灭朱庇特神庙的大火灾中被焚毁了。

那些 *chrēsmoi sibylliacoi*（女先知神谕）是用希腊诗句（六音部诗）撰写的，它们象征着希腊宗教和希腊崇拜在罗马世界的存在。

公元前83年以后，一本新的基于希腊世界各地诸多神庙的神谕被仓促地汇编而成，由于来源如此之多，因而有必要进行筛选。奥古斯都下令把大约2000份伪造的神谕烧毁了。

两种女先知神谕逐渐出现了，即那些真正的西比尔发布的神谕，以及为数更多的被归于像缪斯女神一样虚构的西比尔名下的神谕。那些属于第二种的神谕构成了一个文学流派，该流派一直发展到古代末期甚至中世纪。这一流派属于希腊流派，但有时候也会有拉丁模仿者，其中维吉尔创作于公元前40年的《牧歌》（四）（*Ecloga quarta*）就是最著名的例子。维吉尔的牧歌关心的是世界的末日（或一个新的黄金时代）。

以多种16世纪的版本流传下来的《女先知神谕集》（*Sibylline Oracles*），尽管是按传统方式创作的——运用了希腊六音部诗的形式、使用了古代的词汇并采取了适当的朦胧方法，但它们肯定是伪作。它们的写作一直持续到我们这个纪元的6世纪甚至更晚。它们的意图是政治性的或末世论的，或者两者兼而有之，有人期望它们能说服异教世界接受犹太教或基督教的信仰。由于那些伪作的流行，并且它们总是被归于古代的西比尔们的名下，因而使她们获得了堪与

《旧约全书》中的先知相媲美的重要地位。她们对艺术和文
学的影响是相当大的,在文艺复兴期间尤其是这样。许多装
饰作品都把诸西比尔与众先知一起呈现出来。米开朗基罗
(Michelangelo)在他为梵蒂冈的西斯廷教堂(Cappella
Sistina)所创作的壁画(1508年—1510年)以及拉斐尔
(Raphael)为和平圣玛利亚教堂(Santa Maria della Pace)所
创作的壁画(1514年)就是最好的例子。[57]

　　最早的《女先知神谕集》(*Oracula sibyllana*)是由奥波里
努斯(Oporinus)出版的(Basel,1545);拉丁语译本于1545
年—1546年在巴塞尔出版;希腊语-拉丁语对照本于1555
年在巴塞尔出版。在16世纪及其以后还有许多其他版本。
现代版的希腊语文本由阿洛伊修斯·察希(Aloisius Rzach)
出版(Vienna,1891),后来又由约翰·格夫肯(Johann
Geffcken)出版(Leipzig,1902)。察希版被M. S.特里(M. S.
Terry)翻译成英语[292页(New York,1899)]。
　　我认为,最好的综合性论述仍是奥古斯特·布谢-勒克
莱尔的《古代占卜史》(*Histoire de la divination dans
l' antiquité*),4卷本(Paris:Leroux,1879-1882),第2卷
(1880),第93页—第226页。有关维吉尔的《牧歌》(四),
请参见亨利·让迈尔(Henri Jeanmaire):《西比尔与黄金时
代的回归》[*La Sibylle et le retour de l' âge d' or*(150页),
Paris:Leroux,1935]。有关犹太人的神谕,请参见阿尔贝

---

[57]　参见爱米尔·马勒(Emile Mâle,1862年—1954年):《技艺精湛者如何展现西比
　　　尔神谕》[*Quomodo Sibyllas recentiores artifices repraesentaverint*(80页),Paris,
　　　1899]。

托·平凯莱（Alberto Pincherle）：《犹太的西比尔神谕；西比尔神谕集 LL. Ⅲ-Ⅳ-Ⅴ》[*Gli oracoli sibillini giudaici*; *Orac. Sibyll. LL. Ⅲ-Ⅳ-Ⅴ* (178 页)，Rome：Libreria di cultura，1922]，意大利语译本并附注释。

喷硫火山口[Solfatara，火神之家（Forum Vulcani ）] 是休眠火山的山口，阿韦尔诺湖是深水湖，四周是一片令人压抑的景色，它们二者的存在让人有不祥之感，并且大大增加了普通大众对佛勒格拉地区的敬畏之情。从阿韦尔诺湖冒出的恶臭气味，更使人们产生了这样的信念：它是与地狱相连的（从某种意义上说确实如此，因为它是一个火山湖，湖底有一些含硫气体的排放口）。[58]

这个地区给人以神圣感的主要原因是这个事实，即维吉尔曾在那里度过了他生命的一段时光。在《埃涅阿斯纪》第 4 卷中，他谈到西比尔、阿韦尔诺湖以及地狱。当我们在佛勒格拉地区旅行时，就像我几年前旅行时那样，我们就仿佛与他一同旅行，我们会感受到他总是在我们身边。在他于公元前 19 年在布林迪西去世后，有人把他的骨灰从火葬的柴堆中收集起来送到那不勒斯，安葬在通往普蒂奥里之路（ Via Puteolana）的第一和第二块里程碑之间的墓地之中。"维吉尔墓"仍然可以看得见，它使许多到访者心情激动，以至于认为这座墓是真的；它也给许多尽其所能去证明或否定它的

---

[58] 阿韦尔诺湖是一个古老的火山口，周长 3 公里，深 60.5 米；周围是陡峭的堤岸，在古代这里被茂密的树林覆盖着。阿格里帕把树林砍倒了，修建了一条使阿韦尔诺湖与库迈相连的隧道和从阿韦尔诺湖通向卢克林纳（Lake Lucrinus）进而通向大海的运河。这样，阿韦尔诺湖变成了一个安全的隐蔽港——儒略港（参见下文）。

真实性的学者带来了乐趣。[59]

库迈是这个地区最古老的而且是古代这个地区最重要的城市。它坐落在这个地区的西端。在它的下游有一个海角,海角的东南端是米塞努姆(Misenum,Misēnon)的小海湾,奥古斯都把这里建成一个军港,它成为罗马舰队在第勒尼安海的主要基地。可爱的普蒂奥里海湾呈现为不规则的半圆形,从西边的米塞努姆延伸到东边的波斯利波山 [Mons Pausilypus(Posillipo)]。当你从米塞努姆出发围着海湾步行时,你会路过巴亚,那里有著名的温泉,并且是罗马精英们喜爱的温泉疗养和洗浴胜地,沿岸的山坡上建了许多宫殿和别墅。[60] 再远一点,在海湾的中部是普蒂奥里市,库迈人早在公元前521年就在这里建立了聚居地,公元前194年罗马人把这里变成他们的殖民地。在罗马人的管理下,它成了一个获得了相当重要性的优质港。[61] 到了公元前125年,它已经成为与亚历山大城和西班牙通商的主要商务中心;作为一个大货栈,它仅次于提洛岛。它变成一个富裕的城市,并且因其灯塔、竞技场、行会、救火队、通向外部的道路、驿站以及其他便利设施而扬名天下。它的富饶也是它毁灭的原因,因为当罗马军队无法再保持足够强大的力量来保卫它时,它

----

[59] 参见阿梅迪奥·马尤里出色的小型指南:《佛勒格拉地区》[*Phlegraean Fields* (146 页,有插图),Rome:Libreria dello Stato,1947]。

[60] 在巴亚拥有别墅的名人中有:演说家李锡尼·克拉苏(Licinius Crassus,公元前91 年去世)、盖尤斯·马略(公元前86 年去世)、凯撒和庞培、瓦罗、西塞罗,以及演说家霍滕修斯(Hortensius,公元前50 年去世)。

[61] 它原来的希腊名字是迪凯阿希亚(Dicaiarcheia);普蒂奥里是罗马名称[现在改为波佐利(Pozzuoli)]。当奥斯蒂亚的台伯河口的一个新港建成后,它的重要性降低了。这个新港离罗马非常近,它是由克劳狄于公元42 年开工修建的,由尼禄于54 年完成。

便一而再、再而三地遭到蛮族人的洗劫。[62]

在离开佛勒格拉地区转向其他论述之前，我还想再补充两点。第一点，这个在那不勒斯正西方的地区与它西南方的维苏威火山（Vesuvius）地区截然不同。维苏威火山于公元79年毁灭了庞贝城（Pompeii）和赫库兰尼姆，而且它仍处在活跃期；相反，尽管佛勒格拉地区本质上也属于火山地区，但从未发生如此大的灾害，那里的生活一直在延续，过去和现在都没有出现长时期的中断。唯一巨大的变化是由巴亚的持续下沉造成的，巴亚的大部分现在已经沉入水下了。[63]

我想谈的另一点是，几年以前，由于玛丽·A.拉约拉夫人（Signora Mary A. Raiola）的热情和关心，一所考古学校亦即维吉尔庄园（Villa Vergiliana）在库迈成立了。我有幸于1953年7月访问了该校，那时耶稣会牧师雷蒙德·V.肖勒（Raymond V. Scholer）是园长。这个学校并不是为研究而设立的，它只是为美国的学生和教师在罗马世界也许最令人回味的地方进行一个月的考古漫游（archaeological promenade）提供住宿。这是非常重要的，因为美国的学生缺少像意大利、法国、西班牙或其他地中海国家的学生那样的机会，而且

---

[62] 例如，410年西哥特人（Visigoth）阿拉里克（Alaric，大约370年—410年，西哥特人领袖，曾三次率军入侵意大利。——译者）的洗劫，455年汪达尔人盖塞里克（Genseric，汪达尔人和阿兰人国王，大约389年—477年，428年—477年在位。——译者）的洗劫，以及545年东哥特人（Ostrogoth）托提拉（Totila，？−552年，东哥特国王，541年—552年在位。——译者）的洗劫。在此之后，没有留下什么值得抢劫的东西了。

[63] 有人也许会补充说，这也是由于（尽管很久以后的）1538年9月30日一个新火山的爆发造成的，这个火山即阿韦尔诺湖附近的新山（Monte Nuovo）。它高139米，顶部有一个很深的火山口。参见我的《六大学派》（Six Wings，Bloomington：Indiana University Press，1956）。

不像他们那样是在某种活力犹存的古代文化环境中、在对希腊和罗马遗迹的熟悉中成长起来的。对美国的那些青少年来说，古典世界似乎有点像虚幻的世界，但在佛勒格拉地区、那不勒斯、维苏威地区足足一个月的生活，肯定会使他们对古代世界有更深入的了解，这也许比年复一年地学习文学对他们更有教益。

居住在库迈的学生可以在他们紧邻的地区观察到一系列的"travaux d'art（工艺杰作）"：古老的城堡、古希腊和罗马的城墙、神庙、公共浴室、竞技场、储水池、排水系统、隧道以及其他古代地下建筑。在那些建筑中有些是十分古老的，但许多是罗马时代的，更确切地说，是从屋大维——奥古斯都时代开始兴建的。例如，为屋大维效力的建筑师 L. 科齐乌斯·奥科图斯（L. Cocceius Auctus）掘地修建了一个所谓 Crypta neapolitana（那不勒斯地穴），它实际上是一条隧道，穿越了把那不勒斯与西面的原野分开的山坡。它长 700 米，但是非常狭窄（3.2 米，高度从 2.8 米到 5.6 米不等），由一系列垂直或倾斜的采光孔为之提供较差的照明。附近的塞亚诺暗渠（Grotta di Seiano）是另一条隧道，它很有可能也应归功于这位建筑师。那里的岩石的材质对挖掘很有利，因为那里的岩石是石灰华，它们是由不同固结时期的火山岩屑构成的，挖起来一般比较容易。

卢克林湖与巴亚湾的海水相距不远，它因其牡蛎和贝壳类水生物而闻名。阿格里帕下令在卢克林湖修建了防波堤以便使它免遭风潮的袭击。公元前 1 世纪上半叶，一个叫塞尔吉乌斯·奥拉塔（Sergius Orata）的人在那里建立了一个牡蛎养殖场,[64]这是一项获利颇丰的事业。奥拉塔养殖法,亦即在大量露出水面的围篱上饲养牡蛎的方法,直至现在仍被人们使用。在卢克林湖周围的山坡上有一些温泉,这诱使罗马人在这里修建了许多公共浴室和别墅。其中有一栋是西塞罗的,他把它称为学园[或学园别墅(Cumanum)];在他去世后,该别墅落入他人之手,最终成为哈德良的房产的一部分;公元138年,哈德良就埋葬在那里。

阿格里帕和奥古斯都把海军基地建在了米塞努姆,这对称霸第勒尼安海而言是必不可少的,在这里还修建了一个为水兵和舰队提供淡水的隐蔽蓄水池。这就是"*Piscina mirabilis*(非凡蓄水池)"——巨大的矩形储水池(70米长×25.5米宽×15米高),它的顶部由48个纵向4列、横向12列的壁柱支撑着,从而在纵向上形成了5条长的通道,在与之垂直的方向上形成了13条较短的通道。这个储水池的容量是12,600立方米。它的外观给人深刻印象,它会使人想到神庙而不是蓄水池。[65]

阿韦尔诺湖已经成为一个海军的港口和船坞,那里修建的一条穿越格里罗山(Monte Grillo)的大型漂亮隧道把该湖与库迈连接在一起。隧道的长度为1公里,宽度足以使两辆

---

[64] 参见瓦罗之作(指《论农业》——译者),第3卷,第3章,9;科卢梅拉(Columella)之作[大概指《论农村》(De re rustica)——译者],第8卷,第16章,5。奥拉塔(Orata或Aurata)是人们给他起的一个绰号,因为他喜欢金鳊[即欧鳊(Abramis brama)]。

[65] 它会使人把它与君士坦丁堡的那些拜占庭储水池相比较,尽管那些储水池中有一些更大。名为地下宫殿(the Basilica Cistern, Yere batan serai)的储水池直到现在仍在使用,它的面积为140米×70米,由336根8米高的柱子支撑着;菲罗克西诺斯储水池[the Philoxenos Cistern(Bin bir direk,意为"1001根柱子")]的面积是64米×56米,它并不是由1001根柱子而是由224根柱子支撑着。

二轮运货马车相向而行；通过 6 个垂直或倾斜的采光井或通风井，各处都可以获得日光；它包括一个有自己的活动范围的引水渠（隧道中的隧道）、通风井和下隧道用的井。这条引水渠对为舰队提供饮用水来说是必不可少的。这是阿格里帕下令修建的另一项公共工程，由科齐乌斯完成；"它是罗马人在隧道领域完成的最伟大的民用和军用工程的代表"。[66] 作为这个军港——儒略港的必要的补充，在该湖附近还修建了一个军用船坞［阿格里帕船坞（Navale di Agrippa）］。附近还有另外一条隧道，大约 200 米长、3.75 米宽、4 米高，没有采光井。它被误称为西比尔洞室（Grotto of Sibyl）。它建于奥古斯都时代，为从阿韦尔诺湖到卢克林湖提供了一条秘密通道。

在这个地区，给人印象最深的建筑是真正的"西比尔洞室"，它被塌方和下落的石头隐藏了起来，只是在近年（1932年）才被发现。早在至少公元前 5 世纪，希腊人就修建了它；不过，在公元前 4 世纪和公元前 3 世纪，他们又对它进行了改造。它本不属于本卷叙述的时间范围，但它十分重要，因而当我们碰巧如此接近它时，我们不可能把它忽略。的确，它是整个地中海世界给人留下最深刻印象的建筑杰作。它的主要特点是有一条梯形地下通道或长廊，高 5 米，长131.5 米，底面宽 2.4 米，上面越来越窄；它的规模超过了迈锡尼（Mycenaean）建筑和伊特鲁里亚建筑中的那些地下通道的规模。它由 6 条侧面的向西面对大海的长廊提供照明。当人们沿着那条地下长廊散步时，会逐渐进入这样一种特有的

---

[66] 马尤里：《佛勒格拉地区》，第 127 页。

心境，即会在西比尔的密室（*oicos endotatos*，内殿）中与她碰面。即使非信众也可能会对之留下相当深的印象；至于真正的信众，他们在心理上已被制服了、变得狂热了，以致失去了任何批判力。歇斯底里的西比尔的胡言乱语并不是徒劳的；她的每个词都会被当作神的讯息而被视若珍宝。在我们的旅行中与我们相伴的维吉尔肯定多次感受到那种令人生畏的体验；他有助于我们参与这种体验并怀着宽容之心去理解它。

4. **马尔库斯·维普萨尼乌斯·阿格里帕**。在前几段中反复出现了两个人的名字——阿格里帕和科齐乌斯。他们是谁呢？

马尔库斯·维普萨尼乌斯·阿格里帕（公元前 63 年—前 12 年）是奥古斯都时代最重要的人物之一。尽管他出身卑微，但他被送到阿波罗尼亚（Appōllonia）完成了其学业，[67]屋大维（即后来的奥古斯都·屋大维）是他在那里的同学。在凯撒遇刺之后，他与屋大维一起回到罗马。他在罗马内战期间扮演了积极的角色；公元前 41 年，他在佩鲁贾（Perugia）周围指挥了一支屋大维的部队；公元前 38 年，他成为高卢的总督，镇压了阿基塔尼人（Aquitani）的起义，并指挥了跨越莱茵河以惩罚为目的的远征。次年，他调到海军任职；他负责屋大维舰队的组建，并且获得了海军金冠*（*corona navalis*，正是在那时，他修建了儒略港）。公元前 36 年，他在米拉（Mylai）和瑙罗库斯（Naulochos）（这两个地方都在西西里东北海岸）取得了海战的胜利并且打败了庞培的舰

---

[67]　即意大利的阿波罗尼亚，距亚得里亚海（Adriatic）海滨不远。这里曾是繁荣的希腊殖民地，年轻的罗马人被送到这里，大概是接受希腊化的教育。

*　一种用来奖励在海战中第一个登上敌舰的人的黄金制成的冠。——译者

队;公元前 35 年—前 33 年,他参加了伊利里亚战役(Illyrian
campaign);公元前 31 年 9 月在亚克兴战役中,他在海战中取
得的胜利成为打败安东尼的主要因素。随后不久,他被派往
东方去执行一项政治使命,他的总部设在米蒂利尼岛,后来奉
召回国,再度在高卢和西班牙作战。他与奥古斯都结为盟友,
分享了他的部分权力达 10 年之久(公元前 18 年—前 8 年),
并且被任命为圣事十五人委员会(the Fifteen Men)的成员之
一。公元前 16 年—前 13 年期间,他又第二次接受使命前往
东方;正是在那期间,他立波勒谟(Polemōn)为本都和博斯普
鲁斯国王(公元前 15 年),在叙利亚的赫利奥波利斯
[(Hēliupolis),即巴勒贝克(Baʿalbek)]和贝鲁特(Bērytos)建
立了罗马殖民地,[68]并且与希律王(Hērōdēs)建立了友谊。
他的最后一次任务是去潘诺尼亚[Pannonia,多瑙河
(Danube)的南面和西面]阻止一次造反。随后,他最后一次
返回意大利,翌年(公元前 12 年),他在那里去世。他把他
的财产遗赠给奥古斯都,并且被安葬在皇陵之中。

　　公元前 21 年,他与奥古斯都之女朱莉娅结婚;在他三次
婚姻所生的儿女及其孙辈中,有许多皇族的后代。他于公元
前 40 年担任行政长官,并且在公元前 37 年、前 28 年和前
27 年三次担任执政官。他撰写了一部自传,但不幸的是该
书已经失传;它也许是一部富有启示意义的文献。

　　以上列举略显冗长,但实际上并不完整,我想用它们来

---

[68] 赫利奥波利斯和贝鲁特都是古代城市,前者是崇拜巴力(Baʾal)的圣地。贝鲁特
是一个古老的腓尼基港口城市,公元前 140 年被叙利亚篡位者特里福·狄奥多
图(Tryphōn Diodotos)摧毁。从公元前 15 年起,它成为罗马的殖民地;阿格里帕
在它的领地内建立了两个古罗马军团。

说明,在那时,当一个罗马的将军和政治家可能意味着什么。

不管怎样,阿格里帕成就中最实用的就是在他于公元前33年以及以后诸年任营造官期间开建的多项公共工程,其中有些我们已经提到了。在这些公共工程中,包括对两个引水渠的整修和两个新引水渠(儒略引水渠和处女引水渠)的建造,新修建的还有:下水道、公路和隧道,涅普图努斯长廊(Porticus Neptuni,一种拱廊或柱廊),阿格里帕公共浴室(Thermae Agrippae),万神殿(Pantheon,公元前27年),阿韦尔诺湖的儒略港,尼姆引水渠或加尔桥(公元前18年)。他组织了一次对帝国的国土普查,关于这一点我们将在另一章中加以论述。

阿格里帕是一个罗马人、一个注重实际的人,他的主要兴趣就是建设一些实用的工程(如引水渠和下水道、港口、公路以及隧道),他的某些工程也是具有很高水准的艺术创造。加尔桥是一个奇迹;万神殿则是另一个奇迹,[69]如此大胆而漂亮的圆形建筑以前从未建造过(参见图74)。最后也许应该说,阿格里帕下令把利西波斯的作品"倒地的狮子"(Fallen Lion)从(在达达尼尔海峡亚洲一侧的)兰普萨库斯运到罗马,证明了他的艺术品位。[70]

---

[69] 万神殿是在亚克兴战役以后修建的供奉所有神的圣所,由阿格里帕在其第三次担任执政官期间(公元前27年)完成。它是一个圆形的有穹顶的神庙,这个圆形建筑物的直径与穹顶的高度是相等的,均为43.20米。万神殿被公元80年的一场大火严重损毁,后又重建。它现在是一所教堂,即圣母教堂(Santa Maria Rotonda)或圣母与殉道者教堂(Santa Maria ad Martyres)。

[70] 斯特拉波讲述的这段故事,见他的《地理学》第13卷,1,19。西锡安的利西波斯是希腊最著名的艺术家之一,他是亚历山大大帝的御用雕塑家。归于他名下的杰作数量巨大,但其中大多数,包括"倒地的狮子",都已佚失。

375

图74 乔瓦尼·保罗·帕尼尼（Giovanni Paolo Panini）大约于1740年所绘的万神殿的内景。按照万神殿自己的铭文所述，它大约于公元前27年由阿格里帕建造完工；它被用来供奉所有的神（因而才会起"万神殿"这个名字），尤其是用来供奉战神和爱与美之神,他们是凯撒和奥古斯都所属的儒略家族的保护神。万神殿曾于80年和110年两度被焚,127年被哈德良（皇帝,117年—138年在位）修复或重建,他慷慨地把原来的铭文都替换了。它于609年被转做基督教堂,供奉圣玛丽亚以及所有的圣徒或殉道者（因而有了现在的名字圣母与殉道者教堂；更常用的名字是圣母教堂）。它是意大利诸国王、王后的安葬地,也是艺术家的安葬地,其中最著名的有拉斐尔。它的穹顶显然是古代最大最漂亮的。由于整个建筑只有单一的一个房间,它最重要的特点就是它的总体比例,无论是过去还是现在,都是如此[塞缪尔·H. 克雷斯（Samuel H. Kress）* 收藏品,现保存在华盛顿市国家美术馆（National Gallery of Art, Washington, D. C.）]

---

* 塞缪尔·H. 克雷斯（1863年—1955年）,美国著名艺术品收藏家,曾把375幅绘画和18件雕塑作品捐赠给美国国家美术馆。——译者

　　我们可以假定,阿格里帕的大多数活动是纯粹管理性的;他对这项或那项事务进行规划和下达命令,不过他的成就数量之大、种类之多还是给人留下了非常深刻的印象。仅仅规划和下命令远远是不够的,必须进行精心的规划并且确保命令能得以执行;这就要求许多不同的才能,首先是获得称职的助手之合作的能力。L. 科齐乌斯·奥科图斯是他的助手之一,曾在佛勒格拉地区修建了隧道;另一个助手是奥斯蒂亚的瓦勒里乌斯(Valerius of Ostia),万神殿的建筑师;还有一个助手是维特鲁威,尽管我们对他们的关系没有确切的了解。[71] 阿格里帕的许多伟大成果都应该归功于这些助手,不过,把它们归功于他比(像通常所做的那样)归功于奥古斯都,与事实更接近一些。

六、采矿和冶金

　　"塞琉西王国在其疆域最宽广的时代曾经是西方史上第一个文明的国度,它能为自身提供所有金属必需品。但在许多情况下,巨额的陆路运输费用使得从国外进口比利用国内资源更便宜;例如,从波希米亚(Bohemia)和大西洋海岸购买锡比从德兰吉亚纳(Drangiana)获得锡产品更容易。"这段非常惊人的叙述是奥利弗·戴维斯(Oliver Davies)论述采矿业的著作的开篇。[72] 他随后继续指出,罗马的情况是迥然

376

---

[71] 维特鲁威没有提及阿格里帕、科齐乌斯或瓦勒里乌斯,斯特拉波在《地理学》第 5 卷的 4、5 中提到过科齐乌斯,并且反复提到了阿格里帕,但没有提到瓦勒里乌斯。

[72] 奥利弗·戴维斯:《罗马人在欧洲的矿业》[*Roman Mines in Europe*(302 页,10 幅地图,49 幅插图),Oxford,1935]〔《伊希斯》25, 251(1936)〕。德兰吉亚纳(Dragianē)在奥克苏斯河以南、印度河以西[即现代的西吉斯坦(Sijistān),地跨阿富汗西部和伊朗东部地区]。

不同的,因为罗马人向外扩展到如此之多的地区,因而他们
在金属产品方面几乎是自给自足的,而且他们对海路的控制
使得他们可以把原料从很远的地方以相对较低的价格运来。
罗马人不仅有充足的金属供他们自己使用,而且还能向外国
人供应金属,从而获得对他们的政治控制。他们把黄金出口
到印度,把银和铜出口到德国,但在罗马共和时代,元老院试
图对黄金的出口量进行管制,在后来的帝国时代,铁的出口
被禁止了,以避免蛮族人用它制造武器。[73] 不过,他们可能
不得不从遥远的非罗马世界进口一些高品质的原料,但这些
昂贵原料的运费对他们来说无关紧要。最好的例子就是所
谓中国铁[74],它大概来自印度(而非中国)而且可以通过海
路运往罗马海港。

　　采矿是希腊化时代的主要工业,它那时(以及以前)[75]
是一种极为残酷、绝对没有人性的行业。其工作是对奴隶、
罪犯和战俘的一种惩罚;矿山就是最糟糕的劳改所,对生命
没有丝毫尊重,没有任何仁慈。托勒密诸王开办的努比亚
(Nubian)的金矿提供了这类残忍行为的最恰当(或最糟糕)

----

〔73〕 戴维斯:《罗马人在欧洲的矿业》,第 1 页(1935)。

〔74〕 即 Ferrum Sericum;参见普林尼:《博物志》,第 34 卷,14,41。它有可能是著名的
印度钢,但很奇怪地被称作"伍兹钢"(wootz)[参见亨利·尤尔和 A. C. 伯内尔
(A. C. Burnell):《霍布森-乔布英印口语词和短语(以及语源、历史、地理和衍生
同源的词语)汇编》(Hobson-Jobson:A Glossary of Colloquial Anglo-Indian Words and
Phrases,and of Kindred Terms,Etymological,Historical,Geographical and Discursive),
威廉·克鲁克(William Crooke)编(London:John Murray,1903),第 972 页]。

〔75〕 有关阿提卡的拉夫里翁(Laurion)银矿,请参见本书第 1 卷,第 296 页—第 297
页以及第 229 页。同样令人震惊的情况也出现在卡波多细亚的(Cappadocian)水
银矿。参见 W. W. 塔恩和 G. T. 格里菲思:《希腊化文明》(London:Arnold,
1952),第 254 页。有关古代的一般采矿业,请参见奥利弗·戴维斯为《牛津古
典词典》第 573 页撰写的词条。

的例子；那些矿山的工作如此可怕，以致当工作最终交给工
人们时，他们宁愿去死。[76]

　　这使我产生了以下反思。据说农业和采矿是两个基础
性产业。也许是这样，但这二者有着天壤之别。农业或农牧
业（husbandry）明显是社会性的；它与最自然的人类群
体——家庭有着非常深入的联系；它的名称很有特色：它是
农夫的事业，亦即丈夫和父亲的事业。相反，采矿是明显反
社会的；矿工是奴隶或囚徒，他们的工作如此艰辛和痛苦，以
致会使他们变得冷酷和残忍。

　　罗马采矿最繁荣的时期，似乎是共和时代晚期和帝国时
代初期，但若想说得更精确是很困难的。古代采矿史的年代
几乎是不可考的；矿渣堆就是采矿最好的证据，但不可能说
明它们是什么时候堆积起来的；矿工劳动的艰辛和受压迫等
情况提供了仅有的一些年代界标，但这些界标并不是总能找
到的。[77]

　　因此，要想说明这段时期的采矿技术的发展是不可能的。
罗马人的技术来源于埃及人、希腊人和伊特鲁里亚人。由于
罗马的勘探者在东方和西方的许多地区获得了相当多的经
验，他们在探矿方面的直观能力变得更强了。他们发展了新

---

[76] 依据当时的地理学家尼多斯的阿加塔尔齐德斯（Agatharchidēs of Cnidos，活动时
　　期在公元前2世纪上半叶）所述。参见卡尔·米勒主编：《希腊地理初阶》
　　（*Geographi graeci minores*，Paris），第2版（1892），第1卷，第123页—第127页。
　　这个卡尔·米勒常常被称作巴黎的卡尔（查尔斯）·米勒，以便把他与数量巨大
　　的名叫米勒的人们区分开。尽管他有着突出的贡献，但他实际上并不为人所知；
　　我们甚至不知道他的生卒年月。他的著作从1841年至1868年在巴黎出版，后
　　来在1883年以前在格丁根（Göttingen）出版。也许他是在1870年的战争期间被
　　迫离开了巴黎？

[77] 例如，拉夫里翁银矿的历史，参见本书第1卷，第296页。

的洗矿、坑探、掘进隧道、竖井开凿、照明和通风、排水、安设支柱、拖运以及勘测的方法。他们有一些较好的铁制工具,也有一些石制的鹤嘴锄、石楔和石锤。他们的冶金技术也得到了改进,提供了更有效的粉碎矿石、洗矿和煅烧的方法,他们有了更好的多种熔炉,更好的冶炼法、熔析法、[78] 灰吹法,等等。我们不能肯定在罗马是否已经有人知道了铸铁(在中国已经有人知道了);即使不是在罗马本身,那么至少在未开化的中欧国家,有时候已经可以获得铸铁了。对钢的了解已经有了数个世纪,在某些地方,例如科莫(Como),人们也许已经制造出更好的钢,在那里,高质量的钢应归功于优质的湖水。

我们来举两个特别的例子,有可能,一些罗马人已经能够借助加盐或辉锑矿[79] 等工序提高金的质量,而且他们知道了一种方法,该方法可与把银从铅-银矿石中分离出来的帕廷森(Pattinson)工序相媲美。[80] 可是,除了说这种知识是在普林尼时代以前获得的以外,无法确切地说明它是什么时候获得的。[81]

378　　　关于多种采矿业在罗马世界各地的发展没有什么疑惑,关于相对复杂的冶金技术的发展也没有什么疑问,但我们难以获得年代学方面的精确论断。

---

[78]　熔析即通过加热把易熔的物质与不易熔的物质相分离。按照戴维斯之《罗马人在欧洲的矿业》第 17 页的观点,伊特鲁里亚人已经利用了这一工序。

[79]　辉锑矿是天然的三硫化二锑,主要用来做化妆品。

[80]　休·李·帕廷森(Huge Lee Pattinson)于 1833 年为他从铅矿中提取银的工序申请了专利。

[81]　参见 R. J. 福布斯:《古代的冶金术》(Leiden: Brill, 1950),第 205 页[《伊希斯》*43*, 283-285(1952)]。福布斯提供了许多技术细节,但没有年代学方面的精确数据;这不是他的过错。

第二十一章
博物学（以农业为主）

本章分为 3 节，分别讨论迦太基、希腊化地区以及罗马或更确切地说拉丁世界。第一个地区也许会令读者惊讶，因为从某种程度上讲它属于东方，这些读者没有预料到在西方的地中海世界会有一次新的东方入侵。

一、迦太基农业（Agriculture）

迦太基于公元前 814 年由一群提尔人[1]亦即腓尼基人在西西里岛西南的北非海岸建立。它成为腓尼基在地中海最重要的殖民地，由于它固有的实力和它的地理位置——南第勒尼安海，它成了罗马的主要竞争对手和敌人。数次布匿战争（第一次，公元前 264 年—前 241 年；第二次，公元前 218 年—前 201 年；第三次，公元前 149 年—前 146 年）是这种竞争结出的苦果；迦太基在公元前 146 年的最终失败为罗马帝国主义打开了通路。我们对布匿文化所知不多。古代

---

[1] 即提尔(希伯来语为 Zor，希腊语为 Tyros，阿拉伯语为 Sūr)的居住者，提尔位于南黎巴嫩(Lebanon)海岸。提尔本身是西顿(Saidā)的一个殖民地(大约始于公元前 15 世纪)。它是一个非常重要的政治和商业城市，自公元前 11 世纪至公元前 774 年是腓尼基的首都。它在《旧约全书》和《新约全书》中常常被提及。有关腓尼基的历史，请参见本书第 1 卷，第 102 页(地图)，以及第 108 页和第 222 页。

所出现的相关人士的名字只有两个迦太基探险者，即汉诺（活动时期在公元前 5 世纪）和希米尔科（活动时期在公元前 5 世纪），他们二人都活跃于公元前 5 世纪。他们的语言即腓尼基语或布匿语，与希伯来语非常接近。对罗马人来说，他们的语言是一种奥秘，尤其是他们的书写文字与罗马人的不同，就更让罗马人感到神秘，不过，罗马人听说过一个叫马戈（Mago[2]，活动时期在公元前 2 世纪下半叶）的迦太基人不知在什么时候写的一本关于农业的专著。在迦太基（公元前 146 年）灭亡后，罗马元老院下令把马戈的著作翻译成拉丁语。

　　我们实际上不知道该作者的其他情况，只知道他的名字属于一个著名的布匿家族。有一个以马戈为名、大约活跃于公元前 520 年的人，是迦太基军队的缔造者；另外还有 4 个也叫这个名字的人在他们报效国家的军旅生涯中出类拔萃。其中一个（活跃于公元前 396 年）是与叙拉古的大狄奥尼修（great Dionysios of Syracuse）作战时的舰队指挥官；另一个是公元前 344 年迦太基在西西里岛驻军的指挥官；还有一个是汉尼拔的弟弟，他在汉尼拔的率领下参与了第二次布匿战争，于公元前 203 年在波河流域被罗马人打败，他设法使他的军队重新乘船前往非洲，但他因伤而死于旅途之中；最后一位是新迦太基［Carchēdōn hē nea；西班牙东南海岸的卡塔赫纳（Cartagena）］的指挥官，公元前 209 年该城被非洲征服者斯基皮奥攻占，而他被送往罗马成了囚徒。

---

[2] 希腊语为 Magōn。按照同样的方式，Hanno（汉诺）和 Himilco（希米尔科）这些名字在希腊语中分别被拼写为 Hannōn 和 Himilcōn。

农学家马戈可能也属于这个家族;他的名字至少在罗马非常著名,这有助于说明罗马人为什么会对一部布匿专著感兴趣并且希望把它翻译成拉丁语。

瓦罗在其关于农业的专论中列举了一长串希腊权威(第1卷,第1章,8),多达50余名,最后他说:"迦太基的马戈的声望超过所有这些人,他用布匿语总共编写了28本书,分别讨论了不同的主题。"[3]科卢梅拉(活动时期在1世纪下半叶)称马戈为"农学之父"(*pater rusticationis*)。这一标签像所有同类的其他标签一样,会令人误解。毕竟,马戈只是把如此之多的作者所积累的知识汇集在一起,恐怕很难把他称为这个学科之父,但是,随它去吧。

布匿原文的佚失并不令人惊讶,但莫名其妙的是,没有一点拉丁语译文保留下来,我们对他的著作的有限的了解应归功于卡修斯·狄奥尼修(Cassios Dionysios)于大约公元前88年的希腊语译本,这是希腊语的第二个译本。卡修斯是从拉丁语还是从布匿语翻译过来的?第二种假设并非不可能,因为他活跃于乌提卡。[4]这是一个仅次于迦太基的北非第二大城市;它像迦太基一样也是腓尼基的殖民地,但在第三次布匿战争期间它却站在了罗马一边。换句话说,卡修斯可能懂布匿语,或者,他与那些愿意帮助他的布匿学者已经很熟了。按照瓦罗著作(第1卷,第1章,10)的说法,卡

---

[3] 这段以及本章其他的瓦罗之作(指《论农业》——译者)的引文,均引自威廉·戴维斯·胡珀(William Davis Hooper)主编的拉丁语-英语对照本,见"洛布古典丛书"(Cambridge:Harvard University Press,1934)。

[4] 乌提卡之所以出名,一是因为,正是在这里庞培的部队对凯撒进行了最后的抵抗;二是因为,勇敢的"乌提卡的加图"在这里自杀,他宁愿死也不愿落入凯撒的手中(公元前46年)。

修斯·狄奥尼修翻译了马戈的 28 部著作，并且"分 20 卷出版，以献给行政长官塞克斯蒂里乌斯（Sextilius）。他把我提到过的那些希腊作者的许多材料补充到这些著作之中，而把马戈的著作压缩了相当于 8 卷的内容。迪奥法内斯（Diophanēs）在比提尼亚以实用的方式把它们进一步精简为 6 卷，以献给国王德奥塔鲁斯（Dēiotaros）。我试图更简洁，用 3 卷来处理这个主题"。没有证据表明，瓦罗知道马戈著作的拉丁语译本，或者他不是通过卡修斯的希腊语译本了解马戈的。当他提及马戈时，他也提及卡修斯，而他的参考书目并不重要。

581　　这个布匿文本的历史是不同寻常的。它在公元前 146 年以后被翻译成拉丁语，然后，卡修斯·狄奥尼修于大约公元前 88 年用希腊语对它进行了压缩，最后，大约在同一世纪中叶，尼西亚的迪奥法内斯对它进行了第二次压缩，并献给加拉提亚的四联合执政者之一德奥塔鲁斯，[5]这是跨国混乱的一个很好的证据——一个用布匿语写作的文本首先在罗马被翻译成拉丁语，然后在西方和东方两次被翻译成希腊语。

二、希腊植物学

　　我们在前一节中谈到了把马戈的著作翻译成希腊语的

---

[5] 这个德奥塔鲁斯是一个奇怪的人物。他在与本都国王米特拉达梯六世大帝尤帕托（公元前 120 年—前 63 年在位）的作战中和罗马人站在一起，他们奖给他一个国王的称号，并且把小亚美尼亚（Armenia Minor）加入到他的版图。在罗马内战中，他站在庞培一边，但后来又向凯撒屈服。在他被控告涉入一起反对凯撒的阴谋时，西塞罗曾为他辩护，这一辩护词保存至今。公元前 42 年，他加入了布鲁图斯和盖尤斯集团，但不久之后，年迈的他就去世了。他是一个亚洲的酋长，他的野心导致他卷入了所有罗马人的争斗之中。

卡修斯·狄奥尼修(活动时期在公元前 1 世纪上半叶),他是一位名副其实的植物学家。他在他的翻译中补充了许多希腊作者的作品摘录,有人还把两部专著归于他的名下,一部是论述根茎(*rhizotomica*)的,另一部是论述药物(materia medica)的。第二部专著附有插图。

另外两个植物学家(如果我们可以赋予他们这个高贵的称号的话)是两个国王:佩加马的阿塔罗斯三世和本都的米特拉达梯六世。前者,阿塔罗斯-菲洛梅托(从公元前 138年至前 133 年任国王),把佩加马遗赠给了罗马人,[6]瓦罗在其论述农牧业的专著中把阿塔罗斯-菲洛梅托的著作[7]当作权威著作之一来引用,科卢梅拉(活动时期在 1 世纪下半叶)和普林尼也提到过他。值得注意的是,他对有毒的植物有着特殊的兴趣;他制作了一些毒药并用它们进行了实验。米特拉达梯-尤帕托(Mithridatēs Eupator) 也做过毒物学实验。[8]

米特拉达梯的医生克拉特瓦(Cratevas)更有资格获得植物学家这个称号。他撰写了一部有关药物学的著作,在其

---

[6] 他的半个兄弟阿里斯托尼库斯(Aristonicos)对这一遗嘱提出质疑;阿里斯托尼库斯成功地使合并拖延了几年,但在公元前 130 年,他被捕了,并且被送往罗马处死。公元前 130 年,佩加马国成为罗马的亚洲行省,佩加马市成为它的首府。在罗马的保护下,由于佩加马的商业机会和它的著名的医神庙(asclēpieion),它享有了更多的繁荣,但它著名的图书馆于公元前 40 年被马可·安东尼掠走并献给了克莱奥帕特拉女王。(是否真有此事?)公元 1 世纪,佩加马皈依了基督教,并且成为圣约翰(St. John the Divine)在《启示录》第 2 章第 12 节—17 节所讲的七教会(Seven Churches)之一。

[7] 在其(《论农业》第 1 卷,第 1 章,8)所列的权威人士中,瓦罗把阿塔罗斯与西西里岛的希伦(Hierōn of Sicily)并列在一起,这个希伦可能是叙拉古国王希伦(公元前 270 年—前 216 年在位)。

[8] 我们将在后面论述医学的那一章,回过头来讨论他们。

中,他说明了某些金属对人体的作用的知识(这可能是使他的国王对之有浓厚兴趣的毒药学研究的一部分),但更值得 *382* 注意的是,他撰写了一部论述根茎(*rhizotomicon*)的著作,该书至少分为 5 卷并且附有插图。他本人可能就是一个草根采集者,亦即"草药采集者"。他省略了对植物的描述,而对"草药的"分类进行了确定。据说他是"植物图解之父"。[9]但他真是如此吗?

这使我们想起,卡修斯·狄奥尼修的著作也配有插图,在同一时代的某些技术著作中也包含一些插图和图示。这并不意外,因为在希腊化时期,从事科学工作的人对特殊的研究和具体的分析有兴趣,他们对添加插图会有强烈的要求,他们感到,没有插图,对器械的描述不可能完整,对自然物的描述就更不必说了。这些倾向已经被遗忘了,因为插图几乎从手稿中消失了:抄写文本是很容易的,而要复制插图就比较困难,或者,即使插图被复制了,原插图的本意可能很容易遭到扭曲或违背。考虑一下 *asphodelos*(日光兰)和 *acantha*(或 *acanthos*,莨苕)等词;这些词即使拼写发生了变化(在英语中它们分别拼写为 asphodel 和 acanthus),我们也很容易辨认出它们,但那些植物的插图会怎么样呢?那些插图远比名称更有益于知识的传播,但要复制它们是困难的。

有人说,通过大马士革[大马士革的尼古拉斯(Nicolaos ho Damascēnos),大约公元前 64 年出生在该城,活动时期在公元前 1 世纪下半叶]无与伦比的希腊手稿,克拉特瓦的少

---

[9] 引自查尔斯·辛格:《古代的草药》("The Herbal in Antiquity"),载于《希腊研究杂志》[*Journal of Hellenic Studies 47*(52 页,10 幅另页纸插图,46 幅图),London,1927][《伊希斯》*10*,519–521(1928)]。

量插图实际上已经传播和保留给后代阿尼齐亚·朱莉安娜（Anicia Juliana）。这有可能，但是如何证明呢?[10]

在本节中最后一位值得一提的植物学家是大马士革的尼古拉斯（活动时期在公元前 1 世纪下半叶），他大约于公元前 64 年出生在该城，是犹太国王希律一世（Hērōdēs I，希律大帝，公元前 40 年至前 4 年在位）的朋友，并且比希律一世长寿。[11] 尼古拉斯主要是一位史学家，但也有人把亚里士多德的《论植物》（De plantis）归于他的名下。[12]

尼古拉斯的著作是一部真正的植物学专著，而不是草药专著；它不是按照迪奥斯科里季斯的风格而是按照塞奥弗拉斯特和亚里士多德本人的风格撰写的。这样，后者被认为是该书的作者就没有什么值得惊讶的了。该著作分为两卷，论述了植物生命的法则。[13]

我们所论及的这 4 位植物学家都是亚洲人，阿塔罗斯是佩加马人，米特拉达梯和克拉特瓦是本都人，尼古拉斯是大马士革人。

---

[10] 这一手稿由奥杰尔·吉塞林·德·布斯贝克（Ogier Ghiselin de Busbecq）大约于 1562 年在君士坦丁堡发现，它现在保存在维也纳国家图书馆（the State Library of Vienna）。参见 G. 萨顿：《无所畏惧的布斯贝克》（"Brave Busbecq"），载于《伊希斯》*33*，557-575（1942），第 566 页，图 4—图 7。这一手稿有一个完整的复制本［两大对开卷（Leiden，1906）］。我在一本小册子中讨论了植物学插图，见我的《文艺复兴时期（1450 年—1600 年）对古代和中世纪科学的评价》（Philadelphia：University of Pennsylvania Press，1955），第 86 页—第 95 页。

[11] 希律一世大约是在基督出世时去世的。如果耶稣在公元 28 年殉道时是 33 岁，那么他就是在公元前 5 年出生的。参见 E. 卡韦尼亚克：《年代学》（Paris，1925），第 197 页—第 210 页。

[12] 参见萨顿：《评价》，第 63 页—第 64 页。这一文本的希腊语版失传了，我们只知道萨雷舍尔的艾尔弗雷德（Alfred of Sareshel，活动时期在 13 世纪上半叶）从阿拉伯语翻译过来的拉丁语版。英译本由爱德华·西摩·福斯特（Edward Seymour Forster）翻译，见于英语版《亚里士多德文集》（*Aristotle*，Oxford，1913），第 6 卷。

[13] 有关其内容，请参见本书第 1 卷，第 546 页。

有关动物的知识来自饲养和捕猎的实践以及动物园和动物展示园的组建。这类动物展示园是非常古老的机构,因为把国王拥有的凶猛动物放在笼子里,以此作为炫耀他的权力的一种方式,这种做法是很吸引人的。例如,不妨注意一下色诺芬在《居鲁士的教育》(*Cyropaedia*)中提到的阿斯提亚格斯〔Astyagēs,从公元前 594 年至前 559 年任米底(Media)国王〕的动物园。[14]

关于希腊化的动物展示园,W. W. 塔恩这样说:"塞琉古把一只印度虎送到雅典,托勒密二世拥有一个动物园,除了 24 只大狮子、美洲豹、山猫以及其他猫科动物、印度和非洲水牛以及来自摩押(Moab)的野驴之外,还有一只 45 英尺长的巨蟒、一只长颈鹿、一头犀牛和一头北极熊以及鹦鹉、孔雀、珍珠鸡、野鸡和许多非洲鸟。"[15]

三、拉丁作者论农业

这个时代最重要的技术著作不是希腊语的著作,而是维特鲁威用拉丁语写的著作;同样,最重要的农业著作也是用拉丁语撰写的著作,亦即监察官加图(Cato the Censon)、瓦罗、希吉努斯和维吉尔的那些著作。在这 4 个人当中,第一位的写作时间在公元前 2 世纪中叶以前,其他三位在公元前 1 世纪下半叶。

1. **监察官加图**。监察官加图(活动时期在公元前 2 世纪

---

〔14〕《居鲁士的教育》,第 1 卷,第 3 章,14;第 1 卷,第 4 章,5。关于动物展示园的更多信息,参见《科学史导论》,第 3 卷,第 1189 页、第 1470 页和第 1859 页。

〔15〕W. W. 塔恩和 G. T. 格里菲思:《希腊化文明》(London:Arnold,1952),第 307 页。

上半叶）或大加图[16]于公元前 234 年出生在图斯库卢姆
（Tusculum），公元前 149 年在罗马去世。他在雷特附近他父
亲的农庄接受教育，这种实用教育给他留下了深深的烙印，
以至于影响了他整个人生，他老年时写的著作《农业志》（*De
rustica*）就是见证。关于这部著作，我们马上就会做出说明。
他的军旅生涯从 17 岁开始，持续了很多年，由于他担任了一
系列行政职务，他的军旅生涯时断时续。在出色地为第二次
布匿战争（公元前 218 年—前 201 年）效力并参与了色雷
斯、希腊和东西班牙的远征作战之后，这个年轻的农民成为
西西里岛、非洲、撒丁岛和西班牙的一名官吏，并且于公元前
184 年成为监察官，这是一种典型的罗马式发展。他发表了
大量政治和司法方面的演说，[17]并且非常严格地履行他的
职责，以至于获得了 Censorius[18] 的绰号。他于公元前 175
年（第二次布匿战争 26 年以后）身负政治使命被派往迦太
基，迦太基人的复兴、好斗和背信令他极为气愤，因而他对他
们怀有强烈的敌意。他认为，为了罗马的安全必须摧毁该
城，他在元老院的每一次演说都以这样的断言（无论它看起

384

---

[16] 之所以这样称呼他，是为了把他与他的曾孙乌提卡的加图（公元前 95 年—前 46
　　年）区分开；乌提卡的加图是斯多亚学派的成员、保守主义者，他是庞培的辩护
　　者，直至最后都很忠诚但难以亲近，他于公元前 46 年在乌提卡自杀身亡；他是罗
　　马共和国最高尚的人之一。西塞罗写了一本小册子《加图赞》（*Cato*）赞扬他，而
　　凯撒则以《反加图论》（*Anticato*）作为回应。对他的最好的赞扬是西班牙诗人（科
　　尔多瓦的）卢卡努斯（公元 39 年—65 年）的一行诗："Victrix causa Deis placuit,
　　victa Catoni"（胜利获得诸神愉悦，失败得到加图欢心）。
[17] 他不仅发表了演说，而且还是最早把它们写出并出版的罗马人之一。西塞罗阅
　　读了 150 多篇他的演说，但除了偶尔的摘录以外，其余全都佚失了。
[18] 这是一个诙谐的双关语。*Censorius* 既是指加图拥有的监察官的职务，也可以意
　　指严格和严厉。

来多么不相关)结束:"一定要消灭迦太基。"[19]他的这种成见最终被元老院接受了,公元前149年,即他自己在85岁高龄去世的那一年,第三次布匿战争开始了。我感到欣慰的是,虽然他经常为消灭迦太基的计划而呼吁,但天意并不允许他从三年后这一计划的实现中获得野蛮的享受。

尽管他要从事军事和政治活动,并且缺乏写作天才,但他还是撰写了相当数量的著作。他的所有著作起初都是教科书;他的著述并不是为了取悦罗马人,而是为了说服和教导他们。他在这方面做得非常好,以至于诸如西塞罗以及后来的普林尼和昆提良这样的人都不得不敬佩他。他痛恨任何形式的矫饰和享受,因此他是一切希腊事物的坚定反对者。他粗暴、严厉、残忍、心胸狭小、卑鄙、固执己见,但他是他那个民族的第一个教育家,罗马的伟大成就在相当程度上要归功于他的忠贞以及不懈的努力。他说话算话,而且会不断地重申。

他唯一完整地保存下来的著作是他晚年时撰写的,其标题在手稿中为《论农业》(De agricultura),在最早的版本中为《农业志》。这一著作的创作是他为罗马所尽的最后义务,因为他感到,完美的农业实践是一个稳固的共和国必要的基础。这部著作是他在公元前2世纪的第二个25年期间写成的,很难相信,它实际上是现存最早的用拉丁语散文写成的专著之范例。想一想希腊的杰作,如写于公元前5世纪末以前的希罗多德和修昔底德的史学著作,以及两个多世纪以后

---

[19] 原文为:"Delenda est Carthago(一定要消灭迦太基)","Ceterum censeo Carthaginem esse delendam(此外,我认为应当消灭迦太基)"。

出现的用拉丁语散文写作的最早的重要著作,即加图的那些
著作。罗马城并不是非常新的——传统上认为它诞生的时
间是公元前753年,但拉丁文化是非常晚的而且发展得非常
缓慢。无论如何,使我们感到惊讶的并不是那些著作写作时
间较晚,而是它们平庸有余、高雅不足。

　　我们来考察一下加图的名作。我把它称作专著是错误
的,因为它并不是完全按照专著构思的;它只不过是一本告
诫、劝谏、诀窍的汇集,没有什么条理。《论农业》是一本不
足80页的小册子,分为162章,平均每章17行,每章少则2
行,多则140行。

　　从开篇就可以听到全书的基调。我们在下面完整地、逐
字逐句地引用该书开篇的段落,它是该书的基础和导论:

　　确实,如果经商没有那么大的风险,那么通过它赚钱有
时可以获得更多的利润;如果正当地放债,那么同样也是如
此。我们的祖先持有这种观点并且把它写入他们的法律之
中,这些法律要求对窃贼处以双倍的罚金,对高利贷者处以
四倍的罚金。人们由此可以推断,他们认为高利贷者是比窃
贼差多少倍的公民。当他们想要赞扬一个值得赞扬的人时,
他们会这样称赞他:说他是"好农夫"、"好农民"。他们认
为,一个受到如此赞扬的人获得了最大的荣誉。我认为,商
人是精力旺盛、热衷逐利的人;但是,如上所述,这是一个危
险的职业,并且容易遭遇灾难。而最勇敢的人和最顽强的战
士恰恰来自农民阶层,农民的行业是最受尊重的,他们的生
活是最有保障的,他们最不容易受到敌视,从事这种职业的
人不满的可能性也最小。现在,回到我的主题,以上这些将

是对我从事过的事业的一个绪论。[20]

作者在这一导论中把农民与放债者和商人进行了比较，这个导论是不合人意的，但并不像它看起来那样不恰当。财富是这本书的基调之一。应当注意的是，该书的主题比其最初的标题《论农业》所暗示的要宽得多；文艺复兴时期的编者所选择的标题《农业志》更贴切一些；它的主题并不仅仅是耕作，而是更宽泛一些，像比较恰当的英语词"农牧业"所意味的那样。世俗的、精明的和吝啬的加图非常强烈地认识到，一个农夫如果首先不是一个好商人，他就不可能是一个好农夫。当拥有庄园并且试图经营它们的罗马绅士打开这本书时，他们从最初的几行文字就可以知道，作者不是一个文人，而是一个真正的农民，一个"自耕农"，他了解他的行业，对它并不会感情用事，他不会让其他人愚弄他，而他也不会试图用一些漂亮的字眼愚弄他的读者。

使人们对该书的内容和结构有所了解的最好方法，就是概略地说明它所涉及的主题，并说明涉及它们的不同章。这样读者马上就会明白，有时候许多相关的章是连在一起的；但在其他时候，它们分开得很远。评论散见于各处。

为了经营农庄就必须拥有一个农庄。对于如何获得一个农庄以及寻找什么样的农庄要谨慎（第 1 章）。年轻人应当种树，当他年长一些比如 36 岁时，就应当建立自己的庄园，但要谨慎（第 3 章）。也许可以把加图（Cato）称作"谨慎（caution）"，他是一个多疑的老人，总是采取防御的态度。

---

[20] 引自编入"洛布古典丛书"中的威廉·戴维斯·胡珀和哈里森·博伊德·阿什（Harrison Boyd Ash）的译本（Cambridge：Harvard University Press，1934），第 3 页。

重视在郊区植树（*arbustum*），这样木柴或束薪就可以出售给主要城市的家庭或供他们使用（第 7 章）。

从头开始建立一个农庄（*villa*）（第 14 章）。关于围墙 *386*
（第 15 章），压榨坊（第 12 章，第 13 章，第 18 章），葡萄榨汁器（第 19 章）和压绳（第 63 章），磨房（第 20 章—第 22 章），打谷场（第 91 章，第 129 章）。给墙涂灰泥（第 128 章）。制作扫帚（第 152 章）。关于石灰窑（第 38 章）。共同出钱烧石灰（第 16 章）。

"怎样种好田？精心耕田。其次呢？耕翻。第三呢？施肥"（第 61 章）。[21] 施肥常常被讨论（第 29 章，第 36 章—第 37 章，第 39 章，第 50 章），还有修沟渠和排水（第 43 章，第 155 章）。

关于在什么季节和什么地方种什么（第 6 章，第 8 章，第 9 章，第 34 章—第 35 章）。树木的移植（第 28 章，第 49 章）。对作物有害的东西（第 37 章）。春天要做的工作（第 40 章）。关于苗圃（第 46 章—第 48 章），果树（第 48 章，第 51 章）。关于干草（第 53 章），木柴（第 7 章，第 55 章，第 130 章），木支柱（第 17 章）。关于无花果树（第 42 章，第 94 章，第 99 章）。关于橄榄园，橄榄油（第 10 章，第 31 章，第 42 章，第 64 章—第 65 章，第 68 章—第 69 章，第 93 章，第 100 章，第 117 章—第 119 章，第 153 章）。关于葡萄园（第 11 章，第 33 章，第 41 章，第 44 章—第 45 章，第 47 章，第 49 章）。关于柏树（第 151 章）。关于整形修剪（第 32 章），压

---

[21] 我们给出表述这段话的拉丁语："Quid est agrum bene colere? bene arare. Quid secundum? arare. Quid tertium? stercorare"。

条(第 52 章,第 133 章),嫁接(第 40 章—第 42 章)。

各式各样的蔬菜:芦笋(第 161 章),甘蓝(第 156 章—第 157 章)。关于甘蓝的两章在很大程度上与医疗相关;在这两章中,后一章亦即论述毕达哥拉斯的甘蓝(*de brassica Pythagorea*)的那一章是全书最长的(大约 140 行)。

酒(第 23 章,第 25 章—第 26 章,第 68 章),一般的葡萄酒(第 107 章—第 111 章),特殊的葡萄酒,"希腊葡萄酒"(第 24 章,第 105 章),科斯葡萄酒(第 112 章),[22] 葡萄汁(第 120 章)。

最好的购买衣服、鞋、壶、平底锅等物品的市场(第 135 章)。加图不仅提及了城镇,在许多情况下还提及了个体商贩。

为牲畜建造好的畜舍、结实的围栏和分隔式挡拦饲槽(第 4 章)。牛的草料(第 27 章,第 30 章,第 54 章)。一对牛每年的配给量(第 60 章)。"有多少组牲畜,无论是牛、骡子还是驴,就应该有多少大车"(第 62 章)。[23] 论述狗的只有一章(第 124 章),我们完整地引述一下:"白天,应当把狗用链条拴住,这样,它们在夜晚可能更敏感、更警觉。"他没有提及猫,可能认为它们没有什么用处,但他大概没有关于它们的知识。[24]

---

[22] 科斯的酒非常出名(参见本书第 1 卷,第 384 页);不过,在此事例中,"科斯的"是就一种方法而言的,而不是指产地,就像我们说"俄国皮革"时那样。

[23] 原文为"Quot iuga boverum, mulorum, asinorum habebis, totidem plostra esse oportet"。

[24] 猫在古代的埃及是众所周知的,但在中世纪以前,它们几乎从西方世界消失了;希腊人和罗马人不是利用猫而是利用某种鼬鼠(galē, mustela)来对付老鼠;参见《科学史导论》,第 3 卷,第 1422 页和第 1863 页。

他介绍了许多民间的制作食品的配方(第 74 章—第 82 章,第 84 章—第 87 章,第 121 章)和使盐变白的诀窍(第 88 章),以及如何喂饱家禽的方法(第 89 章—第 90 章),抵御各种瘟疫的方法(第 92 章,第 95 章,第 98 章),为车轴、腰带和鞋上油的方法(第 97 章),保存食物的方法(第 101 章,第 116 章,第 120 章),处理海水的方法(第 106 章),保持甜香味道的方法(第 113 章),制作火腿的方法(第 162 章)。这是最后一章。该书以这样一句话非常突然地结束了:"蛆虫和蛆都不会吃它们。"[25]

显而易见,加图对是否有一个优雅的结尾并不在意。

现在,我们转向从经济史和社会史的观点来看该书最重要的部分。加图说明了主人的职责(第 2 章)、监工的职责(第 5 章,第 142 章)以及女管家的职责(第 143 章),女管家(*vilica*)往往是监工的妻子;最后说明的是奴隶的职责和待遇,如何供给他们食品和衣物(第 56 章—第 59 章,第 104 章),更夫和装运工的职责(第 66 章—第 67 章)。[26] 加图真的很残忍(用这个词并不夸大);他认为,把奴隶喂得刚好不会饿死就足够了。我们偶尔会读到(第 56 章—第 57 章),有些在田间工作的奴隶被链条拴在一起,而且我们从科卢梅拉的著作(第 1 卷,第 8 章,16)中得知,夜晚他们被关在地牢(*ergastulum*)中。

该书的许多章都强调了这个事实(加图心中的头号事

387

---

[25] 原文为"Nec tinia nec vermes tangent"。

[26] 监工(*vilicus*)是高层管理人员。更夫或看守人(*custos*)负责仓库和压榨坊;他也是一种工头。在压榨坊中搬运工(*capulator*)辅佐他,而搬运工则负责把酒或油运出压榨坊。更夫和搬运工的责任是很重的。

实），即农事也是生意（第 136 章—第 137 章，第 144 章—第 150 章）。它们说明了如何签订向佃农出租土地和葡萄园的契约，收获橄榄和磨橄榄油的契约，销售树上的橄榄、藤上的葡萄、罐中的葡萄酒的契约，租借冬季牧场的契约，销售繁殖的羊群的契约；说明了销售时如何称量葡萄酒（第 154 章）。

还有许多章涉及如何对待有病的人或牲畜以及各种特别的迷信，这些我们将在后面关于医学的那一章中加以讨论。

加图没有提及任何文献典据，但是提到了以下几个人，农夫可能会从他们那里获得他所需要的知识：从卡西努姆的卢基乌斯·图尼乌斯（Lucius Tunnius of Casinum）和韦纳夫罗姆的盖尤斯·门尼乌斯（Gaius Mennius of Venafrum）那里了解压绳，从诺拉的米纽斯·佩森尼乌斯（Minius Percennius of Nola）那里了解柏树的培育，从诺拉的鲁弗里乌斯（Rufrius of Nola）那里了解榨油工场。

把加图的这本关于庄园管理的著作（它实际上就是这样的著作）与两个世纪以前的色诺芬（活动时期在公元前 4 世纪上半叶）的《经济论》（*Oiconomicos*，*Oeconomicus*）加以比较是有意义的。这种比较对加图毫无有利之处。那位希腊作者是一个文学家和人文主义者，他的著作文笔优美、文雅和富有魅力。而与他相比，加图也许是一个更有经验的人，但更加粗野和残忍。色诺芬与加图的差异是希腊文化与罗马文化之间差异的很好的例证。也许加图比色诺芬效率更高，但对此我并不肯定；毫无疑问，他没那么可爱。

我已经把加图与色诺芬进行了比较；普卢塔克在其《比较列传》（*Parallel Lives*）中把他与雅典人、公正者阿里斯提德

（Aristeidēs the Just，大约公元前 530 年—前 468 年）进行了
比较，这种比较增加了阿里斯提德的荣誉。普卢塔克对加图
的描绘是令人难以忘怀的；他有助于我们认识到加图的复杂
性以及奇特的伟大与卑鄙的混合。加图总是说他简朴、不喜
欢奢侈，但他是一个喜欢自我吹嘘和吝啬的人。他对待奴隶
的态度是令人厌恶的；他爱钱财甚于任何其他事物。普卢塔
克说：

当他使自己更加奋力地去赚钱时，他最终把农业看作更
富有娱乐性而不是更有利可图的事业，他把自己的资金投向
了安全和稳当的行业。他购买了池塘、温泉、交给漂洗工使
用的工场、沥青工场、有着天然牧场和森林的土地，所有这些
都给他带来了丰厚的利润……他还常常以在船上贷钱这种
最声名狼藉的方式放贷……他也常常把钱借给他的那些想
借钱的奴隶，他们会用钱去买孩子，在对他们进行了一段时
间的培养和教育之后……会把他们再卖掉……他竟然说，如
果最终一个人的财产清单表明他增加的财产比他继承的财
产更多，他就会得到人们像对神那样的钦佩和赞美。[27]

这些话说明了加图的悭吝，也说明了他那个时代罗马企
业的多功能性。他为了养鱼而购买池塘（limnas），为了浴疗
的开发利用而购买了温泉（hydata therma）；[28]在船上放贷
是一种海运保险。加图想以任何方式投机致富，而唯利是图
的贪婪使他对金钱的热爱变得更卑鄙了。

---

[27]《比较列传》，伯纳多特·佩林（Bernadotte Perrin）编，见“洛布古典丛书”
（Cambridge：Harvard University Press，1928），第 2 卷，第 367 页。
[28] 像以前的希腊人、伊特鲁里亚人、迦太基人和高卢人一样，罗马人也对热矿泉予
以了高度的评价，并对之进行了开发。浴疗始于史前时代。参见《科学史导
论》，第 2 卷，第 96 页；第 3 卷，第 286 页—第 288 页和第 1240 页。

像加图的著作那样粗俗的文本曾以糟糕的方式传播,因为编者们并没有像尊重一个文学文本那样尊重它,而是对它进行了"修正"。它之所以被保留下来,或许是因为卡西奥多鲁斯[29]对它感兴趣,而且它早期与瓦罗的《论农业》合在一起。早期的抄本一般都包含这两部著作。马尔恰诺斯抄本(Codex Marcianus)也是这样,它曾一度保存在佛罗伦萨的圣马可图书馆(S. Marco library)并且被早期的编者使用,但后来遗失了。《农学作家》(*Scriptores rei rusticae*)的 5 种古版本不仅包含加图(活动时期在公元前 2 世纪上半叶)和瓦罗(活动时期在公元前 1 世纪下半叶)的著作,而且还包含科卢梅拉(活动时期在 1 世纪下半叶)和 R. T. A. 帕拉第乌斯(R. T. A. Palladius,活动时期在 4 世纪上半叶)的著作。第一个古版本是由乔治·梅鲁拉(Georgius Merula)编辑的[Florence:Nicolaus Jenson,1472(参见图 75 和图 76)];第二个版本是由 B. 布鲁斯基(B. Bruschis)印制的(Reggio Emilia,1482);第三个版本是由老菲利波·贝罗尔多(Filippo Beroaldo the Elder)编辑的(Bologna:B. Herctoris,1494);最后两个版本是由狄奥尼修斯·贝尔托库斯[Dionysius Bertochus(Reggio Emilia,1496)]和 F. 马尔扎利布斯[F. Marzalibus(Reggio Emilia,1499)]印制的。这是一个很好的最早的出版商之间相互竞争的例子,《农学作家》的 5 种意大利古版本由 5 个不同的印刷商在 3 个城市印制;其中有 3 个版本是由 3 个不同的印刷商在同一个城市雷焦

---

[29] 卡西奥多鲁斯(活动时期在 6 世纪上半叶)是东哥特政治家、修士和学者,卡拉布里亚东南海岸[布鲁蒂乌姆(Bruttium)的希拉奇乌姆(Scylacium)]的斯奎拉切的一所修道院和农庄的创办者。

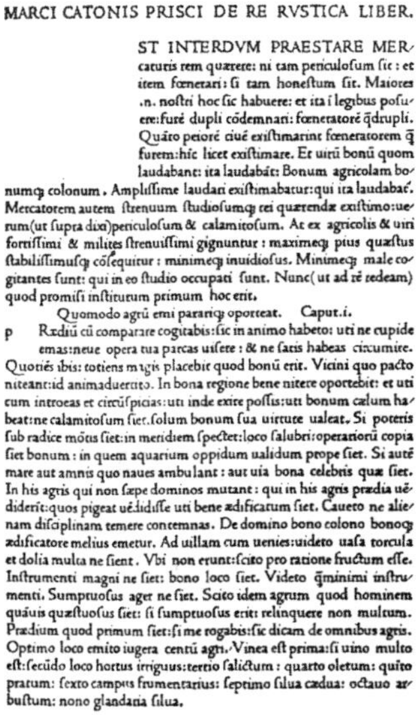

MARCI CATONIS PRISCI DE RE RVSTICA LIBER.

ST INTERDVM PRAESTARE MERcaturis rem quærere: ni tam periculoſum ſit: et item fœnerari: ſi tam honeſtum ſit. Maiores .n. noſtri hoc ſic habuere: et ita ĩ legibus poſuere: furẽ dupli cõdemnari: fœneratorẽ q̃drupli. Quãto peiorẽ ciuẽ exiſtimarint fœneratorem q̃ furem: hĩc licet exiſtimare. Et uirũ bonũ quom laudabant: ita laudabãt: Bonum agricolam bonumq; colonum. Ampliſſime laudari exiſtimabatur: qui ita laudabat̃. Mercatorem autem ſtrenuum ſtudioſumq; rei quærendæ exiſtimo: uerum (ut ſupra dixi) periculoſum & calamitoſum. At ex agricolis & uiri fortiſſimi & milites ſtrenuiſſimi gignuntur: maximeq; pius quæſtus ſtabiliſſimuſq; cõſequitur: minimeq; inuidioſus. Minimeq; male cogitantes ſunt: qui in eo ſtudio occupati ſunt. Nunc (ut ad rẽ redeam) quod promiſi inſtitutum primum hoc erit.

Quomodo agrũ emi pararĩq; oporteat. Caput. i.

p Rædiũ cũ comparare cogitabis: ſic in animo habeto: uti ne cupide emas: neue opera tua parcas uiſere: & ne ſatis habeas circumire. Quotiẽs ibis: totiens magis placebit quod bonũ erit. Vicini quo pacto niteant: id animaduertito. In bona regione bene nitere oportebit: et uti cum introeas et circũſpicias: uti inde exire poſſis: uti bonum cælum habeat: ne calamitoſum ſiet. ſolum bonum ſua uirtute ualeat. Si poteris ſub radice mõtis ſiet: in meridiem ſpectet: loco ſalubri: operariorũ copia ſiet bonum: in quem aquarium oppidum ualidum prope ſiet. Si autẽ mare aut amnis quo naues ambulant: aut uia bona celebris quæ ſiet. In his agris qui non ſæpe dominos mutant: qui in his agris prædia uẽdiderĩt: quos pigeat uẽdidiſſe uti bene ædificatum ſiet. Caueto ne alienam diſciplinam temere contemnas. De domino bono colono bonoq; ædificatore melius emetur. Ad uillam cum uenies: uideto uaſa torcula et dolia multa ne ſient. Vbi non erunt: ſcito pro ratione fructum eſſe. Inſtrumenti magni ne ſiet: bono loco ſiet. Videto q̃minimi inſtrumenti. Sumptuoſus ager ne ſiet. Scito idem agrum quod hominem quãuis quæſtuoſus ſiet: ſi ſumptuoſus erit: relinquere non multum. Prædium quod primum ſiet: ſi me rogabis: ſic dicam de omnibus agris. Optimo loco emito iugera centũ agri. Vinea eſt prima: ſi uino multo eſt: ſecũdo loco hortus irriguus: tertio ſalictum: quarto oletum: quĩto pratum: ſexto campus frumentarius: ſeptimo ſilua cædua: octauo arbuſtum: nono glandaria ſilua.

图 75　加图的《农业志》的第一段。这一段已在正文中被翻译了。这一段出现在所谓《农学作家》的第一版[对开本,30 厘米高,302×2 页(Venice: Nicolas Jenson, 1472)],该书包括监察官加图(活动时期在公元前 2 世纪上半叶)、瓦罗(活动时期在公元前 1 世纪下半叶)、科卢梅拉(活动时期在 1 世纪下半叶)和帕拉第乌斯(活动时期在 4 世纪上半叶)的农学专著。编者是弗兰奇斯库斯·克卢恰(Franciscus Colucia)*[承蒙哈佛学院图书馆恩准复制]

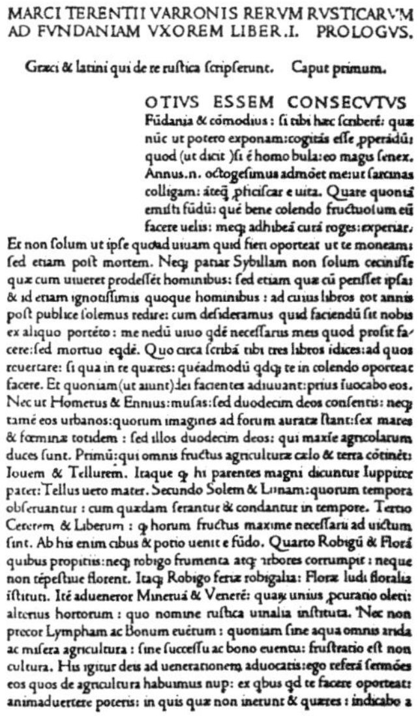

MARCI TERENTII VARRONIS RERVM RVSTICARVM AD FVNDANIAM VXOREM LIBER. I. PROLOGVS.

Græci & latini qui de re ruſtica ſcripſerunt. Caput primum.

OTIVS ESSEM CONSECVTVS Fũdania & cõmodius: ſi tibi hæc ſcriberẽ: quæ nũc ut potero exponam: cogitãs eſſe ꝑperãdũ: quod (ut dicit) ſi ẽ homo bula: eo magis ſenex. Annus. n. octogeſimus admõet me: ut ſarcinas colligam: ãteq̃ ꝓficiſcar e uita. Quare quoniã emiſti fũdũ: quẽ bene colendo fructuoſum eũ facere uelis: meq; adhibeã curã roges: experiar. Et non ſolum ut ipſe quoad uiuam quid fieri oporteat ut te moneam: ſed etiam poſt mortem. Neq; patiar Sybillam non ſolum cecinisſe quæ cum uiueret prodeſſẽt hominibus: ſed etiam quæ cũ periſſet ipſa: & id etiam ignotiſſimis quoque hominibus: ad cuius libros tot annis poſt publice ſolemus redire: cum deſideramus quid faciendũ ſit nobis ex aliquo portẽto: me nedũ uiuo q̃dẽ neceſſariis meis quod proſit facere: ſed mortuo eq̃dẽ. Quo circa ſcribã tibi tres libros ĩdices: ad quos reuertare: ſi qua in re quæres: queadmodũ q̃dq; te in colendo oporteat facere. Et quoniam (ut aiunt) dei facientes adiuuant: prius ĩuocabo eos. Nec ut Homerus & Ennius: muſas: ſed duodecim deos conſentis: neq; tamẽ eos urbanos: quorum imagines ad forum auratæ ſtant: ſex mares & fœminæ totidem: ſed illos duodecim deos: qui maxĩe agricolarum duces ſunt. Primũ: qui omnis fructus agriculturæ cælo & terra cõtinẽt: Iouem & Tellurem. Itaque ꝙ hi parentes magni dicuntur Iuppiter pater: Tellus uero mater. Secundo Solem & Lunam: quorum tempora obſeruantur: cum quædam ſerantur & condantur in tempore. Tertio Cererem & Liberum: ꝙ horum fructus maxime neceſſarii ad uictum ſint. Ab his enim cibus & potio uenit e fũdo. Quarto Robigũ & Florã quibus propitiis: neq; robigo frumenta atq; arbores corrumpit: neque non tẽpeſtiue florent. Itaq; Robigo feriæ robigalia: Floræ ludi floralia ĩſtituti. Itẽ aduenerot Mineruã & Venerẽ: quaꝝ unius ꝓcuratio oleti: alterius hortorum: quo nomine ruſtica uinalia inſtituta. Nec non precor Lympham ac Bonum euẽtum: quoniam ſine aqua omnis arida ac miſera agricultura: ſine ſucceſſu ac bono euentu: fruſtratio eſt non cultura. His igitur deis ad uenerationem aduocatis: ego referã ſermões eos quos de agricultura habuimus nuꝑ: ex q̃bus q̃d te facere oporteat: animaduertere poteris: in quis quæ non inerunt & quæres: indicabo a

图 76　《农学作家》[对开本,43 厘米高(Venice: N. Jenson, 1472)]中瓦罗(活动时期在公元前 1 世纪下半叶)的《论农业》的第一段[承蒙哈佛学院图书馆恩准复制]

* 如前所述,《农学作家》包括 4 位作者的著作。其中加图、瓦罗和科卢梅拉的著作由乔治·梅鲁拉编辑,帕拉第乌斯的著作由弗兰奇斯库斯·克卢恰编辑。——译者

艾米利亚（Reggio Emilia）印制的。[30] 有一个更好的加图著作的版本是维罗纳的乔瓦尼·德尔焦孔多［尤昆杜斯（Jucundus）］修士编辑的（Venice：Aldus Manutius，1514），还有一个版本是彼得罗·韦托里（Pietro Vettori）[31] 编辑的（Lyons：Gryphe，1541）。在此之后，《农学作家》4 个作者的著作的传承是很平常的。

加图和瓦罗的著作的现代版有海因里希·凯尔（Heinrich Keil）编辑的版本（Leipzig：Teubner，1884–1894），还有同一出版商出版、由格奥尔格·格茨（Georg Goetz）1922 年编辑的加图的著作和1929 年编辑的瓦罗的著作。

加图著作单行本的英译本由欧内斯特·布雷奥（Ernest Brehaut）翻译（New York：Columbia University Press，1933）；加图和瓦罗著作的英译有"弗吉尼亚农民"费尔法克斯·哈里森（Fairfax Harrison）的译本（New York：Macmillan，1913）以及威廉·戴维斯·胡珀和哈里森·博伊德·阿什的译本［"洛布古典丛书"（Cambridge：Harvard University Press，1934）］。

2. **马尔库斯·泰伦提乌斯·瓦罗**（公元前 116 年—前 27 年）。在加图于公元前 149 年去世与瓦罗于公元前 27 年去世之间，其间隔不足 122 年，但在这段时期发生了一些巨大的变化。一方面，公元前 146 年是罗马共和国的巅峰，公元前 27 年是罗马帝国的开始；另一方面，加图是拉丁文学的开

---

［30］ 雷焦艾米利亚（Reggio Emilia 或 Reggio nell' Emilia）在佛罗伦萨西北偏北方向 71 英里。

［31］ 佛罗伦萨的彼得罗·韦托里，其拉丁语名字彼得鲁斯·维克托里乌斯（Petrus Victorius，1499 年—1585 年）更为知名，他是 16 世纪意大利最伟大的古典学者。他是最后一个使用马尔恰诺斯抄本的人，而且可能因为他，该抄本才不见了。

端,而到瓦罗去世时,拉丁文学已经达到其顶峰。这是一个文学进步而政治退步的世纪。

瓦罗的诸多著作现存只有两部,《论农业》是其中之一。像加图的著作一样,它也是论述农牧业的著作,但它的基调与加图有云泥之分。瓦罗非常清楚,当一个人是为了生存而务农时,他必定想要得到报酬但决不会不在意利润,但瓦罗不是一个凶残的地主;他是仁慈的;他保守但不残忍;他在道德方面是审慎的。加图是反希腊分子;瓦罗则接受了希腊的教育;他的学识和哲学都来源于希腊。他持有新学园的开明的折中主义。然而,他是一个十足的罗马人;我们或许可以说,他是比加图更优秀的罗马人。他把希腊学问罗马化了,就像西塞罗把希腊伦理学罗马化那样。直到其漫长的一生的晚期,他才撰写关于农牧业的专著,而他这样做的一个理由是,他意识到农业危机正在危及他的国家。自加图时代以来,那种危机变得越来越严重了,瓦罗认识到,为了拯救全体国民,最需要的就是农牧业——真正的农牧业,而不仅仅是拿菜园、鱼塘和鸟笼来娱乐一下。

加图在其《论农业》中似乎对文笔毫不讲究,而瓦罗是一个名副其实的作家(*un écrivain de race*)。加图没有提及任何文献来源,而瓦罗提到了 50 多个希腊作者。这就是文人的写作之道:他必须在开篇指出他的基本原理、资料来源和方法。从加图的观点看,这是浪费时间,瓦罗写的许多东西可能在他看来完全是无关的。不过,还是让我们自己来考虑一下瓦罗的这部著作吧。

这部著作比加图的著作长了很多(180 页比 78 页),并且分成了几乎规模相等的 3 卷(71 页,56 页,53 页),讨论了一般的农牧业、家养牲畜,还讨论了较小的饲养物如家禽、猎鸟和蜜蜂。该书的创作意图很清晰,因为整本书都很生动,是以对话的方式写的,其中还包括许多为了使读者高兴和快乐而离题的段落。其中的一个对话者盖尤斯·丰达尼乌斯(Gaius Fundanius)是一个农民,他的女儿丰达妮娅(Fundania)嫁给了瓦罗。整部著作都是为她而写的;第 1 卷实际上就是题献给她的,第 2 卷题献给一个牧牛者图拉尼乌斯·尼杰尔(Turranius Niger),第 3 卷题献给一个叫皮尼乌斯(Pinnius)的人。

　　我相信读者还记得加图直白的开篇;而瓦罗的著作是这样开始的:

　　丰达妮娅,如果我有闲暇,我会把我现在必须并且能够阐明的内容写得更漂亮些,但细想一下我必须快点写;因为,如果像谚语所说的那样人是一个泡沫的话,那么老人就更是泡沫。我已年逾八旬,这告诫我,在我告别生命开始新的旅程之前要收拾好行装。[32] 因此,既然你已经购买了庄园而且希望通过精耕细作用它获得利润,并要求我亲自过问此事,我就试试吧;我给你提些建议,这样,无论我在世甚至我故去之后,你都可以正确行事……因此,我将为你写 3 本手册,当你什么时候想了解例如你应当如何着手农事时,你就

3.91

---

〔32〕 让·德·拉方丹(Jean de La Fontaine)在《寓言》(Fables)第 3 卷,1《死神与濒死者》("La Mort et le Mourant")中也运用过类似的比喻:

La Mort avait raison : je voudrais qu'à cet âge
On sortît de la vie ainsi que d'un banquet
remerciant son hôte et qu'on fît son paquet.
(死神说得有理,倘若我像他那样高龄,
我会像离开盛宴一样悄然离去,
向主人致谢,准备归西起程。)

可以翻阅一下。既然我们被告知，诸神帮助那些向他们求助的人，我首先要祈求于他们——不是像荷马或恩尼乌斯那样求助于缪斯女神，而是求助于 12 位顾问神；我的意思并不是指那些六男六女的都市守护神（他们的塑像坐落在广场周围，并用黄金装饰），而是指农夫的 12 个特别保护神。那么，首先我要祈求朱庇特和特卢斯（Tellus）的保佑，他们通过天空和大地使各种作物结满硕果；因此，我们被告知，他们是宇宙的父母，朱庇特被称为"父亲"，特卢斯被称为"大地之母"。其次要祈求的是索尔（Sol）和卢娜（Luna）的保佑，他们的职责是负责所有种植和收获方面的事务。第三是克瑞斯（Ceres）和利柏耳（Liber），因为他们的果实对于生命来说是必不可少的；正是由于他们的恩惠，才能从农田中收获食物和饮料。第四是罗比古斯（Robigus）和福罗拉，因为当他们慈悲的时候，锈病就不会伤害谷物和树木，而这些谷物和树木就会在它们生长的季节中茁壮成长；因此，为了纪念罗比古斯设立了隆重的除锈病节（feast of the Robigalia），为了纪念福罗拉设立了被称作花神节的赛事。同样，我要向密涅瓦（Minerva）和维纳斯祈求，有了她们，人们就可以保住橄榄园和其他果园；为了纪念维纳斯，设立了乡村酒节（the rustic Vinalia）。我不会忘记向琳法（Lympha）和波内斯·埃维多斯（Bonus Eventus）* 祈祷，因为没有水分，地上的所有

---

* 在罗马神话中，索尔是太阳神，卢娜是月亮女神；克瑞斯是粮食丰产女神，利柏耳原来是意大利的葡萄和丰收之神，后来与希腊的植物神和酒神狄俄尼索斯结合在一起，成了罗马神话中的狄俄尼索斯；罗比古斯是古罗马的五谷枯萎病神，福罗拉是花神和春天之神；密涅瓦是智慧女神，维纳斯原来是意大利的果园丰收女神，后来随着对她的崇拜的扩大，变成了爱神和美神；琳法是泉水女神，波内斯·埃维多斯是农业和商业的好运之神。——译者

作物都会干枯和颗粒无收,而如果没有成功和"好的收益",那么人们也就不会耕作只会烦恼。现在,我已经向这些神进行了祈福,我将叙述我们最近关于农业的谈话,由此你也许将学到你应当做的事情;如果你对之有兴趣的问题没有论及,我将列出一些希腊和罗马的作者,从他们那里你可以学到你所需要的东西。

随后,他列出了一个长长的权威名单,大部分是希腊人;十分奇怪的是,虽然这本书常常提到加图的观点,但这份清单却没有把他的名字列入其中。加图的开篇与瓦罗的开篇可谓南辕北辙。瓦罗使我们对他的书的整体论述有所了解;他是一个农场主,但也是一个虔诚的教徒和人文主义者。

我的分析将限制在该书第 3 卷,与加图的著作相比,这一卷涉及许多新事物。它从城市生活与乡村生活的对比开始,追溯到传奇时代,作者明智地把对话限定在准备选举市政官或市长的那一天。在对话者中有一个元老院议员、一个占卜官(他必须在场以便解决宗教方面的难题)以及共同执政官中的一个人。为了消磨等待上述选举结果所必需的时间,他们讨论了许许多多有关农牧业的小问题,如禽类饲养场、猎物饲养场和养鱼池。[33] 禽类饲养场饲养的禽类包括野鸡和家鸡、珍珠鸡、鸽子和斑鸠、鹅、鸭和孔雀,他们还关心蛋的收集和孵化,以及怎样把禽类养肥。猎物饲养场不仅可以养各种野兔,还可以养野猪、牡鹿、牝鹿和羊。养鱼池包

---

[33] 原文为 *ornithones*, *leporaria*, *piscinae*。

括两类,即淡水池和咸水池。他们对睡鼠[34]和蜗牛[35]也给予了许多关注。最后两章特别令人感兴趣,因为它们涉及养蜂以及池塘养河鱼和海鱼。

谈到建在海岸附近用来饲养咸水鱼的池塘,伊特鲁里亚海的海潮值得注意,当它们处于低潮(最多1英尺)时,就足以供池塘一天两次的更新之用。

对鱼塘的说明,以及在较小程度上对鸟笼[36]和封闭式的小动物饲养场的说明,例证了这些事业是极为复杂的。首先,它暗示着要有许多手艺人如捕野禽者、猎人和渔夫与普通农民、菜农和葡萄园丁的合作。其中有些行业需要相当多的资本,但它们也许可以提供非常丰厚的利润。

第16章是第一篇关于养蜂的拉丁语专论,而在两个多世纪以前,科洛丰的尼坎德罗(活动时期在公元前3世纪上

---

[34] 原文为 *Myoxus glis*。也许使用 loir(大睡鼠,法语和英语来自拉丁语 *glis* 的派生词)更为恰当,因为欧洲睡鼠(loir)比美洲睡鼠更大一些。

[35] 罗马的蜗牛养殖园是法国 *escargotière*(食用蜗牛养殖场)的原型。

[36] 参见 A. W. 范布伦(A. W. Van Buren)和 R. M. 肯尼迪(R. M. Kennedy):《瓦罗在卡西努姆的禽类饲养场》("Varro's aviary at Casinum"),载于《罗马研究杂志》(*Journal of Roman Studies*)9,59-66(1919)。拉丁姆的卡西努姆在靠近坎帕尼亚区边界的拉丁大道(Via Latina)附近。它的城堡及其阿波罗神庙与蒙特卡夏诺修道院(the monastery of Monte Cassino)在同一个地方。

半叶)就发表了关于养蜂(*melissurgica*)的希腊语专论。[37]
瓦罗关于蜜蜂的知识仍处在较低的亚里士多德的水平,而且
他以为,蜂群之首不是蜂后而是蜂帝。[38]

这一卷是与选举一起结束的。以下是这卷的最后几行:

右面出现了喧闹声,我们的候选人,已当选的市政官穿
着宽边制服[39]走进庄园。我们走过去向他祝贺,并且陪同
他去卡皮托利诺山。从那里,他回他的家,我们回我们的家,
亲爱的皮尼乌斯,我们关于庄园农事的谈话结束了,我已经
把谈话的内容告诉了你。

把这一结尾与加图那本书结束时提到的蛀虫和蛆加以
比较是很有趣的。罗马文学界必定已经认识到瓦罗的著作
的重要性,但我想知道,普通农民是否不喜欢加图的那本指
南。在加图那本书中,他们总能知道他们在读的是什么,而

---

[37] 希腊人从史前时代起就使用蜂蜜了。蜂蜜是亚热带国家以西地区的人们所知
道的唯一形式的糖,而在亚热带国家则生长着甘蔗。不过,那时产糖的蜜蜂是野
蜂。第一个提及蜂箱的作者是赫西俄德,而在梭伦(Solōn,他于公元前 558 年去
世)时代,养蜂业已经有了相当大的发展,因而他试图对之进行管制;伊米托斯山
(Mount Hyméttos)的蜂蜜在当时就已经很有名了。在阿里斯托芬(他大约于公元
前 385 年去世)的剧作中,他提到了 *melitopōlēs* 和 *cērōpolēs*(蜂蜜商和蜡商)。蜡
被用在浇铸金属、制作模子、密封、制造化妆品、绘制蜡画、照明等方面,在一些特
殊的情况下,蜡还被用来保存尸体、涂在金属表面以防止氧化,对我们来说最有
意思的是制作书写板的表面。瓦罗多次提到蜡,然而,尽管他对利润有很大兴
趣,但他却没有提过蜡的收集和销售。拉丁语词 *cera* 揭示了蜡的用途,这个词不
仅是指蜡,而且也指书写板、蜡封章或者蜡像[就像我们说青铜(bronze)这个词
也意味着青铜像一样]。

[38] 科卢梅拉(活动时期在 1 世纪下半叶)的养蜂学(Apiculture)比瓦罗的养蜂学有
了进一步的发展。在此之后直至 17 世纪,养蜂学几乎没有什么进步。最早对蜜
蜂进行解剖学研究的是德国人格奥尔格·赫夫纳格尔(Georg Hoefnagel,1592),
以及意大利人弗朗切斯科·斯泰卢蒂(Francesco Stelluti,1625),后者在研究中
使用了显微镜。荷兰人扬·斯瓦默丹(Jan Swammerdam)于 1669 年第一个认识
到蜂群之首是蜂后。

[39] 即穿着其官员制服——镶着宽宽的紫边的白长袍(the *toga praetexta*)。

在瓦罗的书中，有许多东西对他们来说是难以理解的、无关的和令人困惑的。

　　瓦罗的著作写得好，但必须承认，它有时候令人迷惑。它的创作远不是完美的，其幽默也并不总是让我们觉得有趣。例如，他给一些对话者起了鸟的名字（乌鸫、孔雀、喜鹊和麻雀）；如果对话就是要逗人发笑，那么这样起名字也许会让人觉得有趣，但该对话的目的并不是这样。瓦罗的用意很好；他试图尽其所能吸引他的文人朋友，但他不是一个高手，尽管与加图的著作相比，他的著作在文学方面有着压倒性的优势，但他的著作算不上杰作。

　　该书的传承与加图著作的传承混在一起，[40]但在整个中世纪，瓦罗被认为是罗马的大师之一，堪与西塞罗和维吉尔媲美。不同寻常的是，这三个人属于同一时代；有 27 年（公元前 70 年—前 43 年）是他们共享的。

　　3. C. *尤利乌斯·希吉努斯。[41]　盖尤斯·尤利乌斯·希吉努斯（活动时期在公元前 1 世纪下半叶）来自亚历山大城（或西班牙），并且作为战俘被凯撒带到罗马，奥古斯都认识到他的天才和学识，把他释放了，并且任命他担任帕拉丁图书馆的馆长。他是维吉尔和奥维德的老师。另外，他又为

---

[40]　关于相关的手稿和版本，参见有关加图的那一小节的结尾。

　*　原文为缩写 C.，但这与后面提到他的全名时的第一个字母 G 不一致。——译者

[41]　在谈到他时最好加上他的名字的缩写，因为我们已经谈到过另一个希吉努斯，即天文学家希吉努斯，我们不知道其名字的缩写（原文如此，参见本卷第十九章。——译者）。还有第三个希吉努斯（活动时期在 2 世纪上半叶），他是一个测量员（*agrimensor* 或 *gromaticus*），生活在图拉真时代。希吉努斯这个名字来源于希腊语的 Hygeinos［大概是 Hygeiinos(健康的)的变体］，这也许可以证明 C. 尤利乌斯·希吉努斯的东方血统（尽管他可能在西班牙被俘虏）。既然这个希吉努斯生活在罗马并且用拉丁语写作，最好还是使用他的拉丁语名字。

维吉尔写过注疏。[42] 这两个事实并非无法共存;他比维吉尔早出生 6 年,但比后者更长寿(他 81 岁去世,维吉尔 51 岁去世),他比后者多活了 36 年。作为帕拉丁图书馆的负责人,他有无数从事研究的便利条件,他撰写了许多学术著作。其中最重要的是论述农业和养蜂的专论(后者也许是前者的一部分)。他的《论农业》(*De agricultura*)和《论养蜂》(*De apibus*)都已经失传了,不过科卢梅拉(活动时期在公元前 1世纪下半叶)常常提到它们,而且正是科卢梅拉称他为维吉尔的老师。[43]

394   **4. 维吉尔。**从加图到瓦罗显示的是一种文学的向上发展;维吉尔(关于他我们以后会听到得更多)会带领我们走向更高的境界,但不会与现实相脱节。维吉尔(活动时期在公元前 1 世纪下半叶)不仅是一个伟大的诗人,而且还是他那个时代一流的博物学家。

从留传至今的著作可以判断,他的文学活动到他年近30 岁时才正式开始。他最早的著作《牧歌》(*Bucolica*)创作于公元前 42 年至前 37 年(即他 28 岁至 33 岁)之间,《农事诗》则创作于公元前 37 年至前 30 年(即他 33 岁至 40 岁)之间。我们现在关心的是《农事诗》,这部作品中包括了他有关博物学的几乎全部知识,不过,我们还是先来简单谈谈

---

[42] 尽管他的注疏佚失了,但这一点没有疑问,因为奥卢斯·格利乌斯(Aulus Gellius,活动时期在 2 世纪下半叶)在其《雅典之夜》(*Noctes Atticae*)中利用过它,古代最伟大的维吉尔研究者塞尔维乌斯(活动时期在 4 世纪末)也利用过它。

[43] 卡迪克斯(Cadix)的科卢梅拉(活动时期在 1 世纪下半叶)写了 12 卷的《论农村》(*De re rustica*)以及一部《论树木》(*De arboribus*),它们合起来是一部论农业的文集,其篇幅超过了加图、瓦罗以及维吉尔的相关著作的总和。科卢梅拉引证加图 18 次,引证瓦罗 10 次,引证希吉努斯 11 次,引证维吉尔 29 次;他非常敬佩维吉尔。

《牧歌》吧。

《牧歌》是 10 首短牧歌或田园诗的汇集，它们各自的长度从 63 行到 111 行不等，总长度为 829 行。叙拉古的忒奥克里托斯（活跃于公元前 285 年—前 270 年）发明了这种诗体，维吉尔的《牧歌》（Eclogae）明显是对忒奥克里托斯的《田园诗》（Idyls，其中一些语句从希腊语翻译成拉丁语）的效仿，但维吉尔的成就是非常有创造性的。其中有些牧歌是忒奥克里托斯式的，它们的结构都是牧歌体，但无论是在对当时的伟大事件的预见还是暗示方面，维吉尔都加入了一些十分新颖的东西。维吉尔是拉丁语田园诗的开创者，是理想的阿卡迪亚（Arcadia）[44]的发明者，所谓阿卡迪亚就是优雅的和为爱而愁的牧羊人们的一片土地。他的诗歌之所以流行，乃是因为他把田园风光与当时的一些事件（罗马内战、凯撒的神化、屋大维，等等）结合在一起。这些短牧歌中最短的是第 4 首，写于公元前 40 年，像一首用女巫或救世主的口吻写的诗；它宣布一个将恢复黄金时代的孩子诞生了。有些评论家声称，从这里看到了对基督教的预示。这种田园诗与政治的混合吸引了罗马人的想象力。

《农事诗》写于公元前 37 年至前 30 年之间，是一部更长的有关农牧业的作品。该诗可能是在维吉尔的朋友和赞助者盖尤斯·梅塞纳斯（Gaius Maecenas）的建议下创作的，而该诗多次表示题献给他。[45] 该诗的主要目的是为农牧业辩护，因为农牧业愈来愈被老地主和新地主忽视（新地主是一

---

[44] 现实中也有一个阿卡迪亚，那是伯罗奔尼撒中部一个多山、适于牧畜的地区，而维吉尔的阿卡迪亚是一种类似于世外桃源（Cockaigne）那样的诗化的抽象之地。

[45] 在每一篇的开始都写着献给梅塞纳斯。

395

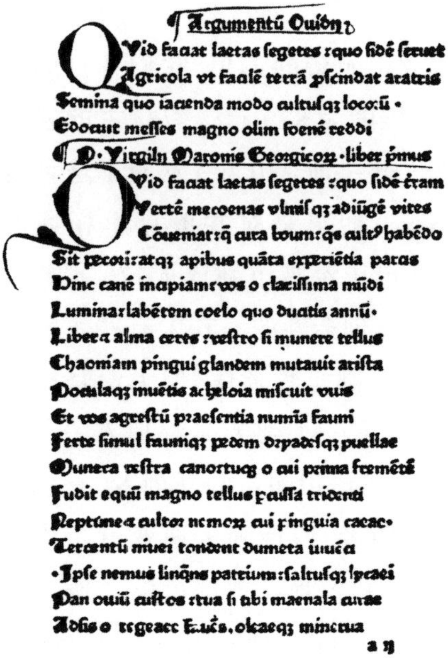
¶ Argumentū Ouidij.
Quid faciat laetas segetes: quo sidē seruet
Agricola ut facilē terrā pscindat aratris
Semina quo iacienda modo cultusq; locorū.
Edocuit messes magno olim foenē reddi
¶ P. Virgilii Maronis Georgicorū. liber p̄mus
Quid faciat laetas segetes: quo sidē terram
Vertē mecoenas ulmisq; adiūgē vites
Cōueniat: q̄ cura boum: q̄s cult⁹ habēdo
Sit pecori: atq; apibus quāta experiētia parcis
Hinc canē incipiam: vos o clarissima mūdi
Lumina: labētem coelo quo ducitis annū.
Liber et alma ceres: vestro si munere tellus
Chaoniam pingui glandem mutauit arista
Poculaq; inuētis acheloia miscuit uuis
Et vos agrestū praesentia numia fauni
Ferte simul faunisq; pedem driadesq; puellae
Munera vestra canoriug o cui prima fremētē
Fudit equū magno tellus pcussa tridenti
Neptūne et cultor nemorū cui pinguia caeae
Tercentū niuei tondent dumeta iuuēci
Ipse nemus linquēs patrium: saltusq; lycaei
Pan ouiū custos: tua si tibi maenala curae
Adsis o tegeaee fauēs. oleaeq; minerua
a ij

图 77 《农事诗》的第一个单行本(Deventer: Jacobus de Breda, c. 1486)。在 1469 年印于《文集》(*Opera*)中以及在 1472 年与《牧歌》一起出版以前,《农事诗》已经印了许多次[承蒙国会图书馆恩准复制]

些得到转让土地的退伍老兵)。人们对高效的农牧业有着紧迫的需要;战争的苦难、城市的吸引力以及谷物从埃及和非洲的大量进口令农夫们沮丧。而罗马政权还是以这块农耕土地为基础的;为了确保这一政权,必须重建农业,恢复小租赁地,使宗教和正直得以复兴。

该诗所提供的资料像一部科学专论所必需的那样详尽。维吉尔研究过所有可以找到的希腊和拉丁著作,这些著作太多了难以在这里一一列举。在希腊文献中,他阅读了赫西俄德、亚里士多德、塞奥弗拉斯特、阿拉图和尼坎德罗等人的著作;在拉丁语文献中,他阅读了加图、瓦罗,也许还有希吉努斯的著作。不过,他主要的原始资料是他的经验,这些经验来源于他父亲的庄园和他与其他农夫的交往;他是一个出色的观察者。他了解他那个时代所能了解到的一切,但他的诗限制在基本要素上。

《农事诗》分为 4 卷,每卷的长度几乎相等(每卷大约 550 行,总计 2188 行):第 1 卷,一般意义上的农业;第 2 卷,树木,尤其是葡萄树和橄榄树;第 3 卷,畜牧业;第 4 卷,养蜂业。这部著作的形式是完美的,是维吉尔著作中最精美、最简洁也最迷人的作品。它具有专著的权威,但它不是专著,而且人们也不会打算像阅读加图或瓦罗的著作那样去阅读它。作者对这种形式进行了"计算",[46]以便使懂得欣赏诗歌和音乐的人赏心悦目。维吉尔喜欢列举一些美好的名字,例如在以下这些诗句中:

Aut Athon, aut Rhodopen, aut alta Ceraunia…

　　　　O ubi campi

Spercheosque et virginibus bacchata Lacaenis

Taygeta…

Drymoque Xanthoque Ligeaque Phyllodoceque,

caesariem effusae nitidam per candida colla. [47]

他喜欢再现那些对罗马人来说意味着民族之诗的古老的神话。

---

[46] 使用"计算"这个词是恰当的,因为作诗和作曲都意味着把韵律与一种数字舞蹈相结合。

[47] 在这里的第一行(第 1 卷,第 332 行)他追忆到"阿索斯山或罗多彼山(Rhodopē)或高高的塞劳尼亚山(Ceraunia)";在随后的那行(第 2 卷,第 486 行)中他叹息道:"哪里是田野、斯派尔希奥斯河(Spercheios river)和斯巴达的处女在其中奔跑的泰格塔(Taygeta)山?"最后一行(第 4 卷,第 336 行)他列举了宁芙诸女神(nymphs):"德里谟(Drymō)、克桑索(Xanthō)、莉吉娅(Ligeia)、菲罗多塞(Phyllodocē),她们金黄的头发把白皙的脖颈覆盖。"译文中名字的拼写略有缩减。

在诗歌方面,他的楷模是忒奥克里托斯和卡图卢斯(公元前87年—前54年),在哲学方面,他的楷模是卢克莱修,尽管他既不可能共享后者的无神论,也不可能共享其悲观主义,但他非常钦佩后者。他在其著名的、经常被引用的诗句中进行了这种来源于卢克莱修的思考:

Felix qui potuit rerum cognoscere causas,

atque metus omnis et inexorabile fatum

subiecit pedibus strepitumque Acheruntis avari![48]

我不打算对《农事诗》做全面的分析,这种分析要花费许多篇幅,因为这部诗不仅包含那些可以在专著中看到的问题,而且还有各种各样的旨在增加读者的快乐和振奋其精神的插曲。加图和瓦罗的对象是农夫和地主们;维吉尔的对象则是受过教育的从事农业的人;他是一个真正的人文主义者,一个伟大的诗人,而加图和瓦罗只不过是技术专家。

我们快速地对每一篇做一番描述,如果有人希望了解更多的细节,那就请他去读该诗的译本,最好是读拉丁语原作。译本只能告诉他内容,而令人愉悦的格律在译本中已经被打破甚至被撇开了。

第1卷或第1篇从歌颂诸神和屋大维开始,那些神是农牧业的保护者,而屋大维给国家带来了和平和秩序;作者希望激励那些气馁的农夫。然后他对农活、各种耕作的方法、休耕期的必要性、肥料、耕耘、水利等进行了描述。这一卷的大部分用于谈论大众天文学和气象学。这一卷得益于阿拉

---

[48] "幸福就是能够知晓事物的原因,
　　抛开所有的恐惧和残酷的命运
　　以及刺骨的阿谢隆河周围喧嚣的噪音!"(第2卷,第490行)

图和埃拉托色尼，但也得益于维吉尔在其家乡——山南高卢[49]耳濡目染的农家知识。

第 2 篇从向葡萄树和其他树木之神巴科斯的祈祷开始，然后说明了对树木的照顾和嫁接。[50] 不同的树木需要不同的气候和土壤。他对许多气候做出了评论，他认为没有任何气候可与意大利令人愉快的气候相媲美。

3.97

Salve , magna parens frugum , Saturnia tellus ,

magna virum : tibi res antiquae laudis et artis

ingredior , sanctos ausus recludere fontis ,

Ascraeumque cano Romana per oppida carmen. [51]

他对罗马和意大利的热爱频繁地在诗的各处反复流露。

这一卷的大部分用来谈论橄榄树和葡萄树以及其他不会导致醉态的水果的培育。这一篇以对田园生活的描绘和赞美结束：

O fortunatos nimium , sua si bona norint

agricolas ! [52]

向意大利的畜群和牧羊人的女神帕勒斯（Pales）的祈祷预示，第 3 篇将涉及牛、马以及其他动物。诗人提出了有关

---

[49] 山南高卢是高卢的一部分，从罗马人的观点看，它位于南麓和北岸，即阿尔卑斯山（Alps）南麓和波河北岸。

[50] 维吉尔的一个古怪的错误是，他（在第 2 卷，第 80 行）相信任何幼枝都可以成功地嫁接到任何种类的树木上。这个错误不是他个人的，与他同时代的人和后继者如科卢梅拉（活动时期在 1 世纪下半叶）以及普林尼（活动时期在 1 世纪下半叶）也都犯了这个错误。难以理解，这样的信念怎么能与经验相抗衡。

[51] "啊，伟大的人类和果实之母，农神的土地，为了你我借助古代的颂歌和技艺，冒险揭开圣井的秘密，在罗马的城镇吟诵阿斯克拉的诗句。"（第 2 卷，第 173 行）阿斯克拉（Ascra）在博伊奥提亚（Boiōtia）的埃利孔山（Mount Helicon）上，赫西俄德选择在这里居住。

[52] "倘若知道自己快乐的缘故，农夫们将会多么幸福！"（第 2 卷，第 458 行）

照顾和饲养它们的建议。诗人介绍的每一种动物都是充满
活力的,他使我们感到了生命的神圣。他歌颂了绵羊和山
羊,说明了如何在冬天圈养它们,或者在适于放养的季节如
何管理它们的牧场。他附带描述了利比亚(Libya)和塞西亚
(Scythia)牧羊人的艰辛。他说明了如何给羊治病以便获得
有益于健康的羊毛和多脂的羊奶,如何照顾狗和猎犬,如何
通过在畜栏中燃烧雪松和香脂来保护动物免遭蛇的伤害。
这一卷的结尾是阴郁的,它记述了牲畜的种种疾病,并描述
了使卡尔尼克阿尔卑斯山脉(Carnic Alps)和蒂马夫斯河
(Timavus river)[53]沿岸的畜群大量死亡的瘟疫。他关于兽
医的知识是初步的,但他使我们看到了流行病的可怕景象;
尽管事实上死去的是牲畜而不是人,但是他激起了我们对它
们的同情,而且他的叙述像修昔底德和卢克莱修的那些叙述
一样,是令人难以忘怀的。谁不记得他描绘的垂死的公牛和
它悲伤的配偶?[54]

　　这部诗最著名的部分是第 4 卷,谈论的是养蜂;它也许
是最缺乏科学的部分,但它是诗意最浓的部分,而且它的实
用价值——无论是在当时还是在 17 或 18 个世纪以后,都是
相当可观的。一直到近代,它都是最好的对养蜂的介绍。按

398

---

[53] 卡尔尼克阿尔卑斯山脉[位于卡尼奥拉(Carniola)地区]在亚德里亚海岸的北
端,蒂马夫斯 [现称蒂马沃(Timavo)]河在亚德里亚海岸东北角附近,阿奎莱亚
市以东。

[54] 对疾病和瘟疫的记述有 125 行(第 3 卷,第 440 行—第 565 行)。对垂死的公牛
和患病的牛的描述见于第 515 行—第 536 行。

照莫里斯·梅特林克（Maurice Maeterlinck）*的观点，它是唯一值得研究的古代著作；确实，梅特林克是一个诗人，他既能充分欣赏维吉尔诗歌中的那些人文学内容，也能鉴赏其中的专业性细节。有关蜜蜂的科学知识是很少的，但民间知识的丰富却令人难以置信，维吉尔意识到了这一点。他并非唯一的相信蜜蜂享有神性的人。蜜蜂导致他说明，如果你想获得丰富的优质蜂蜜，你就必须为它们提供可爱的花园。全诗最讨人喜欢的情节之一是他对一个老人的记述，这个老人在他林敦附近享有这样一个美丽的花园，园子不大，但种满了鲜花、蔬菜和果树，蜜蜂嗡嗡作响（第 4 卷，第 125 行）。随后他说明了如何采集蜂蜜以及如何照顾健康和生病的蜜蜂，因为蜜蜂也像其他生物一样会生病。在这部分结尾时，他给我们讲述了俄耳甫斯（Orpheus）和欧律狄刻（Eurydicē）的故事，在再现了凯撒为了保护罗马的秩序和安全而在幼发拉底河附近的战斗之后，他以这些动听的诗句作为结束：

Illo Vergilium me tempore dulcis alebat

Parthenope studiis florentem ignobilis oti,

carmina qui lusi pastorum audaxque juventa

Tityre, te patulae cecini sub tegmine fagi.[55]

这是一个非常简洁的和令人惬意的结尾，由于"在山毛

---

* 莫里斯·梅特林克（1862 年—1949 年），比利时象征主义剧作家、散文家和诗人，1911 年诺贝尔文学奖获得者，主要作品有：《暖房》《普莱雅斯和梅丽桑德》《盲人》《不速之客》《青鸟》《斯蒂尔蒙德市长》《卑微者的财宝》《明智和命运》《蜜蜂的命运》和《花的智慧》等。——译者

[55] "那时可爱的帕耳忒诺佩（Parthenopē）把我养育，而我沉湎于默默无闻的悠闲研究和创作田园诗的嬉戏，在山毛榉树散开的枝叶下，我凭借年轻人的大胆向你蒂蒂尔吟诵这些诗句。"（第 4 卷，第 563 行）帕耳忒诺佩（Parthenopē）就是库迈人建立"新城"奈阿波利斯或那不勒斯的地方。

榉树……下"的"蒂蒂尔"是我们的老朋友就更使人感到愉快;蒂蒂尔是一个优雅的牧人,我们在《牧歌》中曾多次与他相遇,第一次遇到他是在第一首牧歌的第一行。通过把他安排在《牧歌》的开头和《农事诗》的结尾,诗人用一个魔圈把他年轻时的这两部著作联系在一起。[56]

我的反思几乎可以无限地继续下去,因为每一行诗都会引起一些新的思考。整部诗的主要特点是维吉尔对大自然、牲畜、昆虫和植物的热爱,尤其是他强烈的博爱和极度的感性,他对他的故土的那种虔敬和热爱。《农事诗》是有史以来最伟大的教诲诗,它的伟大在于它是一种非常罕见的不同品质的组合:它既是严肃的又是感性的,既具理想化色彩又有实践价值,既简单又庄重。

除了维吉尔因缺乏科学术语受到的妨碍以外,该诗的语言正如人们可能希望的那样,是优美的;而术语的不精确是不可避免的,因为那时的知识依然是模糊的。有些不足或许在一定程度上是由于拉丁语的发展不平衡;例如,维吉尔没有足够的关于颜色的词来进行描绘。[57] 另外,我们必须记住,拉丁文学依然非常年轻。它的辉煌从维吉尔开始,这种辉煌大致就类似于从荷马开始的那种辉煌。

科卢梅拉的注疏确立了《农事诗》的传统,但该传统的

---

[56] 在《牧歌》中曾 6 次提到蒂蒂尔,在《农事诗》中只提到过一次,而且是在最后一行。这是一种有趣的巧妙构思,在加图和瓦罗看起来似乎是愚蠢的,但卡图卢斯并不这样认为。

[57] 在缺乏足够词汇的情况下要说明自然和技艺丰富多彩的细节,是非常令人为难的,但是讲英语的人没有权力指责其他人,因为我们自己的语言也是极度贫乏的。例如,在我们所说的"red tape[(系公文的)红带]""red blood(红血)""red hair(红头发)"和"red Indian(红火焰草)"中,每一个短语中的"red(红色的)"都意味着不同的颜色!

确立更主要的还是凭借维吉尔自己的声望，这种传统从一开始就是温和的。在他的肉体消失以前，人们就已经认为他是不朽的了，而在所有西方的文学中，他的名字一直是最有名望的。

第二十二章

公元前最后两个世纪的医学[1]

在这个高度发展的时代有许多医生,但没有伟大的医生。把他们分为两大组即希腊医生和拉丁医生是比较实用的;我没有说罗马医生,因为罗马重要的从业医师都来自希腊,他们一般讲希腊语,而且总是用这种语言写东西。

一、希腊医学

1.**亚历山大的塞拉皮翁**。亚历山大的解剖学家们在公元前 3 世纪所做的工作非常具有革命性,因而它注定会创造一种新的医学环境。老的学派(如希波克拉底学派和重理医派)的医生们没有充分认识解剖学事物和生理学事物。需要有一个新的学派来利用新的经验。新的学派被称为医学经验(empeiricos)学派,意味着重视实践和事实(与理论教条主义相反),它的建立有时被归功于科斯岛的菲利诺斯,他曾对它进行过思考,但其真正的奠基者大概是亚历山大的塞拉

---

[1] 关于公元前 3 世纪的医学,请参见本卷第九章。

皮翁(活动时期在公元前 2 世纪上半叶),[2]他大约活跃于公元前 200 年。他拒绝任何教条主义,并且以 3 个支柱作为他的实践的基础:(1)经验和实验(*tērēsis*),[3](2)临床病例(*historia*),(3)类推(*hē tu homoiu metabasis*)。他有一部作品以《论三个基础》(*Dia Triōn*)为标题,大概就是要说明这三项的组合。这一标题也许是希波克拉底以下美妙的格言的暗示:"医术包含了三个方面:疾病、患者和医生。"但这似乎有点牵强。[4]他撰写了两部专论,一部是反对医学宗派的([《驳诸医学学派》(*Pros tas haireseis*)],另一部题为《论疗法》(*Therapeutica*),但它只有很少的残篇保留下来。[5]

他在推行经验主义方面走得如此之远,以至于许多民间疗法尽管很荒谬,他也要试一试;我们不应指责他,因为这一切都取决于他所做的实验和他对它们的控制。对每一种民

101

---

〔2〕这个名字是典型的希腊-埃及式的。还有许多其他人也拥有这个名字,尤其是安蒂奥基亚的塞拉皮翁(Serapiōn of Antiocheia),他是一位数学地理学家(*gnomonicus*),与西塞罗是同时代的人,他曾在公元前 59 年把一本书送给西塞罗(参见《致阿提库斯》,Ⅱ,4,1)。他主张,太阳的体积是地球体积的 18 倍;参见《古典学专业百科全书》(第 2 辑),第 4 卷(1923),1666。塞拉皮翁这个名字传播到了东方,我们会在一些叙利亚和阿拉伯文献中发现它(拼写为 Sarāfyūn)。

〔3〕*Tērēsis* 这个词意味着"观察""看守",与现代意义上的"实验"不同。当我们使用"实验"这个词时,我们想到的是在实验者所确定的各种条件下的观察。*Tērēsis* 最多只是指观察,如果你愿意的话,可以用来指系统的观察,但它既有别于模糊的经验,也有别于周密的实验。

〔4〕参见希波克拉底:《论流行病》(*Epidemics*);埃米尔·利特雷(Emile Littré):《希波克拉底全集》(*Oeuvres complètes d'Hippocrate*),10 卷本(Paris,1839-1861),第 2 卷,第 636 页。这一联想是卡尔·戴希格雷贝尔提出来的,见《希腊经验论学派》(Berlin,1930),第 256 页。

〔5〕参见戴希格雷贝尔编辑的残篇集,第 164 页—第 168 页。戴希格雷贝尔涉及了那个学派的 19 位成员,从科斯岛的菲利诺斯和塞拉皮翁(他确定后者大约活跃于公元前 225 年)开始,以狄奥多西(Theodosios,活动时期在公元 200 年以后)结束。

间习俗都适当地尝试一下未必是不明智的。

　　塞拉皮翁的后继者有他林敦的格劳西亚斯（Glaucias of Tarentum，大约活跃于公元前 175 年）、安蒂奥基亚的阿波罗尼奥斯（Apollōnios of Antiocheia，大约活跃于公元前 175 年）、同一城市的阿波罗尼奥斯·比布拉斯（Apollōnios Biblas，大约活跃于公元前 150 年）、昔兰尼的托勒密（Ptolemaios of Cyrēnē，大约活跃于公元前 100 年）、他林敦的赫拉克利德（大约活跃于公元前 75 年）、亚历山大的佐皮里奥斯（Zōpyrios of Alexandria，大约活跃于公元前 80 年）、基蒂翁的阿波罗尼奥斯（Apollōnios of Cition，大约活跃于公元前 70 年）、一个名叫狄奥多罗的人（Diodōros，大约活跃于公元前 60 年）、那不勒斯的吕科斯（Lycos of Naples，大约活跃于公元前 60 年）等。这个名单表明，经验学派的分布从埃及到意大利、叙利亚、昔兰尼和塞浦路斯。有人认为，它成功的原因在于，它是常识对幼稚的教条主义的一种合理的反作用。不过，它本身也是不成熟的和粗糙的。在诊断方法仍然非常匮乏并且没有多少临床事实可以得到正确解释的时候，经验学派不可避免地是狭隘的。尽管经验论者反对希波克拉底的教条主义，但与数个世纪以前在科斯岛或尼多斯的学校中可以学到的知识相比，他们的临床知识并不先进多少。他们倾向于赋予民间"经验"医学过多的重要性。他们对"类推"的运用是有风险的；但我们必须记住民俗的所有古怪的奇想。类推和比较是原始的和无批判能力的民族的逻辑工具。"可能就是塞拉皮翁开启了所有理论中最疯狂者——子宫游离理论的先河。"[6]

在我们对这个学派的判断中,切不可忘记,盖伦曾经称赞过塞拉皮翁及其后继者。其中只有 3 个(前基督时代的)后继者值得我们关注一下,他们是:他林敦的格劳西亚斯、他林敦的赫拉克利德和基蒂翁的阿波罗尼奥斯。

2. 他林敦的格劳西亚斯。 这个格劳西亚斯(活动时期在公元前 1 世纪上半叶*)写了许多关于希波克拉底的注疏,还写过一部关于草药的专论,在其中他对蓟属植物(*acantha*)予以了特别的关注。他编辑了一部希波克拉底词典,埃罗蒂亚诺斯(Erōtianos,活动时期在 1 世纪下半叶)曾使用过它。据说,格劳西亚斯发现了一种治疗丹毒的方法(这似乎是一种卓越的成就,甚至是在他那个时代不太可能的成就)。按照盖伦的说法,他发明了一种用于头部的绷带,这种绷带后来就用他的名字命名为格劳西亚斯穗形绷带(*tholos Glauciu* 或 *spica Glaucii*)。

3. 他林敦的赫拉克利德。 赫拉克利德(活动时期在公元前 1 世纪上半叶)是古代医学经验学派最伟大的医生。他是昔兰尼的托勒密的弟子,也是希罗费罗学派成员曼提亚斯(Mantias)的学生。他是许多著作的作者,这些著作有相对较长的残篇保留下来。[7] 他进行了许多实验,主要是对鸦

402

---

[6] 这是 T. 克利福德·奥尔伯特(T. Clifford Allbutt)的说法,他没有提供他的资料来源。参见 T. 克利福德·奥尔伯特:《罗马的希腊医学》(*Greek Medicine in Rome*,London,1921)[《伊希斯》4,355(1921—1922)],第 170 页。克利福德爵士对经验论者做了一些诙谐的评论(第 166 页及以下),他称他们是"医学的庸人"!

* 原文如此,与前文有出入。——译者

[7] 参见戴希格雷贝尔编辑的残篇集,第 172 页—第 202 页。

片（opion）的实验。有人把最早的关于兽医学的专论归于他的名下[《论对慢性过敏或蚁走感的治疗》（Pros tas chronius myrmēcias）]。

4. 基蒂翁的阿波罗尼奥斯。如果说经验医学几乎没有超越希波克拉底医学的话，那么在外科学方面情况则有所不同，因为希罗费罗、埃拉西斯特拉图斯以及他们的学派获得的新的解剖学经验必定促进了外科实践。经验学派中最伟大的外科医生是（塞浦路斯的）基蒂翁的阿波罗尼奥斯（活动时期在公元前 1 世纪上半叶），他就希波克拉底的论关节的专论[《论关节》（Peri arthrōn）]写过一部评注。这一评注获得了非凡的命运，因为它的一个早期的手抄本[《劳伦提亚努斯古卷》（Codex Laurentianus）LXXIV, 7]是 9 世纪的一个拜占庭抄本，其中包含一些外科图例，这些图例可以追溯到阿波罗尼奥斯时代，而且无论如何，它们是此类图例中现存最早的（参见图 78）；它们说明了复位（确保骨头回到它们正常的位置）的方法。其中有些图在 16 世纪期间被普利马蒂乔（il Primaticcio）和圭多·圭迪（Guido Guidi）*复制了，而圭迪的图又被安布鲁瓦兹·帕雷（Ambroise Paré）和康拉德·格斯纳（Conrad Gesner）**（1555）复制了。他们代表了 16 世纪的肖像画传统。还有其他一些冠以阿波罗尼奥斯之

---

　* 弗兰切斯科·普利马蒂乔（Francesco Primaticcio, 1505 年—1570 年），意大利 16 世纪风格主义画家和建筑师，第一枫丹白露画派的主要艺术家和领导者；圭多·圭迪（1508 年—1569 年），拉丁文名为维杜斯·维迪乌斯（Vidus Vidius），意大利文艺复兴时期的解剖学家和外科医生。——译者

　** 安布鲁瓦兹·帕雷（1510 年—1590 年），法国文艺复兴时期最伟大的外科医生，因其对外科学所做出的巨大贡献被誉为"现代外科学之父"；康拉德·格斯纳（1516 年—1565 年），瑞士医生、博物学家、文献学家，现代动物学、目录学的创始人之一。——译者

图 78　基蒂翁的阿波罗尼奥斯(活动时期在公元前 1 世纪上半叶)就希波克拉底论关节
的专论写的评注。9 世纪的一个拜占庭抄本包含了一些说明外科方法的图例,这些图例
可以追溯到阿波罗尼奥斯自己的时代。参见赫尔曼·舍内(Hermann Schöne):《希波克拉
底手稿〈关节〉图解》[*Illustrierter Kommentar zu der hipokratischen Schrift peri arthrōn* (75 页,
31 另页纸插图),Leipzig,1896]。这里复制的是该书中的图 10,它被用来作为阿波罗尼
奥斯第 2 卷开篇的图解

名的专论,如有一篇是对他林敦的赫拉克利德的批评,另一
篇是论述癫痫症的,等等。

5. **赫格托**。在基蒂翁的阿波罗尼奥斯的一个残篇中,提
到了一个更早的外科医生赫格托(大约活动于公元前 2 世纪
下半叶?),他撰写了一部论述(疾病的?)起因的著作《论病
因》(*Peri aition*)。其唯一现存的部分讨论了髋关节脱臼,还
包含对髋关节三角韧带(*ligamentum teres*)最早的描述。

6. **阿塔罗斯三世和米特拉达梯六世**。东方的暴君们促进
了一种迥然不同的医学(如果我们可以称其为医学的话)的

发展,因为他们害怕被他们心爱的东西毒害。

　　因此,佩加马最后一代国王阿塔罗斯三世(公元前 138 年—前 133 年在位)对有毒的植物进行了研究,以便弄清楚怎样使用它们去除掉某个心腹之患;同样重要的是,弄清楚在被诱骗咽下它们的汁液时,怎样保护自己不受伤害。在随后的那个世纪中,另一个暴君本都国王米特拉达梯-尤帕托[8]在更大的范围内继续了那些毒物学实验。据说,通过对逐渐增加的毒药剂量的控制以及对被认为有抗毒作用的鸭血的控制,米特拉达梯尝试制造出某种抗毒药。他引进了一些新的草药,并且提供了一种万灵解毒剂的配方,该解毒剂后来以他的名字被命名为米特拉达梯解毒剂(*Mithridateios antidotos*)。这段逸事的大部分具有传说的特点;以他的名字命名一种解毒剂是很自然的,但这并不能证明他发明了那个配方。在尼禄时代,一个克里特医生安德罗马库(Andromachos)发明了另一种解毒剂百宝丹(*thēriacē*),它完全超过了米特拉达梯解毒剂。这些都是一些无关紧要的故事,它们的唯一的意义就在于说明,在米特拉达梯时代和尼禄(公元 54 年至 68 年任皇帝)时代,毒药被用于谋杀。这没有什么大惊小怪的;毒药总是被用于此类目的,而且专

────────────

[8] 米特拉达梯六世大帝是罗马人危险的敌人,他们被迫与他进行了 3 次战争(公元前 88 年—前 84 年,公元前 83 年—前 81 年,公元前 74 年—前 64 年)。他于公元前 132 年出生在(黑海中南海岸的)西诺普,从公元前 120 年起到他于公元前 63 年 69 岁自杀时为止,他一直担任本都国王。他的名字(意为米特拉家给予的)说明他的家族是米特拉家族;Theodōros(塞奥多洛)、Isidōros(伊西多罗斯)、Dieudonné(迪厄多内)等也都是按照同样的模式构成的。

制君主们总是有充足的理由害怕成为它们的牺牲品。[9]

最后我要说的是,对把植物学知识和毒物学研究归功于阿塔罗斯和米特拉达梯这两位国王的说法,就像对有人说奥古斯都建造了万神殿和加尔桥那样,切不可全信,而要有所保留。那两位国王在其他方面非常忙,没有时间去做药效实验,但是他们也许会命令他们的一些属下去做,而他们的命令被错误地理解为是他们采取了实际的行动。

7. **阿帕梅亚的德米特里**。还是回过来介绍真正的医生吧,阿帕梅亚的德米特里(Dēmētrios of Apameia,活动时期在公元前 2 世纪下半叶)[10]大约活跃于公元前 2 世纪末,他对产科学和妇科学尤为关注;他试图找出难产的原因。他写过关于病理学的专著[《论病理》(Peri pathōn)],该著作一定很详尽,因为它分为 12 卷;他还写过另一部论述症候或诊断的专著[《症候学》(Sēmeiōticon)]。他能够区别肺炎与胸膜炎(?)。人们只是通过以弗所的索拉努斯(Sōranos of Ephesos,活动时期在 2 世纪上半叶)、盖伦(活动时期在 2 世纪下半叶)和塞利乌斯·奥雷利安努斯(Caelius Aurelianus,活动时期在 5 世纪上半叶)的引证才知道这些作品的。

8. **比提尼亚的阿斯克列皮阿德斯**。另一位是比提尼亚的医生阿斯克列皮阿德斯(活动时期在公元前 1 世纪上半

101

---

[9] 关于毒药的研究,请参见本卷第九章有关科洛丰的尼坎德罗(活动时期在公元前 3 世纪上半叶)的讨论。迈蒙尼德(Maimonides)最著名的专论之一是写于1199 年的论述毒药和解毒剂的著作;参见《克利夫兰医学图书馆通报》(*Bulletin of the Cleveland Medical Library*),1955,1 月号,第 16 页。有关毒药在中世纪的使用,请参见我在《科学史导论》第 3 卷第 1241 页的评论。

[10] 这里所说的是比提尼亚的阿帕梅亚,而不是更著名的叙利亚奥龙特斯河畔的阿帕梅亚。

叶)。他有两个理由获得殊荣:第一,他是第一位在罗马行医的杰出的希腊医生;第二,他是一种新的医学学派——医学方法论学派(Methodist School)的奠基者或先驱。

这些断言需要一些限定条件,上面已经以"杰出的"和"先驱"等词的形式对它们做出了规定。在他之前,罗马还有其他希腊医生,其中大部分是被征服者掳去的奴隶,他们默默无闻,许多人我们甚至不知其名。在这些人中,其名字第一个脱颖而出的是阿查加托斯。

阿斯克列皮阿德斯大约于公元前 130 年至公元前 124 年间出生在普鲁萨(Prusa)。[11] 他在亚历山大的埃拉西斯特拉图斯(活动时期在公元前 3 世纪上半叶)的学校接受了教育。他先在帕里翁(Parion)[12] 行医,后又转往雅典;后来,米特拉达梯-尤帕托邀请他去本都,但他更愿意向西旅行去罗马,他大约于公元前 91 年在那里开了他的诊所;他去世时已经年事甚高。

他是德谟克利特和伊壁鸠鲁的门生,并且把原子论的思想引入医学之中;也就是说,他把那些思想当作他的生理学和治疗学理论的基础。按照他的理论,疾病是对身体中的原子运动或原子平衡的干扰;当那种平衡重新恢复时健康就会出现。[这表面上看是一种科学理论,但它不可避免地是模糊的,因此它像体液理论(the humors of theory)一样是非科

---

〔11〕 普鲁萨在比提尼亚境内(土耳其语是 Bursa)。比提尼亚在马尔马拉海以南、黑海西南海岸,是一个文明古国,在这里,希腊、色雷斯、吕底亚和伊朗的影响大量交织在一起。在比提尼亚出生了许多著名的人物,例如:卡尔西登的希罗费罗、尼西亚的喜帕恰斯、阿帕梅亚的德米特里、普鲁萨的阿斯克列皮阿德斯、数学家狄奥多西。
〔12〕 帕里翁在马尔马拉海西南海岸的密细亚地区。

学的]。

　　然而,阿斯克列皮阿德斯对新的学说的界定在很大程度上是以否定为前提的。他的新思想常常以对旧思想的批判来表述。例如,他批判了希波克拉底学派和重理学派所珍爱的体液理论,并且蔑视经验学派的解剖学倾向。

　　他写了许多著作,但没有一部完整地流传下来。归于他名下的创新有许多,但有些归功于他是对的,有些则是错的。例如,据说,他建议用音乐治疗患精神疾病的人,但即使不是在更早,至少他的导师德谟克利特(活动时期在公元前 5 世纪)就已经把音乐疗法用于医学了。[13] 据说,他发现了狂犬病的病因,但德谟克利特对它已经有所了解,而且亚里士多德认识到它是通过疯狗的咬伤传播的。[14] 他似乎以区别对待的方式把按摩应用于许多目的:"消除或免除体液淤阻,疏通毛孔,促进睡眠,使身体的各部分舒展和温暖。"在对待麻痹方面,他建议患者"在沙地中"散步"以便增强软弱无力的部分的力量"。

　　克里斯蒂安·戈特利布·贡佩尔特(Christian Gottlieb Gumpert)把阿斯克列皮阿德斯的著作残篇和有关他的古老言语编成文集《比提尼亚的阿斯克列皮阿德斯著作残篇》[*Asclepiadis Bithyni fragmenta*(204 页),Weimar,1794(参见图 79)]。已故的罗伯特·蒙特拉维尔·格林(Robert Montraville Green,1880 年—1955 年)把它翻译成英语,并且

105

----

〔13〕 参见多萝西·M. 舒利安和马克斯·舍恩(Max Schoen):《音乐与医学》(*Music and Medicine*,New York:Schuman,1948)[《伊希斯》40,299(1949)],第 53 页、第 74 页—第 75 页和第 81 页—第 82 页。

〔14〕 参见亚里士多德:《动物志》(*Historia animalium*),第 8 卷,22;604A;本书第 1 卷,第 335 页和第 374 页。

406

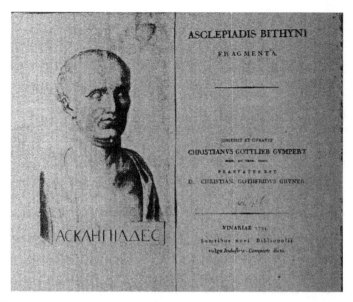

图 79　克里斯蒂安·戈特利布·贡佩尔特编辑的比提尼亚的阿斯克列皮阿德斯（活动时期在公元前 1 世纪上半叶）著作残篇最早的版本（Weimar, 1794）[承蒙军事医学图书馆恩准复制]

加上了安东尼奥·科基（Antonio Cocchi）撰写的阿斯克列皮阿德斯的传记（Florence, 1758；Milan, 1824）的译文,合并为《阿斯克列皮阿德斯的生平及其著作》[*Aslepiades, His Life and Writings*（177 页）, New Haven, Conn. : Elizabeth Licht, 1955]。

　　9. **劳迪塞亚的塞米松**（Themisōn of Laodiceia）。劳迪塞亚[15]的塞米松是阿斯克列皮阿德斯的一个弟子,活跃于大

---

[15]　有许多城市以劳迪塞亚命名,劳迪塞亚是塞琉古-尼卡托以及其他塞琉西公主的母亲。这个劳迪塞亚是 Laodiceia hē epi thalassē（劳迪塞亚港）,叙利亚的一个港口,现称为拉塔基亚（Lādhiqīya, Latakia）。

约公元前 1 世纪中叶,[16] 他更系统地阐述了阿斯克列皮阿德斯的理论,因而通常被认为是这个新的学派——医学方法论学派(*methodicē hairesis*)的领袖。我们更倾向于认为,阿斯克列皮阿德斯是该学派的奠基人,但必须尊重那个学派的成员的判断,尤其是方法论学派的领导者(*methodicorum princeps*)索拉努斯(活动时期在 2 世纪上半叶)以及他的著作的译者塞利乌斯·奥雷利安努斯(活动时期在 4 世纪上半叶)的判断。

阿斯克列皮阿德斯和塞米松的主要理论被称作固体病理学说(solidism,身体的原子结构理论),与被称作体液论(humoralism)和精气论(pneumatism)的理论相对。尽管后两种理论比固体病理学更古老,但它们依然持续与它竞争,直至盖伦时代甚至更晚。固体病理学使新的疾病分类成为可能;不是原子相距太远和身体的微孔太稀疏[*atonia*, *rhysis*; *status laxus*(稀疏状态)],就是原子和微孔太紧密了[*stegnōsis*, *sclērotēs*; *status strictus*(紧密状态)];后来又加上了第三类居间的情况[混合状态(*to memigmenon*, *status mixtus*)]。我们只能通过索拉努斯和塞利乌斯·奥雷利安努斯来了解塞米松佚失的著作。一篇关于急性病和慢性病的专论[《论急性病和慢性病》(*Peri tōn oxeōn cai chroniōn nosēmatōn*)]以前被归于他的名下,但现已证明[17]它是后来罗马的希罗多德(Hērodotos of Rome,活动时期在 2 世纪下半叶)的著作。

---

[16]　戴希格雷贝尔可能会把他的年代确定得更晚些,即在公元前 1 世纪末,或公元 1 世纪初。参见《古典学专业百科全书》(第 2 辑),第 10 卷(1934),1632-1638。

[17]　由马克斯·韦尔曼证明,见《赫耳墨斯》*40*,580-604(1905)。

10. **西顿的梅格斯**。现在要谈的最后一个医学方法论学派的成员是梅格斯（Megēs，活动时期在公元前 1 世纪下半叶），他来自（腓尼基的）西顿（Sidōn），但活跃在罗马。他是一个外科医生，他佚失的著作常常被后来的医生引用，其中最重要的残篇涉及瘘管（如直肠瘘等）。我们是从奥里巴修（Oribasios，活动时期在 4 世纪下半叶）那里获知这一点的。方法论学派不仅在一般意义上是罗马的，而且它的活动就在罗马城。后来的一些方法论学派的成员，例如塔拉雷斯的塞萨罗斯（Thessalos of Tralleis，活动时期在 1 世纪下半叶）和以弗所的索拉努斯（活动时期在 2 世纪上半叶），也都在这个帝国的中心开业行医。应当切记在心的是这一卷的时间限度（基督诞生之前），无论它的取舍在哪些方面可能是必不可少的，它在其他一些方面，例如在罗马科学方面，则可能是任意的；但要找到一个同样适用于每一种活动的限度是不可能的。

11. **膀胱石切除医师阿摩尼奥斯和佩里格内斯**。在活跃于前基督时代末期的众多希腊医生中，再提两个人即膀胱石切除医师阿摩尼奥斯（Ammōnios ho Lithotomos）和佩里格内斯（Perigenēs）就足够了。

阿摩尼奥斯（活动时期在公元前 1 世纪下半叶）在亚历山大行医，由于人们以为他是第一个施行膀胱石切除手术的人，他获得了膀胱石切除医师的绰号；他发现了一种特效止血剂[18]和一种眼药膏。

佩里格内斯（活动时期在公元前 1 世纪下半叶）也是一

_407_

---

〔18〕 原文为 *stypticos*，意为"止血药"，可以导致血管收缩和止血。

位外科医生,他发明了一种用于头部的绷带和另一种用于脱臼的肱骨的(鹤喙式)绷带。在那个时代体内手术几乎是不可能的(膀胱石切除手术也许是个例外),外科医生工作的大部分必然致力于骨头的复位和治疗脱臼,脱臼常常会在竞技场的竞赛中或在沙场的战斗中出现。

二、拉丁医学

当希腊医生不仅在罗马世界而且在大城市中仍然处于主导地位时,有一些真正的罗马人的医生群体正在不断成长,他们不懂希腊语,或者只是作为一门外语对它有些了解,但了解得并不全面。[19] 这种发展是异常缓慢的。老的罗马人(100%的罗马人)不仅不相信精明的希腊人(这是很自然的),他们甚至往往不相信医学本身,而对他们那些古老的迷信却视若珍宝。因为他们有自己的医药民俗,就像其他每一个民族必然有自己的这类民俗一样,不管这些民俗是多么原始和多么不科学。

1.**监察官加图**。我们的老朋友监察官加图(活动时期在公元前2世纪上半叶)是这种不信任的第一阶段的代表人物。关于他,我们不必再进一步向读者介绍了。他非常不喜欢医生,因为他们是希腊人,因而不值得罗马人信任。在(现已失传的)《训子箴言》(*Praecepta ad filium*)中,他劝他的儿子关注行为规范、乡村生活、卫生和防范希腊人。他把希腊医学与所有希腊技术都拒绝了,[20] 但是对可能侵袭他

---

[19] 上流社会的家庭会给孩子们请一个希腊的私人教师或者把他们送到讲希腊语的国家,从而他们能够获得一种真正的和生动的关于那种语言的知识。医生们更有可能出身于普通的或贫困的家庭,他们的希腊语知识同样是贫乏的。

[20] 不过,在他晚年,他似乎变得宽厚了,并且开始研究希腊文学。

或者他的家庭的疾病,他需要某种治疗方面的帮助;同样,也必须治疗有病或受伤的奴隶以及患病的牲畜,他的《论农业》的许多章也都用来讨论这些问题。阅读它们会让人感到十分沉闷。加图是一个特立独行的伟大人物,强壮而聪敏,但他的科学观点水平很低,就像他的宗教非常狭隘、他的伦理观点非常平庸一样。

《论农业》能使人们对他的医学知识有清晰的了解,因为他的目的就是在对付疾病和保持健康方面尽其所能来帮助农民。无序是他的著作的特征,以致关于医学的部分出现在许多地方,只有 3 处是前后一致的。

108　　该著作的许多章说明了如何制造轻泻药、利尿剂以及治疗痛风、消化不良或胃弱、痛性尿淋沥和防止皮肤发炎的药物(通常被称作"药酒")。有两章(第 156 章和第 157 章)讨论了甘蓝(*brassica*)的价值,它们共有 200 行,并且构成了这部书最长的部分。按照他的观点,"甘蓝的价值超过了所有其他蔬菜"。[21] 他的这部书的某些部分,读起来像老妇人的秘诀。以下就是一个例子(第 114 章):

> 如果你想制造轻泻酒:在葡萄收获后,掘松葡萄藤周围的土,使根部暴露出来,你认为需要露出多少就露出多少,并给它们做上标记;把这些根分开并对之加以清洁。在捣钵中把黑藜芦根捣碎,把它们涂在葡萄藤上。用腐熟厩肥、陈年灰烬和两倍的土把这些根掩埋起来,把整个葡萄藤用土埋好。要单独采摘这些葡萄;如果你想把用它们酿出的酒作为轻泻剂保留一段时间,不要把它与其他酒混在一起。取一杯

---

[21] 这句话出自第 156 章,原文为:"Brassica est quae omnibus holeribus antistat"。

（cyathus）酒，用水把它稀释，在晚饭前服用；它会使肠蠕动，但不会导致有害的后果。[22]

　　书中还提供了许多治疗动物主要是牛和其他家养牲畜的疾病、使羊避免疥癣（第96章）以及治疗蛇咬伤的药物（第102章）。

　　第70章。治疗牛的药物：如果你有理由担心牛生病，在它们生病以前给它们服用以下诸物制成的药：3粒盐，3片月桂叶，3片韭叶，3根韭葱，3瓣大蒜，3粒熏香，3株萨宾草，3片芸香叶，3根泻根茎，3颗白豆，3块生碳，3品脱酒。你必须站着把所有这些东西收集在一起，把它们浸软然后喂给牛。喂药的人必须禁食。给每一头牛服用3天的药，并且要把药这样分配：当你已经给每一头牛服用了3服药时，应当把它们都喂光。务必要让牛和喂药的人都站着，并且要使用木制的容器喂药。

　　第71章。如果牛开始生病，马上喂它一个生鸡蛋，并且要让它整个吞下去。第二天，用一赫迈纳[23]酒把韭叶的顶端浸泡，让牛把它们都喝下去。浸泡时要站着，喂药时要用木制的容器。牛和喂药的人都必须站着，而且牛和人都要禁食。

　　在这些疗法提出的诸多要点中，注意到以下这一点可能就足够了。接受治疗的牛和给牛服药的人必须站着，这二者必须禁食，必须使用木制的容器。这样，合理的（实验性

---

〔22〕承蒙惠允，这个例子以及以下的例子均选自W. D. 胡珀和H. B. 阿什的拉丁语-英语对照本，见"洛布古典丛书"（Cambridge：Harvard University Press，1934）。

〔23〕赫迈纳（hēmina）是一种容量单位（demi-setier，一杯的容量）。上面提到的cyathus是指一个杯子。有趣的是加图这位憎恨希腊的人不得不使用希腊词语。

的?)建议就与不相关的禁忌混合在一起了。

　　该书的许多章记录了为了牛或猪的健康而准备的各种许愿和供奉物,以及为了净化土地和确保丰收的仪式和祭品;还记录了人和牲畜的工作日与休息日。

109

　　第138章。为了下述目的:拉木柴、豆秸以及准备储藏的谷物,公牛可能会在节日期间被套上轭。除了家族的节日之外,骡子、马或驴没有休息日。

　　人们很容易想象,要医治体内的疾病,也许就要依赖那些奇异的疗法和各种咒语,因为体内的疾病是非常不可思议的,但更令人惊讶的是,为了治疗脱臼的病例也要寻找某种咒语。加图是一个非常注重实际的人,他必然认识到脱臼是一种体力方面的意外,需要用物理方法来恢复,但他依然非常愚蠢地告诉了我们以下这些废话:

　　第160章。凭借下面的咒语可治愈任何脱臼。取四五英尺长的青芦苇,对半劈开,让两人各执一半抵着髋骨处开始念咒语:"motas uaeta daries dardares astataries dissunapiter",一直念到两半芦苇合在一起为止。要在它们上面挥动一把小刀。当芦苇的两半相合而一半触及另一半时,要将它们拿在手中,从左右两边切断。如果把割断的芦苇绑在脱臼处或骨折处,就会治好病。每天依然要念咒语,在治疗脱臼时,如果你愿意,也可以念以下咒语:"haut haut haut istasis tarsis ardannabou dannaustra"。[24]

　　这些例子令人感到非常郁闷,因为它们不仅使我们对罗马科学而且对罗马人的智慧留下了极为令人沮丧的印象。

---

〔24〕 这里有些词没有翻译,因为它们是一些无意义的莫名其妙的词语。

监察官加图并非一个没有受过教育的人;他并不是愚蠢的老白痴,但他的秘诀实在是愚蠢至极。

2. 马尔库斯·泰伦提乌斯·瓦罗。加图与他的后继者瓦罗(活动时期在公元前 1 世纪下半叶)相隔大约 120 年,在这期间发生了许多事,其中最有意义的是罗马的希腊化。在加图时代,人们可能把希腊囚犯和流亡者当作吹牛者,他们的幻想是不会被允许用来贬低罗马的美德和罗马人的知识的。在瓦罗时代有知识的人当中,这种态度不再被接受。瓦罗利用了大量希腊的资料;他并没有隐瞒它们,反而大胆地列举出它们。他没有像加图那样重申那些愚蠢的秘诀,而是提供了一些合理的或者我们说更为合理的建议。例如,考虑一下他关于农田位置的论述;像每一个聪明的农夫一样,他认识到这样的事实,即有些农庄的位置是有益的,有的则不是。

　　在确定农庄的位置时应当非常谨慎,要把它建在树木葱郁的山坡下,那里会有宽阔的牧地,并且能享受到在这个地区上空刮过的最有益健康的风。面向东方的农庄位置最佳,因为它在夏天有阴凉,在冬天有阳光。如果你不得不在河岸建农庄,你必须注意不要让农庄面对着河,因为那样农庄在冬天会非常冷,而在夏天又不卫生。在湿地附近建农庄也要小心,这不仅是因为已经给出的那两个理由,而且还因为,那里繁殖了一些微小的肉眼看不见的造物,它们飘浮在空中而且会通过嘴和鼻子进入人体,并会引起疾病。[25]

410

---

[25]　瓦罗:《论农业》,第 1 卷,第 12 章;引文均引自胡珀和阿什所编的洛布版。

最后这句话非常值得注意。[26] 它暗示了通过微生物传染的思想,但它最多也只能是暗示。瓦罗大概在思考非常小的生物,对它们,人们在湿地中有所感觉,但它们太小,肉眼无法看到;在没有显微镜的情况下,他很难构想微生物的存在。但他清楚地指出从一个生物体向另一个传染的可能性,指出从极微小的生物向诸如人和动物这样大的生物传染的可能性。要对瓦罗陈述的全部重要意义做出判断就必须认识到,把有关传染的思想表述得更清晰花费了许多时间。

科卢梅拉(活动时期在公元 1 世纪下半叶)只是重申了瓦罗的思想;他照搬了瓦罗的这种思想以及所有其余思想。在此之后,人们不得不等上 1000 年才能看到下一步。伊本·锡南(活动时期在 11 世纪上半叶*)知道了肺结核的传染性;萨利切托的威廉(William of Saliceto,活动时期在 13 世纪下半叶)认识到某些疾病的性交传染;戈尔登的贝尔纳(Bernard of Gordon,活动时期在 14 世纪上半叶)列出了一个包含 8 种传染病的清单(这成了中世纪的一个备忘录);皮埃尔·德·达穆奇(Pierre de Damouzy,活动时期在 14 世纪上半叶)指出,瘟疫可能会通过一些"带菌者"传播。**两个西班牙穆斯林伊本·哈提马(Ibn Khātimah,活动时期在 14 世纪上半叶)和伊本·哈提布(Ibn al-Khatīb,活动时期在 14

---

〔26〕 巴比伦人已经勾勒出一般的传染观念的轮廓;不过,对他们来说,那是一种巫术观念,而非科学观念。古代希伯来人的卫生规则暗示,他们认识到某些疾病传染的危险(参见本书第 1 卷,第 94 页)。

　* 原文如此,与第五章有较大出入,锡南的活动时期在 10 世纪上半叶。——译者

　** 萨利切托的威廉(1210 年—1277 年),意大利外科医生和牧师;戈尔登的贝尔纳(1260 年—大约 1318 年),法国医生,活跃于法国蒙彼利埃,并曾任教于蒙彼利埃大学(the University of Montpellier);皮埃尔·德·达穆奇,法国医生,来自法国东北部城市兰斯。——译者

世纪上半叶)充分理解了传染的可能性,但有关这种可能性的思想完全被埃及人达米里(al-Damiri,活动时期在 14 世纪下半叶)*以及其他穆斯林破坏了,按照他们的理论,疾病不是自然传染的,只有神才能使它们传染;疾病从一个人到另一个人的传播只不过是命运的一部分。

只是到了 1546 年科学的传染观才被弗拉卡斯托罗在其《论传染》(*De contagione*)[27]中确立下来,在 1675 年和 1683年,也就是说在瓦罗之后过了 17 个多世纪,通过微生物传染的可能性才首次被荷兰人安东尼·范·列文虎克(Antony van Leeuwenhoek)证明。

3. **安东尼乌斯·穆萨**。罗马医生中的大多数人,当然,包括那些最出色的医生,都是希腊人,这种情况一直持续到公元 2 世纪甚至更晚。人们并非总能认识到这一点,因为有些希腊医生,例如安东尼乌斯·穆萨(Antonius Musa)和斯克里博尼乌斯·拉尔古斯(Scribonius Largus)都使用了拉丁名字;归根结底,他们只是做了类似埃及人和犹太人在他们之前已经做过的事,因为他们发现用希腊名字代替自己原有的名字更方便。这是一种自然的习惯,不应对之做出错误的判断;这样做的目的可能是为了伪装,但可能恰好顺应了社会并获得了社会的赞赏。

---

* 伊本·哈提马,细菌学和微生物学的先驱;伊本·哈提布(1313 年—1374 年),诗人、作家、史学家、哲学家、政治家和医生,医学方面的代表作有《论瘟疫》(*On the Plague*);达米里(1344 年—1405 年),教规和博物学作家。——译者

[27] 即《希罗尼摩斯·弗拉卡斯托罗论传染、传染病及其治疗》(3 卷)(*Hieronymi Fracastorii de contagione et contagiosis morbis et eorum curatione libri Ⅲ*, Venice, 1546),拉丁语本,附有威尔默·凯夫·赖特(Wilmer Cave Wright)翻译的英译文(New York, 1930)[《伊希斯》*16*, 138–141(1931)]。

411　　我们并不知道安东尼乌斯·穆萨（活动时期在公元前 1
世纪下半叶）的原名；[28] 他的兄长欧福耳玻斯（Euphorbos）
是努米底亚（Numidia）国王朱巴一世（Juba Ⅰ，公元前 46 年
去世）的御医。安东尼乌斯是一个自由民，他获准在罗马行
医并且非常成功。公元前 23 年，他交了好运，用冷水浴和莴
苣挽救了奥古斯都的性命。他为此获得了丰厚的奖赏，并且
拥有了诸如可以戴金戒指（这对自由民来说一般是禁止的）
等各种特权。他成为奥古斯都的常任医师，这一巨大的荣誉
为他吸引了许多名人患者，如维吉尔、贺拉斯、梅塞纳斯、阿
格里帕等。就像常会在一些皇家建筑师身上出现的情况那
样，他之所以出名，主要是由于他的赞助者的重要地位而不
是由于他本人的成就。不过，他有可能是一个好医生，即使
他未能挽救马尔克卢斯（Marcellus）也不能证明他不是好医
生。[29] 由于他对冷水浴的依赖，有人可能会把他称作水疗
法的创始人，但我们可以肯定，许多人远在他以前就相信冷
水浴了。在这一方面，他的名望也是以模棱两可的传说为基
础的，他的名望不是由于他使用了冷水浴，而是由于他用冷
水浴挽救了奥古斯都的生命。他有关药物学（materia
medica）的著作（参见《盖伦全集》，第 13 卷，463）已经失传。

----

[28] 拉丁词 Musa 完全是从希腊词 Musa（缪斯）照抄过来的，缪斯是负责歌曲、诗歌
和美术的诸女神之一；这些女神一共有 9 位。对自由民来说，取这样的名字是很
优雅的。请比较一下我们的词"museum"，供奉缪斯女神的神庙。

[29] 马尔克卢斯出生于公元前 41 年，他是奥古斯都的侄子、养子和继子，而且似乎
是其设想的继承人；他于公元前 23 年 18 岁时去世。维吉尔的《埃涅阿斯纪》第
6 卷第 860 行—第 886 行使他得以名扬千古："Tu Marcellus eris. Manibus date lilia
plenis...（你也将是一个马尔克卢斯，双手散发百合花……）"。

冠以他之名的两部专论《论水苏草药》(*De herba betonica*)[30]
和《论维护健康·致迈克纳斯》(*De tuenda valetudine ad
Maecenatem*)都是后人的伪作。《论水苏草药》于 1537 年首
次在苏黎世出版,1547 年这两部著作在威尼斯共同
出版。[31]

　　没有必要再谈其他的罗马医生了。如果安东尼乌斯·
穆萨是他们当中最杰出者,其他人就不可能有什么了不
起的。

　　从其他的著作,例如埃米利乌斯·马切尔(Aemilius
Macer)的教诲诗和维特鲁威的《建筑十书》,也可以推论出
医学知识。

　　4.**埃米利乌斯·马切尔**。维罗纳的埃米利乌斯·马切尔
(活动时期在公元前 1 世纪下半叶)像许多罗马人一样,曾
到东方旅行去学习希腊文化,他大约于公元前 16 年在亚洲
去世。他模仿尼坎德罗的希腊诗的风格,创作了一些拉丁
诗,涉及鸟的繁衍[《鸟的繁衍》(*Ornithogonia*)]、有毒的生
物和解毒药[《解毒药》(*Theriaca*)]、草药[《草药》(*De
herbis*)]。除了它们的标题以外,我们对它们一无所知。

　　5.**维特鲁威**。正如人们可能料想的那样,《建筑十书》中
有许多对医学的关注。维特鲁威在其开篇(第 1 卷,第 1 章,

[30]　*Betonica*,亦即水苏,是一种薄荷家族的植物,该专论的作者认为,它有许多医用
　　功效。

[31]　这样,穆萨这个名字在文艺复兴期间又复活了。弗朗西斯一世(Francis I)把这
　　个名字赐予他自己的医生安东尼奥·布拉萨沃拉(Antonio Brasàvola),这既是给
　　予后者的荣誉也是给予他自己的荣誉。参见萨顿:《文艺复兴时期(1450 年—
　　1600 年)对古代和中世纪科学的评价》(Philadelphia: University of Pennsylvania
　　Press,1955),第 32 页。

412　10)正确地指出:"建筑师应当具有某种医学知识,因为他们会遇到施工地点的气候、是否有利健康以及不同水的使用等问题。"他的著作的不同部分,尤其是讨论水的第 8 卷,对这些医学问题进行了阐述。例如,他指出(第 8 卷,第 3 章):"阿尔卑斯山的麦杜里(Medulli)部落有一种水会使饮用它的人喉咙肿胀(甲状腺肿)。"[32]他还指出(第 8 卷,第 6 章),用铅管送水不利于健康;铅的使用会影响水管工的健康,"因为他们皮肤的自然颜色被极度的苍白取代了";在挖井时,必须特别谨慎:"把点燃的灯放入井下,如果使它保持不灭,人们下去就不会有危险。"在该书的第 4 卷第 1 章中,他说明了在建造房屋时要考虑气候的影响。

维特鲁威不是医学博士,但他富有才智并有足够的经验,完全可以对他那个专业涉及医学的必要条件做出正确的评价。

---

[32] 关于甲状腺肿的历史,请参见克劳迪厄斯·F. 迈耶(Claudius F. Mayer)的论文,载于《伊希斯》*37*,71-73(1947)。

第二十三章

公元前最后两个世纪的地理学[1]
——克拉特斯和斯特拉波

虽然关于建筑和农牧业的主要专论是用拉丁语写的(即使它们并非这些领域仅有的论文),但几乎所有关于地理学的著作都是用希腊语写的,当然,从凯撒到奥古斯都这一时期的末期除外,因为在这段时间,人们可以发现某些拉丁语的表述,或者是彻底的罗马表述,而非貌似希腊风格的罗马表述。这个时期两个主要的英雄是马卢斯的克拉特斯(活动时期在公元前2世纪上半叶)和阿马西亚的斯特拉波(活动时期在公元前1世纪下半叶)。

一、希腊地理学

1. 马卢斯的克拉特斯。马卢斯位于奇里乞亚,它是克拉特斯的故乡,一个非常古老的希腊人定居地,据说它在特洛伊战争(Trojan war)时就已经建立了。[2] 克拉特斯在佩加马度过了他的一生,他是那里的语言学学派的领袖和图书馆的馆长。这暗示着他会与他的亚历山大同事发生争论,对

---

〔1〕 关于公元前3世纪的地理学,请参见本卷第六章。

〔2〕 传统上所确定的特洛伊战争的时期是公元前1192年—前1183年,但就马卢斯而言,确切的日期无关紧要。只要记住它是在久远的古代建立的就足够了。

此,我们将在本卷第二十六章加以介绍。唯一可作为他生涯
的年代界标的是公元前 168 年,这一年他作为使节被欧迈尼
斯二世派往罗马,送去了他的国王对彼得那(Pydna)大捷的
祝贺信;据说,他的来访影响了罗马诸公共图书馆的发展,但
这是稍后一些的事。按照斯特拉波(《地理学》第 2 卷,5,
10)的说法,他制作了一个地球仪;这是有记载的最早的地
球仪(在此之前天球仪已被使用)。由于有人居住的世界
(oicumenē)只是地球表面的一个很小的部分,斯特拉波认
为,为了实际研究之用,最好使用一个直径不小于 10 英尺的
大地球仪;他并没有说克拉特斯的地球仪有那么大。克拉特
斯似乎对地理学的详细资料并不感兴趣,他更有兴趣的是地
球的一般方面。他复兴并且发展了毕达哥拉斯的四陆块理
论:并非只有一个有人居住的世界;而是有四个这样的世界
分别坐落在四个陆块,这些陆块彼此被两个大洋分开,并且
两两形成对跖。(想象一下你用两个彼此垂直的平面把一个
苹果切成 4 个部分。)这当然是一个无根据的理论,但是它唤
起了想象而且多次给予地理学观念以启示。[3]

我们将更简略地谈一谈与克拉特斯同时代的 3 个
人——向导波勒谟、阿加塔尔齐德斯和波利比奥斯。

2. **向导波勒谟**。波勒谟(活动时期在公元前 2 世纪上半
叶)来自特洛阿斯,曾在希腊各地旅行。他的绰号 ho
periēgētēs,意为"向导",是指他那个时代一种典型的职业。
希腊人总是喜欢漫游,因而就出现了一些以漫游为职业的

---

[3] 参见汉斯·约阿希姆·梅特(Hans Joachim Mette):《地球仪的制作——佩加马
的克拉特斯的宇宙学研究》[*Sphairopoiia. Untersuchungen zur Kosmologie des Krates
von Pergamon*(336 页),Munich,1936][《伊希斯》*30*,325(1939)]。

人,他们以了解希腊诸城市作为他们自己的事业,并且为其他人,例如罗马游客,提供从一个城市到另一个城市的导游,告诉游人那些著名的遗址。波勒谟的著作只有一些残篇流传下来;[4]他写过一些指南以及有关许多城市建城(*ctiseis*)史的著作。他还讨论过考古学问题,并公布了一些城邦的铭文(*peri tōn cata poleis epigrammatōn*)。他收集的铭文主要是德尔斐、斯巴达以及雅典等地遗址的献辞。我们不能肯定他是不是个体导游者,但他的活动使得导游成为可能,他是希腊导游之父。

3. **尼多斯的阿加塔尔齐德斯**(Agatharchidēs of Cnidos)。[5] 这个阿加塔尔齐德斯(活动时期在公元前 2 世纪上半叶)是漫步学派的成员,他于公元前 2 世纪的第二个 25 年期间活跃于亚历山大城;他是一位国王[托勒密九世索特尔二世(Ptolemaios Ⅸ Soter Ⅱ)?]的监护人或私人教师。他撰写过 10 卷有关亚洲的地理学及历史的专著[《亚细亚志》(*Ta cata tēn Asian*)],还写过 49 卷有关欧洲的地理和历史的专著[《欧罗巴志》(*Eurōpiaca*)],但他最重要的著作是

---

[4] 由卡尔·米勒收集并编入《希腊古籍残篇》第 3 卷(Paris,1849),第 108 页—第 148 页。

[5] 其著作残篇的希腊语-拉丁语版见于卡尔·米勒:《希腊地理初阶》(Paris),第 1 版(1855),第 1 卷,第 111 页—第 195 页;英译本见 E. H. 沃明顿(E. H. Warmington):《希腊地理学》(*Greek Geography*, London,1934)[《伊希斯》35,250 (1944)],第 43 页—第 44 页、第 198 页—第 207 页。

关于红海的著作［《论红海》(*Peri tēs Erythras thalassēs*) *］，[6]其中包含了有关埃塞俄比亚(Ethiopia)和阿拉伯半岛的地理学和民族学的信息。例如，它记述了埃塞俄比亚的金矿和阿拉伯半岛沿海的食鱼族(*ichthyophagoi*)。该著作认为，是埃塞俄比亚冬季的积水造成了尼罗河夏季的洪水。

4. **波利比奥斯**。斯多亚学派成员波利比奥斯(活动时期在公元前 2 世纪上半叶)主要是一位历史学家，他是古代最伟大的史学家之一，我将在下一章用更多的篇幅讨论他的著作的重要性，不过，他值得我们现在就来关注一下。在他看来，地理学是附属于政治史的，但是，他充分认识到掌握完备的地理学知识是任何真正的史学家必备的基本条件之一。像其他希腊人一样(他是阿卡迪亚人，一个真正的希腊人)，他在希腊世界到处旅行；而与他们大部分人不同的是，他也在西方(意大利、高卢和西班牙)旅行，因而，他对西方的背景有着非同寻常的了解，他描述说，这种背景会为西方的事件提供恰当的说明。他举例说明了罗马对外征服导致的地理学知识的发展；我们或许可以说，他是第一个对罗马世界进行描述的人。

尽管波利比奥斯是公元前 3 世纪的" *fin de siècle*(世纪末)"之子，但他很长寿(他大约于公元前 125 年去世，享年

＊ 这里的红海(the Erythraean Sea, Erythraean 源于希腊语 Ερυθρά，意为"红色的")是古代用语，指印度洋及其附属海域、海湾，尤其是波斯湾，19 世纪后主要指现代意义上的红海(Red Sea)。——译者

[6] 这似乎是某种类似环球航行手册或航行者指南的著作，涉及了红海两岸。其残篇保存在西西里岛的狄奥多罗(活动时期在公元前 1 世纪下半叶)和佛提乌(活动时期在 9 世纪下半叶)的著作中。

82岁），因而会把我们带入公元前2世纪下半叶。

　　另外3个与他同时代但比他年轻的人值得地理史学家关注：喜帕恰斯、以弗所的阿尔米多鲁斯（Artemidōros of Ephesos）和基齐库斯的欧多克索（Eudoxos of Cyzicos）。

　　5.尼西亚的喜帕恰斯。喜帕恰斯（活动时期在2世纪下半叶）主要是一位天文学家，正因为如此，他促进了地理学知识的数学基础的建立。有人也许会说，他作为地理学家的主要功劳就是，在确定地理位置方面坚持使用严格的数学方法。但以下这些事实会使这种说法的说服力有所削弱：他不喜欢埃拉托色尼，而且不相信亚历山大对外征服以来所获得的新资料。他撰写了一本反驳埃拉托色尼的著作，但他站在后者的肩膀上获得了巨大的优势。他接受了后者关于地球的规模的结论。

　　他试图根据最短的日子与最长的日子的比来测量纬度，这种方法与巴比伦人用算术级数测量（当人们向北走时）日子长度的逐渐增加的方法正相反。他参照分为360度的大圆计算纬度和经度，并且利用那些坐标系统地确立了每一个地点的位置，通过这些，他成为把有人居住的世界划分为不同的纬度地区或气候带的第一人。为了确定经度，他指出，应从不同地点观察日食和月食；不同地区的时差会显示出经度的差异。这是一种非常卓越的方法，但是它的系统应用恐怕需要具有某种地位的政治组织的参与，但这样的组织尚不存在，而科学组织的地位在他那个时代几乎是不可想象的。

　　没有证据证明他进行过大量旅行。他是从哪里以及如何获得他的资料的呢？我们有关他本人之成就的知识很有限，而这点有限的知识应归功于斯特拉波；有可能，在喜帕恰斯故去 3 个世纪以后编写的托勒密的地理学,在一定程度上来源于斯特拉波所汇集的资料。

6. **以弗所的阿尔米多鲁斯**。以弗所的阿尔米多鲁斯[7](活动时期在公元前 2 世纪下半叶)使得阿加塔尔齐德斯的地理学资料和喜帕恰斯的地理学资料更加丰富了;他活跃于公元前 2 世纪末(大约公元前 104 年—前 100 年)。他进行过大量旅行,向西远至西班牙(和高卢),他定居在亚历山大,并且撰写了 11 部地理学专著[如《地理学》(*Ta geōgraphumena*)、《环航记》(*Periplus*)、《地理论》(*Geographias biblia*)]。关于东方地理学,他依据的是阿加塔尔齐德斯的著作,并且增加了有关红海和亚丁湾(the Gulf of Aden)的资料;关于印度,他则以亚历山大时代的作者和麦加斯梯尼为依据。他的雄心是要遍及全部有人居住的世界(*oicumenē*);他曾两次计算它的长度和宽度而没有借助任何天文学的测定手段! 显然,他反对埃拉托色尼和喜帕恰斯只对经纬度感兴趣的倾向,而赋予了距离更重要的价值。这可能意味着,他的地图既是以旅行路线也是以天文学测定为基础的。在判断他的方法时,我们应当记住,纬度的测定仍是不准确的,而经度的测定就更是如此。虽然从理论上讲,一张基于旅行路线的地图远不如一张基于坐标的地图,但在实践中这样的地图也许并不很糟。而反过来,没有地磁导向工

---

[7] 请不要把他与另一个很久以后的以弗所的阿尔米多鲁斯(Artemidōros of Ephesos,活动时期在 2 世纪下半叶)混淆。这第二个阿尔米多鲁斯一般被称作阿尔米多鲁斯·达尔迪亚努斯(Artemidōros Daldianos),他写过一本关于梦的著作[《解梦》(*Oneirocritica*)]。阿尔米多鲁斯这个名字(意为“阿耳忒弥斯的天赋”)肯定在以弗所是很流行的,因为这个城市供奉的就是阿耳忒弥斯(狄阿娜)。

具,旅行路线就会受到影响。[8]

7. 基齐库斯的欧多克索。[9] 斯特拉波所讲述的欧多克索的故事已经引起了人们的怀疑,因为它太离奇了,但我并不认为它缺少似真性。欧多克索被他土生土长的城邦派往亚历山大城去执行一项使命,他在那里偶遇了一名印度水手——一艘在红海海岸失事的船上唯一的幸存者(这种事故并不罕见,因为那里海岸的珊瑚礁非常危险)。这个印度人讲述了他的历险,并且提出,如果国王[托勒密-埃维尔盖特二世(Ptolemaios Evergetēs Ⅱ),或"大肚子"*,他的统治一直持续到公元前116年]愿意给一艘船提供装备,他可以带领一个远征队返回印度。这个条件得到了满足,欧多克索也登上了船。他们航行到印度然后又返回来。国王为他们调拨了丰富的货物,而他们则带回了一些国王无法窃取的重要的东西,亦即有关西南季风的知识,这种季风使得驶出曼德海峡、从红海进入亚丁湾和阿拉伯海更容易了。我们很快会回过头来讨论这个问题,不过我们还是先把欧多克索的故事讲完吧。

他进行了第二次去印度的旅行,这一次他带回了一种取自一艘船的船首的装饰物,这个装饰物可以证明那艘船是从加的斯(Gades, Gadiz)出发的。欧多克索得出结论说,它必

---

〔8〕希腊人很早就发现了磁石有吸铁的特性,但直到中世纪晚期,人们才认识到它的导向特性(参见《科学史导论》第2卷,第24页)。罗盘的使用是中世纪晚期的一个成就。

〔9〕基齐库斯是普洛庞提斯海(马尔马拉海)的一个岛;它是希腊在小亚细亚最早的殖民地之一。它现在属于该海的南海岸,现名为卡皮达厄(Kapidaği)。关于这个欧多克索的知识来自波西多纽,而我们是通过斯特拉波获得这一知识的。

＊因为托勒密-埃维尔盖特二世身材肥胖,故有此绰号。——译者

定已经完成了围绕非洲的航行,并因此决定做一次同样的航行。他向加的斯航行,然后向西非海岸航行,之后就失踪了。

　　这个故事的第一个部分,亦即季风的发现[10]是最令人感兴趣的。这种发现在实践方面的重要意义几乎怎么评价也不会过分,因为从红海航行到马拉巴(Malabar)海岸和之后的返回,如果顺着季风航行可能就非常顺利,如果逆着季风可能根本无法航行。季风(从西方人的观点看)是不是欧多克索发现的呢? 这项发现一般被归功于希帕罗斯,但是学者们在年代的确定方面有分歧。有些人认为希帕罗斯活跃于奥古斯都时代以后,其他人[11]则认为他属于托勒密王朝晚期。不管希帕罗斯处于什么时代,似乎有可能后来的托勒密诸王的船只航行到了印度,但最早的直接穿过印度洋抵达南印度的航行不可能早于公元40年—50年。[12] 后来的托勒密诸王确立了他们对曼德海峡的控制,而且至少到公元前78年,上埃及的大将军(epistratēgos)也在兼任红海和印度洋的舰队司令。在埃及出现的印度人比以前更多了,南印度的物产(如黑胡椒)在埃及和欧洲的市场上越来越丰富了。克莱奥帕特拉七世可能想过放弃地中海而控制印度洋,这一事实是印度贸易在她那个时代(她于公元前30年去世)已经

----

〔10〕 指西方人对它的发现。有可能印度或阿拉伯的水手已经意识到它的存在,但这无法证明。季风是季节性的风,在一年的某一季节向一个方向吹,在另一季节向相反的方向吹。

〔11〕 例如,米哈伊尔·伊万诺维奇·罗斯托夫采夫(1870年—1952年)。参见《伊希斯》*34*,173(1942)。按照《牛津古典词典》第428页,希帕罗斯活跃于公元前1世纪。实际上,普林尼把西南季风命名为希帕罗斯,见《博物志》第6卷,104-106。

〔12〕 这段的这一细节以及其他细节均引自 W. W. 塔恩和 G. T. 格里菲思:《希腊化文明》(London:Arnold,1952),第247页—第248页。我对这一独特的陈述表示怀疑,它很难与下面的事实相容。

达到相当大的规模的最好证明，而如果不充分利用季风，那种贸易就不可能有任何规模的发展。

我们现在也许可以走入公元前的最后一个世纪，就地理学而言，主导这个世纪的是三个伟大的人物：波西多纽、斯特拉波和查拉克斯的伊西多罗斯（Isidōros of Charax）。

8. **阿帕梅亚的波西多纽**。[13] 我们已经多次谈到波西多纽（活动时期在公元前 1 世纪上半叶），他的名字还会一再出现，因为他是一个几乎对一切都好奇的人。不过，把他与亚里士多德加以比较或者称他为希腊化时代的亚里士多德，都非常容易使人产生误解。亚里士多德的伟大更多地体现在他的思想的力量和完整性上，而不在于他的求知欲的范围。的确，波西多纽是公元前最后一位把所有知识都当作他的领域的学者，但亚里士多德在综合方面的天才是他无法与之相比的。就我们根据留传下来的残篇所能做出的判断而论，波西多纽常常被他的想象和神秘主义引入歧途。也许，称他为"古代最有才智的旅行家"更为正确，[14] 这样的赞誉已经足已。斯特拉波著作的许多部分都是来源于他。

他撰写了一部专论《论海洋》（*Peri ōceanu*），在其中他重

---

[13] 阿帕梅亚坐落在奥龙特斯河沿岸，是塞琉西王国最大的城市之一，后来成为罗马的行省：第二叙利亚行省（Syria Secunda）；在第一次十字军东征期间（1096 年—1099 年），它被称作法米耶（Famieh），当时它处在诺曼底人坦克雷德（Tancred）的统治之下。

[14] 这是 H. F. 托泽（1829 年—1916 年）在其《古代地理学史》（M. 卡里修订；Cambridge，1935）第 190 页的表述。

申了埃拉托色尼的思想:只有一个海洋。[15] 他进行了相当
广泛的旅行,不仅沿着地中海沿岸地区,而且深入到内地,在
诸如西班牙、高卢甚至英格兰这样的国家中旅行,并且对
"人"以及自然地理做了详尽的观察。他在加的斯停留了整
整一个月,他在这里观察了潮汐,并且成为最早的把这种现
象归因于太阳和月亮的共同作用的人之一,引起了人们对大
潮和小潮的注意。他还观察了地震、火山,以及在(西西里
岛东北的)利帕里群岛(Lipari islands)或风神群岛(Aeolian
islands)之间一个新的小火山岛的出现。他参观了安达卢西
亚和加利西亚(Galicia)的矿山,并且描述了它们的巷道和排
水装置。他见证了岩盐的存在,并且描述了罗讷河(the
Rhone)河口附近的克罗平原(the Crau plain)以及遍布该平
原的大量的鹅卵石。其他同类的细节很容易从斯特拉波的
《地理学》中收集到,斯特拉波曾一再引用他的著作。

　　他试图改进埃拉托色尼对地球规模的估计,把其直径
(错误地)从 250,000 斯达地减少为 180,000 斯达地;另外,
他又过高地估计了欧亚大陆的长度,并且认为人们从大西洋
向西航行 70,000 斯达地就会抵达印度。这一错误导致了特
别的后果。它以这种或那种形式反复出现在斯特拉波、托勒
密、罗吉尔·培根以及皮埃尔·德埃利(Pierre d'Ailly,
1410)等人的著作之中,增强了哥伦布(Columbus)的乐观倾

---

〔15〕 这是一种古老的观点,可以追溯到涅亚尔科(活动时期在公元前 4 世纪下半
　　　叶)、亚里士多德、赫卡泰乌(活动时期在公元前 6 世纪),甚至可以追溯到荷马。
　　　有关的详细情况,请参见本书第 1 卷,第 138 页、第 186 页、第 310 页、第 510 页
　　　和第 526 页。只有一个海洋的思想是正确的,但荷马和赫卡泰乌错误地把它构
　　　想为是一条环绕大地的大河[即荷马的 ōceanos potamos 或 apsorroos,意为"流回到
　　　自身"]。这种观念与大地为球形的观念是不相符的。

向,并且导致了后者的发现,不过,不是使他发现了欧亚大陆的东部边界,而是使他发现了新大陆。

9. **斯特拉波**。最好把斯特拉波(活动时期在公元前 1 世纪上半叶 *)解释为《地理学》的作者,由于我们对他的了解均来自他的这部主要著作,也是其唯一幸存的著作,因此就更应该这样说。有人从这部著作推测,他大约于公元前 64 年出生在阿马西亚,[16]他深情地描述了这里。他属于一个显赫的家族,其中的某些成员曾为本都国王米特拉达梯五世埃维尔盖特(Mithridatēs Ⅴ Evergetēs)和米特拉达梯六世尤帕托(Mithridatēs Ⅵ Eupatōr)效力,分别担任将军、总督和玛神(柏洛娜神)[Mā(Bellona)] ** 的祭司。他的家族一部分是希腊血统,一部分是亚洲血统,但他在语言和习惯方面完全是一个希腊人。他的家境一定很好,因为他受到了精心的教育。他在家里接受过初级教育之后就被送往(卡里亚的塔拉雷斯附近的)尼斯(Nysa),在这里,他拜一个名叫阿里斯托德穆(Aristodemos)的人为师,学习语法和文学。公元前 44 年(20 岁时),他去罗马进一步深造。他的导师有语法学家和地理学家阿米苏斯的提兰尼奥[17](Tyranniōn of Amisos,斯特拉波可能就是受他的影响认可了其职业)以及漫步学派哲学家奇里乞亚之塞琉西亚的克塞那科斯(活动时期在公元

_119_

---

　* 原文如此,与以前诸章和后文有较大出入。——译者

[16] 阿马西亚(Amaseia,在土耳其语中是 Amasya)位于耶希尔河畔,是本都王国的首都,地处黑海东端南部。这里也是米特拉达梯大帝的出生地。参见斯特拉波:《地理学》,第 12 卷,3,9;也可参见第 15 卷,30,37。

　** 在罗马神话中,柏洛娜是战神马耳斯之妻(也有的说是他的乳母或妹妹),在罗马帝国时代她又与女神玛合而为一了。——译者

[17] 阿米苏斯在本都境内。因此,这个提兰尼奥是斯特拉波的同乡,而在罗马,他们一起工作。

前 1 世纪下半叶）；他认识了一些斯多亚学派的成员，如：波西多纽、[18]西顿的波埃苏（Boēthos of Sidon）以及奇里乞亚之塔尔苏斯的阿特诺多罗（Athēnodōros of Tarsos）。他本人也成了一个热情的斯多亚学派成员；他承认百姓需要神话、典礼和神秘的宗教仪式，但他自己的宗教是斯多亚教。

他是一个伟大的旅行家，尽管并不像他的《地理学》那样伟大，而他自己的证言（第 2 卷，5，11）[19]可能也暗示了这一点。他从东方的亚美尼亚旅行至西方的意大利；他去了希腊[至少去了科林斯（Corinth）]，并且去了埃及，从那里他沿尼罗河上行直至埃塞俄比亚；他对小亚细亚的许多地方也很熟悉。他的许多信息都来自书籍，亦即来自希腊书籍，因为很少有适用于他的其他书籍。

他在《地理学》中提到一些重要的事件；他曾于公元前 44 年去过罗马，后来又在公元前 35 年、公元前 31 年、公元前 29 年和公元前 7 年去过那里；他从公元前 25 年[20]至公元前 20 年或者更晚些时候去了埃及。他的许多信息都是从亚历山大图书馆获得的。（除了这里以外他还能从哪里获得

---

[18] 波西多纽于公元前 50 年去世，因此，斯特拉波若不是在非常年轻的时候见过他，就不可能有机会与他相遇；公元前 50 年，斯特拉波年仅 14 岁，而波西多纽已经 80 多岁了。

[19] 类似标注的参考文献均指《地理学》。

[20] 斯特拉波于公元前 25 年伴随埃及行政长官埃里乌斯·加卢斯（Aelius Gallus）旅行到了西拜德（Thebaid）。M. 卡里在托泽的《古代地理学史》第 xxviii 页说："公元前 25 年，奥古斯都进行了不明智的尝试，即通过指挥对希米亚里特（Himyarite）的阿拉伯人城镇马里阿巴（Mariaba）的陆路远征，试图打破他们在南红海的商业垄断。他的将军埃里乌斯·加卢斯在经过从阿卡巴湾（the Gulf of Akaba）穿越中阿拉伯沙漠的 6 个月的艰苦行军之后，开始包围该城，但却未能攻陷它。这是古代唯一的一次对阿拉伯半岛开战的真正尝试。加卢斯的部队所遭到的艰难困苦使凯撒感到气馁，阻止了他侵入阿拉伯的进一步的努力。"

他所需要的所有书籍呢?)他活跃于整个奥古斯都时代和提比略统治(公元 14 年—37 年)初期。有可能他在阿马西亚度过了他一生的最后时光。他于公元 21 年或更晚些时候去世。

他写过两部伟大的著作:一部是关于历史的,现已失传;另一部就是他的《地理学》,这一著作近乎完整地留传至今,它是古代伟大的杰作之一。这部著作分为 17 卷,它的内容粗略地说是这些:

第 1 卷—第 2 卷:绪论。它们有一部分涉及历史。他批评了荷马和埃拉托色尼,讨论了波利比奥斯、波西多纽和基齐库斯的欧多克索。他谈到了数学地理学、大地的形状以及有关球体和行星的制图法。他坚持认为,正如在各地所出现的潮涨潮落所证明的那样,只有一个海洋。因此,人们可以从西班牙航行到东印度群岛(第 1 卷,1,8)。

第 3 卷,西班牙。锡利群岛(Scillies)[卡西特里德群岛(Cassiterides)]。

第 4 卷,高卢、不列颠等。

第 5 卷,意大利北部和中部。

第 6 卷,南意大利和西西里岛、罗马帝国。

第 7 卷,中欧和东欧(结尾部分佚失)。[21]

第 8 卷,伯罗奔尼撒。

第 9 卷,希腊北部。

第 10 卷,希腊群岛。

420

---

[21] 第 7 卷的结尾部分在 11 世纪时依然存在,因为在写于该世纪末的一份手稿《梵蒂冈摘要》(Epitome Vaticana)中,有关于它的概述。第 7 卷还有许多残篇(大约 34 页)。

第 11 卷,黑海和里海地区、托罗斯、亚美尼亚。

第 12 卷—第 14 卷,小亚细亚。

第 15 卷,印度、波斯。

第 16 卷,美索不达米亚、叙利亚、阿拉伯半岛、埃塞俄比亚海岸。

第 17 卷,埃及。

这是一部地理学知识的百科全书,其中各卷必然有着不同的价值。关于斯特拉波有大量文献,其中最有价值的部分就是对书中涉及的每一个地区有深入了解的学者们对它们的讨论。我无法重述这些评论,因为它们是无穷无尽的。

我们来考虑几个一般性问题。斯特拉波的目的是什么?他想写一部关于全世界的地理概览;但是,由于他所受的是纯文学方面的教育,因而他对数学地理学没有兴趣,他轻视数学地理学,对它没有足够的知识,并且对其困难没有真正的理解。与此形成对照的是,他对人有着深厚的兴趣,而且有哲学头脑;他的地理学是自然地理学,但更是人文地理学、历史地理学和考古地理学。他想就地球的表面、它的自然风貌(河流、山川等)以及不同地区之间的差异,为他的读者提供一种总的观点,然后说明在每一个地区人们是怎样生活的,他们是什么种类的人。这意味着要讲述他们的兴衰变迁和成就,并且要列举他们的城市(它们是什么时候建立的?)、道路和公共纪念性建筑物,有时还要列举他们中的伟大人物。

作为一个斯多亚学派的成员,他接受了拜星教的一般教义,但他的占星学是温和的,没有证据表明,他相信星命学

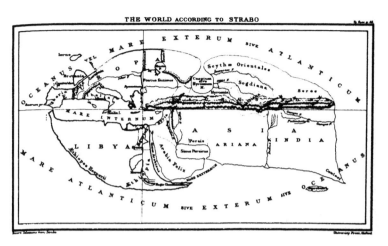

421

图 80 按照斯特拉波(活动时期在公元前 1 世纪下半叶)的观点绘制的世界地图[复制
于 H. F. 托泽:《斯特拉波文选》(*Selections from Strabo*)修订本(Oxford,1893)]

(genethlialogy)。他知道埃及人和迦勒底祭司的"天文学"研
究。[22] 他断言,西顿的腓尼基人把最早的天文学和算术的
基本知识传给了希腊人。[23]

在政治方面,他显然是亲罗马的;他认识到,奥古斯都时
代给世界带来了和平和统一(第 4 卷,4,2)。例如,通过消
灭到那时为止在东地中海猖獗的地方海盗活动,他们已经确
立了旅行、贸易和繁荣的安全保证。不过,他依然为自己是
一个东方人而感到自豪,并且从没有忘记提及诸多在东方出
生的学者。他钦佩罗马的政体,但不重视罗马的学者(人们

---

[22] 星命学意味着对星象的占卜或算命。斯特拉波时代的每一个人都在一定程度
上相信占星术;那些像斯特拉波这样有才智和受过良好教育的人,由于其谨慎和
怀疑主义的态度而削弱了他们的信念。参见斯特拉波关于天文学和占星学的评
论,见于《地理学》第 16 卷,1,6(迦勒底人)及第 17 卷,1,46(埃及人)。

[23] 参见《地理学》,第 16 卷,2,24。

不应因此而责备他）。

　　关于他的著作的年代已经有了许多讨论。他的信息的大部分大概是在他离开亚历山大城（大约公元前 20 年）以前获得的，《地理学》的第一个草稿在公元前 7 年已经完成了。他没有利用阿格里帕的地图，因为在那时他还无法得到它。他的著作的最后一页列出了罗马诸省的清单，他在远离罗马的地方写下了这个清单，时间不晚于公元前 11 年，并且在公元前 7 年修订了它。他大约于公元 18 年在阿马西亚修订了全书，他在大约 20 处提到提比略（他的统治从公元 14 年开始）就证明了这一点。

　　他充分意识到他的著作的规模和重要性，并且称它为长篇著作（*colossurgia*）；事实的确如此，人们必然想知道单凭一个人怎样完成如此浩繁的工作。在我们的时代，与之规模相当的工作会由学术机构或大学来规划立项，并且通过项目管理者们领导许多学者和更多的秘书、使用各种设备来完成。我们很幸运地有这样一部对奥古斯都时代的西方世界的详尽的地理学概述，该书还附加了有关史学、考古学和民族学方面的信息，有关于贸易和产业的评论，以及其他反思。

　　他所想到的公众人物不是某一群科学地理学家，因为那时还没有科学地理学家，而是政治家、实业家以及他那个时代其他受过教育的人（第 1 卷，1，22－23）。这是一个小规模的公众，但包含了某些像我们这个时代的精英那样有才智的人。

　　尽管斯特拉波不是一个十分成熟的博物学家，但他的《地理学》描述了许多从批判精神来考虑的重要的自然事实。他解释说，山脉是因地球内部的挤压作用而形成的，萨色利（Thessalia）的藤比河谷（the Valley of Tempē）是由地震

而导致的。他依然认为,火山现象是由于被封闭在地球内部
的风的爆炸力引起的,并且把火山看作类似安全阀的东
西。[24] 他把地中海诸岛的产生,要么归因于地震导致的大
陆断裂,要么归因于源自(西西里岛东北的)利帕里群岛的
火山作用。他明确重申了这一古代理论:陆地和海洋经常互
换位置。他记述了许多陆地下沉或上升的例子,其中有些是
当地的,其他的则分布范围广泛。例如,谈到太阳神的绿洲,
他说:"太阳神庙原来位于海滨,而现在坐落在内陆,因为出
现了海水外泄。"[25] 他指出,出现在不同地区的贝壳化石
(conchyliōdēs)证明,这些化石的发现地——下埃及陆地以前
是被淹没在水下的。他把这种沉没归因于地震。类似的原
因也许完全摧毁了苏伊士(Suez)地峡,并且打开了地中海和
红海的通道。[26] 他介绍了许多有关水的侵蚀作用的观察结
果,以及对河口或河道中的冲积层的观察结果。他提供了有
关盐矿开采和从矿泉中提取盐的信息;提供了有关拉夫里翁
银矿、亚历山大城的玻璃制造、水车、使船穿过科林斯地峡的
水下滑道(diolcos)的信息;还提供了有关连接尼罗河与红海
的古代运河的信息,这条运河的终端在阿尔西诺,它有两道
闸门以预防水道(euripos)的变化,并使得船可以相向而行。

　　斯特拉波不是一个文学高手,但从学者可能采用的方式
来看,他写得非常好。他受过良好的教育,他的用语准确而

---

[24] 火山是一种安全阀的构想,在 18 世纪末仍为现代地质学的奠基人之一詹姆斯·赫顿(James Hutton)所接受,参见他的《地球的理论》(Theory of the Earth),第 2 版[2 卷本(Edinburgh,1795)],第 1 卷,第 146 页。

[25] 《地理学》,第 1 卷,3,4。这一节还提供了其他例子。

[26] 以前,希罗多德(对藤比河谷)、亚里士多德和波西多纽(对利帕里群岛)也做过类似的地质学考察;参见《科学史导论》,第 3 卷,第 214 页。

清晰,没有不相关的修饰。文学家也许会称它为乏味的和枯燥的,但他在创作方面确实下了功夫,在用尽可能多的与其严肃目的相一致的故事介绍多种知识和使读者满意方面,他已经竭尽全力了。他的著作(在风格和内容方面)远远超过了普林尼的《博物志》的地理学部分。

斯特拉波说,亚里士多德是第一个收集图书的人,而且埃及诸王纷纷效仿他。[27] 这一论述大体上(grosso modo)是正确的。亚里士多德也许并不是第一个收集图书的人(这意味着什么? 一个人必须有多少书才能成为"收藏家"?),但肯定是由于(通过帕勒隆的德米特里和斯特拉托传播的)他的影响,早期的托勒密诸王才决定建立亚历山大图书馆的。

斯特拉波的阅读量大大超出了其旅行量。他阅读了他可以获得的从荷马开始的全部希腊文献。他(像每一个希腊人一样)对荷马非常钦佩,过高地估计了《奥德赛》的地理学价值(埃拉托色尼倾向于低估其价值)。不过,他最丰富的资料来源是比他年长的同时代人波西多纽。正是他把波西多纽对地球规模的错误估计传给了后代。

对罗马帝国的政治家和文职官员来说,他的《地理学》有着巨大的实用价值,这在同类著作中是独一无二的,考虑到这一点,古代对斯特拉波的注意相对较少就令人感到惊讶了。最早的那些抄本的所有者是不是为了实践用途(而不是学术用途)把它们隐藏起来了呢? 我不可能想到其他解释。约瑟夫斯(活动时期在 1 世纪下半叶)知道他的这一著作,

---

[27]《地理学》,第 13 卷,1,54。

但其他希腊人甚至连托勒密（活动时期在 1 世纪下半叶＊）都不知道它，也没有一个罗马学者了解它，甚至 *mirabile dictu*（说来也奇怪），连普林尼（活动时期在 1 世纪下半叶）也不了解。古代的这种忽视可能也是缺乏阿拉伯译本的原因；穆斯林地理学家和史学家一直不知道斯特拉波。

在拜占庭时代，拜占庭的斯蒂芬诺斯（活动时期在 6 世纪上半叶）重新发现了斯特拉波，塞萨洛尼基的优斯塔修斯（Eustathios of Thessalonicē，活动时期在 12 世纪下半叶）和马克西莫斯·普拉努得斯（活动时期在 13 世纪下半叶）利用了他的著作。《地理学》最早的抄本是 12 世纪的《巴黎抄本1397》（Parisinus 1397），只包含第 1 卷—第 9 卷。至于第 10卷—第 17 卷，就必须依赖三个更晚的抄本：《梵蒂冈抄本1329》（Vaticanus 1329）、《梵蒂冈摘要》、《威尼斯抄本 640》（Venetianus 640）。

印刷本传承的开始应归功于维罗纳的古阿里诺（Guarino of Verona，大约 1370 年—1460 年），他从君士坦丁堡带回一个希腊抄本，并把第 1 卷—第 10 卷翻译成拉丁语；第 11 卷和第 12 卷由格雷戈里奥·蒂佛尔纳斯（Gregorio Tifernas）翻译，全部译本由斯韦恩希姆和潘纳茨印制［Rome，1469（参见图 81）］，而且在 1500 年以前印过 5 次，它们分别印于：威尼斯，1472 年；罗马，1473 年；特雷维索（Treviso），1480 年；威尼斯，1494 年，1495 年（Klebs 935.1–6）。希腊语初版由奥尔都出版［Venice，1516（参见图 82）］。威廉·克叙兰德（Wilhelm Xylander）对拉丁语版进行了大量修订（Basel：

＊　原文如此，与以前诸章有较大出入。——译者

图81　斯特拉波的《地理学》的拉丁语版，由维罗纳的古阿里诺翻译（Rome：Sweynheym and Pannartz，1469）。这是斯特拉波著作印刷本传承的开始。它之所以重要是因为，古阿里诺使用了比初版编辑者更好的希腊语抄本（现已失传）[承蒙皮尔庞特·摩根图书馆恩准复制]

Henricus Petri,1570）；这是第一个令人满意的版本。

伊萨克·卡索邦（Isaac Casaubon）编辑了希腊语版,并且附上了克叙兰德的翻译（Geneva,1587）。另一个值得注意的版本是荷兰人扬松·达尔梅洛文（Jansson d'Almeloveen）编辑的（Amsterdam,1707）。

阿达曼托斯·科拉伊斯[“科雷”（Coray）]编辑了一个新的希腊版[4卷本（Paris,1815-1819）；参见图84]和一个法译本[5卷本（Paris,1805-1819）；参见图85]。这个译本是他根据拿破仑的命令与三位法国学者合作翻译的,他们是:F. J. G. 德·拉波特·迪泰伊（F. J. G. de Laporte du Theil）、J. A. 勒特罗纳（J. A. Letronne）和戈瑟兰。

最好的考证版是奥古斯图斯·迈内克（Augustus Meineke）版,第一版由托伊布纳（Teubner）出版（Leipzig,1852-1853）,而且常常以3卷本重印出版。

“洛布古典丛书”中的希腊语-英语对照本由约翰·罗伯特·西特林顿·斯特雷特（John Robert Sitlington Sterrett）开始编辑,由霍勒斯·伦纳德·琼斯（Horace Leonard Jones）完成[8卷本（1917-1932）]。

参见马塞尔·迪布瓦（Marcel Dubois）:《评斯特拉波的〈地理学〉》[*Examen de la géographie de Strabon*（416页）,Paris:Imprimerie Nationale,1891],该书对到1890年为止的有关斯特拉波的文献进行了评论;恩斯特·霍尼希曼（Ernst Honigmann）的论述,见保利-维索瓦:《古典学专业百科全书》第2辑,第7卷,76-155,1931。

亨利·范肖·托泽:《斯特拉波文选》[388页,6幅地图（Oxford:Clarendon Press,1893）];文选是希腊语,附有注释。

426

图 82　斯特拉波《地理学》的初版[对开本,31 厘米高,366 页(Venice:Aldus,1516)]。书的第一页显示,它排印得非常漂亮;书眉装饰、标题和第一个大写字母均印成了红色。奥尔都·马努蒂乌斯(1449 年—1515 年)本人是他那个时代该书最活跃的希腊语版本的编者,但他有时也得到了克里特岛的希腊学者马可·穆苏鲁斯(Marco Musurus,1470 年—1517年)或其他人的帮助[承蒙哈佛学院图书馆恩准复制]

10. **查拉克斯的伊西多罗斯**。[28] 本章关于希腊的一节可以用对这个伊西多罗斯（活动时期在公元前 1 世纪下半叶）的简略说明作为结束。伊西多罗斯与斯特拉波是同时代的人，尽管我们不可能说明他是活跃于公元前某某年还是活跃于公元某某年。比较简单的办法是，把他看作奥古斯都时代的地理学家；事实上，他的研究可能是按照阿格里帕的命令去做的。斯特拉波没有提到过他，但普林尼把他"对世界的描述"的残篇传了下来，他的《帕提亚旅行记》（*Journey Around Parthia*, *Parthias periēgēsis*）中一个涉及采珠业的残篇，被瑙克拉提斯的阿特纳奥斯（《欢宴的智者》，第 3 卷，46）保存了下来。我们有他的《帕提亚驿站》（*Parthian Stations*, *Stathmoi Parthicoi*）的完整本，该著作概述了从安条克到印度的商队通道。[29] 这是指南或游记的一个很好的例子，它对旅行者、商人或政府官员都适用，它的某些部分是在奥古斯都时代编写的。我们在下面论及阿格里帕时将会回过头来讨论它们。

二、拉丁地理学

幸存下来的拉丁记述比希腊记述少多了，而且它们只是在前基督时代末期才开始出现的。我们将从儒略·凯撒开始，我们所讨论的学者至少不比他逊色。

1. **儒略·凯撒**。我将在本卷第二十四章讨论儒略·凯撒的《高卢战记》（*Commentarii de Bello Gallico*，大约写于公

---

[28] 在希腊语中，Charax（查拉克斯）意指木桩，因而又指木桩制成的栅栏或由栅栏围成的营地。许多营地都被称作查拉克斯；这里所说的这个地方在底格里斯河口附近。伊西多罗斯大概是一个迦勒底人。

[29] 参见威尔弗雷德·H.肖夫（Wilfred H. Schoff）：《查拉克斯的伊西多罗斯的〈帕提亚驿站〉》[*Parthian Stations of Isidōros of Charax*（47 页），Philadelphia，1914]。

427

STRABONIS
RERVM GEO-
GRAPHICARVM
LIBRI XVII. *G. Templeman*

ISAACVS CASAVBONVS recensuit, summoque studio
& diligentia, ope etiam veterum codicum, emendauit, ac
Commentariis illustrauit,& secundis curis cumulatè
exornauit,quæ nunc primum prodeunt.

*Adiuncta est etiam GVLIELMI XYLANDRI Augustani Latina
versio ab eodem Casaubono recognita.*

Accessère FED. MORELLI Professorum Reg Decani, in eundem Geographum
Obseruatiunculæ.

Additus est rerum insignorum & notatu dignissiorum locuples INDEX, accuratus, & necessarius, tam Geographicus
quàm Historicus: nec non alius ab ISAACS CASAVBONI commentarios.

Lutetiæ Parisiorum, Typis Regiis.
M. DCXX.
CVM PRIVILEGIO REGIS CHRISTIANISSIMI.

图 83　伊萨克·卡索邦编辑的《地理学》的希腊语－拉丁语版（Paris，1620）。卡索邦以前也出版过一个希腊语－拉丁语版（Geneva，1587），使用了吉利尔姆斯·克叙兰德（Guilielmus Xylander）的拉丁语译文。不过，这是一个新的版本，它是斯特拉波研究的一个里程碑。它的页码标注法再现在许多后来的版本中；其他编者更喜欢按照 T. J. 范阿尔梅洛芬文［T. J. Van Almeloveen(Amsterdam,1707)］的页码标注法引证斯特拉波。例如，第 2 卷的开始是 C 67-A 117。这是一个非常厚的对开本（不算封面，35 厘米高，8 厘米厚），希腊语和克叙兰德的拉丁语译文双栏并排（843 页），随后是一个十分详尽的索引，最后是卡索邦的评注和修正（282 页）以及另一个单独的索引［承蒙哈佛学院图书馆恩准复制］

元前 52 年—前 50 年),但是,我们现在必须讨论一下它的地理学基础。这样做有一定困难,因为凯撒的地理学信息是贫乏的,而那些包含信息略多一些的段落则被怀疑是在凯撒去世后添加进去的。也有人论证说,一些有关德国和海西林山(the Hercynian Forest)[30]的地理学段落,是他雇用的一个"研究助手"根据希腊地理学家们的论述编纂的;不过,我们不必为此而感到困窘,因为"研究助手"并不指望获得什么荣誉。关键在于,他的许多信息来自希腊书籍,无论是通过他(在这方面他有足够的希腊语知识)还是通过某个雇员获得的。他的主要的书本上的资料来源于埃拉托色尼、波利比奥斯和波西多纽,但他也现场从一些战俘或自由的原住民那里获得了相当多的信息。地名和部落名称大体上都是从当地提供信息的人那里获得的;按照西塞罗的说法,这些名称如此之多,每天都会给他带来一些以前所不知道的名称。[31]

对我们来说很难想象,在没有地图的情况下,凯撒如何进行其战役和远征。我们有如此之深的地图意识,以至于我们几乎无法理解没有地图的旅行。凯撒及其副官们对某个国家(例如高卢)掌握了一般性的信息,当他们继续前进时,他们从当地的资料获得了更多的信息。有些关于部落的信息甚至在今天也无法精确地标注在任何地图上,因为每个部

[30] 即 Hercynia Sylva,凯撒在《高卢战记》第 6 卷 24-25 描述说,它横贯德国,直至达契亚(Dacia,长 60 天行程,宽 9 天行程)。这是一种把黑林山(Black Forest)、奥登林山(Odenwald)、图林根林山(Thüringer Wald)、哈茨山(Harz)、厄尔士山脉(Erzgebirge)和巨人山脉(Riesengebirge)合在一起的模糊的说法。请注意,"Harz"和"Erz"这些词都来源于"Hercynia"。在所有地理地貌中,在没有地图的情况下,山脉是最难定位的。

[31] 参见西塞罗:《在元老院的演说:论执政官行省管理》(De provinciis consularibus in Senatu oratio),第 13 章;成书于公元前 56 年。

ΣΤΡΑΒΩΝΟΣ

ΓΕΩΓΡΑΦΙΚΩΝ

ΒΙΒΛΙΑ ΕΠΤΑΚΑΙΔΕΚΑ,

ΕΚΔΙΔΟΝΤΟΣ ΚΑΙ ΔΙΟΡΘΟΥΝΤΟΣ Α. ΚΟΡΑΗ,

Φιλοτίμῳ δαπάνῃ τῶν ὁμογενῶν Χίων, ἐπ' ἀγαθῷ τῆς Ἑλλάδος.

ΜΕΡΟΣ ΠΡΩΤΟΝ.

ΕΝ ΠΑΡΙΣΙΟΙΣ,

ΕΚ ΤΗΣ ΤΥΠΟΓΡΑΦΙΑΣ Ι. Μ. ΕΒΕΡΑΡΤΟΥ.

ΣΕ ΤΡΟΥΒΕ,

CHEZ THÉOPHILE BARROIS, PÈRE, LIBRAIRE, RUE HAUTEFEUILLE, N° 2.

ΑΩΙΕ.

GÉOGRAPHIE

DE

STRABON,

TRADUITE DU GREC EN FRANÇAIS.

TOME PREMIER.

A PARIS,

DE L'IMPRIMERIE IMPÉRIALE.

An XIII. = 1805.

图 84　阿达曼托斯·科拉伊斯所编的以 4 卷本出版的斯特拉波《地理学》（Paris,1815－1819）第 1 卷的扉页。士麦那的 A. 科拉伊斯（Korais,即科雷）是一个希腊学者和爱国者（1748 年—1833 年），从 1788 年开始生活在巴黎；他是现代希腊精神上的缔造者之一。参见本书第 1 卷,第 369 页[承蒙哈佛学院图书馆恩准复制]

图 85　斯特拉波《地理学》法译本第 1 卷的扉页,该译本按照拿破仑的命令并在他的支持下由 A. 科拉伊斯、F. J. G. 德·拉波特·迪泰伊、J. A. 勒特罗纳和戈瑟兰合作翻译[5 卷本,29 厘米高（Paris,1805－1819）],书中附有大量注疏和地图。第 1 卷—第 3 卷（1805 年—1812 年）由帝国印刷厂印制（Imprimerie impériale）,第 4 卷—第 5 卷（1814 年—1819 年）由同一印刷厂印制,但那时该印刷厂已改名为皇家印刷厂（Imprimerie royale）[承蒙哈佛学院图书馆恩准复制]

落的版图都是不固定的；它也许按照政治环境扩张或收缩,并且它总是随着季节发生某些变化。

　　波利比奥斯和波西多纽都去过高卢,而凯撒的征服战（公元前 58 年—前 50 年）大大增加了罗马人对它的了解。

它就像一个新发现的世界那样充满了新奇的东西。它的一部分即普罗文西亚(Provincia)[普罗旺斯(Provence)]已经殖民化了,但凯撒征服了高卢人(Galli)或凯尔特人(Celtae)居住的所有土地。在奥古斯都统治下,高卢全境被分为4个行省:第一个行省即老的普罗文西亚省,被称作纳尔榜南西斯高卢(Gallia Narbonensis)[在纳博讷(Narbonenne)周围]。后来,凯撒又增加了三个高卢(Tres Galliae):亦即,从比利牛斯山脉(Pyrénées)到卢尔瓦河(the Loire)的阿基塔尼亚高卢(Gallia Aquitanica),卢尔瓦河、塞纳河(the Seine)和索恩河(Saône)之间以及里昂周围的卢格杜南西斯高卢(Gallia Lugdunensis),塞纳河上游以及索恩河与莱茵河之间的比尔吉卡高卢(Gallia Belgica)。这"三个高卢"代表凯撒征服的三个重要的民族:南部的阿基塔尼人,中部的凯尔特人或高卢人,以及北部的比利其人(Belgae)。凯撒对我们已经提到的那些主要河流以及加龙河(the Garonne)和马恩河(the Marne)非常熟悉,他也熟悉南部的塞文(the Cévennes)山脉和东部的侏罗山脉(the Jura)以及孚日山脉(the Vosges),并熟悉比尔吉卡高卢境内的阿尔登森林(the forest of the Ardennes)。他对许多细节十分了解。我们所熟悉的许多地点和部落的现代名称,最早就出现在他的《战记》之中。

凯撒还提供了现在可以称为民族学信息的东西,他简要地记述了原住民的生活方式和习俗。

他曾于公元前55年和公元前54年两度侵犯不列颠,并且于公元前55年和公元前53年两次侵入德国。他描述了不列颠的三角形外形,对它的规模做出了较为恰当的估计,他还谈到爱尔兰岛(the Island of Hibernia 或 Iernē),认为它的面积相当于不列颠的一半,并且位于其西方;他是第一个注意到马恩岛(the Isle of Man)[32]的人。对德国,例如我们已经提到的海西林山,他的知识比较模糊;他对莱茵河的了解相当有限,对多瑙河了解非常少。[33]

简言之,我们在《战记》中发现了大量新的地理学和民族学的名称,但我们不能指望获得地理学上的精确性,因为他对它没有兴趣,而且没有努力去获取这种精确性。

凯撒对地理学知识的必要性的认识远远不如亚历山大曾有的认识,而他要去探索、征服和殖民的地区相比来说小得太多,更缺少神秘感。

他是第一个横渡莱茵河的罗马将军;第二个横渡该河的是德鲁苏斯(Drusus),[34]奥古斯都于公元前13年任命他担任使节出使高卢。德鲁苏斯组织了公元前12年的普查,并且在里昂为罗马和奥古斯都建造了一座祭坛。在同一年,奥古斯都命令他入侵德国,这一行动从比尔吉卡北部[荷兰的巴达维亚(Batavia)]开始。德鲁苏斯在莱茵河畔的主要基

---

[32] 可以设想,凯撒称之为莫纳(Mona)的岛是马恩岛而不是安格尔西(Anglesey),他说它位于从不列颠到爱尔兰的半途中。普林尼把它称作莫纳皮亚(Monapia)。

[33] 希腊人对多瑙河的下游非常熟悉,而对其上游不那么熟悉。在公元前35年的潘诺尼亚(Pannonia)战役中,屋大维(未来的奥古斯都)第一次认识到,德国南部的多瑙河(the Danuvius)和巴尔干(the Balkans)的多瑙河(the Ister)是同一条河流的不同部分。公元前15年,提比略探访了它的源头。只是到了那时,人们才对整个这条河有所了解。

[34] 尼禄·克劳狄乌斯·德鲁苏斯(Nero Claudius Drusus,公元前38年—前9年),奥古斯都的继子,他已于公元前18年担任检察官。他的哥哥提比略(公元前42年—公元37年)继承了奥古斯都的王位(14年—37年在位)。

地是韦特拉(Vetera),[35]后来是美因茨。他的德国战役一直
持续到公元前9年,他推进到易北河(the Elbe),并且在这一
年去世了,被葬在了奥古斯都的陵园之中。为了便于给养的
运输,他挖了一条把莱茵河与须德海(Zuyder Zee)和大海连
接起来的运河[德鲁苏斯运河(*fossa Drusiana*)];这使得他
能够去征服法里孙人(Frisians),但后来似乎并没有取得圆
满的结果。[36]

　　公元前44年,当凯撒和马可·安东尼共同担任执政官
时,他命令一个将军对罗马"帝国"进行国土普查。由于凯
撒于公元前44年3月15日被谋杀,使得他无法完成这个计
划。按照中世纪的一些传说,凯撒实际上已开始了这项事
业。伊斯特里亚的埃蒂库斯(Aethicus Ister,活动时期在7世
纪下半叶)在其《世界游记》(*Cosmographia*)中指出,[37]当凯
撒担任两执政官之一时,他下令进行国土普查,泽诺多克苏
斯(Zenodoxus)用了21年半的时间调查了该国的东部,狄奥
多图斯(Theodotus)用了30年调查了北部,波利克里图斯
(Polyclitus)用了32年调查了南部。因此,这次普查用了32
年才得以完成,其结果于公元前12年提交给罗马元老院。

---

[35] 韦特拉(韦特拉堡)濒临莱茵河下游,在现代的克桑腾(Xanten)城附近。这是罗
　　马在莱茵河畔最早的永久性营地(有一个军团在这个帝国灭亡之前一直驻扎在
　　那里),也是尼伯龙根城堡(the Castle of Niebelungen)的所在地和屠龙者西格弗
　　里德(Siegfried)的出生地,想到这里,真让人感到很奇特。

[36] 参见阿尔弗雷德·克洛茨(Alfred Klotz):《凯撒研究和关于斯特拉波对高卢和
　　不列颠的描述的分析》[*Cäsarstudien nebst einer Analyse der Strabonischen
　　Beschreibung von Gallien und Britanien*(267页),Leipzig,1910]。

[37] 参见路易·博代(Louis Baudet):《埃蒂库斯的〈世界游记〉》(*Cosmographie
　　d'Ethicus*,Paris,1843),第8页。

围绕哈丁汉姆的理查德（Richard de Haldingham）的世界地图[38]有一个传说，按照该传说，这次普查开始于凯撒，他委托尼科多克苏斯（Nicodoxus）普查东部，委托狄奥多克苏斯（Theodoxus）普查北部和西部，委托波里克里图斯（Policlitus）普查南部。这三个名字与埃蒂库斯提到的那些名字非常接近，它们肯定表示相同的人。从这些名字来判断，凯撒的 3 个助手是希腊人。

2. M. V. 阿格里帕（公元前 63 年—前 12 年）。对德国的征服使我们从凯撒转向了德鲁苏斯，而德鲁苏斯只不过是奥古斯都的一个副官。阿格里帕也是如此，这一小节也许应该以"奥古斯都"作标题，就像前一小节用"凯撒"作标题那样。不过，这两个人有着巨大的差异。凯撒的远征是他身体力行，而《凯撒战记》（Commentarii Caesaris）是他自己的回忆录。相反，奥古斯都只不过是一个幸运儿，命运女神福耳图娜使他当上了罗马的第一个皇帝；他应当享有这个至高无上的职位而且能够胜任，但这个职务也使得他不得不去管理这个帝国，而把创造性的工作及其乐趣留给其他人了。

我们已经描述了阿格里帕作为建筑师和工程师所取得的成就。他有幸去完成凯撒开始的另一项工作，即对帝国进行国土普查。这意味着一种真正的地理学研究，例如对道路的测量。那些道路最初是为了军事目的而修建的，但同样也

---

[38] 这是保存在赫里福德大教堂（Hereford Cathedral）的地图，大约绘制于 1283 年；参见《科学史导论》，第 2 卷，第 1050 页。也可参见皇家地理学会（the Royal Geographical Society）出版的克龙（G. R. Crone）的回忆录（London, 1954）中新复制的该地图。这幅图或者它的原型被用来作为奥罗修斯（活动时期在 5 世纪上半叶）的例证。

被用于贸易和旅行。为那些道路"绘制地图"或者至少对它们进行测量,对战争与和平具有同样的必要性。这种工作在奥古斯都和阿格里帕以前就开始了。按照波利比奥斯的说法,从西班牙边境到罗讷河的道路已经铺好,沿途的距离用里程碑标示。从波利比奥斯时代到奥古斯都时代,又修建和铺设了许多道路,这些道路也是以这种方式标示的。到了对整个道路网进行普查的时候了,这位皇帝把这项任务委托给了阿格里帕。

他的普查结果是制成了一幅世界(亦即罗马帝国和周围一些邻国的)地图,该地图是根据奥古斯都发布在奥克塔维娅门廊(the Porticus Octaviae)的一处墙上的命令制作的。这一地图由阿格里帕设计,但是直至他去世仍未完成;有一个讲述不同地点的距离和不同地区的规模的文本对该地图进行了说明。

这一成就对编辑军用或民用的旅行指南起到了新的推动作用。我们在前面关于查拉克斯的伊西多罗斯的那一小节中提供了一个例子。有可能,他的《帕提亚驿站》是阿格里帕普查的副产品。我们可以想象,每一个有责任感的地方长官都会下令为他所管辖的地区编写类似的旅行指南,因为若非如此,他要管理这个地区即使不是不可能的,也会是非常困难的。

还有两种旅行手册也逐渐形成了:一种是"详解旅行指南"(Itineraria adnotata),用纯文字描述了不同的道路和地区,列出了它们的驿站以及驿站之间距离的一览表;另一种是"图解旅行指南"(Itineraria picta),包含一些地图和其他一些图例。这些文献是必要的工具,它们的编写大概是在奥古斯都时代以前,而从那个时代以降,这类手册变得越来越多了;可是,留存下来的却寥寥无几。它们的消失是过度使用的一个无法避免的结果,因为它们是为旅行者编写的,而不是为学者编写的。在第一类旅行手册中,最早的实例是《安东尼旅行指南》(*Antonine itinerary*),大概编写于公元前 3 世纪。最早的图解旅行指南是《波廷格尔古地图》(*Tabula Peutingeriana*),为同一世纪的著作。[39] 在其关于作战术的专论中,韦格提乌斯(Vegetius,活动时期在 4 世纪下半叶)* 阐明了这两种旅行指南在军事上的必要性,他把它们的存在看作理所当然的;在韦格提乌斯时代,对它们的利用至少已经有 4 个世纪了。回到亚历山大时代,那时也有一些为水手[航线,航程(*periploi*, *stadiasmoi*)]提供的指南,这些早期的指南在拜占庭时代被抄写,并且数量逐渐增加。[40] 拉丁语的旅行手册大多来源于阿格里帕的普查和一些独立的希腊来源。

3. **国王朱巴二世**(大约公元 20 年去世)。有关努米底亚国王朱巴一世的事例,是对罗马的影响以及间接地对希腊的影响的极好说明,朱巴一世曾经支持庞培,他被凯撒打败了,

---

[39] 相关的更详细的情况,请参见《科学史导论》,第 1 卷,第 323 页。

* 韦格提乌斯是古罗马帝国军事专家,其《罗马军制》(*De re militari*)是西方最古老的军事著作,在西方有很大的影响。——译者

[40] 关于拜占庭传统,请参见阿尔芒·德拉特(Armand Delatte):《希腊航海指南》(*Les portulans grecs*, Liége: Faculté de philosophie et letters, 1947)[《伊希斯》*40*, 71-72(1949)]。德拉特标题中的 *portulans* 这个词是指中世纪的航海指南(*portolani*),参见《科学史导论》,第 1 卷,第 167 页。类似的传统存在于每一个文明的国家之中,例如在中国(《科学史导论》,第 1 卷,第 324 页和第 536 页)以及一些穆斯林国家(同上书,第 606 页)。阿拉伯和中国的旅行指南属于独立的传统,它们是由同样的管理需要导致的。

并且于公元前 46 年在他自己的首都扎马[41]自杀。他的儿子朱巴二世(Juba Ⅱ,活动时期在公元前 1 世纪下半叶)是那个时代之子,并使那一年的凯撒大捷增添了光彩。朱巴二世被带到罗马并且得到希腊私人教师最好的教育,他成为一名杰出的学者和罗马公民。奥古斯都相信他的忠诚,允许他返回努米底亚,并且于公元前 25 年立他为古毛里塔尼亚(Mauretania)国王。[42] 他所受的希腊教育的一个结果是,他大概想与希腊世界有更紧密的接触,他相继娶了两位希腊公主为妻:第一位是克莱奥帕特拉·塞勒涅(Cleopatra Selēnē),马可·安东尼与著名的克莱奥帕特拉所生之女;第二位是格拉菲拉(Glaphyra),卡帕多西亚国王阿基劳斯(Archelaos)之女。[43] 他尽其所能把希腊和罗马文化引入他的王国。他用希腊语写了许多著作,[44]涉及罗马史、利比亚、阿拉伯半岛和叙利亚;他把希腊古迹与罗马古迹进行了比较,并且描述了大戟(euphorbia)这种植物(一种非洲植物),他以他的医生欧福耳玻斯(Euphorbos)的名字命名该植物,以示纪念。他的作品都佚失了,但我们可从普林尼(活

---

[41] 即 Zama Regia,土耳其语中为 Jama,在迦太基西南(《牛津古典词典》,第 964 页)。

[42] 我们也许可以大致地说,努米底亚的疆域包括现代的突尼斯西部和阿尔及利亚(Algeria)东部,古毛里塔尼亚的疆域包括阿尔及利亚西部和摩洛哥(Morocco)。朱巴一世担任过努米底亚国王,朱巴二世则被立为另一个国家毛里塔尼亚的国王。这体现了罗马人的谨慎。

[43] 他在罗马与这两位公主相遇。克莱奥帕特拉·塞勒涅在安东尼于公元前 30 年去世后被带到罗马。阿基劳斯在安东尼的支持下被立为卡帕多西亚国王,但是最后,他被指控通敌并被带到罗马,他不得不一直待在那里。他于公元 17 年在罗马去世。

[44] 因此,也许最好应把朱巴二世放在第一节,与那些希腊人一起讨论。他的情况是反常的,因为他无疑是一个西方人,完全在罗马接受了教育。他是这个世界的拉丁首都深度希腊化的例证。

动时期在 1 世纪下半叶) 和普卢塔克(活动时期在 1 世纪下半叶) 的著作中对它们有一些了解。

我们对这个非常多才多艺的努米底亚－希腊人特别感兴趣,因为他对地理学很好奇。他对幸运群岛(加那利群岛)[Fortunate Islands(Canaries)]进行过研究,他认为该群岛共有 5 个岛屿。[45] 他知道尼日尔河,并且独创了这样的理论,即尼罗河来源于离大海不远的毛里塔尼亚西部山区。[46] 也许,希罗多德(《历史》,第 2 卷,第 32 节—第 33 节)使他误入歧途了?无论如何,不应因这些直到上个世纪才改正过来的错误而责备他。除非借助长时间的航行和数学制图法,否则这些错误实际上是无法矫正的。

再谈两个与朱巴二世同时代的人,卢克莱修知道尼罗河起源于热带南部(《物性论》,第 6 卷,第 721 行),而维特鲁威则把尼日尔河与尼罗河混为一谈了。这暗示着在希腊语和拉丁语文献中还可以找到其他新奇的地理学论述,但关注它们,我们可能就要用去许多篇幅,而我们对公元前的地理学知识的介绍已经足够了。

4. **希吉努斯**(大约于公元 10 年去世)。希吉努斯是奥古斯都释放的,并被他任命担任帕拉丁图书馆的馆长。这位罗马的多产作家把他的许多(业已佚失的)著作中的一部用来

---

[45] 普林尼在其《博物志》第 6 卷 203–205 引述了其中一些岛屿的名字和一些具体细节,可以把这些名称看作与现代的地名相对应的,例如卡纳里亚(Canaria)这个名称。迦太基人大概知道这些岛屿,朱巴二世在自己的研究中或许受到了当地传统的启示。

[46] 这种理论以及其他理论把尼日尔河看作尼罗河的一个分支,并且认为那条幻想中的复杂的尼日尔河－尼罗河是欧洲的多瑙河在非洲的翻版;这些理论是很难排除的;参见《科学史导论》,第 1 卷,第 1158 页和第 1772 页。

论述意大利的地理学[《意大利城市的位置》(*De situ urbium Italicarum*)]。在这一领域中,他是彼特拉克和许多文艺复兴时期的人文主义者的先驱。也就是说,他是在波利比奥斯和斯特拉波以后第一个使地理学转向历史地理学的人,亦即把史学家和诗人提到过的地点与他那个时代已有的地点联系起来的人,而且可能是第一个使用拉丁语这样做的人。对许多古代和文艺复兴时期的人文学者来说,一个地点除了它与人的关系外,没有任何意义,这里所说的人不是指普通的人,而是指政治家、军人,尤其是哲学家、诗人、艺术家或神话中的英雄。

第二十四章

公元前最后两个世纪的历史知识[1]

一、希腊史学家

1. **波利比奥斯**。波利比奥斯(活动时期在公元前 2 世纪上半叶)无疑是公元前 2 世纪最伟大的史学家。的确,我们可以更进一步地说,他是仅次于希罗多德和修昔底德的古代最伟大的史学家,希罗多德和修昔底德都是活跃于他之前的公元前 3 世纪。他本人非常重要,而他同时也是一个新时代的象征,这是西方普世主义的第一个时代,也是罗马共和国的黄金时代。罗马的使命和荣耀首先由一个希腊人来颂扬,而且他使用的是他自己的语言而没有使用拉丁语,这种现象是不合情理的。

波利比奥斯大约于公元前 207 年出生在阿卡迪亚的迈加洛波利斯;也就是说,他是一个百分之百的希腊人。阿卡迪亚是一个相对较大的地区,它占据了伯罗奔尼撒半岛的中部,并且被一些山脉与其他地区分开。这里的人自认为是最古老的民族和最原始的希腊人,他们大都是农民和牧羊人。他们的主要职业是饲养和培育家畜;他们的主要消遣是打

---

[1] 这一章是本卷第十二章所讲述的公元前 3 世纪的历史知识的续篇。

猎;他们的主神是潘(Pan)和阿耳忒弥斯;他们钟爱的艺术是音乐。[2] 阿卡迪亚人比其他希腊人能够更长时间地捍卫自己的独立,而且一再击败了他们最危险的邻居——古代斯巴达人 [Lacedemonians (Spartans)]。派洛皮德 (Pelopidas) 和伊巴密浓达这两个底比斯英雄使斯巴达人的希望破灭了:派洛皮德于公元前 379 年把斯巴达人赶出了底比斯,伊巴密浓达则于公元前 371 年在留克特拉打败了他们。正是根据伊巴密浓达的建议,阿卡迪亚人修建了一个新的堡垒和首都,他们称它为迈加洛波利斯(意为大都市)。他们后来加入了阿哈伊亚同盟,与它共享兴衰变迁,但他们最终被罗马征服了。

我们必须回到波利比奥斯,不过,参照他的背景可以更好地了解他。对他来说,与斯巴达和罗马的战争是可怕的现实。最伟大的民族英雄菲洛皮门 (Philopoimēn)[3] 在他的心中留下了深刻的印象。他的父亲吕科尔塔 (Lycortas) 是菲洛皮门的朋友,并且接替后者担任了阿哈伊亚同盟的首领;他于公元前 182 年打败了美塞尼亚人,并且迫使斯巴达人加入了联盟。有吕科尔塔这样的父亲,我们可以肯定,波利比奥斯所接受的教育既是可能获得的教育中最好的,也是这类教

485

---

[2] 随着时间的推移,阿卡迪亚人被认为是田园生活价值观最优秀的代表;维吉尔把这一名誉神圣化了。不妨回想一下《牧歌》(七)(*Ecloga* Ⅶ) 4 中的 *Arcades ambo* (既指阿卡迪亚人,又指擅长田园音乐的人)。

[3] 菲洛皮门(公元前 253 年—前 183 年)认识到捍卫阿卡迪亚的独立需要强大的力量,为之制造了防卫工具。他是一位优秀的将军,并且于公元前 208 年成为阿哈伊亚同盟的首领(*stratēgos*)。他于公元前 183 年成了美塞尼亚人(Messenian)的囚徒,并且被他们杀害了。

育最好的典范。至于罗马人,数次马其顿战争[4]使得他们熟悉了敌人。第三次马其顿战争于公元前 168 年以彼得那[5]大捷而告结束,马其顿征服者(Macedonicus)埃米利乌斯·保卢斯战胜了马其顿国王佩尔修斯。打败佩尔修斯为保卢斯在罗马的胜利增加了光彩,更重要的是,佩尔修斯的希腊图书馆变成了保卢斯的战利品的一部分,他把它用于对其两个最大的儿子 Q. 费边·埃米利亚努斯(Q. Fabius Aemilianus)和非洲征服者 P. 斯基皮奥·埃米利亚努斯的教育。[6] 有 1000 名人质被带到罗马,那时 40 岁的波利比奥斯也是其中的一员。由于他的家族的与众不同和他本人的价值,他在获胜者的家中受到了款待,成了斯基皮奥·埃米利亚努斯特别恩典的客人,而斯基皮奥·埃米利亚努斯是"斯基皮奥学社"的创建者和领袖。[7] 这个团体是由受过高等教育的罗马人、著名的希腊文学的仰慕者和拉丁文学的推

---

[4] 一共有过 4 次这样的战争:公元前 215 年—前 205 年,公元前 200 年—前 196 年,公元前 171 年—前 168 年,公元前 149 年—前 148 年。公元前 148 年,马其顿成了罗马的一个行省;公元前 146 年,两执政官之一的(阿哈伊亚同盟征服者)卢基乌斯·穆米乌斯肢解了联盟,他把科林斯城完全摧毁了并且把该城的珍宝运到了罗马。

[5] 彼得那离塞尔迈湾(Thermaic gulf)的西北海岸非常近[这个海湾在马其顿与三叉形的哈尔基季基半岛(Chalcidicē)之间]。

[6] 这是著名的斯基皮奥家族的第二个非洲征服者。第一个是非洲征服者大斯基皮奥(公元前 236 年—前 184 年),他于公元前 202 年在扎马战役中打败了汉尼拔。诸如非洲征服者、亚洲征服者、阿哈伊亚同盟征服者和马其顿征服者这些称号,都是赠与那些罗马将军以祝贺他们的胜利的。请比较一下拿破仑的称号奥斯特利茨公爵(the duke of Austerlitz)或埃克米尔公爵(the duke of Eckmühl),或者英国的称号如尼罗河的纳尔逊(Nelson of the Nile)、美吉多的艾伦比(Allenby of Megiddo)或阿莱曼的蒙哥马利(Montgomery of Alamein)。

[7] 这个团体的领袖有两个人:斯基皮奥·埃米利亚努斯和盖尤斯·莱利乌斯,西塞罗的《论友谊》使得他们的友谊成为千古佳话。尽管在战争年代他们是职业军人,但这两个人各自都受过良好的教育并且富有思想。

动者组成的。斯多亚学派有两个学者是它的卓越成员,一个
是我们这里谈及的波利比奥斯,另一个是帕奈提乌。在拉丁
成员中有讽刺作家盖尤斯·卢齐利乌斯(Gaius Lucilius,公
元前 180 年—前 102 年),剧作家泰伦提乌斯(公元前 195
年—前 159 年)以及西塞罗。这个团体在罗马的希腊化、拉
丁哲学和文学的发展以及罗马文化的发展中的重要作用,怎
么说也不过分。考虑一下波利比奥斯在这个罗马智力中心
中所获得的特权。他在罗马生活了 18 年(公元前 168 年—
前 150 年,从 40 岁至 58 岁),在此期间,他有机会见到了无
论是希腊还是罗马思想界的所有最重要的人物,他们或者在
这个城市居住,或者来这里游览。例如,公元前 155 年,他有
机会见到了雅典使团的成员:学园派的卡尔尼德、巴比伦人
第欧根尼以及漫步学派成员克里托劳斯。公元前 150 年,他
获准离开罗马,但是到了那个时候,他早已不再是一个流亡
者了,而且他已经成了比大多数罗马人更罗马化的人。无论
如何,他确实离开了罗马,他到处旅行,但又数度回来与他的
赞助者斯基皮奥·埃米利亚努斯住在一起,或者在其战役中
与之相伴。公元前 146 年,当迦太基被攻占并且被夷为平地
时,他正与斯基皮奥在一起。同一年,科林斯被穆米乌斯摧
毁了,波利比奥斯被召回协助希腊的重建 [《通史》
(*Historiai*),第 39 卷,13 及以下]。他在希腊开始了他的使
命(公元前 146 年—前 145 年),后来又在罗马把它完成了。
按照他自己(第 39 卷,19)的陈述:

　　实现这些目标后,我从罗马回到家中,[8]可以说,我已

---

[8] 这是否意指阿卡迪亚或希腊的迈加洛波利斯?

经完成了以前的全部政治活动,并且获得了我对罗马人长期的忠诚而应有的回报。为此我要向所有神祈祷,但愿我在有生之年可以继续沿着同样的道路前行并且同样顺遂;因为我非常清楚,幸运女神嫉妒凡人,当一个人自以为他在生活中是最幸福和最成功的时候,幸运女神最有可能显示她的威力。[9]

我们不知道他的余生是在哪里度过的。在他82岁时,他从马上摔下来,并且因此而丧命(大约在公元前125年)。

他写了多种著作,但只有一部使他名垂千古,这部著作写于公元前168年—前140年期间。这是一部通史著作[《通史》(*Historiai*)],描述了罗马在略多于半个世纪的时间内(公元前220年—前168年)对世界很大一部分的征服,以及从公元前168年至公元前146年希腊和迦太基被征服后,它们进一步的罗马化。这部著作长达40卷,其中第1卷—第5卷尚存,其余部分(第6卷—第40卷)的残篇保留在李维(活动时期在公元前1世纪下半叶)、狄奥多罗(活动时期在公元前1世纪下半叶)、普卢塔克(活动时期在1世纪下半叶)和阿庇安(Appian,活动时期在2世纪下半叶)的著作中。该书的第1卷和第2卷是绪论(*procatasceuē*),从陶尔米纳的提麦奥斯的描述截止时的公元前264年开始,叙述了经过第一次布匿战争(公元前264年—前241年)和阿哈伊亚同盟时期的事件。第3卷至第30卷描述了从罗马的一系列征服战到公元前168年彼得那战役(波利比奥斯在马其

---

[9]　波利比奥斯:《通史》,伊夫林·S.沙克伯勒(Evelyn S. Shuckburgh)译[2卷本(London,1889)],第1卷,第540页。

顿经历了该战役的大部分）。第 31 卷至第 39 卷讲述了从公元前 168 年至公元前 146 年的历史。第 40 卷大概是总结和根据奥林匹克四年周期对整部书的年代的总结。[10]

我们所关注的不是具体的细节。这样说就足够了：波利比奥斯的史学著作覆盖了他所知道的"世界"从公元前 264 年至公元前 146 年这重要的 118 年的历史。他的目的是极为专业化的，即向政治家和公务人员教授实用政治学。他的经验是非常丰富的，因为他是在希腊长大的，而且在那里生活了很长时间（40 年），他在那里见证了政治混乱的后果，在随后的 40 年中他生活在罗马，或者不断旅行但经常返回罗马。他在希腊、意大利、埃及、西西里、毛里塔尼亚、西班牙、高卢也许还有不列颠进行了大量旅行；因此，他对不同的地区和地理位置非常熟悉。他完全意识到了为军事或管理的目的而描述自然背景的必要性，并且为正确的描述做好了充分的准备。他阅读了他所能找到的每一部希腊语和拉丁语的相关著作，翻阅过许多经过他手的公共或私人的文件。最后（也是他最有优势的条件），他与许多希腊最重要的人物有过个人接触，后来又在斯基皮奥学社接触了罗马和全世界的重要人物。他了解战争与和平的现实，了解战略、战术和

_____

[10] 公元前 264 年＝129.1 四年周期；公元前 168 年＝153.1 四年周期；公元前 146 年＝158.3 四年周期。波利比奥斯之所以使用四年周期，是因为那是他那个时代最好的编年体系。那时还不可能使用自罗马建城开始的纪元（the era ab urbe condita）。瓦罗（活动时期在公元前 1 世纪下半叶）是第一个确立与罗马纪元的对应关系的人：罗马纪元元年＝公元前 753 年。罗马人用在职的两位执政官的名字给每一年命名的做法，既非常麻烦，又极不科学；它使得推算时间间隔变得几乎不可能了，例如对于公元前 264 年与公元前 168 年之间的间隔，或者按照波利比奥斯的方式，129.1 四年周期与 153.1 四年周期的间隔，这一方法是无能为力的。

外交问题以及政治谈判事务。他是相当公正的。一方面,他是一个希腊人,并且试图尽可能长时间地保护他的祖国,但他也(像每一个局内人那样充分地)认识到它的弱势所在。另一方面,他也非常清楚罗马的纪律和统一的优势。他认识到,罗马的国教就是对它的统一的奉献和对这种统一最好的保护,统治者利用宗教机构压制民众(第 6 卷,56)。如果希腊不仅丧失了统治世界的权力而且丧失了捍卫自己独立的权利,那就没有别的从政治混乱中解脱出来的办法,只有相信罗马人的领导能力。

在一些关于年代学的片段的叙述中,他说明了他的总的观点。例如,他在第 6 卷中讨论了罗马的政体,在第 12 卷中讨论了史学理论,在第 34 卷中讨论了地中海的地理。

在斯基皮奥学社中,他认识了帕奈提乌和其他斯多亚学派的成员;他大概在离开希腊以前就与其中一些人不期而遇;他自己的哲学、政治学和宗教都是斯多亚学派的。他试图说明生命的变迁,给出事件的原因,但又认识到,许多事件,其中有些是至关重要的事件,是由于机遇或运气导致的。[11] 对那些事件无法加以分析,对其他事件则可以分析,而且这样做是有益的。例如,人们可以指明一些人主要在意志力方面的优点或缺点,美德和邪恶,不同国家的政体和管理。他甚至尝试去说明全部的演进(*anacyclōsis*)过程。在这方面他可能受到了斯多亚学派对可重复或不可重复的周期

---

[11] 即 *eimarmenē* 或 *peprōmenē*,它们是由天数指定的,而命运三女神(拉丁语为 Moirae 或 Parcae)或梯刻女神(福耳图娜)则是天数的象征。

之信念的影响。[12]

波利比奥斯像修昔底德一样是一个科学的史学家,在思想的影响力和语言的纯正性方面仅次于他,但有一方面比他高明。波利比奥斯没有像他以前的修昔底德和他以后的李维那样,在其叙述中引入演说,因为他认识到,准确地引用演说是不可能的。

他是一个学者而不是一个文学家,我们甚至可以说,他是一个科学家并具有科学家以下的信念:真理(如果有的话,我们只能去寻找)必将占上风。他的风格在早期受到了诸如哈利卡纳苏斯的狄奥尼修(活动时期在公元前1世纪下半叶)这样的人的批评。狄奥尼修说,波利比奥斯是那些没有人能把其著作从头读到尾的作者之一。在他本人看来,波利比奥斯的著作是一种实用政治学的专著或研究(*pragmateia*);狄奥尼修既无法理解一个科学工作者的困难和审慎,也无法理解一部科学专著中缺少文学上的雕琢的现象。

波利比奥斯接受过非常好的教育,他像他那个时代的任何希腊人一样对他自己的语言非常精通。不过,那种语言已不再是公元前4世纪的古雅典语,而是一种通用语言(*coinē*),自公元前3世纪起就被整个希腊世界有教养的人使用。他试图使他必须要说的东西尽可能地清晰,并且尽力这样去做。他没有试图用诙谐的文学词句使他的读者获得

_____

[12] 历史的周期性本质、无穷轮回、转世或重生等概念并不是斯多亚学派首创的。它们都是东方的概念,并以这种或那种形式被毕达哥拉斯学派、修昔底德、柏拉图、亚里士多德,最终被斯多亚学派接受下来;参见本书第1卷,第321页、第475页、第515页和第602页。

快乐或惊喜,而是试图教给他们一些东西。

　　有可能,为君士坦丁七世波菲罗格尼图斯(Constantinos Ⅶ Porphyrogennētos,活动时期在 10 世纪下半叶)工作的学者们可以得到《通史》的希腊语全本;然而,当十字军于 1204 年洗劫君士坦丁堡时,大量希腊语抄本丧失了。现存最早的抄本为《梵蒂冈抄本 124》(Vaticanus 124),是 11 世纪的抄本,只包含该书的第 1 卷—第 5 卷。该书拉丁语的翻译始于阿雷佐的莱奥纳尔多·布鲁尼(Leonardo Bruni of Arezzo,1369 年—1444 年),但人们对波利比奥斯的兴趣的恢复,在很大程度上应归功于梵蒂冈图书馆(the Vantican library)的创办者尼古拉五世(教皇,1447 年—1455 年在位),他鼓励萨索费拉托的尼科洛·佩罗蒂(Niccolò Perotti of Sassoferrato,1430 年—1480 年)重新翻译该书的第 1 卷—第 5 卷,这个译本由斯韦恩希姆和潘纳茨印制[Rome,1472(参见图 86)]。这几卷的希腊语初版由文森蒂乌斯·奥布索波奥斯(Vincentius Obsopoeus)编辑[Hagenau,1530(参见图 87)]。

　　有关波利比奥斯著作的书目学非常复杂,因为他的著作遗失的部分亦即从第 6 卷至第 40 卷逐渐被发现了,因此,有许多希腊语或其译本的这样或那样的“第一版”。最近的希腊语版(完整版)有:弗雷德里克·迪布纳编辑的 2 卷本(Paris:Firmin Didot,1893),该版附有拉丁语译文及充实的索引;弗里德里希·胡尔奇编辑的 4 卷本(Berlin:Weidmann,1866‐1872);特奥多尔·比特纳‐沃布斯特(Theodor Büttner-Wobst)编辑的 4 卷本(Leipzig:Teubner,1867‐1889);路德维希·丁多夫(Ludwig Dindorf)的修订本

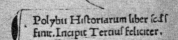

图 86　波利比奥斯(活动时期在公元前 2 世纪上半叶):《希腊罗马通史》(*History of Greece and Rome*)。最早的印刷本是由尼科洛·佩罗蒂翻译的该书的第 1 卷—第 5 卷的拉丁语本 [对开本(Rome:Sweynheym and Pannartz,31 Dec. 1473 meaning 1472)]。这个译本是题献给尼古拉五世(教皇,1447 年—1455 年在位)的,他赞助了该书的翻译 [承蒙皮尔庞特·摩根图书馆恩准复制]

440

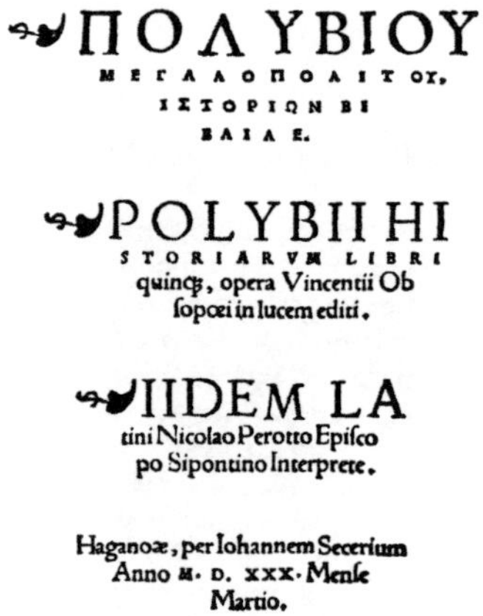

ΠΟΛΥΒΙΟΥ
ΜΕΓΑΛΟΠΟΛΙΤΟΥ,
ΙΣΤΟΡΙΩΝ ΒΙ
ΒΛΙΑ Ε.

POLYBII HI
STORIARVM LIBRI
quinc̜ꝗ, opera Vincentii Ob
fopœi in lucem editi.

IIDEM LA
tini Nicolao Perotto Epiſco
po Sipontino Interprete.

Haganoæ, per Iohannem Secerium
Anno M. D. XXX. Menſe
Martio.

图 87　波利比奥斯(活动时期在公元前 2 世纪上半叶)的《通史》初版的扉页,由文森蒂乌斯·奥布索波奥斯编辑[小对开本,27 厘米高(Hagenau：Johannes Secerius,1530)],附有尼科洛·佩罗蒂的拉丁语译本。希腊语本(106×2页)是题献给勃兰登堡边疆伯爵(Markgraf von Brandenburg)格奥尔格·德·弗罗梅(Georg der Fromme)的;拉丁语本(142×2页)是题献给尼古拉五世的[承蒙哈佛学院图书馆恩准复制]

[5 卷 4 册(Teubner,1882-1904)],比特纳-沃布斯特的第二次修订本[5 卷本(Teubner,1889-1904)]。

第 1 卷—第 5 卷的法译本由路易·迈格雷(Louis Maigret)翻译(Paris,1552),全本由皮埃尔·瓦尔茨(Pierre Waltz)翻译[4 卷本(Paris,1921)]。

第 1 卷—第 5 卷的英译本由克里斯托弗·沃森(Christopher Watson)翻译,(第一个)全译本由伊夫林·S.沙克伯勒翻译[2 卷本(London：Macmillan,1889)]。希腊语-英语对照本由 W. R. 佩顿编辑[6 卷本,"洛布古典丛书"(Cambridge：Harvard University Press,1922-1927)]。

2. **其他希腊史学家**。波利比奥斯对几乎他的每一个后继者都有影响,也许只有斯特拉波例外,但斯特拉波的史学著作已经佚失了。我的目的是要使读者对他们的活动有一个总的印象,而不是特别关注其中的每一个人。可与波利比奥斯相提并论的史学家只有几个人,亦即那些(在随后那个世纪)用拉丁语写作的作者如凯撒、盖尤斯·克里斯普斯·

萨卢斯特(Gaius Crispus Sallust)和李维。

在许多情况下,其他希腊史学家的作品只能通过一些残篇来了解。为了减轻我在第1卷中那类考证的负担,我在这里将只论及一些很容易查阅的残篇总汇。

卡尔·米勒和泰奥多尔·米勒(Theodore Müller)编辑的希腊语文集《希腊古籍残篇》[5卷本(Paris:Firmin Didot,1848-1872)]附有拉丁语译文,这是第一个出色的残篇集。这几卷文献在一个多世纪中为学者们提供了无数服务;新近对它们表示轻视的做法实在是可耻。由于两位米勒是先驱,他们的工作不可避免地会包含许多遗漏或疏忽方面的错误,只有极少数爱炫耀学问的人会露骨地对它们表示出幸灾乐祸。当然,这些错误应当纠正,但不应该自负和忘恩负义。

费利克斯·雅各比(1876年—　　)*已开始编辑一个新的版本,《希腊史学家著作残篇》(*Die Fragmente der griechischen Historiker*, Berlin:Weidmann,1923);第3卷B已经于1950年由布里尔(Brill,又译博睿——译者)出版社在莱顿出版;只有希腊语本。

3. 特洛阿斯的波勒谟和尼多斯的阿加塔尔齐德斯。这两个活跃于公元前2世纪上半叶的人,主要是地理学家,但由于他们对考古学感兴趣,因而也许可以把他们称作史学家。向导波勒谟尤其如此,他抄录过希腊铭文,而且也许是第一个碑铭研究家。[13] 参见我在本卷第二十三章对他们的

411

---

* 费利克斯·雅各比(1876年3月19日—1959年11月10日),德国古典学家和语言学家,《希腊史学家著作残篇》是其代表作。——译者

[13] 对罗马人而言,特洛阿斯在那时的吸引力与其在维吉尔的《埃涅阿斯纪》出版以后的变化相比,简直不值一提。

说明。

4. **雅典的阿波罗多洛**。阿波罗多洛(活动时期在公元前 2 世纪下半叶)在亚历山大度过了他生命的一部分时光,在佩加马度过了另一部分时光。在亚历山大时,他大概是著名语言学家萨莫色雷斯的阿里斯塔科斯(活动时期在公元前 2 世纪上半叶)的弟子;大约在 2 世纪中叶,他移居佩加马,并且把一部韵文体的希腊编年史著作[《编年史》(*Chronica*)]题献给阿塔罗斯二世菲拉德尔福(Attalos II Philadelphos,国王,公元前 159 年至公元前 138 年在位),该著作叙述了从特洛伊陷落至公元前 144 年(后来又扩展到公元前 119 年)的历史,它在一定程度上来源于埃拉托色尼。阿波罗多洛既是一位语言学家和神话作家,又是一位史学家。他为许多古代诗人如科斯岛的厄庇卡尔谟(Epicharmos of Cos,公元前 540 年—前 450 年)和叙拉古的索夫龙[Sophrōn of Syracuse,活跃于公元前 460 年—前 420 年,一种喜剧形式(*mimos*,笑剧)的发明者]写过注疏,尤其是他为荷马所写的注疏,例如,关于后者的舰船目录的注疏。他最雄心勃勃的著作是一部 24 卷的详尽的众神史[《神论》(*Peri theōn*)],这是一部希腊神话的百科全书式的著作。人们比以前更需要这种著作了,因为有文化的人并不像他们的父辈那样了解诸神的事迹,更糟糕的是,他们发现越来越难以相信它们了。阿波罗多洛是斯多亚学派的成员,他试图以合理的形式解释神话。

不应把这一著作与另一个阿波罗多洛的著作相混淆,这个人也是雅典人,或者至少被称作雅典的阿波罗多洛,[14]他

---

[14] 阿波罗多洛这个名字在雅典必定是极为常见的。

的著作是以截然不同的精神,亦即以较少合理性而较多虚构的传统方式写作的。这第二部著作的标题是《阿波罗多洛论丛》(*Apollodōru bibliothēcē*, *Apollodoros' library*),它是较晚的作品,几乎肯定是基督纪元以后的。它大概属于公元后的最初 3 个世纪,也许属于哈德良(皇帝,117 年—138 年在位)时代;也可能,它甚至属于更晚的亚历山大·塞维鲁(Alexander Severus,皇帝,222 年—235 年在位)时代。想从它的上下文来确定其年代是不可能的,因为它所提及的最晚的事件是奥德修斯(Odysseus)的去世以及赫拉克勒斯的子孙(Hēracleidai)的归来(都是不可确定其年代的史前事件)。无论如何,在本卷中本不应涉及《阿波罗多洛论丛》,除非是为了制止把它与老阿波罗多洛关于诸神的专著相混淆。实际上,老阿波罗多洛的著作在古代是不为人知的,佛提乌(活动时期在 9 世纪下半叶)在其自己的《论丛》(*Library*)中第一个提到了它。最早编辑它(希腊语和拉丁语本)的是贝内迪克特·埃吉乌斯[Benedict Aegius(Rome:Ant. Bladus,1555)];它唤起了文艺复兴时期人们的想象,并且常常被重印。很容易找到詹姆斯·乔治·弗雷泽(James George Frazer)为"洛布古典丛书"编辑的希腊语-英语对照本(2 卷本,1921)。[15]

　5. **波西多纽**。波西多纽(活动时期在公元前 2 世纪上半叶)* 在 74 岁时开始编写一部通史,该著作是波利比奥斯著

[15] 詹姆斯爵士的版本是研究古代神话极好的工具,因为他在第 2 卷第 309 页—第 455 页的附录中补充了取自各种来源(关于火的起源、更新换代、太阳神的战车等)的民族学对比。

　* 原文如此,与以前诸章有较大出入。——译者

作的续篇,涵盖了从公元前 144 年至公元前 82 年这段时期的历史。他的记述包含许多细节,但是,从对残篇的公正判断来看,该著作流于肤浅而缺乏深刻。有些细节是独特的和出人意料的。例如,他首先指出了这一惯例:凯尔特的(Celtic)等级制度分为 3 级:吟游诗人、先知和德鲁伊特*。他试图说明雅典与米特拉达梯之间计划的反罗马同盟。但不论怎样,他所做的最持久的工作是在地理学领域。

他是一个大众喜爱的演说家和成功的教师(庞培和西塞罗都曾拜他为师);他作为一个科学家和罗得岛斯多亚学派的领导者的声望,赋予了他实际上并不应享有的特权和权威。他的敬慕者认为,他是他那个时代最深邃的哲学家,甚至把他称作新亚里士多德。[16] 在区分事实与奇迹方面,他的能力显然无法与他大多数的同时代的人相提并论。人们不可避免地会留下这样的印象:他是任何共同体中都存在的被估计过高的人之一,但他的著作流传下来的太少了,以至于无法把这种印象变成确定的结论。

他的所有史学著作残篇都被费利克斯·雅各比编入了《希腊史学家著作残篇》第 2 卷 A(1926),第 222 页—第 317 页。

6. **罗得岛的卡斯托尔**。卡斯托尔(活动时期在公元前 1 世纪上半叶)与波西多纽是同时代的人,他有一段时间活跃于罗得岛,但我们不知道他是什么时候去那里的。他娶了前罗马时代的加拉提亚的小君主德奥塔鲁斯家族的一个姑娘

---

* 担任祭司、教师和法官的知识阶层。——译者

[16] 这使我们想起,这个阿拉伯称号"Aritū-al-zamān"——"他那个时代的亚里士多德"曾多次授予了不值得授予的人,例如,大学校长等。

为妻,并且为庞培效力;后来,他在凯撒的反德奥塔鲁斯的宫廷上作证,从而成为后者复仇的牺牲品并因此而丧生。他撰写了一部 6 卷的历史著作[《编年史》(Chronica)],并附有一个从传说中的巴比伦和尼尼微的缔造者——贝洛斯(Belos)和尼诺斯(Ninos)直至公元前 61 年的年表。我们的结论是,他只可能是在公元前 61 年以后去世的。他的年表作为年代学传统的一部分,对基督教年代学家如优西比乌(活动时期在 4 世纪上半叶)、中世纪的年代学家以及我们时代的年代学家的产生有着重要的作用。

卡斯托尔是公元前 2 世纪 * 的最后一位希腊史学家。在公元前 1 世纪,还有 5 位史学家值得记住,他们来自这个世界的 5 个不同的部分,他们是:西西里岛的狄奥多罗、大马士革的尼古拉斯、哈利卡纳苏斯的狄奥尼修、阿马西亚的斯特拉波和努米底亚的朱巴。

7. **西西里岛的狄奥多罗**。狄奥多罗(活动时期在公元前 1 世纪下半叶)被称作西西里人(Siceliōtēs, Siculus),因为他大约于公元前 85 年出生在阿吉里翁(Agyrion),[17]但他一生的大部分时光都在罗马度过,并且活跃于凯撒和奥古斯都统治时期直至公元前 21 年甚至更晚。公元前 30 年,在经过了 30 年的旅行和研究之后,他完成了一部希腊语的史学著作摘要的编辑,他把它称作《历史论丛》(Historical library,

---

* 原文如此,与前文不一致。——译者
[17] 阿吉里翁[现名为阿吉拉(Agira)]是西西里中部最古老的希腊殖民地之一。

ΔΙΟΔΩΡΟΥ ΤΟΥ ΣΙΚΕΛΙΩ-
ΤΟΥ ΒΙΒΛΙΟΘΗΚΗΣ ΙΣΤΟΡΙΚΗΣ
βίβλοι πεντεκαίδεκα ἐκ τῶ τεσσαρακοντα.

DIODORI SICVLI
Bibliothecæ hiſtoricæ libri quindecim
de quadraginta.

Decem ex his quindecim nunquam prius fuerunt editi.

ANNO M. D. LIX
EXCVDEBAT HENRICVS STEPHANVS
illuſtrisviri HVLDRICI FVGGERI typographus.

图 88　西西里岛的狄奥多罗(活动时期在公元前 1 世纪下半叶)的《历史论丛》初版的扉页,由亨利·艾蒂安编辑[对开本,35 厘米高,848 页(*Geneva*,1559)],该书题献给他的赞助者胡尔德里克·富格尔(*Huldric Fugger*)。这一版只包含希腊语本。这是(40 卷《历史论丛》)现存的 15 卷的初版;但在此之前,希腊语版的第 16 卷—第 20 卷已经印过(*Basel*,1539)。狄奥多罗这一著作的完整本肯定是一部巨著[承蒙哈佛学院图书馆恩准复制]

Historiōn bibliothēcē)。[18] 据推测,该书旨在对从起源到他那个时代的全部历史进行考察。该书分为 3 个部分:(1)特洛伊战争以前(6 卷);(2)从该战争至亚历山大去世(11 卷);(3)从公元前 323 年至凯撒开始征服高卢的公元前 58 年(23 卷)。因此,该书共计 40 卷,其中现存的有 15 卷,另外还有一些残篇。我们现有的是第一部分的第 1 卷—第 5 卷,第二部分的 7 卷,涉及从公元前 480 年—前 323 年,以及第

---

[18] 这是 *bibliothēcē* 这个词最早的用法(或最早的用法之一),不是意指书柜或藏书室,而是指一起出版的同一系列作品的汇编。"library"这个词经历了同样的语义演化。不妨把"Harvard College Library(哈佛学院图书馆)"与"Loeb Classical Library(洛布古典丛书)"比较一下。

三部分的 3 卷,涉及从公元前 323 年—前 302 年。这是一个有着非常远大志向的计划,因为狄奥多罗想描述每一个国家;但它却缺乏批判眼光而且有些庸俗。狄奥多罗没有总体性观点,而且他的风格像他的思想一样平庸;不过,由于他的勤勉,大量史实被保留下来。

值得注意的是,他试图理解整个历史;由于是西西里人,因而对他来说,采取一定的跨国的公正态度可能比一个雅典人、亚历山大人或罗马人更为容易。他的语言是希腊语,但他年轻时学习了拉丁语。意味深长的是,在他的眼中,特洛伊战争和亚历山大的去世是重要的历史“切入口”;这是不错的选择。

8.**大马士革的尼古拉斯。**尼古拉斯(活动时期在公元前 1 世纪下半叶),是安提帕特之子,他不仅会使我们离开西西里和意大利而转向叙利亚,而且也会使我们从异教世界转向希律大帝[公元前 40 年—前 4 年任朱迪亚(Judaea)国王]的罗马-犹太宫廷。尼古拉斯于公元前 64 年出生在大马士革,其父是有产阶级的一员,很重视教育,并且确信,尼古拉斯应当接受可能得到的最好的教育。尼古拉斯大概从一些希腊私人教师那里接受了教育,而他的出类拔萃足以使他引起国王的注意。由于安东尼的支持,希律于公元前 40 年成为犹太国王。他促进了朱迪亚的希腊化和罗马化,而且他需要一些希腊助手。尼古拉斯是这些助手中最引人注目的一个;他把他的一生用在了为希律效力上,并且在其统治的最后 10 年(公元前 14 年—前 4 年)中,两次陪同希律去罗马。

尼古拉斯是国王的秘书,负责政治和外交事务,但更多地是处理有关哲学、历史和一般教育问题。向罗马元老院说

明希律对抗阿拉伯人[对抗纳巴泰人(Nabataean)]的政策是
他的任务,但他也要向希律本人解释历史。在这位国王(于
公元前 4 年)去世之后,尼古拉斯想引退,但迫不得已又继续
为希律之子阿塔罗斯(Archelaos)服务,并且去罗马为之辩
护。尽管如此,阿塔罗斯还是被奥古斯都驱逐到(罗讷河畔
的)维埃纳,并且在那里去世。我们不知道尼古拉斯本人最
后是怎么样。他是在耶路撒冷还是在罗马度过他的晚年
的呢?

444   他主要的人文学著作是一部类似狄奥多罗的通史,但其
规模更大。它计划叙述从起源到希律去世为止的人类史,总
计 144 卷。至于它分为几个部分,我们知道得并不确切,不
过越接近作者所在的时代,它很自然就变得越翔实。第 96
卷讲述了米特拉达梯大帝的数次战争以及他的盟友亚美尼
亚国王提格兰;[19]这意味着,大约有 50 卷或全书的三分之
一都用来讨论公元前 1 世纪。该书还用了很大的一部分来
论述希律和犹太人的历史,而这部分成了约瑟夫斯(活动时
期在 1 世纪下半叶)的主要资料来源。

    尼古拉斯的著作还包括:一部奥古斯都的传记,一部自
传[《生平与教育》(*Peri idiu biu cai tēs eautu agōgēs,*
445   *Concerning His Own Life and Education*)],以及一部奇特的有
关大约 50 个民族的生活方式和习惯的文集[《众民族综论》

---

[19] 重申一下,米特拉达梯与罗马的几次战争分别发生在公元前 88 年—前 84 年、
    公元前 83 年—前 81 年和公元前 74 年—前 64 年。最终米特拉达梯被庞培打败
    了并且逃往克里米亚(Crimea),他于公元前 63 年在那里自杀身亡。提格兰从公
    元前 96 年至公元前 56 年统治亚美尼亚。他娶了米特拉达梯的女儿克莱奥帕特
    拉(Cleopatra)。到了公元前 83 年,他不仅是亚美尼亚的君主,而且成为从幼发
    拉底河到大海的塞琉西王国的国君。

(*Ethōn synagōgē*)〕。遗憾的是,对他的所有历史著作只能通过残篇来了解。他的"民族学"文集也许是非常富有启发意义的。他是漫步学派的成员,写过关于亚里士多德的注疏,相比而言,这一注疏的佚失并不那么令人惋惜。在本卷第二十一章,我已经简略地描述了他关于植物的专论,它的一部分被保留在亚里士多德的文集中。

9. **哈利卡纳苏斯的狄奥尼修**。狄奥尼修在罗马内战末期来到罗马,活跃于公元前 30 年至公元前 8 年。他主要是一个希腊语教师和一个文学评论家。他的职业是教师或私人教师,这在那时的罗马是一个很好的职业,因为许多年轻的罗马人负担不起在希腊生活的费用,但又渴望尽可能充分地掌握希腊语。他的大部分著作讨论了文学和语法问题,但我们现在谈论他是因为他写的关于罗马史发端时期的专论〔《罗马上古史》(*Rhōmaicē archaiologia*)〕,该著作于公元前 8 年完成。他完全适应了罗马的环境,而他的目的就是要说明罗马王朝的起源以及她之所以伟大的原因所在。他的著作大概文风华丽,涵盖了从罗马建城到第一次布匿战争(公元前 264 年—前 241 年)的罗马史,但这一著作已经失传了。

10. **阿马西亚的斯特拉波**。公元前倒数第二个史学家斯特拉波(活动时期在公元前 1 世纪下半叶)是仅次于波利比奥斯的最伟大的史学家。他之所以广为人知是因为他关于地理学的专著,该著作是古代的重要遗产之一。我们尚无完善的方法来评价他这位史学家,因为他的多卷本史学研究著作〔《历史概论》(*Historica hypomnēmata*)〕佚失了。这些著作写于奥古斯都时代初期,共计 47 卷。在关于古代史的导

图 89　哈利卡纳苏斯的狄奥尼修（活动时期在公元前 1 世纪下半叶）的《罗马上古史》(*Roman Antiquities*, Paris：Robert Estienne, 1546－1547)。这是一个对开本, 35 厘米高, 分为 2 卷, 常常合为 1 册, 540 页+500 页[承蒙哈佛学院图书馆恩准复制]

论(第 1 卷—第 4 卷)之后, 它续写了波利比奥斯的历史, [20] 也就是说, 该著作的绝大部分(第 5 卷—47 卷)叙述了一个相对短的时期：从公元前 146 年迦太基的毁灭到公元前 27 年罗马元首制的开始。

　　他后来撰写了《地理学》, 他用了下述独特的词语论及了他的这一历史著作：

　　简而言之, 我的这部著作将会像我的《历史概论》一样具有普遍的用途——无论对政治家抑或广大的公众都有用。在这一著作中像在前一著作中一样, 我所说的"政治家"不是指那些完全没有受过教育的人, 而是指完成了自由民或哲

[20]　他称之为 *ta meta Polybion*(波利比奥斯的续篇)。

学学生的通常学业的人。因为一个人如果不考虑美德和实用的智慧,并且不考虑关于它们已经写过什么著作,那么,无论在责备还是赞扬时,他都无法形成一种正当的观点;他也不可能对这部专著中值得记录的历史事实问题做出判断。[21]

显而易见,这两部著作都是为相同的受众而写的,即一般所说的受过教育的人,但主要是政府官员和上流社会(*tus en tais hyperochais*),根据《地理学》来判断,他的《历史概论》的佚失是一个十分巨大的损失。他既不像狄奥多罗和狄奥尼修那样是一个修辞学家,也不像尼古拉斯那样是一个皇家顾问,而是一个有着波利比奥斯那样的境界和天才并且热情而独立的人。

11. **朱巴二世**。我们再简略地提一下一个希腊史学家就可以结束关于希腊的这一节了,这个史学家来自努米底亚,但在罗马接受过教育。当他的父亲努米底亚国王朱巴一世于公元前46年被罗马人打败时,他还是一个大约4岁的幼童。为了庆祝凯撒的胜利,他被带到了罗马。他接受了一个罗马贵族的希腊-拉丁式教育,成为一个罗马公民,并且在屋大维的军队中服役。他最终于公元前25年被允许返回努米底亚,罗马人立他为国王,但不是他的祖国的国王,而是在它以西的古毛里塔尼亚的国王。[22]

他的所有著作都是用希腊语写的而且都佚失了。他编

---

[21]《地理学》,第1卷,1,22,霍勒斯·伦纳德·琼斯翻译("洛布古典丛书"版),第1卷,第47页。

[22] 努米底亚或多或少对应于突尼斯西部和阿尔及利亚东部;古毛里塔尼亚则对应于阿尔及利亚西部和摩洛哥。

过一部主要是关于雕塑的艺术著作集,它的残余部分在朱利亚凯撒里亚(Julia Caesarea)[舍尔沙勒(Cherchel),阿尔及利亚的一个海港,在阿尔及尔(Algiers)以西]被发现了。

二、拉丁史学家(Latin historians)

请注意,这一节没有以罗马史学家为题,因为在第一节中所论及的所有人像这一节所要论及的人一样都是罗马人,而且其中的大部分人都是罗马史的研究者。不过,他们用希腊语写作,而以下要论及的那些人用拉丁语写作,并且是真正的拉丁编年史的创作者。那些希腊作者可能出生在任何地方,可能是东方或是西方,尽管他们大部分都生活在罗马或者在这个时候或那个时候游览过这个伟大的城市。相反,那些拉丁作者都是意大利的孩子,他们有 6 个人,可以分为三组:恩尼乌斯和监察官加图,他们是先驱;然后是凯撒和瓦罗;最后是萨卢斯特和李维。

1.**恩尼乌斯**。恩尼乌斯(活动时期在公元前 2 世纪上半叶)被称作罗马诗歌之父;他也许可以被称作罗马史学之父。在他以前,另外两个史学家 Q. 费边·皮克托和 L. 辛西乌斯·阿利门图斯写过罗马编年史,但他们是用希腊语写的。他们二人的叙述都是到第二次布匿战争时期(公元前 218 年—前 201 年)为止。

恩尼乌斯是卡拉布里亚之子,他在卡拉布里亚接受了希腊教育,但他的拉丁语是在罗马军队中学的(如果不是在这以前学的话)。公元前 204 年,他在撒丁岛担任百夫长并且被监察官加图从那里带到罗马。他用拉丁语诗体撰写了他的《编年纪》18 卷(*Annalium libri XVIII*),这部诗从埃涅阿斯开始一直叙述到大约公元前 181 年,亦即他去世前 12 年。

这是一部诗史而不是科学的史学著作。他的诗总的来说较为朴实和平淡，但有时也会有一些优美动人的诗句。他参加了非洲征服者斯基皮奥领导的第二次布匿战争，该诗的第 1 卷和第 15 卷在这里结束。无论如何，它们获得了如此大的成功，以至于激励他又以逐年补遗的形式增加了 3 卷。这种做法破坏了整部著作的和谐，但可能满足了有爱国热情的读者并且吸引了他们的注意力。

恩尼乌斯的《编年纪》以一个重大的主题从事创作，并且为有鉴赏力的公众阅读维吉尔的《埃涅阿斯纪》做了准备。

2. **监察官加图**。第一个用拉丁语散文写作罗马史的是加图（活动时期在公元前 2 世纪上半叶），他主要的（已经佚失的）史学著作以《史源》（*Origines*）为题。该书原为 3 卷，其中第 1 卷讨论了特洛伊的起源和埃涅阿斯、罗马建城（公元前 753 年）以及诸国王（至公元前 510 年），第 2 卷和第 3 卷讨论了意大利的其他共同体的起源和意大利诸城市的建立。[23] 后来，他又增加了 4 卷，把叙述一直延续到他去世时（公元前 149 年）为止；或许，这 4 卷是他晚年时写的，在他去世后的一个版本中被加入《史源》。通常说《史源》分为 7 卷，但是，这个标题对第 4 卷至第 7 卷并不适用。这 4 卷的内容如下：

第 4 卷，第一次布匿战争和第二次布匿战争至公元前

---

[23] 坚持"起源"是希腊文化的一个特点。希腊化史学家喜欢谈论城市的建立（*ctiseis*）。

216 年。[24]

第 5 卷,马其顿战争和罗得岛的事务。罗得岛和佩加马于公元前 201 年诱使罗马插手东方政治;罗得岛是罗马的一个盟友,但却使她陷入了第三次马其顿战争(公元前 171 年—前 167 年)。这导致了公元前 167 年的暴力危机,结果以罗得岛的政治衰落而告终。

第 6 卷,与叙利亚国王安条克三世大帝(公元前 223 年—前 187 年在位)的战争。

第 7 卷,数次西班牙战争,该卷还特别着重介绍了对远西班牙行省总督塞尔维修斯·苏尔皮修斯·加尔巴(Servicius Sulpicius Galba,公元前 151 年—前 150 年任职)的起诉,他因乞求和平而导致对卢西塔尼亚人(Lusitanians)的大屠杀,并因此受到控告。加图于公元前 149 年支持起诉,但起诉未能成功。

显然,第 4 卷至第 7 卷与第 1 卷至第 3 卷迥然不同。加图的著作开始是以说明罗马的国力及其强大的起源为目的;他把这作为通史的绪论。他不仅关注意大利的各个民族,而且关注利古里亚人(Ligurians)、[25]凯尔特人以及西班牙人,不仅关注历史和现在,而且关注到那时为止所显露的罗马的命运。根据残篇来判断,他不仅对战争和政治有兴趣,而且

---

[24] 亦即直至坎尼战役［the battle of Cannae,坎尼在意大利东南部的阿普利亚(Apulia)］,在坎尼,罗马人于公元前 216 年完全被汉尼拔打败了。罗马人从未遭遇过比这更惨的军事失败。

[25] 利古里亚人被确定住在热那亚湾(the Gulf of Genoa)周围,西至滨海阿尔卑斯山(Maritime Alps),东至下高卢[埃米利亚]［Cispadane Gaul(Aemilia)］。利古里亚和下高卢都在波河正南,前者在波河上游西部地区,后者在波河中游和下游东部地区。

对地理学、气候、农业、采矿以及各种经济问题有兴趣。

可是，最重要的还是有关政治的观点，亦即说明罗马是怎样完成和正在完成她的帝国的职责的。他已为此做了极为充分的准备，因为他有长期从军和从政的经验。年轻时他参加了第二次布匿战争（公元前 218 年—前 201 年），并且尽其所能推动了第三次布匿战争，这次战争在他去世的那一年开始。公元前 204 年他是西西里的监察官，他带着恩尼乌斯经由撒丁岛回到故乡；[26]他于公元前 199 年担任市政官，公元前 198 年担任撒丁岛行政长官，公元前 195 年担任两执政官之一，后来又担任元老院议员，等等。他的公职是在他85 岁去世时才终止的。因此，他拥有罗马的政治和管理的各个方面亲身体验的知识。他是一个民主主义者，蔑视大地主的奢华和虚荣，他非常渴望赞扬平民百姓和普通士兵，甚至宁愿称赞大象"叙利亚人（Surus）"，* 也不愿称赞那些将军和文官。

在第 5 卷至第 7 卷，他利用了他自己在那些业已描述过的事件中的经历，有时候，他还插入他自己的演说；那些演说是非常真实的，但也许有点不太相关。加图是有成见的，但也是诚实的；他不是一个浮夸的人，而是一个注重事实的人。他的史学著作事实上是有所偏重的，但它来源于可靠的原始资料；它的佚失（只有一些残篇保留下来）确实是无法挽回

---

[26] 恩尼乌斯出生于公元前 239 年，只比加图（出生于公元前 234 年）年长几岁，正是加图于公元前 204 年把他从撒丁岛带到罗马。他于公元前 169 年去世，比加图（公元前 149 年去世）早去世 20 年，作为史学家，他是加图的前辈。恩尼乌斯的《编年纪》截止于公元前 181 年。加图大约在恩尼乌斯去世时开始写作他的《史源》，该著作截止于他去世的公元前 149 年。

　* 汉尼拔有一头大象名叫叙利亚人。——译者

的损失。

3. 凯撒。在加图去世一个世纪以后，又出现了另一个史学家，一个更伟大的史学家，一个更伟大的人和更伟大的作家，而且从各个方面看，他是全部历史最出色的英雄之一。凯撒（活动时期在公元前 1 世纪上半叶）主要是一位政治家和政客；他在其生涯相对较晚的时候才成为一个将军并证明了他的军事天才。当他开始他的高卢战役时，他的年龄已经超过了亚历山大去世时的年龄，而且几乎与拿破仑被打败时的年龄相当。[27] 从某种意义上说，他的文学生涯开始得更晚，尽管事实上他是一个天生的文学家。

他幸存下来的作品只有他的《战记》，它们是对他的军事活动的回忆。它们开创了一种新的文学流派并且一直是这种流派的楷模。[28] 没有多少人有机会完成伟大的军事事业，而在有机会完成这些事业的人中也没有多少人有对它们进行描述的文学功底。[29]

《战记》包括两部独立的著作，一部是 7 卷本的《高卢战

---

[27] 他那时 43 岁。亚历山大去世时 33 岁；拿破仑在莱比锡战役（the battle of Leipzig）时是 44 岁，他进攻到圣海伦娜（St. Helena）时年仅 46 岁。在凯撒开始其军事生涯的年龄，他们都已经名声显赫了。

[28] 凯撒不是第一个撰写军事回忆录的将军。在他之前，托勒密－索泰尔（公元前 283 年去世）用希腊语写过类似的回忆录，但其书已经佚失。

[29] 普卢塔克在《凯撒传》（Caesar）XV 中用一句简单的话概括了凯撒的军事事业："尽管他发动战争不足 10 年，他席卷了 800 多座城市，征服了 300 个民族，并且在不同时间与 3,000,000 人激战，其中有 100 万人在肉搏战中被他杀死，同样数量的人被他俘虏。"我并没有设法去核实普卢塔克的"统计"。

图 90　凯撒的《战记》的初版,由 (科西嘉岛的)阿莱里亚(Aleria)的 主教乔瓦尼·安德烈亚·德·布西 (Giovanni Andrea de Bussi)编辑,他 是一个非常有活力的拉丁古典文献 的编辑者(Rome:Sweynheym and Pannartz,12 May 1469) [承蒙皮尔 庞特·摩根图书馆恩准复制]

记》,它们分别涵盖了公元前 58 年—前 52 年,[30]另一部是 3 卷本的《内战记》(Civil War , De bello civili),涵盖了公元前 49 年—前 45 年。

它们是我们所描述的这些事件的主要原始资料,它们对 这些事件的描述是极为出色的。凯撒用极为简洁和清晰的

---

[30] 凯撒的一个军官奥卢斯·希尔提乌斯续写了第 8 卷,把历史叙述到公元前 50 年。这个希尔提乌斯也许是《内战记》的续篇《亚历山大战役》(Bellum Alexandrinum)的作者。这一著作不仅记述了凯撒在亚历山大的战斗,而且还记 述了直至他于公元前 47 年在泽拉(本都南部)战胜本都国王法纳塞斯等其他事 件。这一胜利轻而易举,以至于凯撒用这几个著名的词通知元老院:"Veni,vidi, vici(吾来,吾见,吾征服)。"关于凯撒和希尔提乌斯著作的真实性,已有了许多 讨论。参见米歇尔·朗博(Michel Rambaud):《〈凯撒战记〉中曲解历史的技巧》 ("L'art de la déformation historique dans les Commentaries de César"),见《里昂大 学年鉴(文学版)》[Annales de l' Université de Lyon , Lettres (第 23 卷,410 页), Paris:Belles Letters,1953]。

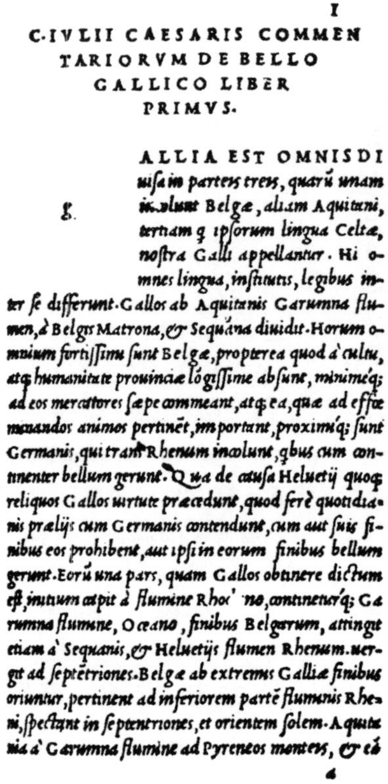

I

C·IVLII CAESARIS COMMEN
TARIORVM DE BELLO
GALLICO LIBER
PRIMVS.

ALLIA EST OMNIS DI
uisa in partes treis, quarū unam
g.　　 incolunt Belgæ, aliam Aquitani,
tertiam q ipsorum lingua Celtæ,
nostra Galli appellantur. Hi o-
mnes lingua, institutis, legibus in-
ter se differunt. Gallos ab Aquitanis Garumna flu-
men, à Belgis Matrona, & Sequana diuidit. Horum o-
mnium fortissimi sunt Belgæ, propterea quod à cultu,
atq humanitate prouinciæ longissime absunt, minimeq;
ad eos mercatores sæpe commeant, atq ea, quæ ad effe-
minandos animos pertinent, important, proximiq; sunt
Germanis, qui trans Rhenum incolunt, qbus cum con-
tinenter bellum gerunt. Q ua de causa Heluetij quoq
reliquos Gallos uirtute præcedunt, quod fere quotidia-
nis prælijs cum Germanis contendunt, cum aut suis fi-
nibus eos prohibent, aut ipsi in eorum finibus bellum
gerunt. Eorū una pars, quam Gallos obtinere dictum
est, initium capit à flumine Rho' no, continetur q; Ga-
rumna flumine, Oceano, finibus Belgarum, attingit
etiam à Sequanis, & Heluetijs flumen Rhenum. uer-
git ad septentriones. Belgæ ab extremis Galliæ finibus
oriuntur, pertinent ad inferiorem parte fluminis Rhe-
ni, spectant in septentriones, et orientem solem. Aquita-
nia à Garumna flumine ad Pyrenæos montens, & eā
a

图 91　凯撒的《战记》非常出色的版本，由乔瓦尼·德尔焦孔多修士编辑 [16 厘米高（Aldus: Venice, 1513）]，配有木刻插图。我们复制了《高卢战记》的扉页，在其他地方还复制了凯撒在莱茵河上修建的木桥的局部（参见图 73）[承蒙哈佛学院图书馆恩准复制]

风格说明了他的战役；由于他既是天生的将军又是天生的作家，因而他的《战记》成为历史文献的杰作之一。

4. **瓦罗**。凯撒在 56 岁被谋杀身亡，而瓦罗（活动时期在公元前 1 世纪下半叶）却有幸活到 89 岁；因此，虽然瓦罗比他年长 16 岁，但却比他晚去世 17 年，似乎属于他以后的一代。凯撒是因环境所迫而成为作家的（他必须证明他的巨大事业是合理的），而瓦罗是一个不由自主的著作家。

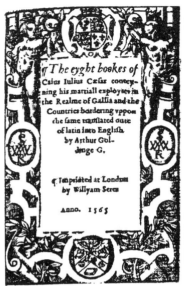

图 92　凯撒著作的第一个英译本,由阿瑟·戈尔丁(Arthur Golding)翻译[厚厚的小开本,13.5 厘米高 (London:Willyam Seres,1565)]。该译本题献给伊丽莎白女王(Queen Elizabeth)的首席秘书威廉·塞西尔爵士(Sir Willyam Cecill)。我们复制了《高卢战记》的扉页和第 1 卷的开篇(图 91 展示了其拉丁语本)[承蒙哈佛学院图书馆恩准复制]

　　除了论述农业的著作以外,瓦罗的每一部著作都有史学意向;他想展示制度的起源和发展以及伟大人物的生活。不过,与其说他是一个史学家,莫如说他是一个喜欢历史题材的文人。相反,凯撒并不仅仅是一个因袭传统的史学家;他是他所描述的事件的重要的参与者和见证者。他的著作不像史学家所使用的一流文献那样包含悠久的历史,正如法语所说的那样,它只是 " mémoires pour servir à l' histoire(用来作历史的回忆)"。在这两位作者之间再也没有比这更大的差别了;凯撒走在了其他史学家的前面,而瓦罗则远远落在了他们的后面。

瓦罗的历史著作中最富有雄心的是他的专著《世俗的古代史和宗教的古代史》41 卷(*Profane and Sacred Antiquities in 41 Books*),该书写于公元前 47 年。它的许多残篇使得我们可以重构它的格局,它是非常富有创意的和对称的。该书分为两个主要部分:世俗的古代史(25 卷)和宗教的古代史(16 卷);第一部分可再分为 6×4+1 卷,第二部分可再分为 3×5+1 卷。我们对它更详细地考察一下。

452   他对"世俗的古代史"的记述分为 4 个小部分,也许可以分别冠以"人、地、时和事"为题(分别对何人、何地、何时、何事等问题进行了回答),每一个小部分可再细分为 6 卷。第 1 卷是全书总的绪论。第 2 卷—第 7 卷讨论了从埃涅阿斯以降的人们,他们是罗马史的主角。第 8 卷—第 13 卷讨论了不同的地方,这是一种关于意大利的历史地理学的讨论;第 14 卷—第 19 卷讨论了罗马年表;第 20 卷—第 24 卷讨论了各种事务、制度(最后一部分只有很少的残篇)。

第二部分"宗教的古代史"同样是对称的,尽管风格有所不同。这部分也有一卷是绪论,接下来的 4 个小部分讨论了宗教人员、宗教场所、宗教时日和宗教事务。因此,第 2 卷—第 4 卷讨论了三类宗教人员:高级祭司、占卜师和 *quindecimviri*(十五人祭司团);[31] 第 5 卷—第 7 卷讨论了三

---

[31] 十五人祭司团是以前的教士团圣事十人委员会(the *decemviri sacris faciundis or sacrorum*)的扩充。他们有时被认为是阿波罗祭司(priests of Apollōn),并且负责《女先知书》以及阿波罗运动会和世俗运动会的庆典。与负责罗马仪式之顺利进行的高级祭司和占卜师不同的是,他们所负责的仪式是起源于希腊的。

类宗教场所:私人祭坛、神庙以及其他圣所;第 8 卷—第 10 卷讨论了三类宗教时日:*feriae*(各种宗教节日)、马戏节和戏剧节;第 11 卷—第 13 卷讨论了三类宗教事务:祝圣活动、私人献祭和公共献祭。第 5 个小部分(第 14 卷—第 16 卷)用来讨论了三类神:无可争辩的神、有疑问的神(异邦的神)和主神或精选出来的神。

在其他著作中,主要是在《希腊-罗马七百名人传》中,瓦罗表现出了同样的对分类或对称分组的偏好;这种偏好的源头可以追溯到毕达哥拉斯学派,甚至可以超出这些追溯至东方,[32]而且他的《古代史》几乎是像希腊神庙那样规则地构建起来的,但我认为这种文学建筑是他自己的一个发明。至少我不知道有什么希腊专著是以这种方式构建的。

同样明显的是,瓦罗的《古代史》既有丰富的历史资料,又远远不是一部因袭传统的史学专著。

他的另外两部历史著作的标题分别是:(1)《论罗马的民族》(*De gente populi Romani*),这是一部关于罗马家族或优等民族的历史著作;(2)《罗马人的生活》(*De vita populi Romani*),这是一部以罗马人的社会史为主并且暗含着历史哲学的著作,虽然该著作写于奥古斯都就任第一位皇帝之前,但瓦罗认识到,罗马民族的发展像一个人的发展一样,从幼年到青少年,再到成年和老年。这是一种与奥斯瓦尔德·

---

[32] 关于分组,请参见我的《科学史导论》,第 1 卷、第 2 卷和第 3 卷的索引,“数字 1”、“数字 2”……“数字 40”等词条,以及第 1 卷索引,“数字”词条。没有人对数字的这种狂热达到了中国人那样的程度,例如,参见《伊希斯》22,270(1934),但这种狂热几乎是普遍的。

施本格勒（Oswald Spengler，1880 年—1936 年）＊ 和阿诺德·汤因比（Arnold Toynbee，1889 年— ）＊＊ 的学说相似的循环观，但他的观点比较粗陋，而后二者的观点更为详尽。

尽管瓦罗被称作史学家，但称他为一个博学之士更为恰当，他的确是他那个民族最伟大的学者。在包括其实际衰落期在内的罗马帝国持续的整个时期之中，人们就像我们今天使用古典词典或百科全书那样来使用他的著作；我们的工具书比过去好无限倍，但我们应当记住，瓦罗所提供的工具书无论多么原始和多么不完善，都是这类书中的第一部。当我参考一部百科全书例如《古典学专业百科全书》时，我非常感激它的作者们，但不会忘记他们自己久远的先驱如瓦罗，以及瓦罗自己的希腊和拉丁先驱们；我对所有这些人都表示感激。光荣属于所有的先驱！

我还要再赞扬瓦罗几句。如果认为他仅仅是一个把以前学者的知识汇集在一起的汇编者，那是非常不公平的。在某种程度上他是一个哲学家，或者至少是一个思想家，他试图理解和说明社会现象的起源和演变。例如，虽然罗马的神话已变得不足为信，但他试图不顾其神话而证明罗马的宗教仪式具有合理性。他把宗教分为三种：诗人的宗教、国家的宗教和哲学家的宗教，他本人更倾向于最后一种。尽管他的信息的主体不可避免地起源于希腊，但他试图尽可能多地把罗马的资料包括进去，以罗马的方式说明希腊的问题，反之

　＊　奥斯瓦尔德·施本格勒，德国著名历史哲学家，代表作有《西方的没落》。——译者
　＊＊　阿诺德·汤因比（1889 年—1975 年），英国著名历史学家，以其巨著《历史研究》享誉学术界。——译者

亦然。他的主要目的是要改善罗马的制度或者证明它们的
合理性,他深信,宗教是纯洁、力量和团结的主要成因。正是
由于这个原因,他撰写了《古代史》,西塞罗用以下这些优美
的词语承认了它的价值:

　　我们像我们自己城市中的造访者那样徘徊和迷惘,而您
的著作,可以说正确地引导我们回到了家中,使我们最终能
够认识到我们是谁和我们在哪里。您揭示了作为我们故乡
的这座城市的年龄、它的历史年表、它的宗教和僧侣的律法、
它的民事机构和军事机构、它的不同区域和各个遗址的状
况,揭示了我们的所有宗教和世俗制度的术语、分类和道德
与理性基础,您同样还给我们的诗人,并且一般而言给拉丁
语文献和拉丁语带来了一片光明,您本人运用几乎每一种韵
律创作了各种风格的优雅的诗歌,并且在许多地方勾勒出了
哲学的轮廓,这一轮廓尽管尚不足以完成对学生的教育,但
足以给他们以激励。[33]

　　5. 萨卢斯特。罗马共和国最年轻的史学家盖尤斯·克
里斯普斯·萨卢斯提乌斯(Gaius Crispus Sallustius *,活动时
期在公元前 1 世纪下半叶)于公元前 86 年出生在阿米特努
姆(Amiternum),[34]比瓦罗晚出生 30 年。他出身庶民,后来
成为元老院议员,但在公元前 50 年因为道德败坏(?)而被
赶出元老院;公元前 49 年,他被凯撒任命为检察官,并且获
得了足够的财富去购置豪华地产和布置漂亮的花园(*horti*

151

---

[33] 西塞罗:《学园派哲学》,Ⅰ,3,写于公元前 45 年。西塞罗给瓦罗写过一封信
　　[《致友人》(*Ad familiares*),Ⅸ,8],把《学园派哲学》第二版题献给他。
　* 即萨卢斯特(Sallust)的拉丁语名字。——译者
[34] 阿米特努姆在罗马东北大约 60 英里,在萨宾境内,据说是萨宾人的发源地。

Sallustiani,萨卢斯特花园)。他的主要著作大约写于公元前
43 年—前 39 年,他于公元前 34 年去世。

他的一生中还有许多难解之谜。他是一个政治家,是大
众的辩护者,他遭到了可能是诽谤的控告。他心灰意冷并且
悲观绝望。他的楷模是修昔底德和监察官加图。

他并不像加图和瓦罗那样试图涉猎过宽的领域,相反,
他只撰写也许可称作范围有限的"专著"。他最长的著作
《历史》(*Historiae*)共 5 卷,涵盖了一段 12 年的时期(公元前
78 年—前 66 年)。其他两部著作范围更有限:《喀提林阴
谋》(*De bello Catilinae*)是对在西塞罗于公元前 63 年任执政
官期间喀提林(Catiline)的阴谋的记述,也许可以称它为政
治手册;《朱古达战争》(*De bello Jugurthino*)描述了罗马人与
努米底亚国王朱古达(Jugurtha)的战争(公元前 112 年—前
105 年)。

他试图模仿修昔底德的公正性,但他卷入了过多的政治
事件之中,以致无法保持公正;但在模仿修昔底德的风格方
面他是成功的。他的著作对政治事件的分析才华横溢,在世
界文献中,它们是同类文献的最早的典范。

6.**李维**。在奥古斯都时代只有一位拉丁史学家,但他却
是所有拉丁史学家中最著名的一个。提图斯·李维乌斯
(Titus Livius*,活动时期在公元前 1 世纪下半叶)[35]于公元
前 59 年出生在帕塔维乌姆(帕多瓦)[Patavium(Padova)],

---

*　即李维(Livy)的拉丁语名字。——译者

[35]　非常奇怪的是,在法语中,他总是被称作 Tite-Live,而且在索引中被排在以 T 开
　　　始的条目下,尽管 Titus 是罗马的 18 个名字之一(缩写为 T.)。

这是当时意大利北部最重要的城市。[36] 他出身于他那个行省的一个贵族家庭，作为一个修辞学家和哲学对话的作者获得了一定的声望。他在奥古斯都的宫廷找到了一个位置，那里需要一个史学家，而他的能力很快受到了赏识。他大概旅行过，但我们不知道他在什么时候、什么地方进行过旅行；他一生的大部分时光都在罗马和他出生的那座城市中度过，他于公元 17 年在其故乡辞世。[37]

他是一个只写了一部著作的作者，但这部著作是一部巨著，他把他成年后的全部精力都用于该书的写作。这是一部从起源到他那个时代的完整的罗马史：《罗马自建城以来的历史》（*Ab*

图 93 萨卢斯提乌斯（活动时期在公元前 1 世纪下半叶）的《喀提林阴谋》和《朱古达战争》的初版（Venice：Vindelinus de Spira，1470）[承蒙皮尔庞特·摩根图书馆恩准复制]

---

[36] 帕塔维乌姆位于意大利东北部，也就是说，它不像米迪奥兰努姆（米兰）[Mediolanum（Milano）]那样在上高卢（Transpadane Gaul）地区，而是在维内蒂人（the Veneti）的领土范围内。

[37] 有可能他是在奥古斯都去世（公元 14 年）之后回到帕塔维乌姆的，因为一个皇帝的宠臣很少受到另一个皇帝的喜欢。公元 14 年，李维已经是 72 岁高龄，也许他这时渴望过安宁的生活。

urbe condita libri)＊。第 1 卷在公元前 28 年他 31 岁时完成，这部著作一直写到他 75 岁亦即他生命的终点。

该著作全书不少于 142 卷，[38] 而且显然，直至公元 4 世纪末以前，它依然保存完整。在中世纪复兴以前的黑暗时代期间，它的大部分佚失了，现存的只有 35 卷多，亦即从第 1 卷至第 10 卷（从埃涅阿斯至公元前 293 年），第 21 卷至第 30 卷（第二次布匿战争，公元前 218 年—前 201 年），第 31 卷至第 45 卷（罗马的其他征服战至公元前 167 年），[39] 以及许多残篇或古代概述。

李维的工作是以启发、倡导民族主义和爱国主义为目的的。由于得到了奥古斯都的支持，他成为帝国的官方史学家。虽然他并未享有这样的头衔，但他的地位与那些最终都隶属欧洲主要宫廷的修史官们相当。他可以完全接触官方的文件，包括奥古斯都的回忆录，因而可以获得来自官方观点的尽可能充分的信息；当然，他可以而且也的确利用了已出版的书籍，不仅是拉丁语的著作[40] 而且还有希腊语的（主要是波利比奥斯和波西多纽的）著作。我们是通过比较原文

＊ 该书通常被称作《罗马史》。——译者

[38] 他可能计划写 150 卷，并且把他的历史叙述到公元 14 年奥古斯都去世。这可能是一个很完美的结局，但他没有足够长的寿命。他的著作实际上截止于公元前 9 年尼禄·克劳狄乌斯·德鲁苏斯的去世。

[39] 在古代（例如在 4 世纪），著作是以 10 卷作为单位来划分的。因而我们有李维著作的第 1 个 10 卷、第 3 个 10 卷、第 4 个 10 卷和第 5 个 10 卷的一半。在文艺复兴时期及以后，人们不说李维佚失的著作，而说李维佚失的几十卷。有人进行过一些恢复的尝试，最值得注意的是约翰内斯·弗赖施海姆（Johannes Freinsheim）的尝试，他试图恢复佚失的 60 多卷的内容（Strassburg, 1654）。

[40] 我的读者已经熟悉了一些一流的（如加图、西塞罗、瓦罗等的）著作，但还有许多（现已佚失）的著作，这些著作的确非常之多，因而李维在其序言中为在长长的清单中再增添一本著作表示了歉意。

了解到这一点的,因为他一般不提他的资料来源。他从未担任过官职,也没有任何管理、军事技术甚至历史编纂学的专门知识;他对档案或铭文没有兴趣。他是一个有着善良意志和诚实的人,但他的眼界是他所在的阶层和环境的传统眼界。

值得注意的是,尽管奥古斯都有偏见,但在他眼中,罗马的黄金时代是加图和斯基皮奥学社的时代,而不是他自己的时代。在这一点上,他与瓦罗的观点相同。罗马内战的罪孽及其后果十分严重,以致李维不得不避开它们,并且用古代的奴隶时代的景象来安慰他自己(他在序言中告诉了我们这一点)。

虽然他的方式与维吉尔不同,但其任务与维吉尔是一样的——证明罗马的荣誉和伟大。[41] 这在很大程度上是一项文学的任务;他的责任是:不仅要按官方的看法描述事件,而且在描述时要运用最优美的语言,亦即最优秀的人的正式的和华丽的语言。

这种历史观与希罗多德、修昔底德甚至波利比奥斯的历史观相去甚远,只要罗马的声望持续下去并且文艺复兴时期的人文主义理想占据统治地位,李维的历史著作就会被认为是这类作品中的杰作。

李维著作的传承像维吉尔著作的传承一样在不断延续,因为这两个作者共同走上了通向不朽的道路;不过,李维的

---

[41] 许多国家的历史著作都是以同样的精神或为法国,或为英国,或为瑞士的荣耀而创作的。在为基督教、伊斯兰教或任何其他宗教的荣耀而撰写的著作中,这种迷恋更为明显。国家或宗教的成功被解释为不是偶然的,而是某种天意的结果。由于神的意志,国家(或宗教)被赞美为高于一切。

图 94　提图斯·李维乌斯(活动时期在公元前 1 世纪下半叶)的《罗马史》(*Historiae Romanae decades*, Rome: Sweynheym and Pannartz, 1469)。该文本由(科西嘉岛的)阿莱里亚的主教乔瓦尼·安德烈亚·德·布西编辑,题献给教皇保罗二世(Paul Ⅱ, 1464 年——1471 年在位)。这位来自威尼斯的教皇是学者的一个赞助者,而且大概还负责印刷术在罗马的推广[承蒙国会图书馆恩准复制]

著作由于卷帙浩繁,因而也就更容易受到批评。在 4 世纪可以找到完整的抄本,第 3 卷—第 6 卷的维罗纳重写本就是那个时期的。1903 年在俄克喜林库斯发现的一部 3 世纪的纸草书中包含第 48 卷至第 55 卷的摘要。他的著作的大部分原文在古代与中世纪期间的混乱时代已经佚失了。

图95　李维著作的第一个英译本,由菲利蒙·霍兰(Philemon Holland)翻译,亚当·伊斯利普(Adam Islip)印制(London,1600)。这个译本包括 L.弗洛鲁斯(L. Florus)在2世纪下半叶为李维和其他罗马史学家所写的《史学著作提要》(Epitome)的翻译;这部《史学著作提要》是17世纪的一本非常流行的教科书。这是一个厚厚的大开本(33厘米高,1403页+索引),题献给"最高贵和威力无边的(我敬畏的至高无上的)伊丽莎白……"。在这个译本中,李维的著作超过了1233页,排印得很密,随后排印的是弗洛鲁斯的提要(第1234页—第1264页)、一个从罗穆路斯到公元前9世纪的详尽的年表(第1265页—第1345页)、古罗马的地方志(第1346页—第1403页)、一个详尽的索引以及一个术语表。这部著作就像一种前基督教的罗马史百科全书[承蒙哈佛学院图书馆恩准复制]

这部著作的篇幅如此浩大,以至于它在古代是以 10 卷作为单位来划分的,每一个 10 卷都有它自己的传承。这就使得对抄本的研究更为复杂了;除了 4 世纪的维罗纳抄本以外,还有许多 9 世纪至 13 世纪的抄本。

该著作的初版由阿莱里亚[42]的主教乔瓦尼·安德烈亚·德·布西编辑,斯韦恩希姆和潘纳茨印制[Rome, 1469（参见图 94）]。至少有 10 个古版本。我要提一下其中几个较晚的版本,即 F. 阿修拉努斯（F. Asulanus）编辑的版本[5 卷本（Venice: Aldus, 1518-1533）],约翰·弗里德里希·格罗诺维乌斯（Johann Friedrich Gronovius）编辑的第一个"近代版"[3 卷本（Leiden: Elzevier, 1645; Amsterdam: Elzevier, 1678）],约翰·尼古拉·马兹维（Johan Nikolai Madvig）和约翰·路易斯·乌辛（Johan Louis Ussing）编辑的考证版（Copenhagen, 1865 ff.）,威廉·魏森博恩（Wilhelm Weissenborn）编辑的考证版[9 卷本（Berlin, 1867-1879）],毛里蒂乌斯·米勒（Mauritius Müller）编辑的修订版[6 卷本（Leipzig: Teubner, 1910-1911）]。这些考证版常常被重印。还有许多李维所有现存著作的其他版本,以及无数包含某几十卷、几卷或选集的版本。

最早的英译本是菲利蒙·霍兰翻译的[London, 1600（参见图 95）]。

本杰明·奥利弗·福斯特（Benjamin Oliver Foster）编辑了一个非常方便的拉丁语-英语对照本[13 卷本,"洛布古典丛书"（1919-1951）]。

---

[42] 阿莱里亚位于科西嘉岛东海岸。

第二十五章[1]

文　学

在希腊世界和拉丁世界，甚至在我们自己的世界，文学与更为专业的旨在教育而非娱乐的书籍之间存在着某种区别。在希腊语中，人们甚至不必说"belles-letters"（纯文学），而只说"letters"（文学）[ta grammata（文法）]，文学家被称作 philologos（语文学家），如果他的职业是教授文学，那么，他就被称作 logodidascalos（文法教师）。在拉丁语中纯文学被称作 litterae，对它们的研究被称作 humanitas（人文学），artes ingenuae（高雅艺术），artes optimae（贵族艺术），artes honestae（高尚艺术），artes liberales（文科），studia litterarum（文学研究），等等。我们从这些表述中可以辨别出我们自己的语言中的一些词语，如我们所说的 humanities（人文学）或 liberal arts（文科）。无论在希腊世界还是在拉丁世界，有时候，这种区别被现存的教诲诗如阿拉图和尼坎德罗的那些诗弄模糊了;那种诗可能是乏味的,但卢克莱修的《物性论》和维吉尔的《农事诗》则是明显的例外。

有关希腊文学史或拉丁文学史的专论很自然地集中在

---

〔1〕　这一章是本卷第十三章开始的讨论的续篇。

诗人和优美散文的作者身上,而对从事科学的人,如喜帕恰斯和维特鲁威,要么把他们忽略了,要么只以某种随便的方式议论一下。在本书中,我们必须反其道而行之。我们的主人公是那些伟大的科学家,但把艺术家忽略则是很糟糕的。因此,在这一章以及第二十七章中,我将介绍几位最伟大的艺术家,以便我的读者们可以记住这个时代的文学艺术的辉煌成就。由于语言是文学的载体,因而现在比任何时候都有必要把我们的说明分为两大部分,即希腊文学(Greek Literature)和拉丁文学(Latin Literature)。这会提供一种非常鲜明的对比,因为希腊文学在走下坡路,而拉丁文学刚刚诞生并且在朝气蓬勃地发展。

一、希腊文学

与公元前 3 世纪的诗人相比,尤其是与忒奥克里托斯这位大师相比,公元前最后两个世纪的那些诗人相形见绌。我无法想到有哪个人在公元前 2 世纪末以前名噪一时,而且我发现,最多也只能提一提以下非常有限的这几个人:加达拉的墨勒阿革洛斯(Meleagros of Gadara)、菲洛德穆,安条克的阿基亚斯(Archias of Antioch)和尼西亚的帕森尼奥斯(Parthenios of Nicaia)——所有这些人都是贬义的典型的亚历山大人。

1. 加达拉的墨勒阿革洛斯。这几个人当中最伟大的是加达拉[2]的墨勒阿革洛斯(大约公元前 140 年—前 70 年),他是一个希腊神职人员的儿子。加达拉是一个小的希腊文化

---

[2] 加达拉是巴勒斯坦的一个城镇,在太巴列湖东南。《新约全书》的读者都熟悉它的居民格拉森人(《马可福音》,第 5 章,第 1 节;《路加福音》,第 8 章,第 26 节和第 37 节)。

中心,墨尼波斯的出生地。墨勒阿革洛斯在加达拉接受教育,并且受到了墨尼波斯的影响,随后他去了与加达拉相距最近的大城市提尔。他写了许多情诗,其中有些是非常雅致的,还写过一部论美惠三女神的专论[《卡里忒斯》(Charites)],这是具有一些墨尼波斯式风格的作品,文体为散文和诗的混合,既愤世嫉俗又充满智慧。他想把他自己的诗与大约40位各个时代的其他诗人的诗编在一起。这本诗集以《花冠》(Crown, Stephanos)为题,从字面上看它是anthologia(意为花束),因为墨勒阿革洛斯在序言中把每个人的诗比作一朵花;那么,整部书就是一个花束。这不是第一部这类的诗歌集,但它比以前的诗歌集更丰富,引起了相当大的关注,并且成为后来的这类诗歌集的楷模,尤其是康斯坦丁·塞法拉斯(活跃于917年)和马克西莫斯·普拉努得斯(在1301年)编辑的诗歌集的楷模。[3] 这的确是一项了不起的成就。

2. **加达拉的菲洛德穆**。菲洛德穆是一个伊壁鸠鲁派的诗人,与西塞罗是同时代人。他的诗歌(大约30首)最终都被编入《花冠》,但不是编在第一版,而是编在塞萨洛尼基的腓力普斯(Philippos of Thessalonicē,活动时期大约在公元40年)选编的第二版中。

3. **安条克的阿基亚斯**。阿基亚斯写过一首关于米特拉达梯战争的诗。他之所以闻名主要是由于这样一个事实:他是西塞罗为之辩护的人之一。他的诗也被收入到《花冠》的第

---

[3] 关于这两部拜占庭的诗歌集《王宫诗选》(Anthologia Palatina)和《普拉努得斯诗选》(Anthologia Planudea),请参见《科学史导论》第2卷,第974页。

二版之中。

4. **尼西亚的帕森尼奥斯**。帕森尼奥斯在米特拉达梯战争中被俘,并且被带到罗马,但他不久便因为其学识而被释放了。他完全被文学界接受了,并且被诗人科尔内留斯·加卢斯(大约公元前 66 年—前 26 年)和维吉尔当作朋友;据说,他是维吉尔的希腊语老师。他的全部诗作(哀歌体诗和神话诗)都失传了,但一本散文体的爱情故事集[《爱的悲哀》(*Peri erōticōn pathēmaton*)]保留下来。这是为科尔内留斯·加卢斯的教育而写并且题献给他的。

据称,帕森尼奥斯一直活到奥古斯都时代末;除非他成了百岁老人,否则这似乎是不可能的,因为米特拉达梯战争直到公元前 64 年才结束,而奥古斯都一直活到公元 14 年。不过,对帕森尼奥斯的记忆在提比略时代依然清晰,因为提比略想模仿他的诗作。

除了墨勒阿革洛斯因其《希腊诗选》(*Greek Anthology*)而不朽之外,所有其他人只是由于他们与罗马的关系而被人们记住了,菲洛德穆和阿基亚斯与西塞罗有关,帕森尼奥斯与科尔内留斯·加卢斯和维吉尔有关。

5. **次要散文作家**。如果你不考虑一些主要是哲学家或科学家的作者,例如帕奈提乌、喜帕恰斯、波利比奥斯、波西多纽或斯特拉波,那么,很难说希腊散文比希腊诗歌更为卓著。对这些人已经做了充分的赞扬,我们现在只讨论一些次要的作者,他们可能依附于这个或那个哲学学派,但更确切地说,他们是语法学家和修辞学家。我们简略地介绍其中的几个人。

首先是两个都被称作阿拉班达的阿波罗尼奥斯

（Apollōnios of Alabanda）的人，[4]他们二人都在罗得岛教授修辞学。年长的那个阿波罗尼奥斯的绰号是马拉科斯（Malacos，意为"友善者"）；他把占卜官昆图斯·穆基乌斯·斯凯沃拉（Quintus Mucius Scaevola，大约活跃于公元前121年）和演说家马可·安东尼（Marcus Antonius，大约活跃于公元前98年）视为他的学生；较年轻的那个阿波罗尼奥斯的绰号是莫隆（Molōn），[5]他以法庭抗辩人和一个修辞学派的领袖而著称。公元前81年，苏拉是执政官，阿波罗尼奥斯－莫隆作为罗得岛的使节被派往罗马。西塞罗那时听过他的演说，后来（大约公元前78年）又在罗得岛听过他的演说。凯撒则是他的另一个听众。莫隆写过讲稿和修辞学专论，也许还写过史学专论。罗得岛学派（the School of Rhodos）获得了一定的声誉，因为它的学说是亚洲的精美华丽与罗马雅典派的朴实无华之间的一种折中；它受到了希佩里德斯那充满阳刚之美的风格的启示。[6]

　　有两个伊壁鸠鲁主义者必须提一下，一个是斐德罗（公

---

[4] 阿拉班达在卡里亚境内。有没有可能这两个人其实是一个人，年轻时叫马拉科斯（Malacos），年老时叫莫隆（Molōn）？

[5] 我不理解 Molōn［molōn 是 blōskō（意为"来或去"）的不定过去时主动态分词阳性第一人称单数］这个绰号。西塞罗称他为 Molon 或 Molo。也有人称他为罗得岛的阿波罗尼奥斯，但最好不要这样呼，以避免与更伟大的罗得岛的阿波罗尼奥斯（活动时期在公元前3世纪）相混淆，后者是《阿尔戈号英雄记》的作者。

[6] 希佩里德斯［大约公元前400年—前322年（按照《简明不列颠百科全书》中文版第8卷第469页的说法，希佩里德斯出生于公元前390年。——译者）］是列在亚历山大正典中的十大雅典演说家之一（参见本书第1卷，第258页）。

元前 140 年—前 70 年),[7]罗马的伊壁鸠鲁学派的领袖,他
把西塞罗视为他的学生之一;另一个是前面已经列入诗人行
列的菲洛德穆。加达拉的菲洛德穆的一些写在莎纸草卷上
的专论在赫库兰尼姆被发掘出来,从此以后他的名声大振。
而斐德罗的一部著作使西塞罗的《论神性》获得了灵感。

　　西塞罗的另一个老师是拉里萨的斐洛,学园派的一个成
员。雅典城邦曾经与米特拉达梯站在一边反对罗马,后来被
苏拉围攻并占领(公元前 87 年—前 86 年)。就是在那个时
候(如果不是比那时略早的话),斐洛去了罗马,他在那里开
办了一个哲学和修辞学学校。西塞罗在《学园派哲学》和
《论神性》中多次提到他。

　　漫步学派的两个代表人物以另一种方式获得了声望,他
们是特奥斯的阿佩利孔(Apellicōn of Teōs)和罗得岛的安德
罗尼科。阿佩利孔是一个富有的图书收藏家,他设法获得了
亚里士多德的抄本;当苏拉洗劫雅典时,他购买或夺走了那
些无价的财富,并把它们运到罗马。提兰尼奥整理了那些抄
本,安德罗尼科编辑了其第一版。[8] 在苏拉掠夺那些抄本
不久之前,阿佩利孔就去世了;安德罗尼科则一直活到公元
前 58 年。

　　在西塞罗时代,怀疑论学派在罗马的代表人物是爱内西
德谟,他写过 8 卷有关怀疑论的论著[《皮罗主义学说》

----

〔7〕 寓言作家费德鲁斯(约公元前 15 年—约公元 50 年)也叫这个名字,在提到他
　　　时,必须用拉丁拼写方式(Phaedrus)。他与上述斐德罗一样活跃于罗马,但更晚
　　　一些。他来自马其顿,而且是奥古斯都的一个自由民。的确,他的寓言集以《奥
　　　古斯都的释奴费德鲁斯的伊索式寓言》(Phaedri Aug. Liberti Fabulae Aesopiae)为
　　　题。
〔8〕 有关的更详细的情况,请参见本书第 1 卷,第 447 页、第 494 页和第 495 页。

(*Pyrrōneioi logoi*)]。爱内西德谟来自克里特岛的克诺索斯，他似乎是一个比较独立的哲学家，试图把怀疑论与学园派哲学结合起来。他的著作已经失传，不过，他使塞克斯都·恩披里柯（Sextos Empeiricos，活动时期在 2 世纪下半叶）*受益匪浅。

佩加马的阿波罗多洛（Apollodōros of Pergamon）稍晚些时候也在罗马定居，并且被凯撒选中担任年轻的屋大维的私人教师（修辞学教师）。阿波罗多洛主要是一个教师，而不是作家，他对罗马人的影响主要是由于他对最优秀的雅典散文的说明。奥古斯都时代的雅典派教师卡拉克特的凯基利乌斯（Caecilius Calactinus）[9]和哈利卡纳苏斯的狄奥尼修也完成了类似的工作。

所有这些人都是修辞学家和哲学家；他们必然是哲学家，因为每一个修辞学家都具有某种哲学色彩，并且属于一定的学派。每一个重要的学派在罗马都有其代表：学园学派、吕克昂学派、柱廊学派和花园学派，作为对其他学派的修正，怀疑派的声音也可以听到。这些希腊作者都住在罗马，或者他们在罗马以外与罗马的领导者有接触。支持他们的不是希腊化世界的诸王子而是罗马人，如斯基皮奥·埃米利亚努斯、西塞罗、凯撒、梅塞纳斯和奥古斯都。他们的杰出成

---

* 塞克斯都·恩披里柯是罗马帝国时代的希腊医生、哲学家和史学家，曾在希腊怀疑论派衰落时领导过该学派。其流传下来的哲学著作有：《皮罗学说要旨》（3卷）、《驳独断论者》（5 卷）和《驳教师》（6 卷）；其中《皮罗学说要旨》包含了有关古代怀疑论的重要史料，对欧洲哲学产生过较大影响。——译者

[9] 他也被称作卡拉克特，因为他来自西西里的卡勒阿克特（Calē Actē；Actē 是 Attica 的古代诗歌用语；calē 意为"美丽的"）。Calactinus 是拉丁语，因此，我在这里采用的是拉丁语的形式来表达他的全名。

就就在于,把希腊语言和希腊思想传播给了罗马贵族。

虽然这一节以"希腊文学"为题,但若以"希腊文学在罗马的发展"为题可能更清楚。

二、拉丁文学

当你想到第一个四年周期的第一年相当于公元前 776 年,罗马纪元的第一年相当于公元前 753 年(这些日期是约定俗成和任意的,但它们可以用来作为第一个近似值),你就禁不住会对拉丁文学的迟滞感到惊讶;当你想到希腊文学从荷马(至少不晚于公元前 9 世纪)辉煌地开始时,如果有人告诉你"罗马诗歌的奠基者"昆图斯·恩尼乌斯(活动时期在公元前 2 世纪上半叶)到公元前 169 年才去世,亦即几乎比荷马晚了 7 个世纪,你就更会感到惊讶。这两种文化在某种程度上讲是同时产生的,而它们之间的这种变化的确是巨大的。事实就是,希腊人的诗歌先出现了,而罗马人除非在他们的政治命运被确定下来之后,否则,他们没有时间去考虑诗歌。罗马人有点像这样一些商人:他们认为在赚到第一个百万之后就会有足够时间接受教育,然而,那时通常已经太迟了。

1. **李维乌斯·安德罗尼库斯和奈维乌斯**。无论如何,我们决不会夸大:恩尼乌斯是第一个伟大的拉丁诗人,他在巅峰时像维吉尔一样伟大,不过,在他以前已经有了一代拉丁诗人。第一个值得一提的是一个希腊人安德罗尼库斯(Andronicus),他于公元前 272 年在他林敦被俘并且被带到罗马。他的主人李维乌斯指定他担任其孩子们的家庭教师,并把他解放了,而且还按照习俗把自己的名字赐予他。从那时起,安德罗尼库斯就改名为李维乌斯·安德罗尼库斯

（Livius Andronicus），而且后代只记得叫这个拉丁语名字的他。卢基乌斯·李维乌斯·安德罗尼库斯（Lucius Livius Andronicus）开办了一所学校，讲授有关希腊诗人的课程，并把《奥德赛》翻译成拉丁语诗。他还翻译了一些希腊悲剧和喜剧，他成了许多人学习的榜样。

另一个略早于恩尼乌斯的诗人是奈维乌斯（Naevius，大约公元前 270 年—前 201 年），他创造了紫袍剧（fabula praetexta）——一种以罗马题材（罗穆路斯的童年、高卢人在公元前 222 年的战败、公元前 264 年—前 241 年的第一次布匿战争等）为基础的新型悲剧。他是一个忠诚的罗马人，但他冒险批评了当局，因而被投入监狱，并且在大约于公元前 201 年的流放中，在距迦太基不远的乌提卡去世。对他的剧作加以评价是不太可能的，因为那些剧作只有一些残篇幸存下来。

2. **恩尼乌斯**。第一个伟大的拉丁诗人无疑是恩尼乌斯（公元前 239 年—前 169 年）。像李维乌斯·安德罗尼库斯一样，他也是希腊血统，于公元前 239 年出生在卡拉布里亚的卢迪亚（Rudiae），但他很快就学会了既说希腊语又说拉丁语。他在罗马军队担任百夫长，并且被加图（他是后者的希腊语私人教师）带到罗马。他活跃于罗马，并且被斯基皮奥·埃米利亚努斯和其他人当成朋友，他在 70 岁时去世。他把一些希腊剧作主要是欧里庇得斯的作品翻译成拉丁语，并且用拉丁语散文体撰写了《罗马编年史》（Annals of Rome），从埃涅阿斯叙述到他那个时代（这是第一部用拉丁语写的罗马史）。他还写了两部哲理诗，一部是《厄庇卡尔谟》（Epicharmos），概述了毕达哥拉斯的学说；另一部是《欧

464

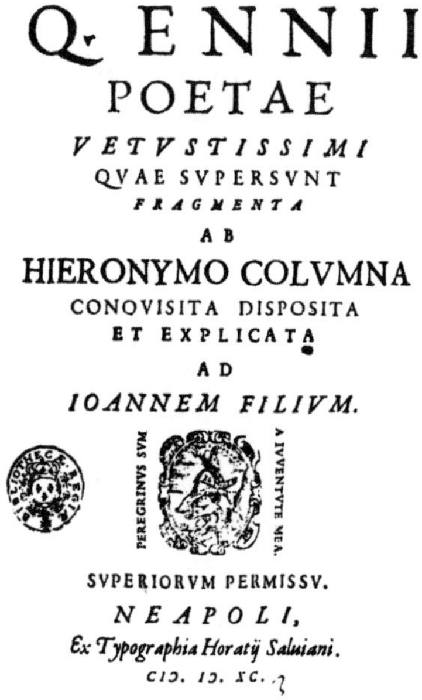

Q. ENNII
POETAE
VETVSTISSIMI
QVAE SVPERSVNT
FRAGMENTA
A B
HIERONYMO COLVMNA
CONOVISITA DISPOSITA
ET EXPLICATA
A D
IOANNEM FILIVM.

SVPERIORVM PERMISSV.
NEAPOLI,
Ex Typographia Horatÿ Salviani.
CIꟼ. Iꟼ. ꟼC.

图 96　恩尼乌斯(活动时期在公元前 2 世纪上半叶)的遗著的第一个单行本,由吉罗拉莫·科隆纳(Girolamo Colonna)编辑(Naples, 1590)。恩尼乌斯的残篇以前曾印在《古代拉丁语诗歌残篇》(*Fragmenta veterum poetarum latinorum*)中,该书由亨利·艾蒂安和罗贝尔·艾蒂安(Robert Estienne)收集整理(Geneva: Henri Estienne, 1564)[承蒙巴黎国家图书馆恩准复制]

赫墨罗斯》(*Euhēmeros*),这是对宗教传统的一种理想主义解释。[10] 他是卢齐利乌斯、卢克莱修和维吉尔的先驱。

3. **普劳图斯和泰伦提乌斯**。恩尼乌斯的剧作介绍了他那个时代两个一流的拉丁剧作家普劳图斯和泰伦提乌斯。普劳图斯大约于公元前 254 年出生在翁布里亚(Umbria)的萨尔西纳(Sarsina),于公元前 184 年去世。他写过一些喜剧,它们来源于希腊"新喜剧",主要是来源于米南德。他模仿了一些剧作,但在很多地方太随心所欲了,而他的风格是非常富有创造性和生动活泼的。他知道如何使某个古老的故

[10] 这两部诗的主人公都是确有其人的哲学家,即科斯岛的厄庇卡尔谟(活动时期在公元前 5 世纪)和墨西拿的欧赫墨罗斯(活动时期在公元前 4 世纪下半叶)。一个世纪以后的卢克莱修以恩尼乌斯为榜样,他献上他的《物性论》以赞美伊壁鸠鲁的荣耀。

事适应罗马观众的需要,因而他受到了相当大的欢迎。

　　泰伦提乌斯(大约公元前 195 年—前 159 年)比普劳图斯晚半个世纪出生,他远比后者更为深奥,但较少幽默感。正如凯撒所说的,他缺乏"*vis comica*(幽默感)"。像普劳图斯的剧作一样,他的剧作主要来源于新喜剧尤其是米南德的作品,但他有无限多的自由发挥。他不会改写单一的某部剧作,但创作他自己的某一剧作时,他会从诸多希腊剧中汲取灵感。他不像普劳图斯那样出生在意大利,而是出生在迦太基[11]的利比亚家族,并且作为奴隶被带到罗马。他的主人使他受到了非常好的教育,一旦他的天才显露出来时,他便得到了所有必要的奖励。他缺乏普劳图斯的活力,但在文雅方面超过了后者;他友善而仁慈。每个人都记得他的诗歌的最后一行:

Homo sum, humani nil a me alienum puto.

(我是人,人的一切我无所不知。)

　　他的喜剧不太受普通人的欢迎,但更符合有较高素养的人和文雅之士的口味。[12] 友善的泰伦提乌斯精神后来在威廉·康格里夫(William Congreve,1670 年—1729 年)的英语

---

[11]　希腊文化在北非尤其在迦太基相当发达,因此有可能,泰伦提乌斯在童年时就已经获得了当时的希腊语知识。

[12]　勒内·皮雄(René Pichon)在其《拉丁文学史》(*Histoire de la litérature latine*, Paris,1898)第 8 页更进了一步,把他与马里沃(Marivaux,1688 年—1763 年,法国戏剧家、小说家和记者,写过 30 多部剧本,比较著名的有《意想不到的爱情》《爱情与偶遇的游戏》《假机密》和《考验》等;其小说作品中,最主要的是《玛丽安娜的生活》和《暴发户农民》。——译者)相比较。这的确是非常高的赞誉。

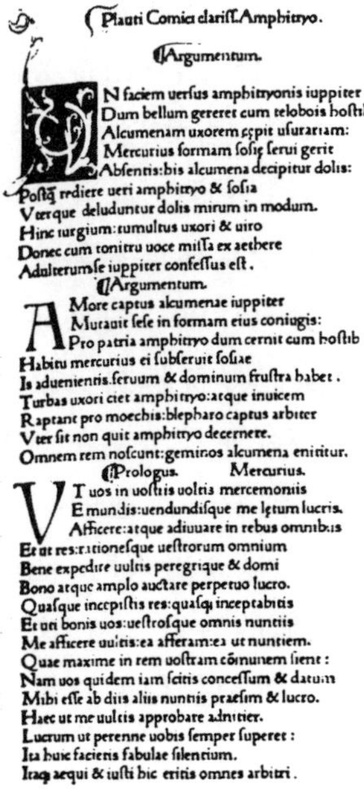
Plauti Comici clariss. Amphitryo.

Argumentum.

IN faciem uersus amphitryonis iuppiter
Dum bellum gereret cum telobois hostibus:
Alcumenam uxorem cepit usurariam:
Mercurius formam sosie serui gerit
Absentis: his alcumena decipitur dolis:
Postquam rediere ueri amphitryo & sosia
Vterque deluduntur dolis mirum in modum.
Hinc iurgium: tumultus uxori & uiro
Donec cum tonitru uoce missa ex aethere
Adulterum se iuppiter confessus est.

Argumentum.

AMore captus alcumenae iuppiter
Mutauit sese in formam eius coniugis:
Pro patria amphitryo dum cernit cum hostib
Habitu mercurius ei subseruit sosiae
Is aduenientis seruum & dominum frustra habet.
Turbas uxori ciet amphitryo: atque inuicem
Raptant pro moechis: blepharo captus arbiter
Vter sit non quit amphitryo decernere.
Omnem rem noscunt: geminos alcumena enititur.

Prologus. Mercurius.

VT uos in uostris uoltis mercemoniis
Emundis: uendundisque me laetum lucris
Afficere: atque adiuuare in rebus omnibus
Et ut res: rationesque uestrorum omnium
Bene expedire uultis peregrique & domi
Bono atque amplo auctare perpetuo lucro.
Quasque incepistis res: quasque inceptabitis
Et uti bonis uos: uestrosque omnis nuntiis
Me afficere uultis: ea afferam: ea ut nuntiem.
Quae maxime in rem uostram communem sient:
Nam uos quidem iam scitis concessum & datum
Mihi esse ab diis aliis nuntiis praesim & lucro.
Haec ut me uultis approbare adnitier.
Lucrum ut perenne uobis semper suppetat:
Ita huic facietis fabulae silentium.
Itaque aequi & iusti hic eritis omnes arbitri.

图97 普劳图斯（大约公元前254年—前184年）的《喜剧集》（*Comedies*）的初版，由别名乔治·梅拉尼（Giorgio Merlani）的乔治·梅鲁拉编辑［对开本（Venice：Vindelin de Spira，1472）］［承蒙皮尔庞特·摩根图书馆恩准复制］

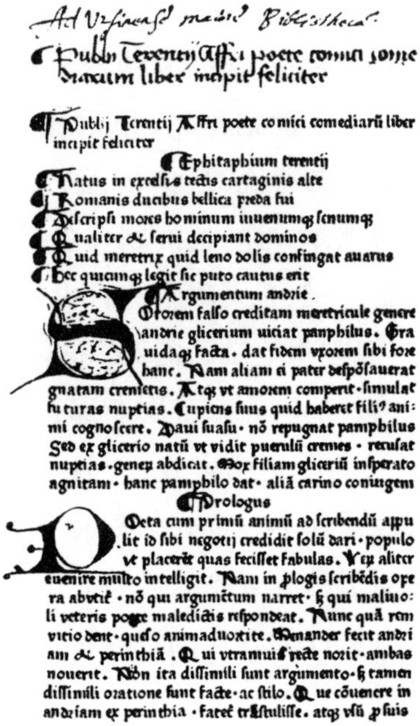
Publii Terentii Affri poete comici comediarum liber incipit feliciter

Publij Terentij Affri poete comici comediarum liber incipit feliciter

Ephitaphium terentij

Natus in excelsis tectis cartaginis alte
Romanis ducibus bellica preda fui
Descripsi mores hominum iuuenumque senumque
Qualiter & serui decipiant dominos
Quid meretrix quid leno dolis confingat auarus
Hec quicunque legit sic puto cautus erit

Argumentum andrie.

Sororem falso creditam meretricule genere Andrie glicerium uiciat panphilus. Grauidaque facta. dat fidem vxorem sibi fore hanc. Nam aliam ei pater desponsauerat gnatam cremetis. Atque vt amorem comperit. simulat futuras nuptias. Cupiens suus quid haberet filius animi cognoscere. Daui suasu. non repugnat pamphilus Sed ex glicerio natum vt vidit puerulum cremes. recusat nuptias. generum abdicat. Mox filiam glicerium insperato agnitam. hanc pamphilo dat. aliam carino coniugem

Prologus

Poeta cum primum animum ad scribendum appulit id sibi negotij credidit solum dari. populo vt placerent quas fecisset fabulas. Verum aliter euenire multo intelligit. Nam in prologis scribendis opera abutitur. non qui argumentum narret. sed qui maliuoli veteris poete maledictis respondeat. Nunc quam rem vitio dent. queso animaduertite. Menander fecit andriam & perinthiam. Qui vtramuis recte norit. ambas nouerit. Non ita dissimili sunt argumento. sed tamen dissimili oratione sunt facte. ac stilo. Que conuenere in andriam ex perinthia. fatetur transtulisse. atque usum pro suis

图98 泰伦提乌斯（大约公元前190年*—约公元前159年）的《喜剧集》（*Comedies*）的初版［对开本（Strassburg：Johann Mentelin），非1470年以后的版本］［承蒙加利福尼亚州圣马力诺（San Marino）市亨廷顿图书馆恩准复制］

---

* 原文如此，与前文略有出入。——译者

剧作和卡洛·哥尔多尼（Carlo Goldoni，1707 年—1793 年）*
的意大利语剧作中得到了复兴。

　　4. **监察官加图**。我们在第二十四章**对加图大约于公元
前 160 年汇集起来的农业笔记做了较长的说明。那一著作
当然不是文学著作，不过，我们不该因此而不考虑加图。加
图是一个百分之百的罗马人，憎恶上流社会风靡一时的挥霍
和堕落。随着文化的发展和纯真的丧失，腐败堕落也愈演愈
烈，而最高级的文化无疑来源于希腊。加图认为，治疗这种
病态的最好方法是重新唤起人们对田园生活以及所有与之
相伴的简朴的美德的珍视。由此并不能得出结论说，他是一
个没有文学素养的人。他年轻时曾受过良好的教育，能够阅
读希腊语著作，并且研读过诸如修昔底德和狄摩西尼等作者
的著作；他钦佩黄金时代的希腊人，但不信任他那个时代的
希腊人（在这方面他并不完全是错的）。他认识到希腊文化
的优点但也认识到了其缺点。当昔兰尼的卡尔尼德作为为
雅典的利益而辩护的使节访问罗马时（公元前 156 年—前
155 年），加图渴望看到他能尽早离开；"当希腊人将来把他
们的文献赠与我们时，尤其是如果他们把他们的医生也派
来，我们将会彻底毁灭"。尽管罗马贵族的奢侈日趋严重，
他还是热爱简朴的生活。他声称，公元前 211 年从叙拉古运

---

　　* 威廉·康格里夫，英国王政复辟时期最优秀的讽刺戏剧作家，代表作有喜剧《老
光棍》《两面派》《以爱还爱》《如此世道》和悲剧《悼亡的新娘》等；另外，他还写
过小说和诗歌，并翻译过一些希腊和罗马的诗作。卡洛·哥尔多尼，意大利现实
主义喜剧的创始人，一生写了 100 多部戏剧，代表作有《一仆二主》《咖啡店》《狡
猾的寡妇》《封建主》《女店主》《老顽固们》等；另外，他还写过悲剧、传奇剧和歌
剧。——译者
　　** 原文如此，应是第二十一章。——译者

来的那些塑像腐蚀了罗马人的生活方式。

他的公开讲演都经过精心的准备,他写过一部罗马史,这是第一部用拉丁语散文写的这类著作。不幸的是,他的主要遗产是《论农业》,从纯文学的观点看,它像任何其他著作一样平庸。通过他的其他著作,他成为拉丁语散文的奠基者。他知道他必须说什么,并且说得清晰而有力;在特定情况下,这使他接近卓越。他对科学缺乏兴趣,并且表达了对它的一些误解,这使他不可能欣赏希腊文化中最优秀和最持久的部分。对他来说,除了农学、家庭经济学和法学以外,科学是无用的。换句话说,他无法看到科学最壮丽的部分,而只看到了它不可避免的不成熟之处。

他的声望在现代的虚假提高是由两种混淆造成的。首先,人们把他与他伟大的孙子乌提卡的加图(公元前 95 年—前 46 年)混淆了,他的孙子在被凯撒打败后宁死不屈,在乌提卡自杀殉职;乌提卡的加图是罗马共和国最伟大的英雄之一,对许多人而言,加图这个名字就是指他。其次,有人把监察官加图当作《道德对句集》(*Moral Distichs*)的作者,这是一本在中世纪的学校中像伊索(Aesop)、阿维努斯(Avianus)和罗穆路斯[13]一样享有盛名的著作。当乔叟[在《磨坊主的故事》("Miller's Tale")中]评论说"他脑筋笨拙,不懂得加图说的话"时,这个"加图"就是《道德对句集》的作者。这种混

---

[13] 按照传说,伊索是希腊的《伊索寓言》的作者。根据希罗多德(《历史》,第 2 卷,第 134 节)的说法,他是阿马西斯(埃及皇帝,公元前 569 年—前 525 年在位)统治时期萨摩斯岛的奴隶(参见本书第 1 卷,第 376 页)。阿维努斯是中世纪用拉丁语散文写作的寓言作家。"罗穆路斯"不是一个真实的人,而是费德鲁斯的拉丁散文体著作的译本的标题。对一般人来说,伊索、阿维努斯和罗穆路斯是同一类词,即都是教科书的标题。

淆很早就开始了,[14]而且这种混淆至少持续到 18 世纪。

《训子风习集》(*De moribus ad filium*)[或《对行诗体风习集》(*Disticha de moribus*)、《加图格言集》(*Dicta Catonis*)] 在拉丁语和许多语言中极为流行。即使不是对每一个人,至少也是对大多数人来说,它的作者就是老加图,他的声望就是建立在该书基础上的。这大概是 B. 富兰克林(B. Franklin)研读的第一本(也是最后一本)拉丁语著作,他本人印制了一版该书的英语版。[15] 这个伪加图是"穷理查(Poor Richard)"*的老师之一。

我们现在已经对拉丁文学的第一个世纪(公元前 250年—前 150 年)做了回顾。这个世纪没有产生荷马,没有产生赫西俄德,但产生了 6 名优秀的作家:李维乌斯·安德罗尼库斯、奈维乌斯、恩尼乌斯、普劳图斯、泰伦提乌斯和监察官加图。尽管这个开端晚了一些,但还是个不坏的开端。

---

[14] 至少《道德对句集》的某些部分在公元 2 世纪已在传播,非洲人温迪齐亚努斯(Vindicianus,活动时期在 4 世纪下半叶)知道这个集子。参见韦兰·约翰逊·蔡斯(Wayland Johnson Chase):《加图的〈对句集〉——中世纪的一本著名的教科书》[*The Distichs of Cato, A Famous Mediaeval Textbook*(43 页),Madison,Wisconsin,1922],书中有拉丁语原文并附有英语译文。这个特别的版本包含 144 个对句,以及 56 行非常短的中世纪的附加部分。

这个文本被归于 4 世纪的监察官加图的名下,不久之后又被归于"狄奥尼修斯·加图(Dionysius Cato)",这使混乱进一步增加了。

[15] 即《加图〈道德对句集〉英译》(*Cato's Moral Distichs Englished in Couplets*,Philadelphia,1735),由 B. 富兰克林印制并销售。英译者是詹姆斯·洛根(James Logan,1674 年—1751 年)。这本粗陋的小册子是拉丁经典在北美的不列颠殖民地的第一个译本和第一次印刷。富兰克林知道,监察官加图并非该书的作者。这本小册子后来又由卡尔·范多伦(Carl Van Doren)作序,以复制版再版(Los Angeles:Book Club of California,1939)。

* 美国作家富兰克林的著名作品《穷理查年鉴》(*Poor Richard's Almanac*)中的主人公,他是一个未受过正规教育、但有丰富的经验并且靠自学成才的哲学家。——译者

5.斯基皮奥·埃米利亚努斯和盖尤斯·卢齐利乌斯。那时文学的主要特点之一是模仿。它的最好的作品是从希腊语翻译过来的。在上述这6名作家中,有3个人有希腊血统或者在童年时接受了希腊教育,他们是李维乌斯·安德罗尼库斯、恩尼乌斯和泰伦提乌斯。即使加图公然抨击希腊的威胁,他也不得不使用希腊词语。

这第一个世纪见证了拉丁诗歌和拉丁散文的诞生,随后而来的是一个过渡时期,也许可以把它称作斯基皮奥·埃米利亚努斯(公元前185年—前129年)时期和斯基皮奥学社时期,在这个时期,黄金时代的种子已经播种了。这是一个热切的希腊化时期。斯基皮奥的朋友既有像帕奈提乌和波利比奥斯这样的希腊人,也有像泰伦提乌斯和卢齐利乌斯这样的拉丁作家。正是在斯基皮奥领导的时期,佩尔修斯[16]的图书馆(于公元前168年)被搬到罗马,这件事激发了人们对希腊文学的新的和更浓厚的兴趣。

盖尤斯·卢齐利乌斯(大约公元前180年—前102年)出生在拉丁姆的苏塞奥伦卡(Suessa Aurunca),[17]公元前160年以后去了罗马。他是一个有产者和诗人,是大约30部著作的作者,这些著作中有1300行保留下来。他可算是个文学爱好者,创作了许多有关日常题材的 *saturae*(意为"杂录"),它们有时带有讽刺意味,但风格比较温和。因此,他是贺拉斯、佩尔西乌斯(Persius,34年—62年)以及尤维

168

---

〔16〕 佩尔修斯是马其顿的最后一位国王(公元前179年—前168年在位)。他在彼得那被埃米利乌斯·保卢斯(斯基皮奥·埃米利亚努斯的父亲)击败,他在萨莫色雷斯被捕,并被带到罗马为保卢斯大捷增光。他于公元前166年去世。

〔17〕 现在称作萨塞奥伦卡(Sessa Aurunca),在那不勒斯西北偏北方向33英里。

纳利斯(Juvenal,活跃于 100 年—130 年)的先驱。在他的生
命历程即将结束时,他退休到那不勒斯,大约于公元前 102
年在那里去世。

　　公元前的最后一个世纪确实是拉丁文学的黄金时代。
关于一些既是伟大的文学家又不仅仅是文学家的人,我已经
向我们的读者做过介绍,如卢克莱修、凯撒、西塞罗、瓦罗和
维吉尔,但我们还得根据需要多次回到他们那里以便使我们
的描述更加完整。

　　6.**卡图卢斯**。然而,关于卢克莱修我们不必再补充什么
了,因为在本卷第十七章中我已经充分地讨论了他的唯一著
作《物性论》。与他同时代的卡图卢斯同他形成了巨大的对
比。他们几乎是完全同时代的人,卢克莱修于公元前 55 年
去世,享年 44 岁;卡图卢斯于公元前 54 年去世,享年 30 岁。
卢克莱修受到了希腊楷模主要是伊壁鸠鲁的启示;卡图卢斯
受到的启示则来自希腊化时代的楷模,亦即亚历山大帝国崩
溃以后在埃及和亚洲的诸王国中发展起来的希腊-东方文
学。奈维乌斯和恩尼乌斯为了他们本国的教育和利益已经
利用了希腊文学;卡图卢斯没有这样的理想,无论他对亚历
山大派抑或他自己的诗歌感兴趣,都仅仅是为了追求文学的
优雅。他的兴趣的主体是他本人,他的生活中的重要事件包
括:他的兄弟于公元前 59 年的骤然去世以及几年以后他的
情人莱斯比娅(Lesbia)的背叛。他写过许多诗歌,有抒情
诗、哀歌体诗、讽刺诗,其中有 133 首留存了下来;比较真诚
的态度以及少许深厚感情的闪现弥补了他艺术作品中的矫
揉造作。

　　盖尤斯·瓦勒里乌斯·卡图卢斯(大约公元前 84 年—

前 54 年)出生在维罗纳,因此,他像他的朋友科尔内留斯·内波斯(Cornelius Nepos)一样,像维吉尔、提图斯·李维乌斯和两个普林尼一样,是波河上游的北意大利人。他热爱他的故乡,尤其热爱加尔达湖(Lake Garda)[贝纳库斯湖(*lacus Benacus*)]。大约于公元前 62 年他去了罗马,除了短时间的旅行外,他的余生都在那里度过。

他是一个有钱人,可以放纵自己,而且他的确这样做了。他的艺术是"l'art pour l'art(艺术至上主义)"的,不包含任何政治或社会的信念。在这方面,他非常像他所模仿的亚历山大派的诗人;他有他们的世故,并且像他们一样为快乐的少数人而写;这是很糟糕的,因为那些快乐的少数人未必是最优秀的人,有时候,他们是非常平庸的人;他比他的亚历山大派的楷模们有优势的地方在于,他更率直,不那么深奥难懂而且较少使用隐喻。从整体上讲,他的罗马公众比亚历山大人和亚洲人更有阳刚气概,而较少矫揉造作。在 1 世纪中叶的罗马,卡图卢斯在他那类作家中并非独一无二的,还有许多其他作家,他们认为他们自己是新作家,或者我们不妨说,是新诗派(*neōteroi*)作家,我们有许多罗马亚历山大诗学传统(Alexandrianism)的实例,它们比卡图卢斯提供的例子更糟糕,例如,以前被归于年轻的维吉尔名下的诗歌,但它们大概都是伪作。[18]

---

[18] 相关的明细表和参考书目,请参见《牛津古典词典》,"维吉尔附录(*Appendix Vergiliana*)"。其中的一首诗 *Culex*(意为"蠓虫或蚊子")是夏尔·普莱桑(Charles Plésent)的一部更大的著作《家蚊——对拉丁派亚历山大诗学传统的研究》[*Le Culex. Etude sur l'Alexandrinisme Latin*(514 页),Paris,1910]的主题。

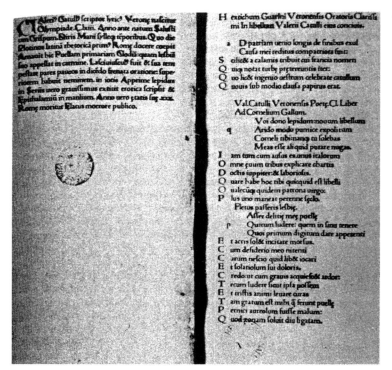

图 99 卡图卢斯、提布卢斯、普罗佩提乌斯以及斯塔提乌斯的作品的初版《卡图卢斯的诗歌以及提布卢斯、普罗佩提乌斯和斯塔提乌斯的〈诗草集〉仿效的诗歌》(*Carmina Catulli quibus accessere Tibulli et Propertii carmina et Statii Sylvae*, Venice: Vindelinus de Apira, 1472)。卡图卢斯、提布卢斯和普罗佩提乌斯活跃于公元前 1 世纪,而斯塔提乌斯(45 年—96 年)则属于其后的下个世纪,本卷不讨论他[承蒙巴黎国家图书馆恩准复制]

论及卡图卢斯是很有必要的,因为首先他(在奥维德以前)是亚历山大诗学传统最出色的代表人物,尽管亚历山大诗学传统是罗马文化的一个危险阶段(它证明加图的担心和轻视是合理的),但必须予以考虑。其次,他之所以值得注意还因为他的影响;在他以后出现的每一个拉丁诗人,甚至最伟大的诗人如维吉尔和贺拉斯,都因为他而与众不同。卡图卢斯为拉丁语诗歌引入了一种新的要素、一种哀歌与典雅风格的组合，更不用说新的作诗法了，他所引入的这些东西已不可能再消除了，它不仅在拉丁语中持续，而且还在彼特拉克的意大利语作品和龙萨的法语作品中持续。

470　　7.**西塞罗**。现在，我们再来考虑另外一对伟大的人物，凯撒（公元前 102 年[*]—前 44 年）和西塞罗（公元前 106 年—前 43 年），他们的生命覆盖了几乎相同的时间间隔，并且以另一些方式主导了拉丁文学的发展。凯撒主要是一个政治家和将军，即使他的著作没有流传下来，他可能依然享有显赫的声誉；相反，西塞罗在政治上是一个喜欢管闲事的人，但他主要是一个作家，是最优秀的拉丁散文的奠基者；他的绝大部分作品都保留下来了，这对他本人来说是件幸事，因为若没有它们，他自己的名声是否能保留下来恐怕都有疑问。

我在本卷第十七章已经讨论了西塞罗的哲学著作；在把希腊哲学介绍给拉丁公众方面，他是仅次于卢克莱修的重要传播者，但他的那些著作在他的文学活动中只占一小部分。我们可能会忘记他在诗歌方面的成就，但不会忘记他撰写了100 多篇演说稿，其中现存的有 58 篇，他还创作了一些论述修辞学理论、政治理论以及法律的专论。不过，他的主要文学遗产是他的书信——将近 1000 封与数百个各阶层和各种类型的人的通信。这些通信在古典文学中几乎是举世无双

* 原文如此，与前文略有出入。——译者

的;它们是流传至今最早的也是最大宗的信件。[19] 现存的这些信件共有 931 封,其中大约十分之九是他写的,其余的是别人写给他的。看起来,他自己似乎准备编辑出版其中的一些书信,在他被谋杀后不久(大约公元前 43 年—前 31 年期间),根据屋大维的命令或者至少经过他的允许,书信的出版实现了。这一版是在他的两个忠实的朋友提图斯·庞波尼乌斯·阿提库斯和马尔库斯·图利乌斯·提罗(Marcus Tullius Tiro)[20]指导下出版的。这一著作包含着如此之多的秘密,以至于它成为西塞罗传记最好的原始资料,而且它为理解那些岁月的人间喜剧的主角——庞培、凯撒、布鲁图斯、阿提库斯、安东尼和屋大维提供了启示。它是罗马社会从公元前 68 年至公元前 43 年的一面镜子。在古代史上,没有一个时期让我们如此明了,因为那些书信使我们了解到一些幕

---

[19] 塞涅卡(活动时期在 1 世纪下半叶)在其《道德书简·致卢齐利乌斯》(*Epistulae morales ad Lucilium*)中、小普林尼(约 61 年—114 年)以及马可·奥勒留的朋友马尔库斯·科尔内留斯·弗龙托(Marcus Cornelius Fronto,约 100 年—166 年)都曾模仿过西塞罗的书信体,但西塞罗的书信量比他们大得多。

[20] 提图斯·庞波尼乌斯·阿提库斯(公元前 109 年—前 32 年)之所以被人们这样称呼,是因为他在雅典住了很长时间,足以算作一个真正的雅典人[在拉丁语中,阿提库斯(Atticus)的意思就是雅典人。——译者]。他是一个富有的贵族和商人,和蔼、谨慎、宽容,他是一个温和的伊壁鸠鲁主义者,他一直到最后都是西塞罗最亲密的通信者。马尔库斯·图利乌斯·提罗(活动时期在公元前 1 世纪上半叶)是西塞罗解放的奴隶和他的秘书,一种速记法[提罗记法(*notae Tironianae*)]的发明者。他撰写过一部西塞罗的传记以及其他几部著作,但是,他的主要功绩在于帮助保存和出版了他的雇主的著作和书信。

后的情况。关于西塞罗的诚挚,学者们有许多讨论。[21] 不
应当说他总是想什么就说什么,或者说他从不掩饰他的观
点,不过我更倾向于相信他而不是相反。毕竟,这些丰富的
通信展示了一个与从政者、政治家、元老院议员和辩护人非
常类似的人,我们可以通过他的其他著作或者通过同时代的
观点来了解他。他是一个非常明智的人,因而是一个开明
(中间偏左)的人士,而不是一个狂热分子;由于处在各种事
态的中心,他可以获得非常充分的信息并且能够理解人们的
激情,但不会分享他们的激情;他是一个斯多亚学派的伦理
学者而不是一个政客。我们知道他爱慕虚荣,他的虚荣心在
他的书信中一再流露出来。由于他的才智与宽宏结合在一
起,他的抱负和决定都发生了变化;这对他来说是伪善还是
更为诚挚?他是艺术和纯文学的爱好者,是一个真正的人文
主义者,但不是一个全面的人文主义者,因为他对科学不
了解。

　　不幸的是,许多学生是通过西塞罗的演说开始熟悉他
的,而那些演说被看作同类中的典范。关于那些演说,如果
不深入地了解导致它们的事件就无法理解它们,而拉丁语老
师(更不用说他们的学生了)往往没有足够的能力使那些演
说恢复活力。他最出色的政治演说大概就是《斥安东尼篇》

---

[21] 关于西塞罗的通信,请参见加斯东·布瓦西耶(Gaston Boissier):《西塞罗及其
　　朋友》(Cicéron et ses amis, Paris, 1865),该书于 1897 年被翻译成英语并常被重
　　印;热罗姆·卡尔科皮诺:《西塞罗书信的秘密》(Les secrets de la correspondance de
　　Cicéron),2 卷本(Paris:Artisan du livre, 1947; English trans., London:Routledge,
　　1951)。布瓦西耶为西塞罗进行了辩护,并且相信他的诚挚;卡尔科皮诺对他则
　　完全不信任。

iuſſit:& cum eo. L. Cornelium Balbum Sextumq; peduceum. Hos ut
uenſſe uidit in cubitum innixus:quan'am inquit curā diligentiāq; in
ualitudine mea tuēdā hoc tépore adhibuerim:cum uos teſtes habeam,
nihil opus eſt plurıbus uerbis cōmemorare:quibus quonıam ut ſpero
ſatiſfeci me nihil reliqui feciſſe quod ad ſanandū me ptıner&:reliquū
eſt ut egomet mihi conſulā:id uos ignorare nolui. Nam mihi ſtat alere
morbū deſınere. Nāq; his diebus qcquid pſſi ita produxi uitam:
ut auxerım dolores ſine ſpe ſalutis. Quare a uobis peto pmū ut cōſı/
lıum pbetıs meū:deide ne fruſtra dehortando conemıni. hac oratıone
habita tanta conſtantia uocis atq; uultus:ut non ex uita:ſed ex domo
in domū uıderet'mıgrare. Cum quıdē Agrıppa eum flens atq; oſculans
oraret atq; obſecraret:ne ad id quod natura cogeret ipſe quoq; ſibi acce/
leraret: Et quonıam tum quoque poſſ& temporıbus ſupereſſe ſe ſibi
ſuıſq; reſeruaret. preces eıus tacıturna ſua oblıtınatıone depreſſit. Sic
cum biduū cibo ſe abſtınuiſſet ſubıto febrıs deceſſıt:leuıorq; morbus
eſſe cœpit. Tamen propoſitum nıhılo ſecıus peregit. Itaq; die quinto
poſtq; id cōſılıum ınıerat prıdıe kalēdas aprılıs Cn. Domıtıo. C. Soſio
cōſulibus deceſſıt. Elatus eſt in lectıcu. a ut ıpſe præſcenpſerat ſine ulla
pōpa funerıs comıtantıbus omnıbus bonis maxima uulgı frequentıa.
Sepultus eſt ıuxta uıam Appıam ad quintum lapıdem in monumēto
Quintı Cecılıı auunculı ſui .

.FINIS.

Attice nunc totus ueneta diffunderıs urbe:
　Cum quondam fuerıt copıa rara tuı.
Gallıcus hoc Ienſon Nıcolaus muneris orbı
　Attulıt:ingenıo dædalıaq; manu .
Chrıſtophorus Mauro plenus bonıtate fideq;
　Dux erat.auctorem lector opuſq; tenes .

MARCI. T. C. EPISTOLAE AD ATTICVM BRVTVM;

Et Quintum Fratrem cum ıpſius Attıcı uıta felıcıter Explıcıunt .

.M. CCCC. LXX.

图 100　西塞罗(活动时期在公元前 1 世纪上半叶) :《致阿提库斯、布鲁图斯和弟昆图
斯》(*Epistolae ad Atticum Brutum Quintum fratrem cum Attici vita*) ,对开本 ,30 厘米高 ,182
×2 页(Venice: Nicolas Jenson,1470) 。这些书信于 1345 年被彼特拉克(活动时期在 14
世纪上半叶) 在维罗纳发现,并且由科卢乔·萨卢塔蒂(Coluccio Salutati,活动时期在
14 世纪下半叶) * 誊写。这本书信集是这些信的第一次(或第二次) 印刷本。西塞罗
的这些信是写给他的老朋友阿提库斯、诛弑暴君者布鲁图斯以及他自己的兄弟昆图斯
的。法国人尼古拉·让松(Nicolas Jenson) 为他在威尼斯从事印刷业的第一年出版了它
们。我们复制了有版本记录的最后一页。这些信件的另一个版本由斯韦恩希姆和潘
纳茨于同一年即 1470 年 8 月 31 日以前在罗马出版。它是否早于让松版? 后一版的出
版日期简单地写作 M. CCCC. LXX(1470) [承蒙哈佛学院图书馆恩准复制]

---

* 科卢乔·萨卢塔蒂(1331 年 2 月 16 日—1406 年 5 月 4 日) ,意大利人文主义
  者,佛罗伦萨执政官,文艺复兴时期佛罗伦萨最重要的政治和文化领袖之一,写
  有《论世俗生活和宗教》《论命运、幸福和偶然性》《论法学和医学的高贵性》等著
  作。——译者

图 101 西塞罗(活动时期在公元前 1 世纪上半叶)与其朋友的通信:《致友人》
(*Epistolae ad familiares*, Rome: Sweynheym and Pannartz, 1467)。[承蒙曼彻斯特市约翰·
赖兰兹图书馆恩准复制。]当科卢乔·萨卢塔蒂(活动时期在 14 世纪下半叶)于 1389 年
得知西塞罗书信的维罗纳抄本和韦尔切利(Vercelli)抄本在米兰时,他设法誊写了韦尔
切利抄本,并且发现它包含《致友人》。1392 年他收到了(彼特拉克发现的)韦尔切利抄
本的副本。韦尔切利抄本的原文以及为萨卢塔蒂抄录的两个副本现在保存在佛罗伦萨
的劳伦特图书馆。萨卢塔蒂是第一个知道大部分西塞罗书信的现代人

(*Philippica*),[22]这是他在其生命的最后两年期间发表的一些痛斥马可·安东尼的演说。独裁者通常用和平作诱饵来收买民心以便奴役他们,而西塞罗勇敢地进行了反抗:"为什么我不要和平?因为这种和平是让人蒙受耻辱的、危险的、不可能的……我并非拒绝和平,但是我担心带着和平面具的战争。"[23]他曾屡次问道:"奴隶有和平吗?"马可·安东尼对他进行了报复,并且导致了西塞罗于公元前43年12月7日在福尔米亚遇刺身亡。[24]

　　在西塞罗的著作中至少有三种不同的文体。第一种是清晰和相对简明的专论文体;第二种是热情激昂和感情投入的政治演说及辩护辞文体。正是那些令学生沮丧的长句,对说服元老院议员、法官和陪审员来说却是必不可少的,想到这一点真令人不可思议;这种文体在今天不起作用了,至少在美国已不起作用,或者说,它只会对演说者起到负面作用。第三种是书信文体,这种文体是最简洁和最实用的,尤其在急章草就的书信中更是如此。这种文体会显露这个人的所有弱点,但也会展示他的人性和其他美德。这种文体自然而优雅,形象生动。当这些一度遗失的信件在14世纪被重新发现时,学者们的那种热情不难想象;自1467年以降,这些

---

[22] 这个标题来源于狄摩西尼抨击马其顿的腓力二世,为希腊自由而辩护所发表的一些演说。这样的类比是正确的。西塞罗抨击马可·安东尼,为罗马的自由而辩护。*Philippica* 这个词(英语是"philippic")常常在一般的意义上使用,指抨击独裁者或政治独裁者而为自由的一种辩护。

[23] 原文为:"Cur igitur pacem nolo? Quia turpis est, quia periculosa, quia esse non potest…nec ego pacem nolo, sed pacis nomine bellum involutum reformido"(《斥安东尼篇》(七),III,9;VI,19)。

[24] 我在《维萨里的去世与安葬——兼论西塞罗的去世与安葬》(The death and burial of Vesalius and, incidentally, of Cicero)中对一些可怕的细节进行了描述,载于《伊希斯》*45*,131–137(1954)。

信札已经出版了数不清的版本。[25]

西塞罗完成了拉丁语的创造过程。人们一度认为,改进西塞罗的文体或使他的词汇锦上添花是不可能的。这种偏激的主张导致了反作用,伊拉斯谟的《西塞罗学派》(*Ciceronianus*, Basel: Froben, 1528)就是最好的例证。显而易见,无论一个作家多么伟大,他都无法使语言固定不变;如果他能使一种语言固定不变,那么,不仅该语言的发展而且它的生命都将终止。

8. 凯撒。 凯撒不是像西塞罗那样的专业作家,但在写作方面毫无障碍,因为他接受过良好的教育并且完完全全是一个精通两种语言的人。[26] 他是一个人文主义者、雅典主义者和纯文学的爱好者。

他的文体简洁而直率;由于他的著作是对他自己的军事活动的记述,因而它们也带有自传的性质;他主要是一个实干家,一个必须抓住转瞬即逝的机会并在最大限度内善用它们的将军,这使得他的表述自然流畅、充满活力。由于这个原因,我们在其他具有相同性格的人[如腓特烈大帝

---

[25]《致友人》由斯韦恩希姆和潘纳茨印制(Rome, 1467)。随后出版了其他书信和不同的书信集:《致布鲁图斯》(*Epistolae ad Brutum*, Rome, 1470; Venice, 1470);《致阿提库斯》(*Epistolae ad Atticum*, Venice: Aldus, 1513);《书信集》(*Opera epistolica*, Paris, 1531);《致屋大维》(*Epistolae ad Octavium*, Paris, 1539);《致弟昆图斯》(*Epistolae ad Quintum fratrem*, Lyons, 1543);还有其他书信集。西塞罗的著作在文艺复兴时期风行一时,这一点可以从以下事实看出来:玛格丽特·宾厄姆·史迪威(Margaret Bingham Stillwell)在《美国图书馆的古版书》(*Incunabula in American libraries*, New York: Bibliographical Society, 1940)中列出了西塞罗著作的185 个版本。

[26] 懂得第二种语言往往是一种精神资产,但有时候,这又是一种社会需要。这个时代的罗马人必须懂得拉丁语和希腊语,就像文艺复兴时期的法国人必须懂得法语和拉丁语、18 世纪的德国人必须懂得德语和法语、20 世纪的加拿大人必须懂得法语和英语一样。

（Frederick the Great）和拿破仑］的著作中看到了类似的性质。

凯撒不仅是他那个时代的伟大作家之一，而且他在拉丁文学中是独一无二的，而他的《战记》则开创了一种新的文学流派。

9. 马尔库斯·泰伦提乌斯·瓦罗。在讨论马尔库斯·泰伦提乌斯·瓦罗关于农业的专论时，我们已经介绍了他的生平，不过，他还因其他一些著作在文学中拥有很高的地位，可惜的是，那些著作都失传了。他在卢克莱修、凯撒和西塞罗之前出生，几乎活到 90 岁，而且在他们去世后依然健在并生活了许多年；因此，他看起来像后一代人，而且长寿得足以迎接奥古斯都时代。公元前 27 年 1 月 16 日，元老院授予屋大维"奥古斯都"的称号，就在这一年，瓦罗去世了。

瓦罗不是像西塞罗那样的文学大师，甚至比不上凯撒，但他是一个令人难以置信的多产的博学之士。奥卢斯·格利乌斯（活动时期在 2 世纪下半叶）可能有些夸大，按照他的说法，[27]在步入 84 岁时，瓦罗已经创作了 490 卷著作，[28]而且他又继续使用他的利笔或者以口述的方式创作了 6 年。无论其结果怎样，他只有 7 部著作未被遗忘。而在这 7 部著作中，现存的只有两部，其中一部是我们在第二十一章已经

---

[27]《雅典之夜》（Noctes Atticae），第 3 卷，第 10 章。整个这一章都用来讨论数字 7 的美德以及瓦罗的《希腊－罗马七百名人传》。瓦罗在那部著作中指出，他在第 12 个 7 年周期（84 岁）开始时创作该书，他写了 7×70 卷（490 卷）书。参见下面的脚注 28 和脚注 33。

[28] 古代和中世纪学者以卷计算，不像我们现在以部计算。他们会说，盖伦写了 262 卷书，而我们却会说他写了 122 部专论。在我看来，在其众多著作中，瓦罗的 7 部著作相当于 319 卷。因此，490 这个数字并非像它看起来那么大得吓人。

讨论过的关于农业的专论,另一部是他关于拉丁语的专论的残篇,这一著作将在下一章讨论。

如果从公元前 2 世纪的希腊-罗马背景来看,我在前面按照年代顺序提到的另外 5 部著作也是很重要的。

(1)《墨尼波斯式讽刺诗》(150 卷)(*Satyrarum Menippearum libri CL*)。这些作品并非我们今天意义上的讽刺诗,而是依照犬儒学派哲学家、加达拉的墨尼波斯留下来的模式写成的散文与韵文混合在一起的随笔。[29] 这些随笔与其说是苛刻的讽刺,莫如说是幽默,尽管它们的目的之一似乎是对奢华和其他社会弊病的谴责。它们创作于公元前 81 年—前 67 年之间。

(2)《世俗的古代史和宗教的古代史》(41 卷)。这是一部有关世俗的古代史(25 卷)和宗教的古代史(16 卷)的史学著作,写于公元前 47 年。我在本卷第二十四章已经讨论过它。

(3)《对话集》(76 卷)(*Logistoricōn libri LXXVI*),[30] 公元前 45 年以后写的关于许多主题的对话。从其现存的部分来看,每一个对话都有一个由两部分组成的标题,如"加图论孩子的教育(Catus on the Education of Boys)""马略论命运

---

[29] 参见本卷第十三章(原文如此,应为第十二章。——译者)关于墨尼波斯和墨尼波斯式讽刺诗的说明。昆提良(活动时期在 1 世纪下半叶)在其《演说术原理》(*Institutiones oratoriae*,10,1,95)中认可了这种文体(散文与韵文的混合);不仅瓦罗模仿了这种文体,而且佩特罗尼乌斯(Petronius)在其《萨蒂利孔》[*Satyricon*,创作于尼禄皇帝在位时代(54 年—68 年)]中以及塞涅卡(活动时期在 1 世纪下半叶)和马尔蒂亚努斯·卡佩拉(活动时期在 5 世纪下半叶)也都模仿了它。

[30] 这个标题的原文是希腊语;*logistoricōn* 是 *logistoricos* 的属格复数,意思是"在计算方面有技巧的、合理的"。希腊人可能不会在同样的这类书上使用这个标题。

（Marius on Fortune）"、"阿 提 库 斯 论 数 字（Atticus on Numbers）"、"庇护论和平（Pius on Peace）"。[31]

（4）《希腊-罗马七百名人传》（*Hebdomades vel de imaginibus libri XV*, *Hebdomads or Images*）（15 卷），写于公元前 32 年。标题的第二个词 *images*，揭示了该书的主要目的；它是 700 个著名的希腊人和罗马人的传记集，大都是比较短的概述，因为要写的人太多了。按照普林尼的说法，[32]原文配有 700 幅肖像作插图；这并非不可能的，但却是非同寻常的。也许，有一个手稿以这种方式配了插图（？）。在标题中出现的 *hebdomads* 这个词，使人想到了赋予数字 7 或逢 7 循环的重要性。[33]

（5）《教育》（9 卷）。我们已经谈过瓦罗的《教育》，这是一部百科全书式的著作，或者是关于一个有教养的人的全部研究领域，关于与诸如农业、医学或商业方法等技术知识不同的所有"文科"的纲要。

他的其他著作涉及史学、法学、地理学、音乐、医学等。他是一个博学的人，急切地想使他那些需要希腊知识的罗马

[31] 我使用的是由埃托雷·博利萨尼（Ettore Bolisani）编辑的拉丁语和意大利语的残篇《瓦罗对话集》[*I logistorici varroniani*（123 页），Padua，1937]。

[32] 参见《博物志》，第 35 卷，2。普林尼在提到瓦罗的创新时说，那是 *benignissimum inventum*（最多产的发明），而且业已论证，那些肖像大概是通过模板从一个抄本复制到另一个抄本上的。当然，这样做是可能的；埃及人可能已经使用过模板复制大量墓碑上的象形文字。无论如何，瓦罗认识到了生动的图像使文字描绘具有更加完美的价值。这是非常值得注意的。

[33] 对数字 7 的迷恋可能起源于东方，毕达哥拉斯学派促进了它的发展（参见本书第 1 卷，第 214 页、第 215 页和第 491 页）。《新旧约全书》中也出现过一些例子，在基督教中这样的例子比比皆是：七圣事（seven sacraments），七罪宗（seven capital sins），天使的七个品级（seven choirs of angels），圣母七苦（seven sorrows），圣母七乐（seven joys of Mary），七个祷告时刻（seven canonical hours）。在其他领域中还可以找到更多的例子。参见本章脚注 27。

同胞们能够获得它；他同样渴望说明罗马的世俗的历史和宗教的历史。例如，他继承了他的老师斯提洛的事业，[34]继续研究普劳图斯的喜剧。他对任何主题的研究都不十分深入，因为他开始时耕耘的范围太大了，但他确实满足了一种实际的需要：他向日益增多的市民说明了希腊和罗马的古代史，而那些人没有能力去阅读那些原始资料。他所做的工作是较低层次的，而西塞罗所做的工作是较高层次的，但这二人的成果是同样有用的。

瓦罗的价值不仅被他同时代的人首先是西塞罗开始认可，甚至也被诸如圣奥古斯丁（活动时期在 5 世纪上半叶）这样的人认可，圣奥古斯丁见证了古代的黄昏。更晚些时候，在但丁时代，人们认为他是一位与西塞罗和维吉尔比肩的大师。这可能会令我们惊讶，但我们不应忘记，他们比我们知道更多他已经失传的著作。

在本卷第十七章（关于哲学的那一章）中，我们没有讨论瓦罗，因为他不是一个专业意义上的哲学家，甚至不是像西塞罗和卢克莱修那样的哲学家，不过，他是一个严肃的思想家，对重要的人生问题非常关心。例如，我们从奥古斯丁那里得知，[35]他思考过至善（summum bonum），[36]并且推断说，很可能有 288 种关于它的不同观点；随后，他对那些观点做了分析，并且发现，它们之间的差异往往是似是而非的；他

---

[34] 下一章有更多关于斯提洛的介绍。

[35] 我无法确切地指出圣奥古斯丁的陈述出自何处，只能从加斯东·布瓦西耶的《对……瓦罗的研究》（*Etude sur...Varron*，Paris，1881）第 117 页转述。

[36] 这的确是一个至关重要的问题，因为西塞罗指出："对至善有异议者亦即对全部哲学有异议（Qui autem de summo bono dissentit, de tota philosophiae ratione dissentit）"（《论善与恶的界限》，第 5 卷，5）。

把不同派的观点的数目从 288 种减少到 12 种,后来又减少到 6 种,最后(像西塞罗一样)减少到 3 种。至善必定要么是肉体的至善,要么是灵魂的至善,或者是这二者的至善。他最终选择了最后一种可能性(这是学园派的选择,而非斯多亚派的选择)。

10.**萨卢斯特**。我在本卷第二十四章已经讨论过萨卢斯特和李维,但在这里有必要强调一下他们的文学素养,因为这些素养可能是他们广受欢迎和产生影响的主要原因。这两个人都是拉丁散文大师,他们都创作了一些拉丁文学黄金时代的典范之作。他们是像父与子那样同时代的人;当萨卢斯特于公元前 34 年去世时,享年 52 岁,而李维这时是 25 岁;然而,时代的差异实际上远远大于年龄所显示出的差异。萨卢斯特更接近凯撒和西塞罗,而李维的主要著作写于奥古斯都时代,而且他是于公元 17 年在提比略统治时期去世的。

这位年长者的风格和态度,都是对修昔底德的模仿。他试图模仿古希腊史学家的不偏不倚;他的风格简练、清晰而且富有魅力。他比较擅长的就是通过虚构的每个人所发表的谈话的形式对人物进行直接或间接的生动描写,这些谈话也揭示了他本人的激情和弱点以及他的个性。他以简洁而有力的方式表达自己的思想感情的愿望如此强烈,因而确实有时候他的措辞是警句式的。例如,他会说:"浪费他人的财富(如今)竟被称作豪爽,犯罪的鲁莽竟被称作坚毅",或者,"善良人之间的友谊在邪恶人中会成为阴谋"。[37] 这两

---

[37] 这两句话的拉丁语原文更简明,给人留下的印象更深刻:"Bona aliena largiri liberalitas, malarum rerum audacia fortitudo vocatur"(《喀提林阴谋》,52,11),"Inter bonos amicitia, inter malos factio est"(《朱古达战争》,31,15)。

个句子例证了他对词语的对比和思想的对比的喜爱以及他的心理倾向。他是一个愤世嫉俗的实干家,他从坦率而犀利的文字中找到了他的反攻和安慰的方式。

11. **李维**。李维主要以波利比奥斯和西塞罗为榜样。他远比前者更像一个艺术家,但在博学方面略逊一筹;他的历史观是浮夸的。他的总的目的是证明罗马荣耀的合理性;他的《罗马史》像《埃涅阿斯纪》一样充满爱国热情,只不过维吉尔用的是诗歌体,而李维用的是散文体,他的散文可与西塞罗最生动感人的散文相媲美。他有着一个名副其实的爱国者那样的忠诚,但这对一个真正的学者来说还是不够的。他把罗马人描述得远比大自然塑造得更出色;他想教育和改造他的读者,并且以史为鉴,以便使他的读者能够知道,他们曾经有过全盛时期,如果他们无愧于他们的祖先,他们的全盛时期还可以再来。这些方法在今天已经完全过时了,而李维的大部分思想遗产也已经丢失了;事实上,现代的读者几乎难以忍受他,但他为奥古斯都时代的罗马人提供了他们恰恰需要的东西。他的历史著作像《埃涅阿斯纪》一样受到他们的欢迎,当以后时代的人们试图唤起对罗马的伟大和古罗马人的尊严的回忆时,他们都求助于李维,他们差不多像敬佩西塞罗和维吉尔一样敬佩他。但丁赞扬他,[38] 文艺复兴时期的学者们以客观的方式评价他的口述历史观和他的文学风格。我们无法比那种方式更客观,而且也无法再体验它。

---

[38] "Come Livo scrive che non erra(正如李维写的并非如此)"[《地狱》(*Inferno*),第二十八篇,12]。

三、奥古斯都时代的拉丁诗人

1. **梅塞纳斯**。虽然李维给我们留下了奥古斯都时代拉丁散文最好的形象,但那个时代真正的文学辉煌是以诗歌为代表的。在考察该时代的诗歌贡献之前,最好还是花点时间来关注一个人。他不是诗人,但却是诗人的朋友;他不是一个具有创造性的作家,而是奥古斯都时代文学的赞助者。他对艺术和文学的热爱如此高尚,以至于他成为他的后继者的名祖。当我们想给予某个支持人文学科的人以最高奖励时,我们就会称他是一个"梅塞纳斯"。[39]

那么,原来的那个梅塞纳斯是谁呢?首先让我们惊讶的是,我们获悉盖尤斯·梅塞纳斯不是罗马贵族的后裔而是伊特鲁里亚人的后裔,这有助于使我们想起,在希腊的繁荣向罗马共和国朝气蓬勃的孩子们敞开大门以前,他们是受伊特鲁里亚人教育的。梅塞纳斯的父亲和祖父都是罗马的公民和骑士。我们知道他出生的具体日期是 4 月 13 日,[40]但不知道究竟是哪一年(大约是公元前 68 年)。他接受了最好的拉丁语和希腊语的教育,用韵文和散文写了一些他自己的作品。在西塞罗去世之前,他在(伊利里亚的)阿波罗尼亚(Apollōnia)与屋大维相识,但第一次被当作屋大维努斯[41]的朋友而提及是在公元前 40 年。他们的友谊从那时开始日

---

〔39〕 这种尊敬确实是跨国度的。一个伟大的文学赞助者在法语中可称作 Mécène,在意大利语中称作 Mecenate,在西班牙语中称作 Mecenas,在希腊语中称作 Maicēnas。

〔40〕 贺拉斯:《歌集》(Odes),第 4 卷,11。梅塞纳斯出生于 4 月中旬。

〔41〕 屋大维于公元前 44 年成为凯撒的继承人,并且以盖尤斯·儒略·凯撒·屋大维努斯的名字被认可。公元前 27 年,元老院以"奥古斯都"向他欢呼致敬。我觉得必须重申这一点,因为我的读者可能忘记了,屋大维、屋大维努斯和奥古斯都是同一个人在不同时期(公元前 63 年、公元前 44 年和公元前 27 年)的名字。

益深厚;他被屋大维努斯聘为顾问和外交使节,并且被这位皇帝当作可信任的仆从。甚至像阿格里帕是奥古斯都在军事事务和公共建设工程方面的得力助手一样,梅塞纳斯是皇帝在国家的文学和人文学方面的第一顾问。这并不是一个官职,但梅塞纳斯以最佳的方式赋予了它巨大的重要地位。梅塞纳斯是贺拉斯、维吉尔和普罗佩提乌斯的朋友,而且他以皇帝和他自己的名义成为他们的赞助者。他于公元前8年去世,把他庞大的不动产遗赠给了奥古斯都。

梅塞纳斯大概是一个伊壁鸠鲁主义者;他温和而大度。他的开明的对文学的赞助从本质上讲是帝国的一种赞助,但是在早期帝政时期,没有哪种其他的赞助能够持久。我们应该感谢奥古斯都找对了人,从而可促进他统治时期的文学辉煌。

2.维吉尔(公元前 70 年—前 19 年)。古罗马时代两个最伟大的诗人维吉尔和贺拉斯以及他们的支持者奥古斯都和梅塞纳斯,曾在一段很短的时期内(公元前 70 年—前 63年)都成为众所周知的人物。奥古斯都是最年轻的,维吉尔可能是最年长者。

我们已经谈到过维吉尔的《农事诗》,但是我们必须回过头来论述他,并且在这部书的总体结构所允许的范围内尽可能翔实地颂扬他,因为他是整个西方历史上最伟大的人物之一。他属于一个非常小的世界级诗人群体;我们可以看到,他位于荷马与但丁之间;其他人都无法与他们并驾齐驱;

尽管葡萄牙人可能会提到卡蒙斯(Camões)*的名字,而英国新教徒可能会提到弥尔顿。

维吉尔与荷马有着非常密切的联系,因为荷马是他模仿的榜样。这是一个新的而且是最出色的罗马天才信赖希腊人的例子。正如卢克莱修和西塞罗用拉丁语去解释希腊哲学那样,维吉尔也以《伊利亚特》和《奥德赛》等希腊史诗的模式为榜样创作了一部拉丁语史诗。

维吉尔与荷马的关系甚至有着更深的渊源。古代人对荷马非常敬佩并且对他非常了解,以至于有学问的罗马人陷入一种荒谬的信念之中,即罗马是由特洛伊诸王的子孙建立的。《埃涅阿斯纪》就是这种传说的充分发展。从它的观点来看,《伊利亚特》不仅是一种希腊史的入门,而且也是罗马史的入门!

维吉尔[普布利乌斯·维吉尔·马罗(Publius Virgilius Maro)]于公元前70年10月中旬(10月15日)出生在波河以北、威尼蒂亚(Venetia)境内靠近曼图亚(Mantua)的一个村庄。他的父亲是一个小农场主,以养蜂为生,生活相当富裕,足以在其大有前途的儿子12岁时送他到克雷莫纳的一所好学校就读。我们发现,维吉尔在那里穿着 toga virilis(成年服)庆祝了他15岁的生日(公元前55年10月15日);也就是说,他在15岁时被认为是成人了,这比通常的惯例略早一点。就在这一年,他去了米兰,过了没多久,他又去了罗马完成他的学业。这意味着他要学习修辞学可能还有天文学

---

* 路易·瓦兹·德·卡蒙斯(Luís Vaz de Camões,大约1524年—1580年),葡萄牙最伟大的诗人,其代表作有长篇诗史《卢济塔尼亚人之歌》,另外还创作了几百首优美的诗歌。——译者

和医学;后来,他成为伊壁鸠鲁主义者西罗的弟子。在亚历山大派诗人的影响下,在他们的效仿者卡图卢斯尤其是卢克莱修的影响下,他从很早就开始对诗歌感兴趣。在公元前53年—前46年以前,在此期间和在此以后他大概来过罗马,人们很容易想象到,一个敏感的孩子,身体欠佳,迷失在大城市中并且饱受内战的忧虑和政治腐败的凌辱等痛苦,他会多么焦虑和迷茫;人们还可以想象到他对他出生的那片可爱的土地的思念之情;他于大约公元前44年或前43年回到了曼图亚。不幸的是,不久之后(公元前42年)这个国家的这部分(包括他父亲的不动产)被夺走并分配给内战的老兵了。维吉尔又返回罗马以便获得某种补偿。

当屋大维结束混乱时,维吉尔非常崇敬他,他很快得到了梅塞纳斯的善待,并且享有贺拉斯的友谊。他祖传的家产虽然没有返还给他,但他在诺拉获得了另一座庄园住宅。[42]这是一个具有决定性意义的事件,因为他最终爱上了坎帕尼亚和那不勒斯海湾,他对它们的爱甚至超过了他对其出生地的爱;没有迹象表明,他后来又回到了曼图亚。他的《牧歌》大概写于公元前42年—前37年,亦即写于他在罗马期间,但《农事诗》写于公元前36年—前29年,那时他在诺拉,《埃涅阿斯纪》是他在诺拉和库迈时创作的;他的主要作品是他在坎帕尼亚生活时所取得的成果。一个适合于诗人居住的乡村,一定是一个充满自然风光之美和有着令人愉快的记忆的地方。在关于佛勒格拉地区的那一章中,读者已经对

---

[42] 诺拉是坎帕尼亚最古老的城镇之一,地处内陆,但离那不勒斯不远。公元14年,奥古斯都就是在这里去世的。

此有些印象了。如果有人想生动形象地描述维吉尔，那就必须在培育他的天才的地方而不是他的出生地去寻找他。

《埃涅阿斯纪》(Aeneid)[43]是关于特洛伊王子埃涅阿斯以及他在其祖居的城市被攻占后漂泊的故事。他和他的随从在 7 年间从特罗阿德漂泊到色雷斯、克里特岛、伊庇鲁斯、他林敦、西西里、迦太基，后来又回到西西里，然后去了库迈，在那里埃涅阿斯请西比尔为他答疑，之后他又去了拉丁姆，在那里娶了国王的女儿拉维尼亚(Lavinia)。这是一个关于罗马的遥远起源的传说，奈维乌斯和恩尼乌斯已经知道了这个传说，但维吉尔运用丰富的学识和巨大的热情把它扩充了。他的目的是要写一部他自己国家的民族诗史；这也是对希腊人的效仿。他在这部诗作中既模仿了《伊利亚特》也模仿了《奥德赛》，并且借用了许多其他希腊诗人以及刚刚提到过的拉丁诗人的成果。

《埃涅阿斯纪》分为长度几乎相等的 12 卷。[44] 对它的概述可能是徒劳无益的和乏味的。把它当作记述来看，它是令人失望的，因为它的故事是支离破碎的和令人困惑的；读者一会儿被带到这里，一会儿又被带到那里，很容易迷失方向。与其跟着诗人在数不清的情节迷宫中漫游，倒不如指出整部作品的特性。

在经历了诸多兴衰变迁之后，罗马帝国达到了其鼎盛时

---

[43] Aeneid 是英语标题，这个标题用了很久，以至于它成为我们语言中的一部分。它的拉丁语原文是 Aeneis，其主人公埃涅阿斯的名字是 Aeneas（在希腊语中是 Aineias）。

[44] 该诗共 9893 行，比《伊利亚特》短许多，甚至比《奥德赛》也短。有关那些以及其他诗史的长度，请参见本书第 1 卷，第 134 页。《埃涅阿斯纪》各卷的平均长度为 824 行，最短的（第 4 卷）为 705 行，最后一卷是最长的，有 905 行。

期,而且说明和证明它的合理性的时机成熟了。罗马的伟大
不是偶然的,而是一种神助之发展的必然成功。维吉尔非凡
的构想就是要说明,罗马荣耀的日趋增加恰如他那位生活在
多个世纪以前的主人公埃涅阿斯所理解的那样。罗马的荣
耀以及皇帝奥古斯都的荣耀在同一种先兆中是合为一体的。

　　在现代的读者看来,该诗的许多部分是非常明显的虚
构,但他必须设身处地为他的第一读者——奥古斯都和他的
朋友们着想。我们关于古代史、神话以及传说的知识非常不
完备,以至于除非借助大量注释,否则我们无法理解他,而阅
读时有如此多的中断是令人不愉快的。高素养的罗马人却
能够享受双重乐趣,其一是辨认希腊的往事,其二是关注罗
马的命运的显露以及罗马人的愿望和抱负的满足。

　　应当承认,维吉尔的神话所讲述的一切都是未加渲染
的,诸神和诸女神都是因循守旧的和缺乏生气的,说得更准
确些,他们的言谈举止颇像罗马的绅士。没有多少人物是真
正充满活力的和令人难忘的;我所能想起的只有狄多,[45]她
确实令人感动,还能略微但很有限地想起埃涅阿斯本人,
"虔诚的埃涅阿斯"。

　　我们期望一部诗史简洁而质朴,但《埃涅阿斯纪》却非
常复杂而深奥。人们几乎不可能把它从头读到尾,但它包含
了许多动人的情节和大量令人钦佩的诗句。只要拉丁语是
一门仍在使用的语言,受过良好教育的人就会记住许多那样
的诗句,并且无须查询就可引用它们。每个人都知道它们,

_180_

---

[45] 狄多是传说的提尔国王的女儿,迦太基的缔造者和女王。她爱上了埃涅阿斯,
　　但埃涅阿斯不久之后不得不遵照神的旨意离开了她;她纵身跃入燃烧的柴堆中
　　自焚了。

就像英国人知道莎士比亚的诗句一样,但是在很多情况下,他们并不能说出那些诗句的出处。不过这也没有必要:那些诗句本身非常优美,在一个人与朋友聊天或通信时自己能够立即引用或确认它们,是一种极大的乐趣。

《埃涅阿斯纪》的许多部分都需要研究,就像人们必须研究卢克莱修的作品那样。例如,第 6 卷从埃涅阿斯到达库迈开始,他请西比尔为他答疑,他拜访阴间的请求得到许可;由此转入对来世论的专门论述,并说明死后受奖或受罚的理论、毕达哥拉斯学派的灵魂转世的思想以及斯多亚学派的世界灵魂的思想。这一卷包含对罗马现实和未来的伟大成就最精彩的描述。每个公民必定会自豪而快乐地背诵这些诗句(第 6 卷,第 851—853 行):

Tu regere imperio populos, Romane, memento;

hae tibi erunt artes, pacique imponere morem,

parcere subjectis, et debellare superbos.[46]

正是这些诗句使维吉尔超过了罗马时代的所有其他诗人;它们在帝国遇难后幸存下来,并使维吉尔名垂千古。

有人评论说,《埃涅阿斯纪》充满了宗教虔诚和道德诚挚,在这一点上它与希腊诗史有本质的不同。它与埃涅阿斯的漂泊和罗马内战联系在一起,但从更深层的意义上看,它是与一种朝觐和圣战联系在一起的。在维吉尔看来,罗马宗教是罗马帝国不可或缺的一部分;没有前者,后者就不可能存在。优秀的罗马人必定都是像埃涅阿斯一样虔诚、像奥古

---

[46] "罗马人请记住,你注定要用威严统治庶民万族,这些专长非你莫属:你应推行和平之风俗,对臣服者宽恕,把傲慢者征服。"

斯都一样强壮的。[47]

181　　　《埃涅阿斯纪》最令人愉快的一些特色是诗人对大自然的爱(它的一些诗句堪与《农事诗》和《牧歌》相媲美)、对人类的爱和慈悲胸怀。他不仅是虔诚的,而且是名副其实的仁慈,虔诚是值得尊敬的,而名副其实的仁慈则更加弥足珍贵。这些品质在非常艰难的时代就更有价值。维吉尔活跃的时代并不纯粹是一个黄金时代,它还是一个充满血腥和泪水、充满残暴和兽行的时代。[48] 维吉尔宣传了一些更好的理想,因而怎么赞扬他也不过分;他在他那个时代和地区对促进文明有着最大的影响,而且在后续的数个世纪中,也依然如此。

　　维吉尔为创作他的这部杰作耗费了 11 年的光阴(公元前 30 年—前 19 年);他的写作是在坎帕尼亚进行的,或许,在偶尔访问西西里期间他也在创作。他的作品中有许多部分尚未定稿,而且,像一个技艺精湛的手艺人一样,他为许多诗句而烦恼,希望用优美的诗句取而代之。尤其是第 3 卷对埃涅阿斯旅行的描述不能让他满意;他想游览希腊和亚洲,这会使他能够补充一些细节并使背景更加丰富多彩。他于公元前 19 年启程,计划用 3 年时间完成旅行,但他在麦加拉患了病,并且历尽艰辛设法回到雅典,在这里奥古斯都刚刚结束他在希腊两年的休假,正准备回国。奥古斯都意识到,

---

[47] 从真正的帝国的观点看,这是一种自然的组合。这个帝国要么是一个神圣帝国,要么就寿终正寝。在伊斯兰的黄金时代,穆斯林作者提出过类似的观点,俄国作家[例如陀斯妥耶夫斯基(Dostoevski)]在论述东正教帝国、英国作家在把帝国主义与英格兰教会联系在一起时,也都提出过类似的观点。

[48] 想想那些惨无人道的竞技游戏和它们的观众虐待狂式的快乐,就足够了。

这位诗人的身体不适于继续旅行,因而劝他和自己一起回去。经过了艰难的跨海航行后,他们在布林迪西上岸;维吉尔病得非常严重,他十分沮丧,以致下令毁掉他的作品;但在他的作品被毁之前,他于公元前 19 年 9 月 21 日(在布林迪西)去世了。

人们按照他的遗愿把他安葬了,他的墓地在那不勒斯以外 2 英里、通往波佐利的路上;在以前的一章*中,我们已经把读者带到了那里。

他把《埃涅阿斯纪》毁掉的愿望被人们明智地放弃了,相反,皇帝下令维吉尔的两个朋友 L. 瓦里乌斯·鲁弗斯(L. Varius Rufus)和普洛蒂乌斯·图卡(Plotius Tucca)修订并出版这部诗;他们没有补充任何东西,而且他们的修订限制在一些较次要的校正上。

由于维吉尔在去世时就已经很著名了,而且被皇帝本人称作"罗马的诗人",其地位高于所有其他人,因而他的作品的传承从一开始就是稳定的。

在他去世后不久,罗马一家学校(公元前 26 年以后)的校长昆图斯·凯基利乌斯·伊庇鲁塔(Quintus Caecilius Epirota)[49]举办了一些有关他的成就的公共讲座。这些讲座曾被用来颂扬荷马可能还有其他希腊作家,不过伊庇鲁塔是第一个促成颂扬一个拉丁作家的人。

颂扬维吉尔有两个理由:第一个亦即最重要的理由是,

---

* 指本卷第二十章。——译者

〔49〕伊庇鲁塔(Epirota = ēpeitōrēs)这个名字显示这个凯基利乌斯有希腊血统;他在公元前 32 年前被西塞罗的朋友阿提库斯解放了。阿提库斯在伊庇鲁塔有大量不动产,并且从他的舅父 Q. 凯基利乌斯(Q. Caecilius)那里继承了另外的财产。这是否能对伊庇鲁塔的名字有所说明呢?

他是这个民族的一个伟大诗人;第二,他学富五车。《埃涅阿斯纪》中所展示的学识,正是那种吸引语法学者和评注者对之予以重大关注的学问。语法学家埃里乌斯·多纳图斯(Aelius Donatus,活动时期在 4 世纪上半叶)写过有关的说明,他的声望如此之大,以至于他的名字多纳特(Dnoat)或多奈特(Donet)就意味着一种语法;其他人也写过相关的说明。活跃于 4 世纪和 5 世纪的塞尔维乌斯把所有这些评论汇集在一起。塞尔维乌斯编辑的著作计划用于教学,这说明了维吉尔名望的另一个方面。维吉尔很早就被确认是经典作家,也就是说,他是一个其作品将被用于课堂的作者,他的作品对某些孩子来说是一种熏陶,对更多的孩子来说则是一种折磨。

由于维吉尔带有救世色彩的牧歌(第 4 首,写于公元前 40 年)中的和善与虔诚,有人把他解释为基督的预兆,而他的诗在基督教社会中也很受欢迎。虽然异教的作者有时会受到牧师的谴责,阅读他们的作品会受到阻碍,但对维吉尔来说,情况却从未如此;因此,他的作品的传承在西方拉丁世界从未被打断。他受到崇敬的一个惊人的例子是,但丁在从《地狱》(Hell)到《炼狱》(Purgatory)中都把他当作其向导。

他的名望在中世纪非常之大,以至变了质,成了一种迷信。他变成了一个传奇人物,一个具有超人智慧的人,一个术士或巫师。[50] 一些维吉尔诗歌的愚蠢的仰慕者们用他的诗来拼凑集锦诗,这些诗完全利用了维吉尔的整句诗或半句诗,却只能以非维吉尔的方式才能讲得通。最终,许多人都利用维吉尔的诗尤其是《埃涅阿斯纪》进行占卜,例如,根据随便选取的某个段落的第一个词或第 10 行诗卜凶问吉。这些占卜方式被称作维吉尔诗占卜法(sortes Virgilianae)。也有人翻阅《圣经》进行这样的占卜(《圣经》占卜法)(sortes sanctorum),穆斯林则利用《古兰经》或哈菲兹(Hāfiz,活动时期在 14 世纪下半叶)*的诗进行占卜。[51]

维吉尔著作的抄本是在多个时代中延续的一种古代传统的最好见证。除了他以外,我们并未拥有别的拉丁作者如此之多的古代抄本;属于 2 世纪到 6 世纪的维吉尔作品的抄本不少于 7 种,全部用大写字母抄写,词与词之间没有间隔,在羊皮纸上抄写成书(抄本)。更多的抄本是在加洛林时代(9 世纪)用小写体抄写的,而到了那个时代,该文本已被普遍认可了。

接下来我们必须考虑早期的版本,不仅因为《农事诗》是一部科学著作,是那个时代最重要的著作,而且还因为维

[50]　多米尼科·孔帕雷蒂(Domenico Comparetti)在《中世纪的维吉尔》[(Virgilio nel Medio Evo),2 卷本 (Leghorn,1872),修订本(Florence,1896)]中对此进行了非常详尽的说明;英译本由 E. F. M. 贝内克(E. F. M. Benecke)翻译(London, 1908)。另可参见约翰·韦伯斯特·斯帕戈(John Webster Spargo):《巫师维吉尔》(Virgil the necromancer,Cambridge,1934)[《伊希斯》22, 265 – 267(1934 – 1935)]。

*　哈菲兹(1325 年/1326 年—1389 年/1390 年),波斯最优秀的抒情诗人之一,其名字的含义是"能背诵全部《古兰经》的伊斯兰教徒"。他少年开始写诗,20 岁时已崭露头角,其诗歌反映了许多历史事件。他擅长描写爱情、自然和美酒,其近 500 首情诗(厄扎尔)是他的文学成就的最高代表。——译者

[51]　参见《科学史导论》第 3 卷,第 1457 页。

吉尔是我们的文化中最杰出的人物之一。早期的版本把这种传承建立在一种不朽的基础之上了。[52]

维吉尔的《文集》的初版由斯韦恩希姆和潘纳茨印制[Rome，1469（参见图102）]。随后，在一年之内，又有两个其他版本（Strassburg，1469－1470；Venice，1470）出版。在15世纪一共有91个版本，16世纪有184个版本，17世纪有82个版本，如此等等，渐进发展。尼克拉斯·海因修斯（Niklaas Heinsius）编辑的版本（Amsterdam，1664，1671，1676）标志着一种更注重考证的传统的开始。

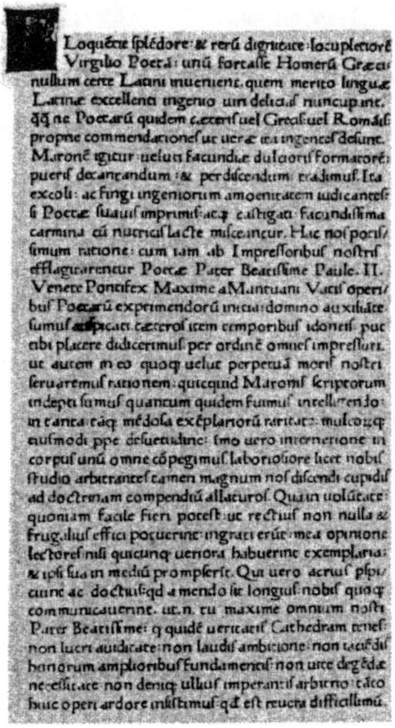
Loquẽtie splẽdore: & rerũ dignitate: locupletiorẽ Virgilio Poetã: unũ fortasse Homerũ Graeci: nullum certe Latini inuenient. quem merito linguae Latinae excellenti ingenio uiri delicias nuncupant. qq ne Poetarũ quidem caeteris uel Graecis: uel Romanis propriae commendationes ut uerae ita ingentes desunt. Maronẽ igitur: ueluti facundiae dulcioris formatorẽ: pueris decantandum: & perdiscendum tradimus. Ita excoli: ac fingi ingeniorum amoenitatem iudicantes: si Poetae suauis imprimis: atq castigati facundissima carmina cũ nutricis lacte misceantur. Hac nos potissimum ratione: cum iam ab Impressoribus nostris efflagitarentur Poetae Pater Beatissime Paule. II. Venete Pontifex Maxime a Mantuani Vatis operibus Poetarũ exprimendorũ initia: domino auxiliãte sumus auspicati. caeteros item temporibus idoneis: put tibi placere didicerimus per ordinẽ omnes impressuri. ut autem in eo quoq uelut perpetuã moris nostri seruaremus rationem: quicquid Maronis scriptorum indepti sumus quantum quidem fuimus intelligendo: in tanta: tãq mẽdosa exẽplariorũ raritate: multoruq eiusmodi ppe desuetudine: imo uero internetione in corpus unũ omne cõpegimus laboriosiore licet nobis studio arbitrantes tamen magnum nos discendi cupidis ad doctrinam compendiũ allaturos. Quam uolũtate: quoniam facile fieri potest: ut rectius non nulla & frugalius effici potuerint: ingrati erũt: mea opinione lectores nisi quicunq ueriora habuerint exemplaria: & ipsi sua in mediũ protulerit. Qui uero acrius pspicitur ac doctius: qd a mendo sit longius: nobis quoq communicauerint. ut. n. tu maxime omnium nostri Pater Beatissime: q quidẽ ueritatis Cathedram tenes: non lucri auiditate: non laudis ambitione: non tacis dis honorum amplioribus fundamentis: non uite degẽdae necessitate: non deniq ullius imperantis arbitrio: tacito huic operi ardore insistimus: qd est reuera difficillimũ.

图102　维吉尔（活动时期在公元前1世纪下半叶）的《文集》的初版（Rome：Sweynheym and Pannartz，1469）。这是编者乔瓦尼·安德烈亚·德·布西主教给教皇保罗二世的献辞的第一页［承蒙普林斯顿大学图书馆恩准复制］

《牧歌》和《农事诗》的第一版于1472年在巴黎印刷出版，《农事诗》的单行本大约于1486年在代芬特尔（Deventer）出版。

---

〔52〕参见朱利亚诺·曼贝利（Giuliano Mambelli）：《维吉尔著作版本年表》［*Gli anali delle edizione virgilianae*（392页），Florence：Olschki，1954］；《20世纪的维吉尔研究》（*Gli studi virgiliani nel secolo XX*），2卷本（Florence：Sansoni，1940）。

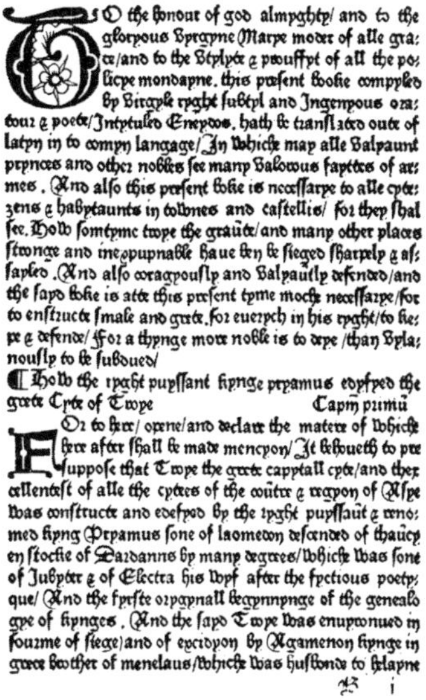
TO the honour of god almyghty/ and to the glorious vyrgyne Marye moder of alle grace/and to the welthe & prouffyt of all the polecye mondayne. this present booke compyled by Virgyle ryght subtyl and Ingenyous oratour & poete/Intytuled Eneydos. hath be translated oute of latyn in to comyn langage/ In whiche may alle valyaunt prynces and other nobles see many valorous faytes of armes. And also this present boke is necessarye to alle cytezens & habytaunts in townes and castellis/ for they shal see. How somtyme troye the graunte/and many other places stronge and inexpugnable haue ben besieged sharpely & assayled. And also coragyously and valyauntly defended/and the sayd boke is atte this present tyme moche necessarye/for to enstructe smale and grete. for everych in his ryght/to kepe & defende/ For a thynge more noble is to dye /than vylaynously to be subdued/

¶ How the ryght puyssant kynge pryamus edyfyed the grete Cyte of Troye　　Capm primu

FOr to here/ opene/and declare the matere of whiche here after shall be made mencyon/ It behoueth to presuppose that Troye the grete capytall cyte/and the excellentest of alle the cytees of the coutre & regyon of Asye was constructe and edefyed by the ryght puyssaut & renomed kyng Pryamus sone of laomedon descended of thauncyen stocke of Dardanus by many degrees/whiche was sone of Jubyter & of Electra his wyf after the fyctious poetrye/ And the fyrste orygynall begynnynge of the genealogye of kynges. And the sayd Troye was enuyronned in fourme of siege)and of excidyon by Agamenon kynge in grece brother of menelaus/whiche was husbonde to helayne

图 103　维吉尔（活动时期在公元前 1 世纪下半叶）的《埃涅阿斯纪》英语第一版［对开本（London：William Caxton，1490）］。这是一个罕见的版本，西摩·德里奇在《卡克斯顿版本普查》（*A census of Caxtons*, Oxford, 1909）第 98 页—第 100 页只追踪到 19 本［承蒙皮尔庞特·摩根图书馆恩准复制］

最早印制的译本有：意大利语本的《埃涅阿斯纪》（Vicenza，1476），《农事诗》（大约 1490 年）；法语本的《埃涅阿斯纪》（Lyons，1483）；英语本的《维吉尔的〈埃涅阿斯纪〉》［*Book of Eneydos Compyled by Vyrgyle*, London：William Caxton，1490（参见图 103）］；德语本的《埃涅阿斯纪》（Strassburg，1515），《农事诗》（Görlitz，1571－1572）；西班牙语本的《埃涅阿斯纪》（Antwerp，1557），《农事诗》（Salamanca，1586）；波兰语本的《埃涅阿斯纪》（Cracow，1590）。

这些简短的注解足以证明，到了 1600 年很容易得到维吉尔作品的印刷本，而且不仅有拉丁语版（275 个版本！），还有 6 种其他语言的版本。

3. **贺拉斯**（Horace，公元前 65 年—前 8 年）。作为拉丁诗人，贺拉斯的声望仅次于维吉尔；他从来没有像维吉尔那样广受欢迎，而且他从来也没有被认为是术士，但是，他也得到了那些很好地掌握拉丁语的人适当的钦佩和尊敬，而且直到上个世纪,每一个受过良好教育的人都是如此。他对名望的意义感到疑惑,并且曾在他的一封信的结尾这样写道:"你的著作也许会被百姓翻阅,也许会被束之高阁,或者被发配到非洲或西班牙……唉,还会出现一些更可怕的情况;你的著作也许会成为罗马郊区初学者的教科书。"[53] 他已经获得了这种名望。贺拉斯是经典作家[54]之一,他的著作已经成为教科书,但你会得到什么呢? 这难道不是对各地的文学天才的共同惩罚吗?

昆图斯·弗拉库斯·贺拉提乌斯(Quintus Flaccus Horatius)* 于公元前 65 年 12 月 8 日出生在韦努西亚(Venusia)[55],他的父亲以前是个奴隶,后来获得了自由并赚到了钱。年轻的贺拉提乌斯(贺拉斯)被送到罗马最好的学校就读,并且被送到雅典继续其学业,在那里,在凯撒于公元前 44 年被谋杀之后,他发现了自己的才能所在;他加入了布鲁图斯的部队,担任了 *tribunus militum*(军团指挥);当布鲁图斯和卡修斯于公元前 42 年在腓立比被屋大维和安东尼打败时,年轻的贺拉斯"灰心丧气"地回到家乡,[56]并且遭遇了与维吉尔一样的不幸;他的父亲在此期间去世了,他的家产也被没收了。[57] 他在政府中得到了一个职员的职位[财

---

[53] 《书札》(*Epistles*),第 1 卷,20,大约写于公元前 20 年。

[54] 至少在他去世一个世纪以后,他的作品也成为用于教学的经典作品。奥古斯都的赞扬是对他的美化的开始。

  * 即贺拉斯(Horace)的拉丁语名字。——译者

[55] 韦努西亚[现称韦诺萨(Venosa)]在阿普利亚,靠近伏图尔山(Mount Vultur)。这是南意大利的一个偏远的内陆小镇,由于路途遥远,旅行者很少到那里去。

[56] 原文为"decisis humilem pennis"。

[57] 贺拉斯和维吉尔的不幸发生在同一年,即公元前 42 年,原因也是相同的:他们的家产都被夺走并分配给内战的老兵了。请注意,维吉尔的家产在遥远的北方,靠近曼图亚,而贺拉斯的家产在遥远的南方。

务录事（*scriba quaestorius*）］，他写诗，与维吉尔和瓦里乌斯[58]建立了友谊，并通过他们成为梅塞纳斯的朋友。他全身心地投入创作之中，把越来越多的时间用于作诗，并且收到了各式各样的礼物，其中包括他喜爱的位于蒂布尔（蒂沃利）［Tibur（Tivoli）］的农庄，这里位于阿尼奥流域（Anio valley）上游，离罗马不远。在维吉尔去世后，他成为这个国家的第一诗人。在他的赞助者梅塞纳斯去世几个月之后，他也于公元前 8 年 11 月 27 日辞世。

由于贺拉斯的大量作品是在不同场合、针对诸多主题而创作的诗歌，因而我们不可能在这里对这些诗加以分析。对其中的许多诗歌值得分别描述，但对全部进行描述是不可能的。他的灵感来自希腊诗人，来自卢克莱修和维吉尔，但首先来自每天所发生的事件和他的感受。

这些诗以多种著作或文集的形式出版：《长短句集》（*Epodes*），包括公元前 41 年至公元前 31 年期间写的 17 首诗；《讽刺诗集》（*Satires*）2 卷，包括大约写于公元前 35 年—前 30 年的 18 首诗；《歌集》（*Cramina*）4 卷，包括大约 103 首抒情诗，长度从 8 行到 108 行不等，在其中的一首诗（第 3 卷，30）中，他（正确地）断言，他业已建立了一座比青铜还持久的纪念碑（*monumentum aere perennius*）；接下来是《书札》，即用诗歌体写成的书信；第 1 卷包括写于公元前 20 年的 19 封书信；第 2 卷包括两封长书信，其中第一封是大约公元前 13 年写给奥古斯都的为诗歌辩护的信，第

[58] 瓦里乌斯·鲁弗斯是哀歌诗人。他是在维吉尔去世后不久为之编辑《埃涅阿斯纪》的编者之一。

二封是关于风尚和教育的,大约写于公元前 18 年。有两部单独的诗必须提一下,一部是《世纪之歌》(*Carmen saeculare*),根据奥古斯都的御旨于公元前 17 年为百年节(Secular Games)所作,由少男少女组成的唱诗班朗诵;另外一部是《诗艺》(*Ars poetica*),在他生命的末期创作完成。

有些诗是纯粹的抒情诗,其他的诗则是教诲诗,讨论了教育、公德与私德以及风尚等。他的观点一开始是伊壁鸠鲁主义的,但后来注入了愈来愈多的斯多亚主义;那种观点是他那个时代有教养的人的观点,而且在以后、在它未被基督教修正或取代之前,情况也一直如此。他是美德和文明举止的捍卫者,不崇尚英雄主义,对任何事物只有文雅的热情。从某种意义上讲,维吉尔是一个科学诗人,是罗马关于农业的权威之一;而在贺拉斯的诗作中没有一点科学的踪影,但他是古代伟大的教育家之一。在达到巅峰时期时,他的语言和作诗法都接近了完美的程度,而且他的许多诗都是稀世珍宝,不仅在拉丁文学中,而且在任何其他文学中一直无人能出其右。

4. 提布卢斯和普罗佩提乌斯。我们现在更简略地谈一谈另外三个奥古斯都时代的诗人,他们都比维吉尔和贺拉斯年轻,他们是:提布卢斯、普罗佩提乌斯和奥维德,分别出生于大约公元前 54 年、大约公元前 51 年和大约公元前 43 年;*前两位在贺拉斯之前分别于公元前 18 年和公元前

---

* 这里所说的提布卢斯和普罗佩提乌斯的生卒年代均与本卷第十五章的说法不一致。——译者

16 年去世，[59]第三位亦即奥维德，在奥古斯都去世时依然健在，而且一直活到公元 17 年。这三个人都是很卓著的，但都不可与贺拉斯或维吉尔同日而语。 486

阿尔比乌斯·提布卢斯写过许多田园诗和爱情悲歌；他的诗句清新淡雅，而且往往优美感人。文艺复兴时期的编者把它们分成 4 卷，其中前两卷肯定是真作；第 1 卷中的那些诗大概发表于公元前 26 年。他于维吉尔过世后翌年去世。

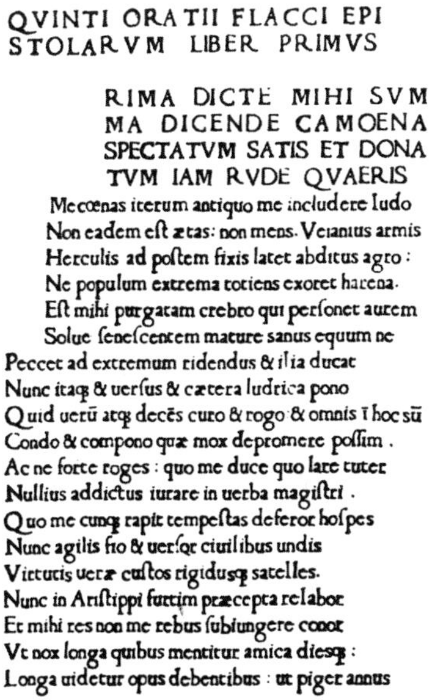
QVINTI ORATII FLACCI EPI
STOLARVM LIBER PRIMVS

RIMA DICTE MIHI SVM
MA DICENDE CAMOENA
SPECTATVM SATIS ET DONA
TVM IAM RVDE QVAERIS
Mecœnas iterum antiquo me includere ludo
Non eadem eſt ætas: non mens. Veianius armis
Herculis ad poſtem fixis latet abditus agro:
Ne populum extrema totiens exoret harena.
Eſt mihi purgatam crebro qui perſonet aurem
Solue ſeneſcentem mature ſanus equum ne
Peccet ad extremum ridendus & ilia ducat
Nunc itaq; & uerſus & cætera ludrica pono
Quid uerū atq; decēs curo & rogo & omnis ī hoc sū
Condo & compono quæ mox depromere poſſim.
Ac ne forte roges: quo me duce quo lare tuter
Nullius addictus iurare in uerba magiſtri.
Quo me cunq; rapit tempeſtas deferor hoſpes
Nunc agilis fio & uerſor ciuilibus undis
Virtutis uerae cuſtos rigidusq; satelles.
Nunc in Ariſtippi furtim præcepta relabor
Et mihi res non me rebus ſubiungere conor
Vt nox longa quibus mentitur amica diesq;
Longa uidetur opus debentibus: ut piger annus

图 104　贺拉斯（公元前 65 年—前 8 年）的《文集》（*Opera*）的初版（Venice, c. 1471–1472）［承蒙皮尔庞特·摩根图书馆恩准复制］

我们不知道提布卢斯出生在哪里，但知道塞克斯图斯·普罗佩提乌斯出生在大概位于翁布里亚的阿西西（Assisi）。他的 4 卷哀歌写于公元前 35 年至公元前 16 年之间。它们的主题涉及的是爱情，有时候，也会涉及罗马神话。受过良好教育的公众不断增加，有男人也有妇女，他们喜爱提布卢斯和普

[59] 更确切地说，我们知道普罗佩提乌斯一直活到公元前 16 年，不过，他也许活得更长久一些；他甚至可能在贺拉斯身后仍然活着，但不为人所知。

罗佩提乌斯的那些优雅而轻松的作品,因为首先是内战的巨大苦难,其次是奥古斯都的极权主义,使他们的心灵受到了创伤,他们的梦想破灭了。

5. **奥维德**(公元前 43 年—公元 17 年)。从维吉尔到普罗佩提乌斯,可以看到一种衰退,而这三个诗人中的最后一个人——奥维德,则标志着这种衰退的终结。一方面,被维吉尔和贺拉斯旺盛的天才抑制的亚历山大诗学传统,在奥维德身上复活了,而且表现得最为充分。而另一方面,他写的作品远多于他的朋友提布卢斯和普罗佩提乌斯,而且他更为著名;的确,他的名望接近贺拉斯,而且在没落的时代,他的名望甚至超过了贺拉斯。

487   我们对他的生平的了解,远远超过了对提布卢斯和普罗佩提乌斯的了解。他于公元前 43 年在可爱的山区城镇苏尔莫[60]的一个骑士家庭出生,在罗马和雅典接受教育,并且到过小亚细亚和西西里岛(这是一种罗马式的教育旅行)。维吉尔、贺拉斯和提布卢斯都不曾结婚;普罗佩提乌斯是否结过婚,我们不得而知;但奥维德结过三次婚。他是一个有独立见解的人,他把时间都用在参与社会活动和写诗上。他的第一本关于爱情的诗集[《恋歌》(*Amores*)]取得了成功,他的诸多出版物中的每一本都增加了他在上流社会的人们中的知名度。大约在公元 8 年,奥维德(在他 50 岁时)被公认为诗界领袖、"桂冠诗人",但他的伤风败俗惹怒了奥古斯都,当然,更令后者愤怒的是他在政治方面的轻举妄动。当

---

[60] 苏尔莫[现称苏尔莫纳(Sulmona)]地处阿布鲁齐-莫利塞区(Abruzzi e Molize),大约在罗马以东 90 英里。

他得到消息,知道他已经失宠并且将被流放到遥远的荒蛮之地——黑海西海岸的托米斯(Tomis)[61]时,他正在厄尔巴(Elba)岛。这对任何人来说都是一种严厉的惩罚;对一个走红的诗人、一个像奥维德这样的凡夫俗子来说,这是很可怕的。居住在托米斯的是盖塔人(Getae,一个多瑙河的色雷斯部落)和一个希腊的少数民族;这里的人讲希腊语,但主要讲盖塔语(Getic)和萨尔马希亚语(Sarmatian)。[62] 想象一下吧,一个著名的诗人竟然被流放到一个没有人懂拉丁语的地方! 这里气候恶劣(夏季酷暑难熬,冬季冰冷刺骨),而且生活没有保障。不过,奥维德还是设法与当地的一些居民建立了友谊,并且继续他的创作。他在那里过了9年或10年的流放生活,并且于公元17年或18年在那里去世。

简略地列举一下他的主要著作就足够了。以下的每一本著作都是诗集:(1)《恋歌》,爱情诗集,分为5卷(写于公元前16年);(2)《列女志》(Heroides),虚构的由淑女[例如萨福(Sapphō)]写给她们的情人的书信;(3)《爱的艺术》(Ars amatoria 或 Ars amandi),对爱的技巧的介绍,分为3卷(大约写于公元前1年),这一著作也可以称作没有爱的示爱术;(4)《变形记》,15卷神话;(5)《岁时记》诗歌体的罗马年最初6个月的日历,大约完成于公元8年,并在流放时

---

[61] 托米斯位于下默西亚(lower Moesia),在多瑙河三角洲正南方,现称康斯坦察(Constanza),属于罗马尼亚东南地区;它现在是罗马尼亚的主要海港。奥维德从公元8年11月开始被放逐,于公元9年春天或夏天抵达托米斯。

[62] 萨尔马希亚语是斯拉夫语的一种,盖塔语是哥特语(Glthic language)或条顿语(Teutonic language)的一种。据说奥维德的盖塔语学得非常好,甚至用那种语言写过一首诗。倘若它能保留下来该多好!

得到修订;(6)《哀歌》（*Tristia*），写给朋友们的为他自己辩护并恳求减轻对他的判决的书信;（7）《黑海零简》（*Epistulae ex Ponto*），从黑海写的信，有点类似于《哀歌》，直至公元 16 年才写成;（8）《捕鱼》（*Halieutica*），对黑海各种鱼的描述。

　　除了神话（一种意义深奥的民间传说）之外，他的灵感的主要来源就是亚历山大格式诗（Alexandrine poetry）；当然，他对每一个拉丁诗人也都非常熟悉（其中许多人是他的私人朋友）；他自己的作品知识丰富、才华横溢、不虔不恭、言辞轻佻、诙谐风趣；他的诗歌如行云流水，且浅显易懂；这些诗大概既能为许多明达深邃的人也能为像他本人那样俗陋肤浅的人提供乐趣；它们是奥古斯都时代的典型，或者更确切些，是较高社会阶层中的鄙俗之辈的典型，这些人迷情恋欲，并且把迷信与奢华结合在一起。富有并不难，但即使是富人，除了能满足物欲、纵情无度，或者至多在诗中畅想之外，也没有什么自由。对于维吉尔和贺拉斯，写诗是一种神圣的使命，而对于奥维德，那至多不过是一种放松、一种高雅的娱乐。

488

他的诗中最流行的是《爱的艺术》(*Ars amatoria*)以及其他同类的诗;最有害的是《变形记》,这也是他最雄心勃勃的作品,该作品是许多包括形变在内的神话历险的集成。[63]这部作品非常受欢迎,尤其在文艺复兴时期,[64]那时的许多学者对神话传奇及其谬论有着异乎寻常的渴望。

当然,在所有拉丁语作品中都存在着神话,只不过,奥维德提供了某种新的神话百科全书,它的影响在许多中世纪的作品中都可以看到,例如让·德·默恩(活动时期在 13 世纪下半叶)的《玫瑰传奇》(*Roman de la Rose*)以及乔叟对它的翻译。《变形记》还被马克西莫斯·普拉努得斯(活动时期在 13 世纪下半叶)翻译成希腊语。

这意味着《变形记》有着比异教更强的生命力,或者更确切地说,《变形记》使异教的见解在基督教时代依然保持着活力。中世纪文学最奇怪的成果之一是《被教化的奥维德》(*Ovide moralisé*),这是圣莫尔的克雷斯蒂安·勒瓜伊(Chrétien Legouais of Sainte More)为了从基督教的观点解释《变形记》而创作的一部极长的诗;[65]这是为使异教文学基督教化所做的最大的也是最后的努力。

《变形记》是文艺复兴时期的诗人和学者最喜爱的作品

---

[63] 这部诗共计 15 卷,用诗歌体描述了 100 多个形变的例子。最后一个例子(第 15 卷,8)是儒略·凯撒变成一颗星的故事;随后是对奥古斯都的赞扬。这一著作实际上在公元 8 年以前已经完稿,但奥维德在流放期间又对它进行了修改。

[64] 这个时期出版的有:3 卷对开本的奥维德文集的第一版(Rome:Sweynheym and Pannartz,1471);《变形记》的第一版(Milan,1475),在它之前可能还有另一个没有出版地和出版时间的版本。大约在 1475 年在卢万(Louvain)还出版过另一个版本。

[65] 这部诗共计 62,000 行。它以前被归于音乐家菲利普·德·维特里(Philippe de Vitry,活动时期在 14 世纪下半叶)名下(参见《科学史导论》,第 3 卷,第 48 页和第 743 页)。

之一。它为许多著作提供了灵感,例如马泰奥·马里亚·博亚尔多(Matteo Maria Boiardo)* 的《热恋的罗兰》(*Orlando innamorato*,1487)和洛多维科·阿里奥斯托(Lodovico Ariosto)** 的《疯狂的罗兰》(*Orlando furioso*,1516)。无论对艺术家还是诗人来说,《变形记》都是一个关于神的故事的宝库,当他们需要唤起他们的记忆时,他们就可以打开它。他们的基督教头脑仍然塞满了异教的神话,而且他们常常把异教的信条与基督教信条混合在一起。《变形记》偏爱非理性主义,因此,对拖延科学在文艺复兴时期的发展有一定作用。

如果认为拉丁诗歌的黄金时代随着那些神话的激情展现而告结束,那就大错特错了。[66]

---

* 博亚尔多(1441 年—1494 年),贵族出身的意大利诗人,《热恋的罗兰》是其代表作。——译者

** 阿里奥斯托(1474 年—1553 年),著名的意大利诗人,出身于没落贵族家庭,其《疯狂的罗兰》被认为是意大利文艺复兴时期的不朽巨著。他的主要作品还有 7 首讽刺诗以及《列娜》《金柜》和《巫术师》等戏剧。——译者

[66] 现在对《变形记》仍有一种奇怪的(而且在我看来是不恰当的)兴趣,最近的许多译本就证明了这一点。列举 3 个英译本就足够了:F. J. 米勒(F. J. Miller)的译本,见"洛布古典丛书",2 卷本(Cambridge:Harvard University Press,1951),配有巴勃罗·皮卡索(Pablo Picasso)的铜版画的 A. E. 沃茨(A. E. Watts)的译本(Berkeley:University of California Press,1954),罗尔夫·汉弗里斯(Rolfe Humphries)的译本(Bloomington:Indian University Press,1955)。

第二十六章
公元前最后两个世纪的语言学[1]

一、希腊语言学

黄金时代的希腊人享有以最低的语法意识使用最优美的语言的特权。在这方面，他们与印度人大相径庭，印度人非常早地远在其他民族数个世纪以前，就已经敏锐地意识到语法的微妙之处（尤其是词法和语音学）。[2] 一方面，诸如阿布德拉的普罗泰戈拉（Prōtagoras of Abdēra，活动时期在公元前 5 世纪）等逻辑学家以及诸如亚里士多德和西顿的芝诺（活动时期在公元前 4 世纪下半叶）等哲学家，为快乐的希腊人在语言学方面的无知感到焦虑，但是语法本身直到公元前 3 世纪才开始成型。关于亚历山大语法学家在公元前 3 世纪的成就，我在本卷第十三章中已说明。显而易见，不解决词典方面或语法方面的难题，就不可能像泽诺多托斯、卡

---

〔1〕 这一章是本卷第十三章的续篇。

〔2〕 参见我在《科学史导论》第 1 卷第 110 页和第 123 页关于耶斯卡（Yāska，活动时期在公元前 5 世纪）和班尼尼（Pānini，活动时期在公元前 4 世纪上半叶）的注释。在 18 世纪末以前，梵语语法不为印度以外的人所知，因而直到那时不可能对欧洲语法产生任何影响。在 19 世纪，它对比较语法的发展有了相当大的影响，但这是另一回事了。梵语语法学家在语音学方面是世界的先驱，但他们没有发明字母，字母是闪米特人的发明（参见本书第 1 卷，第 109 页—第 111 页）。在印度，曾有（而且依然有）非常牢固的口述传统。

利马科斯和埃拉托色尼那样研究古代的原文。文学评论包含着语法问题。另一方面,斯多亚学派的其他成员如索罗伊的克吕西波(活动时期在公元前 3 世纪下半叶)和巴比伦人第欧根尼(活动时期在公元前 2 世纪上半叶)发展了自芝诺开始的语句的逻辑分析,斯多亚学派的逻辑导致了语法的建立。公元前 156 年,第欧根尼作为雅典使团的一个成员被派往罗马,他带去了斯多亚哲学、逻辑、希腊语语法以及拉丁语语法的种子。对任何语言的分析不仅会导致它的语法的建立,而且还会导致普遍的语法意识。

491　　公元前 2 世纪上半叶,在老的亚历山大学派与佩加马新建立的学派之间日益增多的竞争的激励下,语文学研究有了较大发展。无论是老学派还是新学派,这类研究的中心都是图书馆。亚历山大一流的语法学家有拜占庭的阿里斯托芬(大约于公元前 180 年去世)和萨莫色雷斯的阿里斯塔科斯(大约公元前 220 年—约公元前 145 年)。

　　阿里斯托芬编辑了荷马作品更好的版本和赫西俄德的《神谱》更好的版本、品达罗斯的诗歌集的第一版以及欧里庇得斯和阿里斯托芬* 剧作的修订本;他还编纂了一本希腊语词典(lexeis),并且研究了语法类比或语法规律。

　　他之所以闻名,主要是由于他发明了(或改进了)标注重读音和标点的方法。说他发明了重读和标点符号本身会误导,因为它们本身像口语一样古老。的确,不重读单词、不把词分成义群并且不把句子分开,既无法说得正确,也无法

---

　　*　这个阿里斯托芬指剧作家雅典的阿里斯托芬(大约公元前 450 年—前 385 年)。——译者

被清晰地理解。当把语言转变为书面语时，人们就会发现标注词的重音和用符号把句子断开是必要的，或者至少是便利的。阿里斯托芬是第一个这样做的人吗？也许不是，但他比他的前辈们做得更好、更彻底。

正如那些曾不得不阅读没有标点符号和大写字母的（例如，阿拉伯语的）文本的学者马上就能体会到的那样，这些都是最重要的改革。[3] 值得注意的是，在相当长的一段时间内它们并没有得到任何普及。最古老的希腊语和拉丁语手稿不仅没有标点符号，而且词与词之间也没有分开。直至 13 世纪，有些抄本仍没有标点。临摹抄本的古版本的印制者们在最低限度上增加了标点符号，并且在词与词和句子与句子之间尽可能地留出了间隔。在 16 世纪之前——亦即在阿里斯托芬之后过了 17 个世纪，标点符号仍没有被普遍采用，那个时候，印刷技术已经使标点符号获得了充分的宣传并且使它们固定下来了。

导致这种巨大迟滞的，不仅是由于惰性，更是由于口述传统的地位高于文字传统。书写（甚至包括早期的印刷）

---

[3] 读者如果试着揣测以下这段话的意义，那将有助于他想象没有标点符号而且单词连写所导致的困难："thetheoryofrelativityisintimatelyconnectedwiththetheoryofspaceandtimeishallthereforebeginwithabriefinvestigationoftheoriginofourideasofspaceandtimealthoughindoingsoiknowthatiintroduceacontroversialsubjecttheobjectofallsciencewhethernaturalscienceorpsychologyistocoordinateourexperiencesandtobringthemintoalogicalsystemhowareourcustomaryideasofspaceandtimerelatedtothecharacterofourexperiences（相对论与时空理论密切相关。因此，我将首先简略地研究一下我们关于空间和时间的思想的起源，尽管我知道，这样做会引入一个有争议的话题。所有科学，无论是自然科学还是心理学，其目标就是协调我们的经验并把它们纳入一个逻辑体系。我们关于空间和时间的惯常思想是如何与我们的经验描写相联系的呢？）"。阿尔伯特·爱因斯坦：《相对论的意义》（*The Meaning of Relativity*, Princeton：Princeton University Press, 1945），开篇段落。

是表现实际语言(口语)的一种方法,它旨在提示,而不是完整地和详细地表述。这一点在闪米特诸语言的著述中很明显,在那里,短元音没有被标注出来;而在诸如汉语这样的语言中这一点就更为显著,在汉语中根本没有标示发音和重音。[4] 相对于口语而言,书面语言根本是不充分的,英语的拼写就是这一点的很好的例证,尽管事实上英语在其他方面是高度发展的。有许多这样的英语单词,如果事先没有告诉一个外国读者它们如何发音,他就无法大声朗读它们。

萨莫色雷斯的阿里斯塔科斯大约于公元前 180 年接替阿里斯托芬担任了图书馆馆长。当他年迈时,他移居到塞浦路斯,大约于公元前 145 年在那里去世。他主要是一个文学评论家,他对经典著作进行了评注(*hypomnēmata*, *syngrammata*),并且把荷马的语言与古雅典语进行了比较。这种比较涉及词本身(词典学)或者它们的词法和词形变化,或者涉及句子的结构(句法)。普罗泰戈拉对名词的性以及一些时态和语气进行了区分;亚里士多德辨认了词类的 3 种:名词、动词以及其他词;阿里斯塔科斯则认识到了8 种:名词(以及形容词)、动词、分词、代词、冠词、副词、介词和连词。

同时,马卢斯的克拉特斯在佩加马正在进行类似的研究,他必然会得出同样的结论。他对希腊语和拉丁语的比较使他的语法意识增加了;的确,当一个人使用两种语言

---

[4] 一个汉字的发音可以用包含在该汉字中的音符来标示(参见本书第 1 卷,第 22 页)。

时,他不可能继续再对语法一无所知。据说,克拉特斯编写了第一部希腊语语法著作。对这一说法应当谨慎。对语言的分析类似于对人体的分析;既不可能说谁开始分析,也很难说分析什么时候完成。语法像解剖学一样,并非在一时之间靠单一的努力发明出来的,而是通过一而再、再而三的多次连续努力而创造的。克拉特斯的成就当然是伟大的,但我们无法对它加以确切的估量,因为他的语法著作失传了。留传至今的最早的语法著作是阿里斯塔科斯的一个弟子狄奥尼修·特拉克斯[5](活动时期在公元前 2 世纪下半叶)编写的,他大约于公元前 166 年出生,并且活跃于亚历山大和罗得岛。他的语法学(*technē grammaticē*, *ars grammatica*) 著作[6]不仅是希腊语语法学家的样本,而且也是包括拉丁语语法学家和亚美尼亚语语法学家在内的所有后来的语法学家的样本,[7]它还间接地是其他印欧语言的语法学家的样本。吉尔伯特·默里(Gilbert Murray) 说 : "它是世界上最成功的教科书之一,在进入 19 世纪相当一段时间后,它仍是希腊语语法的基础,而且当我的叔公是麦钱特·泰勒学校(Merchant Taylor's

[5] 特拉克斯(Thrax 或 Thracos) 意指色雷斯人,但并不能由此得出结论说,他本人出生在色雷斯;他也许从他的父亲或他的祖先那里继承了这个名字。

[6] 即《语法学》[*Ars grammatica*(224 页), Leipzig, 1883],由古斯塔夫·乌利希(Gustav Uhlig) 编辑。参见阿尔弗雷德·希尔加德(Alfred Hilgard) :《评注》[*Scholia*(703 页), Leipzig, 1901]。《语法学》由托马斯·戴维森(Thomas Davidson) 翻译成英语,载于《思辨哲学杂志》(*Journal of Speculative Philosophy*, St. Louis, 1874),第 16 页。

[7] 参见雅克·沙昂·西尔比德(Jacques Chahan Cirbied, 1772 年—1834 年) :《狄奥尼修·特拉克斯的语法(以皇家图书馆的两份亚美尼亚语抄本为蓝本)》[*Grammaire de Denis de Thrace tirée de deux MSS arméniens de la Bibliothèque du Roi*(125 页), Paris, 1830],正文为亚美尼亚语、希腊语和法语。

493

School)的一个学童时,那里实际上还在使用它……狄奥尼修对语法的贡献犹如欧几里得对几何学的贡献,而且他的教科书几乎像欧几里得的教科书一样持久,尽管持续的时间并不完全相等。"[8]

它在公元前 2 世纪下半叶的发表明确地标志着对语法无知的时代的终结。古代雅典儿童多么幸运呀,他们说着世界上最优美的语言,却不用像我们那样费力地去学它。我们要掌握它就要付出巨大的努力,而且,如果我们不充分使用它,我们就会有忘记它的危险,以至于必须完全从头开始学。公元前 4 世纪雅典的孩子不用学习他们的母语,他们也不可能把它忘记。

对古希腊语语法的这一记述使我遗漏了两位语文学家,他们因其他的成就而被人们铭记,这两个人就是斯凯普希斯的德米特里(Dēmētrios of Scepsis)和雅典的阿波罗多洛。我们更愿意称他们为考古学家而不是语法学家。

德米特里(大约公元前 200 年—前 130 年)活跃于特洛阿斯的斯凯普希斯,他就荷马诗中的舰船目录(《伊利亚特》第 2 卷,第 816 行—第 877 行) 写过一部注疏,足足有 30 卷,题为《特洛伊史料整理》(*Trojan Arrangement*, *Trōicos diacosmos*),[9]但这是一个无用知识的丰富来源。雅典人阿波罗多洛是亚历山大的阿里斯塔科斯的一个学生,他于公元前 146 年离开了亚历山大,大概定居在佩加马,因为

---

[8] 吉尔伯特·默里:《希腊研究》(*Greek Studies*, Oxford:Clarendon Press,1946),第 181 页。

[9] 阿布德拉的德谟克利特写过两部专论,题目分别为 *Megas diacosmos*(《大宇宙》)和 *Micros diacosmos*(《小宇宙》),*diacosmos* 意味着"安排或说明"。

他的主要著作(《编年史》)是题献给阿塔罗斯二世菲拉德尔福(佩加马国王,公元前 159 年—139 年在位)的。他写过关于荷马的注疏,以及有关语源学、地理学和神话等研究的著作。他关于神话的著作[《神论》(*On the Gods*)]被混同于题为《阿波罗多洛论丛》(*Library of Apollodōros*)的另一部关于神话的专论,后一著作至少比前一著作晚了两个世纪。

　　数种语言的使用促进了希腊-罗马世界语言学意识的极大发展。西方受过教育的人必须懂得两种语言:希腊语和拉丁语;在东方,受过教育的人们并非都懂拉丁语,但他们熟悉东方的语言。恩尼乌斯说,他有 3 种心力,因为他能说 3 种语言:希腊语、奥斯坎语(Oscan)和拉丁语。[10] 这里提及的第二种语言奥斯坎语是最流行的意大利方言,因为它的使用遍及整个南意大利(与之相反,拉丁语方言尽管成为罗马的官方语言,但最初却是最受地域限制的)。在奥塞人(Osci)或奥皮塞人(Opici)被打败并且被赶到无人知晓的地方之后,它仍被人们继续使用;在罗马,它还保留在所谓阿特拉剧(*fabulae Atellanae*)中,阿特拉剧是一种滑稽的和粗俗的乡村戏剧,用奥斯坎语演出,非常受欢迎。

　　如果恩尼乌斯有 3 种心力,那么米特拉达梯大帝有多少种呢?也许多达 25 种。的确,格利乌斯告诉我们,米特拉达梯能讲 25 种民族的语言,这些民族要么是他所征服

191

---

[10] 原文为:"Quintus Ennius tria corda habere sese dicebat quod loqui Graece et Osce et Latine sciret",见奥卢斯·格利乌斯(活动时期在 2 世纪下半叶):《雅典之夜》,第 17 卷,17;下文关于米特拉达梯掌握多种语言的陈述,也可以参照这一说法。

的,要么是他与之做生意的。这对使用单一语言的美国人来说似乎是难以置信的,但这只不过是多种语言在近东通行的一种反映。请听一下普林尼关于科尔基斯的迪奥斯库里亚斯(Dioscurias)的证言:

安塞缪斯河(the river Anthemus)沿岸的迪奥斯库里亚斯的科尔基斯市现在已经荒废了,但它曾一度闻名,以至于按照提莫斯泰尼[11]的说法,有 300 个讲不同语言的部落常去那里;后来,罗马商人常常在有 130 个译员的翻译组的帮助下在那里做生意。[12]

因而,米特拉达梯掌握 25 种语言并不令人惊讶;各种环境使他成为语言的收集者,正如它们迫使他收集植物和毒药、药糖剂和解毒药(thēriaca)一样。米特拉达梯作为一个通晓数种语言的人在文艺复兴时期仍然誉满天下,就是这种现象的奇妙的余晖。当伟大的博物学家康拉德·格斯纳出版他关于语言学研究的著作时,他就以《米特拉达梯》(Mithridates)作为其标题。[13]

在奥古斯都时代有两位卓著的语法学家——哈利卡纳

---

[11] 提莫斯泰尼是托勒密-菲拉德尔福(公元前 285 年—前 247 年在位)的舰队司令,埃拉托色尼和斯特拉波利用过他的地理学著作。

[12] 《博物学》第 6 卷,5("洛布古典丛书"第 2 卷,第 349 页)。普林尼的著作是在米特拉达梯去世大约 130 年后写的,但却提到了活跃于公元前 3 世纪的提莫斯泰尼。迪奥斯库里亚斯位于黑海的东端,在米特拉达梯的王国本都的正东方。

[13] 《米特拉达梯》(Zürich, 1555)。参见我的《文艺复兴时期(1450 年—1600 年)对古代和中世纪科学的评价》(Philadelphia: University of Pennsylvania Press, 1955),第 111 页。格斯纳讨论了 130 种语言,与迪奥斯库里亚斯的罗马译员的数量一样多! 约翰·克里斯托夫·阿德隆(Johann Christoph Adelung)出版的同样标题的著作《米特拉达梯》[Mithridates(4 卷 6 册),Berlin, 1806-1817],是对语言学更为雄心勃勃的研究。因此,对许多人而言,米特拉达梯就意味着普通语言学,就像欧几里得意味着几何学一样。

苏斯的狄奥尼修和狄迪莫斯。[14]

狄奥尼修来自哈利卡纳苏斯,但活跃于罗马;我们已经讨论过他的罗马史著作(《罗马上古史》),但他主要是一个文学家、修辞学家和语法学家,他竭尽全力确保希腊语的纯洁性。他也许是他那个时代杰出的文学评论家;他写过一些说明古代演说家、修昔底德、柏拉图以及其他人的文学价值的著作(他并不喜欢柏拉图的风格),写过其他的有关模仿优秀作者的必要性的著作,以及论述词的斟酌以及它们的最佳搭配的著作。对他来说,懂希腊语是不够的,必须对它有充分的了解,而对它的了解是没有止境的。当这种语言在罗马人和其他蛮族中非常普及并因此受到伤害时,他就成了该语言最出色的捍卫者之一。

狄迪莫斯由于其惊人的勤奋,而获得了 Chalcenteros("铁石心肠")的绰号,他出于同样的原因在亚历山大战斗,在那里对希腊语的破坏比在罗马有过之而无不及,因为它被无知的人滥用了。他写过有关研究希腊文学的著作,并编辑过荷马、修昔底德以及古代演说家们的著作。

像狄奥尼修和狄迪莫斯这样的人尽力要完成的任务,可以与英国人(或法国人)在遥远的地区试图尽可能维护英语(或法语)文学的高标准的任务相提并论。这是一项十分艰巨但却有着巨大价值的任务。优秀的文献是文明的重要载体。

无论是在埃及和亚洲讲希腊语的人当中(他们的语言和

---

[14] 狄奥尼修活跃于公元前 30 年至公元前 8 年;狄迪莫斯大约于公元前 65 年出生,大约于公元 10 年去世。

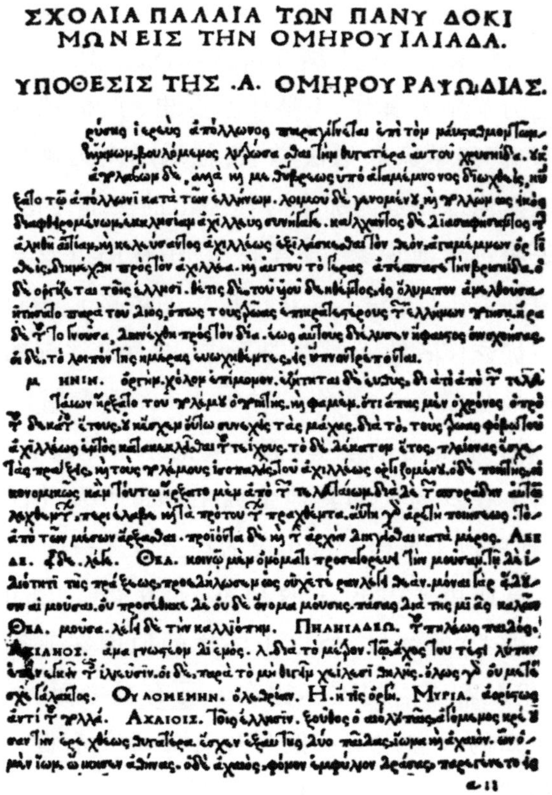

ΣΧΟΛΙΑ ΠΑΛΑΙΑ ΤΩΝ ΠΑΝΥ ΔΟΚΙ
ΜΩΝ ΕΙΣ ΤΗΝ ΟΜΗΡΟΥ ΙΛΙΑΔΑ.

ΥΠΟΘΕΣΙΣ ΤΗΣ ·Α· ΟΜΗΡΟΥ ΡΑΤΩΔΙΑΣ.

图 106　狄迪莫斯（活动时期在公元前 1 世纪下半叶）对荷马的《伊利亚特》的评注：
《荷马狂想曲的前提》（Hypothesis of the Homeric Rhapsody），这是古代最出色的评注，由雅
努斯·拉斯卡里斯（Janus Lascaris）编辑，阿格洛斯·科洛蒂奥斯（Aggelos Collōtios）印制
［对开本，30 厘米高（Rome，1517）］。利奥十世在 1517 年亦即他担任教皇第 5 年的 9
月 7 日写的一封拉丁语推荐信被印在上述著作希腊语版之末页的结尾处。雅努斯·拉
斯卡里斯（1445 年—1535 年）是文艺复兴初期仅次于奥尔都·马努蒂乌斯的一流的希
腊语编辑。参见埃米尔·勒格朗（Emile Legrand）：《希腊书目》（Bibliographie hellénique，
Paris，1885），第 1 卷，第 159 页—第 162 页［承蒙哈佛学院图书馆恩准复制］

生活方式已被蛮族的[15]环境污染了），还是在希腊语对他们来说是一种外语的罗马人当中，我们在前面提到的那些希腊学者都致力于捍卫和说明希腊语和希腊文化。还有第三群人应当考虑，即犹太人，他们分布在希腊-罗马世界各地，尤其在叙利亚和埃及的大城市，在罗马以及西方的其他城市。他们对希腊语的反应是怎样的呢？当我们在本卷第十四章论及《七十子希腊文本圣经》和第十六章论及犹太宗教时，已经讨论过这个问题，但这个问题非常重要，值得在此再次考虑。

196

在叙利亚，领导者都是希腊人，他们渴望捍卫希腊文化。统治者之一的安条克四世埃皮法尼在推行希腊化方面走得如此之远，以致引起了马加比家族起义（公元前 168 年）。犹太人成功地捍卫了他们的宗教，但他们在捍卫他们的语言方面并不那么成功。不仅希腊王子，而且某些马加比人［或者哈希芒人（Hasmonean）］以及在罗马保护下的朱迪亚国国王希律大帝（公元前 40 年—前 4 年在位），都在继续推进希腊化进程。

有许多埃及的犹太人和亚洲的犹太人都讲希腊语。希腊语是他们的母语；他们不必去学希腊语；他们懂希腊语。无论如何，他们熟悉两种迥然不同的语言——希腊语和希伯来语，这可能唤醒了他们的语法意识，如果确实出现了这样的情况，那么，他们可能是最早知道狄奥尼修·特拉克斯的《语法学》（*Technē grammaticē*）的人之一，而且他们自己从中

---

[15] 在这里，"蛮族的"这个词是按希腊方式使用的，指任何非希腊的或外国的事物。在埃及和亚洲，讲希腊语的人是一个规模很小的少数民族；但更多的人能含混不清地说不纯的希腊语。

得到了实惠;的确,狄奥尼修(大约于公元前 166 年出生)是他们的邻居之一,而且活跃于亚历山大城和罗得岛,因此他们可能对他的活动非常了解。[16]

在希律王的凯撒里亚市,[17]有一些犹太人阅读希腊语的《施玛篇》(Shema)![18] 而且,在犹太巴勒斯坦地区还有一所教授希腊学问的学院。圣祖拉班*迦玛列(Rabban Ga-maliel the Patriarch)之子拉班西门(Rabban Simeon)说:"在我父亲的房子里有 1000 个年轻人,其中 500 人学习(犹太)法律,另外 500 人学习希腊学问。"[19]

拉比们(Rabbis)对希腊语有相当多的了解;至于犹太大众,他们的希腊语知识并不比讲希腊语的东方人更差。为数

---

[16] 尽管有狄奥尼修做榜样,但没有一个讲希腊语的犹太人想过从希伯来语的现实中引申出希伯来语语法。直到非常晚的时候,在阿拉伯的影响下,希伯来语语法才由加昂萨阿迪亚[Saadia Gaon,活动时期在 10 世纪上半叶(Gaon 在希伯来语中意指犹太教教首领或卓越的智者和犹太教法典学者。——译者)]创建。希伯来语语法的迟滞原因在于两方面的事实:它与希腊语语法相距甚远,而与阿拉伯语语法非常接近。

[17] 这个凯撒里亚位于撒马利亚(Samaria)海岸,耶路撒冷西北 55 英里。它是由希律大帝大规模重建的。在帝国的地方财政官和使节的统治下,它成为罗马帝国朱迪亚行省的首府。

[18]《施玛篇》是从《申命记》(Deuteronomy)第 6 章第 4 节—第 9 节、第 11 章第 13 节—第 21 节和《民数记》(Numbers)第 15 章第 37 节—第 41 节选出来的一些段落的汇编,它们表述了犹太信仰的要点。标题来自第一个段落的第一个词,施玛(shema)的意思是"听"!

* 拉班是叙利亚语"教师"的音译。——译者

[19] 参见索尔·利伯曼(Saul Lieberman):《犹太巴勒斯坦地区的希腊人》(Greek in Jewish Palestine,New York:Jewish Theological Seminary,1942),第 1 页。也可参见他的《犹太巴勒斯坦地区的希腊化文化》(Hellenism in Jewish Palestine,New York:Jewish Theological Seminary,1950)。这两部书都在一定程度上讨论了公元以后的时代。老拉班迦玛列大约于公元 50 年去世;他是圣保罗的老师[《使徒行传》(Acts),第 22 章,第 3 节]。

众多的那个时代的犹太古代文物和艺术品[20]以及希伯来语
作品中存在的许多希腊语词汇[21],都可以证明东方犹太人
的希腊化。

　　许多犹太人用希腊语写过散文,其中有些人甚至用希腊
语写诗。例如,老斐洛(Philōn the Elder)写过一部关于耶路
撒冷的诗史[《耶路撒冷颂歌》(*Peri ta Hierosolyma*)];狄奥
多托(Theodōtos)写过一部关于示剑的诗史;[22]以西结
(Ezechiel)写了一部关于古代以色列人出埃及(*exagōgē*)的
悲剧。[23]这三个诗人大概活跃于公元前 2 世纪。请注意,
前两个人用的是希腊人的名字,就像那个时代的许多其他犹
太人那样。

　　西方散居的犹太人,甚至罗马的犹太人,他们的希腊语
知识往往比拉丁语知识好。

二、拉丁语言学

　　讲拉丁语(Latin Language)的民族在使狄奥尼修·特拉

[20]　参见恩斯特·科恩-维纳(Ernst Cohn-Wiener):《犹太艺术》(*Die jüdische Kunst*,
　　　　Berlin,1926);弗朗兹·兰茨伯格(Franz Landsberger):《犹太艺术史》(*History of
　　　　Jewish Art*,Cincinnati:Union of American Congregations,1946);欧文·拉姆斯德
　　　　尔·古迪纳夫:《希腊-罗马时代犹太人的标志》[6 卷四开本(New York:Panthe-
　　　　on,1953-1956)]。
[21]　参见伊曼纽尔·勒夫(Immanuel Loew)为萨穆埃尔·克劳斯(Samuel Krauss)的
　　　　《犹太法典中的希腊语和拉丁语外来语》(*Griechische und Lateinische Lehnwörter im
　　　　Talmud*)[2 卷本(Berlin, 1898-1899)]编写的希腊语词汇索引。
[22]　示剑(Shechem 或 Sichem)是古代《圣经》中的一个城市,是撒马利亚的主要城市
　　　　和雅各(Jacob)的故乡;雅各井和雅各墓都在那里。后来这里被称作纳布卢斯和
　　　　奈阿波利斯。
[23]　参见埃米尔·许雷尔(Emil Schürer):《耶稣基督时代犹太人的历史》(*Geschichte
　　　　des jüdischen Volkes im Zeitalter Jesu Christi*),第 3 版,第 3 卷(Leipzig,1909);索菲
　　　　娅·泰勒(Sophia Taylor)和彼得·克里斯蒂(Peter Christie)的英译本第 3 卷
　　　　(New York,1891),第 156 页—第 320 页,主要是第 222 页—第 223 页。

克斯的"语法学"适用于他们自己的语言现实方面十分缓慢，不过，当他们最终这样做时，他们的借用显然是很充分的。我们所熟悉的语法术语(所有格、宾格、不定式等)是对希腊术语的误译。然而，拉丁作者并不像古代的希腊人那样满足于对语言学的无知。在希腊化时代，这种无知不仅引起了讲希腊语的人的不满，而且引起了他们周围的每一个人的不满。这个无知的乐园永远失去了。

我们所有人不仅必须学习外语的语法，而且也必须学习我们的母亲亲口讲的语言的语法。我们必须彻底了解它，使它成为我们的本体的一部分，然后我们可以忘记它(或者认为我们已经忘记了它)；达到了语法意识的高峰后，我们的语法就会成为潜意识，于是，我们就真正拥有了它。每一种知识不都是这样吗？

回到拉丁语：显然，每一个试图掌握希腊语的罗马人以及每一个学习拉丁语的希腊人必定要进行语法比较，而且会向自己提一些语法问题。可以假设，在向其学生说明古雅典希腊语的语词的微妙之处时，希腊私人教师就是在有意或无意地给他们上语法课。因此，拉丁语语法学家行动的相对迟钝或缓慢就令人惊讶了。

不过，大部分罗马人不学希腊语，但是，如果他们有才智，或者更确切地说，如果他们的智慧有了适当的取向，通过把拉丁语与各种意大利方言加以比较，就可以激发他们的语言学意识。人们很容易忘记，拉丁语最初是相对较小地区的方言，即罗马城和拉丁姆地区的语言。征服意大利和其他地区的罗马人把这个区域逐渐扩大了，但不能由此得出结论说，拉丁语立即取代了地方的方言。不可能出现这种情况。

拉丁语取代每一种方言都是一个非常缓慢的过程,由于征服的时间不同,这一过程在不同地区开始的时间也不同,在那些方言的抵制力量比其他地方更大的地区,这一过程就更缓慢。拉丁语必须取代诸如奥斯坎语和翁布里亚语(Umbrian)等意大利方言以及伊特鲁里亚(Etruscan)方言和利古里亚方言(Ligurian dialect)等非意大利语方言。在意大利以外,它必须与凯尔特语(Celtic)、伊比利亚语(Iberic)、利比亚语(Lybic)、古迦太基语(Punic)以及许多语言进行竞争。

由于拉丁语是公务语言,每一个想被政府或市政当局雇用的罗马公民就不得不学习它。不过,最好的拉丁语学校是罗马军队,它从每一个行省招募士兵。此外,一旦某个国家被罗马征服,罗马的政府官员、公务人员和商人就会在那里落户,并且把他们的语言、生活方式和风俗习惯带到那里。

到了基督时代,许多方言仍被使用,但拉丁语已经不仅获得了国家通用语言的地位——即成为罗马帝国的语言,甚至获得了国际通用语言的地位。

从各方面考虑,拉丁语的国际化比希腊语的国际化迅速得多,但它不如后者持久,因为希腊语在今天仍是一门活的语言,在世界的许多城市被使用,而拉丁语已被废弃了,只在某些教会或僧侣圈子中使用。

罗马的第一个语法学家或语文学家是卢修斯·埃里乌斯·斯提洛·普雷科宁努斯(Lucius Aelius Stilo Praeconinus),他活跃于公元前 2 世纪下半叶。这个斯提洛是拉丁姆的拉努维乌姆(Lanuvium)人,因而从童年开始就讲拉丁语方言。他是一位考古学家和文学评论家,并且写过有关《十二

铜表法》(Twelve Tables)[24]和其他古代著作的语文学评论,
还编辑过恩尼乌斯和卢齐利乌斯著作的考证版。简言之,他
所从事的事业,正是希腊语语法学家一个多世纪以前在亚历
山大开始从事的事业,而且他是在罗马从事这一事业的第一
人。他把瓦罗和西塞罗看作他的学生。他的灵感来自一些
希腊的典范,主要是像索罗伊的克吕西波(活动时期在公元
前3世纪下半叶)这样的斯多亚学派的逻辑学家和语法学
家,因为他自己也是斯多亚学派的成员。

　　马尔库斯·图利乌斯·提罗是西塞罗解放的奴隶并担
任了后者的秘书,他发明了一种拉丁语速记法,但称他为语
文学家未免有些夸张。他的后来被称作提罗记法的速记方
法使得他能够把西塞罗的演说辞和其他著作保存下来。当
然,每一个必须把没完没了的口授记录下来的聪明的秘书,
都可能或早或迟发明某种方便其工作的方法。他自己也写
了一些书信[《书简》(Epistulae)],并写过一部关于拉丁语
的专论,关于该著作我们只知道这个颇有吸引力的标题:
《论拉丁语的使用规则》(De usu atque ratione linguae Lati-
nae),其他一概不知。

　　关于瓦罗,我们讨论的基础更牢固一些,因为他的论拉
丁语的伟大专著《论拉丁语》25卷是他现存的两部专论之一
(另一部是关于农业的专论)。但遗憾的是,我们只有该书
前面的一部分,即第5卷至第10卷(第5卷和第6卷是完整

[24]《十二铜表法》是从古代习俗(mores maiorum,祖先习俗)引申出来的最早的罗马
法的汇集;除了说它们属于最早的罗马文化以外,我们无法确定它们的年代。它
们标志着一个发展的开始,其高峰就是查士丁尼(活动时期在6世纪上半叶)的
《民法大全》(Corpus iuris)。

的）。可以把该书的总体规划重构如下：第 1 卷是导论性的，是有关整个这一主题的总的观点；第 2 卷—第 7 卷说明词的起源以及它们在具体对象和抽象对象上的应用；第 8 卷—第 13 卷涉及词尾变化和动词的变化；第 14 卷—第 25 卷讨论句法。其中的第 5 卷—第 25 卷是献给西塞罗的，全书于公元前 43 年西塞罗被谋杀前不久完成。瓦罗对词源的记述大都来自民间，而且是富于想象力的，就像所有那些古代人（希伯来人或希腊人）对词源的记述那样，因为他们都没有充分的语言学知识以致无法理解这一学科的基本原理。[25] 不过，瓦罗有斯多亚学派的哲学头脑，而且可能是第一个领会现代语法的基本思想的人：语言学标准(le bon usage，正确用法) 不是静态的而且永远不是最终的标准；“consuetudo dicendi est in motu”(语言习惯总是在变化) 。他的著作中保留了各种引语以及古代的术语及其各种形式，若非如此，它们已经遗失了；非常可惜的是，我们只有这部著作的五分之一。

　　最后应当提及的语法学家也许已经在我们现在的框架之外了。瓦里乌斯·弗拉库斯(Varrius Flaccus) *属于奥古斯都时代，但更确切地说属于这个时代末期。他是一个自由民并且被证明是一个杰出的教师，他受委托负责奥古斯都的孙子们的教育。他撰写了各种有关语法和教育的书籍，如《伊特鲁里亚人》(*Libri rerum Etruscarum，On Etruscans*) ，《值得记住的事物》(*Libri rerum memoria dignarum，Things Worth*

[25] 关于一般的希腊词源学和拉丁词源学，请参见彼得·巴尔·里德·福布斯(Peter Barr Reid Forbes) :《牛津古典词典》(*Oxford Classical Dictionary*) ，第 341 页。

　* 原文如此，根据本卷第二十九章和《简明不列颠百科全书》中文版，似应为维里乌斯·弗拉库斯(Verrius Flaccus) 。——译者

Remembering），《正字法》（De orthographia）等。他的主要著作《词的含义》（De verborum significatu）是一种百科全书式的词典，这是最早的拉丁语词典，它的一部分被保留在庞培乌斯·费斯图斯（Pompeius Festus，活动时期在 2 世纪）和保卢斯·迪亚科努斯（Paulus Diaconus，活动时期在 8 世纪下半叶）的摘要之中。老普林尼（活动时期在 1 世纪下半叶）把他的某些资料抄录下来，并传给了我们。

在更晚些时候（大约 67 年—77 年），最早的拉丁语语法才由昆图斯·雷米乌斯·帕莱蒙（Quintus Remmius Palaemon，活动时期在 1 世纪下半叶）编写出来。他大概是一个被解放的奴隶或希腊人，因为他的名字（帕莱蒙）显然是希腊人的名字。因此，尽管有另一位希腊人狄奥尼修·特拉克斯树立了伟大的榜样，拉丁语语法在基督时代以前并未建立起来。

在罗马人征服了世界的时代，文学杰作已经使拉丁语成为一种不朽的语言，但对它的分析尚未完成，而且，它的词汇依然是非常匮乏的。拉丁作者还要依赖希腊语，西塞罗等哲学家或维特鲁威等技术专家常常体会到这一点。不借用希腊语词汇讨论哲学或技术是不可能的，最伟大的拉丁诗人仍然在掠夺其希腊楷模的语言财富。

500

这既例证了语法任务的艰难，也例证了罗马在完成这一任务方面的缓慢。希腊人自己若不是受到日趋增长的世界主义和多种语言的使用的驱使，可能也完成不了这一任务。随着多个世纪的流逝，如果没有持续的努力，甚至在以希腊语为母语的人中能够正确地讲这种语言的人也越来越少了；至于"蛮族"之人，他们必须通过人为的和痛苦的方式学习

希腊语；他们需要语法、词典以及其他工具。因此，这个时代
见证了语法的诞生并不奇怪。

科学家不应认为这是一项平庸的成就。当然，在现在，
编辑一本已知语言的语法很难被看作一项科学成就。但是
语法的创造者，如狄奥尼修·特拉克斯甚至他的先驱巴比伦
人第欧根尼和马卢斯的克拉特斯，他们是最早的把长期发展
的结果加以系统化的人，他们所完成的是一项具有相当大的
重要性和价值的科学任务。发现语言的逻辑结构是像发现
身体的解剖学结构同样重要的科学成就，但是，由于语言的
自我意识完全是循序渐进地出现的，因而这一发现非常缓慢
而且在很大程度上是由不知其名者完成的。

对任何语言的语法而言，其最初的建立都可看作一种科
学成就，但其重要性非常低。的确，从事这项工作的语言学
家意识到每一种语言都有一种语法，并且非常清楚地知道要
寻找什么。也许可以把他与对最近发现的动物进行第一次
解剖的动物学家加以比较；动物学家已经熟悉了所有的组织
和器官，而且对这种动物的解剖只不过是对诸多其他动物的
解剖的一种变型。简而言之，描述一种新语法是根本无法与
最早的梵语和希腊语的语法学家所做出的语法发现本身同
日而语的。

还应当注意的是，在其他方向上的科学努力，必然会导
致某种语法的确立。每一种科学研究都必定或早或迟地需
要使用某些专门的词汇和用语；它会引入一些必须适当表述
的新思想。对一个科学家来说，甚至无意识地使用一种恰当
的语言都是不够的，因为他必须确切地知道他的工具的特点
和限度，而语言就是其中的一种工具。他必须确定他有能力

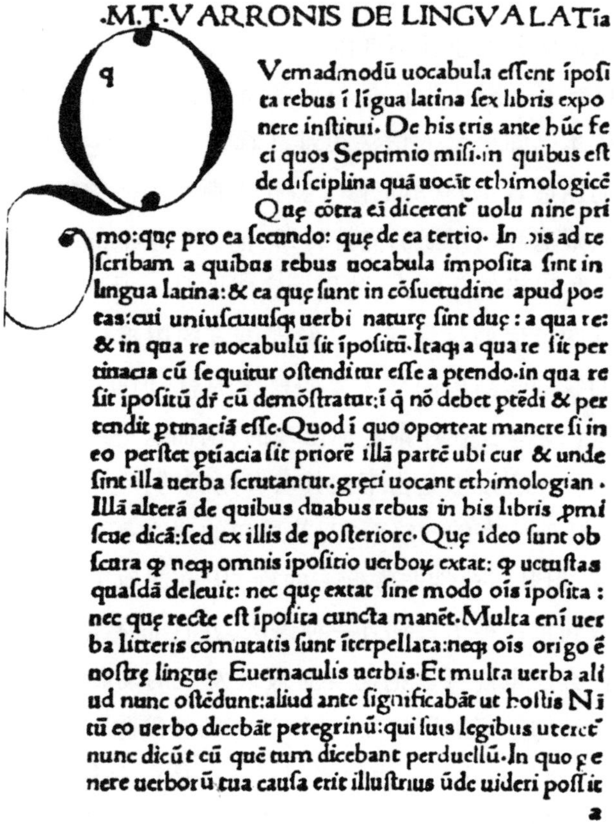

.M.T.VARRONIS DE LINGVA LATĩa

q

Vemadmodũ uocabula eſſent ĩpoſi
ta rebus ĩ lĩgua latina ſex libris expo
nere inſtitui. De his tris ante hũc fe
ci quos Septimio miſi.in quibus eſt
de diſciplina quã uocãt ethimologicẽ
Quę cõtra ei dicerent uolumine pri
mo:quę pro ea ſecundo: quę de ea tertio. In his ad te
ſcribam a quibus rebus uocabula impoſita ſint in
lingua latina: & ea quę ſunt in cõſuetudine apud poe
tas:cui uniuſcuiuſq; uerbi naturę ſint duę : a qua re:
& in qua re uocabulũ ſit ĩpoſitũ.Itaq; a qua re ſit per
tinacia cũ ſequitur oſtenditur eſſe a ptendo.in qua re
ſit ĩpoſitũ dr̃ cũ demõſtratur:ĩ q̃ nõ debet ptẽdi & per
tendit ptinaciã eſſe.Quod ĩ quo oporteat manere ſi in
eo perſtet ptĩacia ſit priorẽ illã partẽ ubi cur & unde
ſint illa uerba ſcrutantur.gręci uocant ethimologian.
Illã alterã de quibus duabus rebus in his libris ꝓmiſ
ſcue dicã:ſed ex illis de poſteriore.Quę ideo ſunt ob
ſcura ꝙ neq; omnis ĩpoſitio uerboꝝ extat: ꝙ uetuſtas
quaſdã deleuit: nec quę extat ſine modo oĩs ĩpoſita :
nec quę recte eſt ĩpoſita cuncta manẽt.Multa enĩ uer
ba litteris cõmutatis ſunt ĩterpellata:neq; oĩs origo ẽ
noſtrę linguę e uernaculis uerbis.Et multa uerba ali
ud nunc oſtẽdunt:aliud ante ſignificabãt ut hoſtis Nã
tũ eo uerbo dicebãt peregrinũ:qui ſuis legibus uteret̃
nunc dicũt eũ quẽ tum dicebant perduellũ.In quo ge
nere uerborũ tua cauſa erit illuſtrius ũde uideri poſſit

a

图 107　瓦罗（活动时期在公元前 1 世纪下半叶）的《论拉丁语》，由庞波尼乌斯・拉埃图斯（Pomponius Laetus，1425 年—1498 年）编辑。庞波尼乌斯是罗马学院（the Roman Academy）的创始人，并且是他那个时代一流的人文学者。在庞波尼乌斯的领导下以及利奥十世在位期间（1513 年—1521 年），罗马学院度过了其黄金时代。1527 年，它成了查理五世洗劫罗马的牺牲品之一。瓦罗的这本著作为 4 开本，高 22 厘米，84×2 页（Rome：Georgius Lauer），未注明出版日期。出版日期大概是 1471 年。这里复制的是瓦罗该著作的第一页。大写字母 Q 被一个画匠用红色书写［承蒙哈佛学院图书馆恩准复制］

准确地、毫不模糊地表述他的思想。科学的进步必然包含着对语言的充分分析和限定。因而,语法研究是科学发展必不可少的一步。

欧几里得、希罗费罗、克拉特斯、喜帕恰斯、狄奥尼修·特拉克斯都是生活在同样环境中的孩子。他们的求知欲有着不同的取向,但他们都完成了类似的工作。

第二十七章
公元前最后两个世纪的艺术[1]

一、希腊、埃及和亚细亚的希腊风格的雕塑

对亚历山大以前和他以后的艺术之间的划分是略显武断的,而对公元前 3 世纪和随后两个世纪的艺术之间的划分更为随意。要划分出一条适合于各个地方的界限是不可能的,因为风格的变化在不同地方是不同步的(如果速度相同,那恐怕是异常的和令人难以置信的)。在公元前 2 世纪有许多艺术中心,最重要的中心在佩加马和罗得岛,其他中心分布在雅典、亚历山大、西锡安以及其他地方。为了完成受委托的工作,有些雕塑家要旅行到遥远的地方,在他们周围聚集了一些当地的助手和学生,一些新的学派也开始形成。此外,有些艺术家是比较保守的和落后于时代的,另外一些人则因不计后果和敢做敢为而领先于他们。但无论如何,我并不打算写一部希腊风格的艺术史,而只是想使读者

---

[1] 这一章是本卷第十三章第 3 部分(原文如此。——译者)开始讨论的历史的续篇。

对艺术家的所思所为有一个总的了解。[2]

准确地确定希腊风格的雕塑作品的时间是不太可能的，除非某些艺术品是遵照国王的命令而创作的，而且我们知道这些国王的统治时期。公元前2世纪艺术的主要赞助者有：阿塔利德王朝的欧迈尼斯二世，公元前197年至公元前159年在位的佩加马国王，以及塞琉西王朝的安条克四世埃皮法尼，公元前175年至公元前164年在位的叙利亚国王。

欧迈尼斯二世更为宽宏。他在很大程度上继承了他的直接先驱阿塔罗斯一世（公元前241年—前197年在位）开创得很好的事业。这两位国王都渴望把佩加马提高到像亚历山大那样的文化水平，甚至比它更高。[3] 正是阿塔罗斯决定，为了就战胜加拉太人而向宙斯表达谢意，在上城的台地上竖起一座宏伟的祭坛。祭坛高40英尺，并且以高大的浮雕构成的巨型檐壁作为装饰，这些檐壁表现了诸神（佩加马人）与巨人（被打败的加拉太人）之间的战斗。支撑檐壁的额枋板高7.5英尺，它们的长度加起来大约有350英尺，其中将近四分之三被保留下来了（至少保留到第二次世界大战）。雕塑家们用想象和磅礴的气势处理他们的主题——一场大规模战争中的一些事件。虽然它的规模宏大，但有可能整个祭坛是在欧迈尼斯统治末期完成的。现代世界对它非

503

---

〔2〕在玛格丽特·比伯的最新著作《希腊化时代的雕塑》〔四开本，244页，712幅插图（New York：Columbia University Press，1955）〕中，很容易找到所有相关的例证；在何塞·皮霍安的《艺术大全》〔第4卷（Madrid，1932），第5卷（1934）〕以及其他著作中也可以发现许多例证。

〔3〕把阿塔罗斯-索泰尔和欧迈尼斯二世的荣誉分开，就像把托勒密-索泰尔和托勒密-菲拉德尔福的荣誉分开一样，往往是很难的。把佩加马的复兴（以及亚历山大的复兴）归功于两个国王更简单一些。

常熟悉,因为它被运到了德国,在柏林博物馆展出,并且获得了赞赏(参见图 108)。[4]

　　在修建祭坛期间,众多雕塑家及其助手们一直在忙碌着。即使在阿塔罗斯开始修建祭坛时佩加马雕塑家的数量并不多,但到了欧迈尼斯统治末期,他们的人数可能已经有很多了(都是从许多地方召集而来的)。佩加马学派是通过在某项伟大的事业中众多艺术家与热心的赞助者的稳定合作而建立起来的,这是一种最佳的方式。在建造这座祭坛时,或者在此之后,当这一伟大的工程完工而他们又没有其他事情时,他们又修建了许多其他纪念性建筑。其中有些作品已经被送到西方的博物馆中了,例如,保存在罗马的卡皮托利诺博物馆(the Capitoline Museum)的《垂死的高卢人》("Dying Gaul"),以及(保存在巴黎的)《受伤的高卢人》("Wounded Gaul")。保存在(罗马的)国家博物馆中的《杀妻之后用剑自杀的高卢人》("The Gaul Killing Himself with His Sword After Having Killed His Wife"),是那个黄金时代的一件佩加马作品的复制品。[5]

　　有可能,对希腊雕塑的批判性研究(如果不是在亚历山大的话,就是)在佩加马开始了。这种现象应该是十分自然

───────────

〔4〕 也就是说,雕塑部分被掠到柏林,在柏林博物馆中建起了一个巨大的展厅,用以收藏复制的祭坛和檐壁原件。这是柏林博物馆的荣耀之一。这些纪念物后来又被俄国人掠走了,它们现在何处自我们无法确定。[格尔达·布伦斯(Gerda Bruns)博士 1952 年 1 月 31 日寄自柏林的信。]

〔5〕 在这两种情况下以及其他情况下,"高卢"这个词常常会误导来访者,因为他们以为这一地区的高卢人现在被称作法国人,而这些高卢人实际上是亚细亚高卢人,即加拉太人。参见彼得·宾科夫斯基(Piotr Bieńkowski,1925 年去世):《希腊化艺术品中对高卢人的描绘》[*Die Darstellungen der Gallier in der Hellenistischen Kunst*(184 幅插图),Vienna,1908];《希腊–罗马小型艺术品中的凯尔特人》[*Les Celtes dans les arts mineurs gréco-romains*(336 幅插图),Cracow,1928]。

图 108　第二次世界大战以前在柏林博物馆中复制的伟大的佩加马宙斯祭坛(公元前 2 世纪中叶)的全貌。其中的雕塑是真作。在格尔达·布伦斯的《佩加马大祭坛》[*Das grosse Altar von Pergamon*(74 页)],Berlin:Mann,1949]或玛格丽特·比伯的《希腊化时代的雕塑》(New York:Columbia University Press,1955)中可以看到它的更多的图片

的,因为佩加马雕塑艺术的复兴是在一个注重知识的环境中发生的。在佩加马图书馆中工作的博学的学者们,可能希望了解古代的那些伟大雕塑家的生活。关于佩加马的十大雕塑家有一部正典,可以把它称为亚历山大的十大雅典演说家的正典的姊妹篇。[6]

　　佩加马的十大雕塑家的正典非常令人感兴趣,因为它代表了佩加马的雕塑家对他们试图效仿的先驱的批判性判断。以下按年代顺序列出他们,当提及他们的名字但没有提及城市的名称时,这意味着他们(10 个人中有 6 个)是雅典人:埃

504

―――――――――――――

[6] 雅典的十大演说家列在本书第 1 卷第 258 页;他们都属于公元前 5 世纪和公元前 4 世纪。因此,那部正典早在公元前 3 世纪就已经确定下来了;佩加马的雕塑家正典所覆盖的大概就是这一时期。

伊纳岛的卡隆（Callōn of Aigina，活跃于公元前 520 年），赫吉亚斯（Hēgias，活动时期在公元前 5 世纪初），卡拉米斯（Calamis，活跃于公元前 470 年），维奥蒂亚的米隆（Myrōn of Boiōtia，公元前 480 年出生），阿尔戈斯和西锡安的波利克里托斯（活跃于公元前 452 年—前 412 年），菲狄亚斯（公元前 500 年*—前 432 年）以及他最著名的弟子阿尔卡美涅斯（Alcamenēs，活跃于公元前 444 年—前 400 年），普拉克西特利斯（大约公元前 370 年—前 330 年），西锡安的利西波斯（与亚历山大同时代的人），以及一个叫德米特里[Dēmētrios（?）]的人。

尽管安条克四世埃皮法尼的统治历尽沧桑，但他仍渴望像他的竞争对手欧迈尼斯二世美化佩加马那样装饰他的首都——奥龙特斯河畔的安提俄克。尤其是，他下令复制菲狄亚斯创作的大于真人的宙斯塑像和雅典的一些塑像。卡尔西登的波埃苏（Boēthos of Chalcēdōn）则接受委托，为提洛市创作一座安条克四世的胸像或雕像。这个波埃苏大约于公元前 180 年活跃在（罗得岛的）林佐斯。他因其《险些扼死怀抱之鹅的男孩》（"Boy Who Almost Strangles a Goose while Embracing It"）而闻名，这是常常被复制的作品的典型。他的一件作品在（突尼斯的）马赫迪耶附近一艘公元前 1 世纪的沉船上被发现，现在保存在（突尼斯的）巴尔杜博物馆（the Bardo Museum）。这个作品由一个少年亦即体育比赛的保护神阿贡（Agōn）的雕像以及一座青铜的雕像柱组成，这是一个有着独一无二创意的纪念碑。波埃苏是否活跃于安条克

---

* 原文如此，与本卷第一章不一致。——译者

的宫廷之中呢？很遗憾，安条克是一个感情用事且喜怒无常的君主，他给自己和其他人带来了相当多的麻烦。正是他试图根除犹太教，并且用希腊诸神取代我主；他不但没有成功，反而导致了马加比家族起义。他既被希腊人也被犹太人控告犯了渎圣罪，并于公元前 163 年在疯癫中去世。[7]

　　同一时代的另一个可以确定的人物是麦西尼的达摩丰（或者德摩丰）［Damophōn（Demophōn）of Messēnē］，[8] 大概在公元前 183 年的地震之后，他奉命修复菲狄亚斯所创作的奥林匹亚的宙斯塑像，从而熟悉了大于真人或实物的雕塑。他为伯罗奔尼撒各地的圣所，如他的故乡麦西尼的诸多圣所、阿哈伊亚的另一个圣所以及迈加洛波利斯和阿卡迪亚的吕科苏拉（Lycosura）的其他圣所，创作了各种神像和女神像。保萨尼阿斯（活动时期在 2 世纪下半叶）看到了他在吕科苏拉附近的得墨忒耳的圣所和德斯波伊娜（Despoina）的圣所创作的巨大的雕塑群，并对之进行了描述［见《希腊志》（*Description of Greece*）第 8 卷，37］。这组雕塑的许多残块已经被发现［例如，诸神的头部，现保存在雅典的国家博物馆（the National Museum）］。它们是一排神，共有 4 尊，德斯波伊娜和得墨忒耳在两边，阿耳忒弥斯和提坦神安尼图斯（Titan Anytos）站在中间。[9]

505

---

〔7〕他的敌人把他的称号埃皮法尼（意为"走向光明灿烂"）改为了埃皮马尼（Epimanēs，意为"暴躁的"）。

〔8〕麦西尼是（伯罗奔尼撒西南的）美塞尼亚的首府；不要把它与西西里岛东北海岸的麦西尼（现称为墨西拿）相混淆。

〔9〕德斯波伊娜意味着"女主人"，是其他女神主要是佩耳塞福涅（或科瑞）［Persephonē（Corē）］的代表。佩耳塞福涅即罗马人所说的普罗塞耳皮娜（Proserpina）。提坦诸神（一共有 12 个或 13 个）是乌拉诺斯（Uranos）和盖亚（Gē）［天和地］的后代。

　　这类作品从菲狄亚斯那里获得了启示,而且至少在比实物或真人大这方面,它们可与菲狄亚斯的作品相媲美,在同一世纪,雅典的欧布里德(Eubulidēs in Athens)和埃伊吉拉的欧几里得(Eucleidēs in Aigeira)也创作过这类作品。

　　在公元前 2 世纪期间,不仅波埃苏,而且菲利斯库(Philiscos),以及塔拉雷斯的阿波罗尼奥斯(Apollōnios of Tralleis)和托里斯库(Tauriscos of Tralleis)两兄弟,使得罗得岛的古代辉煌得以持续。罗得岛的菲利斯库大概是一组缪斯九女神的雕像的作者;这组著名的雕像以及他的阿波罗、勒托(Lētō)和阿耳忒弥斯(Artemis)的雕像,[10]最终在罗马的屋大维纪念门柱(the Porticus of Octavia)附近的阿波罗神庙中落户。塔拉雷斯的阿波罗尼奥斯和托里斯库是阿尔米多鲁斯的儿子,后被罗得岛的梅涅克拉特(Menecratēs of Rhodes)收养;[11] 据说他们是《法尔内塞的公牛》("Farnese Bull")[12]的作者,这是一件巴洛克式的有关英雄和动物的作品,它开创了一种新的传统,这一传统的巅峰之作就是《拉奥孔》("Laocoōn")。

―――――――――

[10] 勒托是某个提坦的女儿,宙斯之妻,阿波罗和阿耳忒弥斯之母。讲拉丁语的罗马人把勒托和阿耳忒弥斯分别称作拉托娜(Latona)和狄阿娜(Diana)。

[11] 这个梅涅克拉特也许是建造伟大的佩加马祭坛时的一流艺术家。在佩加马与罗得岛之间,有着活跃的艺术联系和政治联系。梅涅克拉特收养阿波罗尼奥斯和托里斯库,奠定了他们和《法尔内塞的公牛》在公元前 2 世纪的地位。

[12] 《法尔内塞的公牛》是一组大型群雕约定俗成和通俗易懂的名字,它现保存在那不勒斯国家博物馆。该作品表现了安菲翁(Amphiōn)和泽托斯(Zēthos)兄弟把女孩狄耳刻(Dircē)绑在一头公牛的牛角上的情景(这是一个复杂的神话故事,我们没有篇幅说明它)。公牛是这组群雕的主角,这一群雕的总体形状是金字塔形。它之所以被称作《法尔内塞的公牛》是因为,它属于著名的法尔内塞家族的帕尔马(Parma)诸公爵的古代文物收藏品的一部分,最终它被遗赠给那不勒斯国家博物馆。

　　很奇怪的是,我们不知道公元前 2 世纪的其他雕塑家的名字,他们必定人数众多,不仅活跃于罗得岛,而且活跃于其他地方,活跃于每一个享受着少许繁荣的希腊化城市。对他们而言,这是一个关系到城市竞争和城市自尊的问题。有可能,各种希腊风格的浮雕都起源于罗得岛或者得益于罗得岛的作品的启示,例如归于普里恩[13]的阿基劳斯(Archelaos of Priēnē)名下的《荷马礼赞》(“ Apotheosis of Homer”,现保存在大英博物馆),《还愿浮雕》[“ Votive Relief”,现保存在慕尼黑的古代雕塑展览馆(Glyptothek)],来自卡普里岛(Capri)的《马背情侣》(“ Couple on Horseback”,现保存在那不勒斯国家博物馆),《室外风光》(“ Scene outside a House”,现保存在大英博物馆),《狄奥尼修看望一个凡人》(“ Dionysios’ Visit a Mortal”,现保存在卢浮宫),《青年与交际花》(“ Youth with Courtesans”,现保存在那不勒斯国家博物馆),尤其是精美的《海伦和阿芙罗狄特与男孩阿勒克珊德罗斯(或帕里斯)及一个男天使》(也保存在那不勒斯国家博物馆)。我们复制了它的照片(参见图 109),不仅因为它本应广为人知但却不那么著名,而且因为它将有助于读者对其他作品的想象。

　　人们很容易理解,这类浮雕作品的创作无论对罗德岛还是其他城邦的那些艺术家精益求精的心灵有着怎样的吸引力。雕塑在范围方面是非常有限的,你可以雕塑一个人或几

506

---

[13] 普里恩,爱奥尼亚的 12 个城邦之一,濒临小亚细亚海岸,位于卡里亚西北。这里与罗得岛和其他岛屿的交流非常容易。

个人,但很难雕塑得更多,而且,不可能显示出他们的背景。[14] 相反,任何浮雕都可以很容易地不仅再现任何人和动物,而且可以再现各种对象,甚至建筑物和树木;浮雕甚至有可能暗示某一风景。简而言之,浮雕是绘画的雕刻等价物。由于古希腊风格的绘画佚失了,我们不知道画家们是如何设法表现一群人的情感或他们周围

图 109　《海伦和阿芙罗狄特与男孩阿勒克珊德罗斯(或帕里斯)及一个男天使》["Helenē and Aphroditē with the Boy Alexandros(or Paris) and a Male Angel"][现保存在那不勒斯国家博物馆]

地区的基调的。幸运的是,有些希腊风格的浮雕给我们提供了这类信息。

　　希腊风格的雕塑的另一个特点是对肖像的偏爱。我们博物馆中的大多数肖像要么是希腊风格的,要么是希腊人对希腊原作的复制品(我这里所指的只是我们可以找到的最古老的作品;罗马人对希腊原作或希腊复制品的复制是较晚的)。

---

[14] 除非你采用埃及的那种有趣的方法,例如,在收藏于大都会博物馆(the Metropolitan Museum)的陶制河马(第十二王朝,大约公元前 1950 年)的身体上,绘出莲花、鸟和树叶。对一个河马塑像来说,这样做完全可以,但怎么把它应用到阿波罗或阿芙罗狄特的塑像上呢?

最早的肖像形式是雕像柱。[15] 有可能那些肖像完全是以希 *507*
腊人国王和王后、王子和公主为原型创作的,但人们怎么能确
定某一肖像表现的是塞琉古-尼卡托或任何一位托勒密王呢?
在极少数情况下,可以把肖像与硬币进行比较,但对我而言,
这种比较都不足为信。至于荷马、狄摩西尼、埃斯库罗斯、索
福克勒斯、欧里庇得斯、希波克拉底、亚里士多德和柏拉图的
胸像或雕像,它们只不过是某些符号而已。艺术评论家们非
常热衷于给一些不知其名的胸像或雕像起名字,以至于他们
对创造无数幻象起到了推波助澜的作用。[16] 一旦一座胸像
被一个有名气的学者命名为"亚里士多德",所有与它类似的
胸像 *ipso facto*(因此)也都成了亚里士多德的塑像。我们的博
物馆中充满了古代的胸像(其中大部分是希腊化时代或罗马
时代的),人们随意地用著名人物的名字给它们命名;希腊风
格的雕塑家制作了许多这样的肖像,因为它们已经有了现成
的市场,而当西方的买家开始与东欧和亚洲的那些买家竞争
时,这类市场大大扩张了。

　　所有最兴隆的生意都与诸神、女神和各类英雄有关,因为
民用建筑、神庙以及私人宫殿对他们的雕像的需求是无穷无
尽的。我没有进行过任何计算便有了这样的印象,即对阿芙
罗狄特的雕像的需求比对任何其他雕像的需求都大。我们有

---

〔15〕 雕像柱(herma)这个词来源于赫耳墨斯(Hermēs),大概是因为某些最古老的样本
　　　表现的就是这个神,它是置于石柱顶端的一个有胡须的头像。雕像柱这个词用来
　　　指仅表现头部或胸部以上的部分的肖像;完整的半身像是后来(罗马时代)发展的
　　　产物。(现存)最早的样本是古雅典的戴头盔的将军;其中最著名的是伯里克利
　　　(Periclēs)的头像。
〔16〕 参见 G. 萨顿:《古代科学家的肖像》,载于《里希诺》(Uppsala,1945),第 249 页—
　　　第 256 页,插图 1;以及《何露斯:科学史指南》(Waltham:Chronica Botanica,1952)第
　　　42 页—第 43 页简短的注解。

许多风格的她的雕像:从海中升起的阿芙罗狄特,梳理头发的
阿芙罗狄特,准备沐浴的阿芙罗狄特,解开鞋襻的阿芙罗狄
特,跪着的阿芙罗狄特,等等。她的身体几乎都是赤裸的,半
遮掩的都很少。无论她的姿势可能是什么样子,人们都不可
能想象出一个比这更简单的构图———一个赤裸身体的妇女,
这就是那些创作了令人难忘的代表作的雕塑家们的艺术才能
的体现。

　　在希腊化时代,阿芙罗狄特的那些雕像大受欢迎,这使人
们想起了文艺复兴及其以后时期圣母像的类似的流行,不过,
就艺术而言,这里有着巨大的差异。最著名的圣母像都是一
些绘画作品;而在许多情况下我们都记得作为模特的妇女的
典型特征,她周围的人和物总是有助于我们的记忆。[17] 雕塑
本身不会导致这种状况,而且,阿芙罗狄特的肖像几乎总是裸
体的并且没有任何附带装饰物,但仍有许多她的雕像脱颖而
出,我们能够清楚地记住它们,就像我们能够记住其他人的雕
像那样。

　　在众多阿芙罗狄特的肖像中有两件在古代就已经变得最
为人们所欣赏,而它们的声望在希腊化时代肯定达到了顶峰:
其中一件(参见图 110)是《尼多斯的阿芙罗狄特》("Aphroditē
of Cnidos"),由普拉克西特利斯(公元前 370 年—前 330 年)

---

[17] 不仅各个圣母像因显示她的生命的特定阶段(圣母行洁净礼、圣母领报、圣母升天
等)的细节而彼此不同,而且,许多圣母像因某种附加在绘画上的其他人或物而被
命名,这有助于我们记住她;所附加的可能是一些圣人或天使,一块别具一格的岩
石或一片燃烧的灌木,一件防身斗篷或一串念珠,一串葡萄、一束玫瑰花或紫罗兰、
一个梨或一个苹果,一只猴子或各种鸟如鸽、黄莺、金翅雀等。与金翅雀在一起的
圣母像有无数之多,必须以其他方式把它们彼此相区分。参见赫伯特·弗里德曼
(Herbert Friedmann):《具有象征意义的金翅雀》(*The Symbolic Goldfinch*, New York:
Pantheon, 1946)[《伊希斯》37, 262(1947)]。

图 110 用石膏重新制作的普拉克西特利斯之《尼多斯的阿芙罗狄特》的古代仿制品。大都会博物馆于 1952 年获得了原作。原作的方形底座、一条腿和海豚也分别保存在大都会博物馆。梅迪契的"阿芙罗狄特"（现保存在佛罗伦萨）的这一古代复制品自约翰·约阿希姆·温克尔曼（Johann Joachim Winckelmann，1711 年—1768 年）时代以来或者在此以前，就隐藏在西西里岛的一座城堡之中。在这里我们之所以复制它，是因为它尚不如《米洛斯岛的维纳斯》（"Vénus de Milo"）以及保存在罗马的她的昔兰尼姐妹那样知名[承蒙大都会博物馆恩准复制]

雕塑；另一件是《科斯岛的阿芙罗狄特》（"Aphroditē of Cōs"），由阿佩莱斯（活动时期大约在公元前 332 年）绘制。医学史家如果认识到，这两件女神作品中的每一件都与希腊相互竞争的医学学派中的某一个有关，那会使他们很高兴。据说，这座塑像和这幅绘画都是根据同一个模特芙丽涅（Phrynē）创作的。芙丽涅是一个极为美丽的妇女，她可能为上述两个艺术家中的某一个或者为他们二人做模特，或者，她可能给那个美丽的故事赋予了灵感。无论这个故事真实与否，它都有助于我们记住，这两件古代艺术杰作是在几乎相同的环境中创作的，而且创作的时期几乎也是相同的，都是在亚历山大大帝时代。阿佩莱斯的绘画无可挽回地遗失了,至于《尼多斯的阿芙罗狄特》,人们只是通过保存在梵蒂冈的一件非常早的复制品才知道它。梅迪契的《阿芙罗狄特》["Aphroditē",现保存在佛罗伦萨的乌菲齐美术馆(Uffizi)]与刚才所提到的那件梵蒂冈复制品大概属于同一年代(亦即公元前3世纪末)。一件古代的梅迪契的《阿芙罗狄特》令人惊叹的复制品最近被添加到大都会博物馆的馆藏之中。[18]

　　现在最为人喜爱的阿芙罗狄特的塑像是保存在罗马的《昔兰尼的阿芙罗狄特》("Aphroditē of Cyrēnē")和"她的姐妹"——保存在巴黎的《米洛斯岛的阿芙罗狄特》("Aphroditē of Mēlos")。这两件作品非常精美并且非常有创意,以至于早期的评论家把它们归于公元前4世纪;现代的评论家一致认为,尽管不可能更精确地确定其日期,但它们都属于希腊化时代。它们都是相对比较晚近的时候在比较偏僻的地方被发现的。其中意大利人在北非的昔兰尼发现的那件可能是公元前2世纪末罗得岛的作品。它所表现出的那种淫荡确实令人不安。另一座阿芙罗狄特的塑像同样美丽,但更纯洁一些,它是由法国海军军官于1880年在遥远的米洛斯岛[19]发现的,并且于1820年被带回卢浮宫。它看起来既安详又高深莫测,并且似乎会使任何确定它的确切年代的尝试受阻。描述这两件杰作是很难的,但忘记它们也

---

[18] 参见克里斯蒂娜·亚历山大(Christine Alexander):《大都会艺术博物馆通报》(*Bulletin of the Metropolitan Museum of Art*, New York, May 1953),第241页—第251页,14幅插图。

[19] 相对于亚洲海岸沿岸其他成群的岛屿来说,米洛斯岛是遥远的。它在基克拉泽斯群岛最西端,几乎位于伯罗奔尼撒东南偏南的地方。

是不可能的。

　　在公元前的最后半个世纪,有两个著名的雕塑家大概活跃于雅典。其中一个是雅典的阿波罗尼奥斯(Apollōnios of Athens),涅斯托尔(Nestōr)之子,他用大理石创作了《贝维德雷的躯干》("Belvedere Torso"),并用青铜创作了一个拳师塑像。另一个是雅典的格利孔(Glycōn of Athens),他复制了《法尔内塞的赫拉克勒斯》("Farnese Hēraclēs"),[20]它后来被安置在罗马的卡拉卡拉(Caracalla)浴场。这两个人也许应该称作希腊-罗马雕塑家,因为他们是希腊化艺术末期的代表。

　　两座巨大的不朽杰作——《尼罗河的化身》("Personifi- cation of the Nile")和《拉奥孔》雕像是这个时期末的更杰出的象征。保存在梵蒂冈的《尼罗河的化身》是一组古老的希腊-埃及群雕的复制品;这一复制品是为罗马的伊希斯和奥希里斯圣殿制作的。[21] 尼罗河之父是一个巨人,他的周围有16个孩子以及各种会使人回想起埃及动物的装饰。[22]

　　　　　　　　　　　　　　　　　　　　　　　　　　509

―――――――――――――――――――――――――――

[20]《法尔内塞的赫拉克勒斯》(现保存在那不勒斯)是亚历山大大帝所喜爱的雕塑家利西波斯创作的代表作,有大量作品(大约1500件)都归于他的名下;在亚历山大慷慨的帮助下,他必定雇用了其他许多艺术家。在本章脚注12中我已经说明了使用"法尔内塞的"这个形容词的原因。

[21] 马可·安东尼于公元前43年在罗马为伊希斯和奥希里斯(或萨拉匹斯?)神庙举行了落成仪式。公元17年,因为一些丑闻,提比略下令把它摧毁了,据说有些丑闻就是在这里发生的。

[22] 用雕塑再现尼罗河(或称它为尼罗河的天才)是在埃及的不朽杰作中所表现的一种古老的艺术构思,例如,在萨胡尔(Sehurē)国王金字塔、阿布西尔(Abusīr)金字塔(第五王朝,大约公元前2550年)中以及在保存于大英博物馆的一件第二十一王朝(大约公元前1000年)的浅浮雕中,都表现了这种构思。不过,保存在梵蒂冈的巨大的杰作则是某种大相径庭的作品;它是对一种埃及思想的希腊-罗马式的解释。在哈德良的城门以及菲莱(Philae)神庙(位于上埃及的菲莱岛)也有对尼罗河起源的某种再现。类似的手法也用在对其他河流的再现,例如,现保存在卢浮宫的再现台伯河(Tevere)的雕塑。

510

　　《拉奥孔》[23]（也保存在梵蒂冈）是希腊时代的"巴洛克式"艺术的最高峰（参见图 111）。它是罗得岛的 3 位艺术家阿盖桑德尔（Agēsandros）、波律多洛斯（Polydōros）和阿特诺多罗（Athēnodōros）共同创作的作品，大约于公元前 50 年完成。按照普林尼的说法（《博物志》，第 35 卷,37），它被竖立在罗马埃斯奎利诺山（Esquiline hill）提图斯（Titus, 皇帝,79年—81 年在位）的宫殿；1506 年它在那里被发现了，这一发现是文艺复兴时期最令人激动的事件之一。伟大的艺术家如米开朗基罗和埃尔·格列柯（El Greco）[24]对《拉奥孔》表示了相当大的钦佩，诗人们歌颂它，有识之士如约翰·约阿希姆·温克尔曼（1755 年）、[25]莱辛（Lessing, 1766 年）以及歌德（Goethe, 1798 年）认为它是古代最伟大的杰作之一。一个世纪以后，当有关古代雕塑的知识更加丰富和更为完美时,《拉奥孔》的赞美者减少了，而它的蔑视者增多了。

　　人们逐渐认识到，如果把"la difficulté vaincue（所克服的困难）"用来评价艺术的价值，那么，这种标准是非常贫乏的。《法尔内塞的公牛》和《拉奥孔》的创作者的技术是无与伦比的，但他们的艺术想象力是不足的。伟大的艺术不同于

---

[23] 拉奥孔是特洛伊的王子和阿波罗的祭司，他亵渎了神庙的圣洁。当他在他的两个儿子的协助下在祭坛献祭时，两条巨蟒从左右袭来，它们绞在一起，把这 3 个人捆了起来。这一杰作再现了他们死时的痛苦。这件作品非常生动，它所表现的悲惨景象是令人难以忍受的；艺术家们所克服的技术上的困难也是令人惊叹的。

[24] 参见埃尔·格列柯的惊人之画作：以托莱多（Toledo）为背景的拉奥孔［现保存在华盛顿国立美术馆，以前为贝尔格莱德（Belgrade）的塞尔维亚（Serbia）王子保罗（Paul）收藏］。

[25] 温克尔曼（1717 年—1768 年）常常被称作古典考古学之父和第一个说明古典艺术的人。为了对他（也对莱辛和歌德）公平起见，必须记住，那时希腊艺术最出色的实例尚不为人知。

512

图 111 在《拉奥孔》群雕于 1506 年在罗马被发现后不久,它的画像就出版了。以上是拉韦纳的马可·登特(Marco Dente of Ravenna, 1527 年去世)所作的雕版画。与现在梵蒂冈展出的《拉奥孔》的照片相比较,就会显示出许多由于明智或不明智的复原而造成的差异[承蒙大都会艺术博物馆恩准复制]

技术上的精湛技巧,就像智慧不同于学识一样。

　　《拉奥孔》之传承的历史对理解鉴赏力历经数个时代的变化是非常具有启示意义的。[26] 这一不朽之作本身是希腊化思潮最成熟的果实。它最初受到赞美是因为它表现了那种自然流露的痛苦,当然毫无疑问,也是因为艺术家克服了惊人的技术困难。它为诗人和老式的艺术评论家的评论提供了广阔的用武之地。

　　像《法尔内塞的公牛》《尼罗河》和《拉奥孔》这样宏大的杰作给我们留下的希腊化艺术的印象是远远不够的,我们应当注意到这一点,并且应当记住其他杰作如《萨莫色雷斯的尼刻》(Nicē of Samothracē)、《米洛斯岛的阿芙罗狄特》甚至《昔兰尼的阿芙罗狄特》,[27] 它们是世界各地数百万有教养的人们所喜爱的希腊艺术的典范。不幸的是,它们的传承像《拉奥孔》的传承一样过于短暂了,以致难以给人以启示。《米洛斯岛的阿芙罗狄特》于 1820 年被发现,《萨莫色雷斯的尼刻》于 1863 年被发现,[28]《昔兰尼的阿芙罗狄特》则是

511

---

[26]　这里所介绍的故事和相关的原文,转引自玛格丽特·比伯:《拉奥孔——这组群雕被重新发现以来的影响》[*Laocoon. The Influence of the Group since the Rediscovery*(22 页,29 幅插图),New York:Columbia University Press,1942]。

[27]　前两件作品都保存在卢浮宫,大多数人对它们的法语名字更熟悉:"Victoire de Samothrace"(《萨莫斯岛的胜利女神》)和"Vénus de Milo"(《米洛斯岛的维纳斯》)。在一定程度上,卢浮宫加快了它们的普及;如果把它们保存在一个较小的博物馆,它们的普及会慢得多;但是,请记住,许多艺术品数个世纪以来就在卢浮宫展出,然而它们并没有变得普及。

[28]　作为《萨莫色雷斯的尼刻》(以下简称《尼刻》)的基座和把它抬高的船首于 1883 年被送到卢浮宫。《尼刻》只是在 1883 年以后的某个时期才开始变得声名鹊起。由于《尼刻》可能是公元前 3 世纪的作品,因而我们在本卷第十三章就谈到了它。玛格丽特·比伯更愿意把它的年代确定为公元前 2 世纪初(公元前 200 年—前 190 年),并把它归于罗得岛的某个皮索克里特(Pythocritos)的名下。

到了1913年12月28日才被发现。[29] 它们的大受欢迎令人匪夷所思;这种现象似乎超出了合理的范围而且有点不真实了,但对它必须予以考虑。[30]

大部分人首先会提到的那3件作品不属于希腊雕塑的黄金时代,却属于白银时代,亦即一个因希腊理想被埃及和亚细亚影响的混合体不断蚕食而出现衰落的时代,这似乎是不合情理的。

二、罗马的希腊风格雕塑

希腊风格的艺术传入罗马城是罗马征服希腊大地的一个成就。这一历史是一段战争和掠夺的历史,它使人们想要知道,罗马人的艺术感究竟是怎样的。因为窃取艺术品暗含着对它们的某种喜爱,至少是对它们的一点点钦佩和欣赏,但掠夺者的品质会因为他们掠夺之物的精美而有所改变吗?当然不会,不过,人性是非常复杂的,不断定那些罗马人是"鉴赏家"和"艺术爱好者",也许会更好一些,因为那样的断言太令人难受了。

战争的悲剧总意味着洗劫和掠夺,这是很恐怖的,但这是否比杀人和强暴妇女更糟糕呢? 与第四次十字军东征

----

[29] 参见吉尔伯特・巴格纳尼(Gilbert Bagnani):《来自昔兰尼的希腊化雕塑》("Hellenistic Sculpture from Cyrene"),载于《希腊研究杂志》41,232－246(1921)。《昔兰尼的阿芙罗狄特》没有《米洛斯岛的阿芙罗狄特》著名,这没有什么可奇怪的,因为后者已经在一个世纪以前就引发了人们的想象力。

[30] 广受欢迎总是不真实的,因为它所表达的是缺乏判断力的人的观点,而他们的观点往往是以不相关的事物为基础的。这种现象之所以令人匪夷所思,乃是因为一般不太可能知道它是如何开始、发展和使自身被接受的。《奈费尔提蒂王后》("Queen Nefertete")和《米洛斯岛的维纳斯》怎样以及为什么成为"畅销品"? 因为它们的复制品已经销售了数以百万计(而且仍在销售),所以我们可以称它们为畅销品。

（the Fourth Crusade）的虔诚基督徒在 1204 年掠夺君士坦丁堡时的行为相比，或者，与 1527 年洗劫永恒之城（the Eternal City，即罗马——译者）的查理五世的基督徒士兵相比，再或者与在 1796 年—1797 年期间强夺意大利财宝的波拿巴相比，又或者与 1860 年掠夺北京并在 1900 年—1901 年期间再度掠夺那里的欧洲军队相比，罗马人在他们征服期间的所作所为当然并非更糟糕。这一可憎的清单还不是最新的，而且也只提到了几个例子，但这些已经足够了，当然不是说它们足以证明罗马人的贪婪是合理的，而是说它们有助于说明它的背景。罗马人并不比其他征服者更糟，在全部人类历史中，最严重的暴行是活动于 2000 多年之后、我们时代的"文明"人所为。因此，我们要谴责罗马人是掠夺者就不能不谴责我们自己是伪善者。

在罗马人掠夺艺术品的历史中，最重要的是如下阶段。第一个重要的日期是公元前 212 年，这一年克劳狄乌斯·马尔克卢斯抢劫了叙拉古。这座富裕的城邦到处都有希腊雕塑，它们被装船运走，为罗马的神庙增光。科学史家记住这个日期不会有任何困难，因为阿基米德就是在他的故乡遭洗劫时被杀害的。马尔克卢斯增强了罗马人对希腊艺术品的贪欲，并且为罗马的将军和地方总督们树立了一个他们永世难忘的榜样。

公元前 209 年，费边·昆塔托（昆图斯·马克西姆斯·费边）[Fabius Cunctator（Quintus Maximus Fabius）]攻占并抢

劫了卡拉布里亚的他林敦。[31] 公元前 198 年，昆克提乌斯·弗拉米尼努斯洗劫了埃雷特里亚，[32] 他把利西波斯艺术品的第一个样本带回了罗马。非常奇怪的是，正是这个弗拉米尼努斯在两年以后（公元前 196 年）在科林斯的地峡运动会上，以罗马元老院的名义宣布了希腊的自由和独立（征服者往往认为他们自己是解放者）。公元前 187 年，格涅乌斯·曼利乌斯·伏尔索（Gnaeus Manlius Vulso）在经历了叙利亚和安纳托利亚的远征之后返回家乡，带回了大量战利品；尽管其中有许多在穿越色雷斯时遗失了，但他仍带回了足够多的艺术品和亚细亚装饰物去"腐蚀"罗马人。正是曼利乌斯·伏尔索的老兵们把对外国奢侈品的欣赏引入了这个都市。在佩尔修斯于公元前 168 年在彼得那被马其顿征服者（Macedonicus）埃米利乌斯·保卢斯打败之后，他的图书馆和艺术收藏品被带到了罗马。公元前 146 年科林斯遭到了 L. 穆米乌斯的全面洗劫，他把许多艺术品卖给了佩加马国王，即便如此，他还是带着大量艺术品回到了罗马。按照波利比奥斯的观点，在转向公元前 2 世纪之际，在罗马可以得到的大多数雕塑作品都来自科林斯。当独裁者费利克斯·苏拉（Felix Sulla）于公元前 86 年强攻雅典时，这座光荣的城市惨遭劫掠，许多雅典的宝物都被运到了罗马。C. 威

---

[31] 昆图斯·马克西姆斯·费边的绰号是昆塔托（Cunctator，意为"拖延者"），因为他在与汉尼拔的战争（第二次布匿战争）中采取了拖延和回避的策略。正是他的名字费边赋予了 1884 年在英格兰成立的费边社（Fabian Society）以灵感，该组织旨在传播社会主义但不诉诸暴力。

[32] 埃雷特里亚位于爱琴海中最大的岛埃维亚。这个岛与希腊大陆相距如此之近，几乎可以认为它是该大陆的一部分。在哈尔基斯，该岛与维奥蒂亚（Boiotia）之间的埃夫里波斯（Euripos）海峡非常狭窄，以至于可以修一座桥跨越该海峡。

勒斯(C. Verres)仿效了曼利乌斯和苏拉;在西西里岛担任地
方长官期间(公元前73年—前71年),他肆无忌惮地强取豪
夺;威勒斯主要对财富感兴趣,但那个时候,希腊雕塑在罗马
市场上非常值钱,因而威勒斯毫不犹豫地把一些塑像当作珠
宝或钱币抢走了。这个丑陋的故事有充分的文献证明,因为
威勒斯的劫掠活动已经到了令人忍无可忍的地步,以致他遭
到了起诉。西塞罗受委托进行起诉,他在公元前75年已是
西西里岛的财政官而且热爱西西里人。西塞罗写过不少于
7篇的痛斥威勒斯的演说辞或文件,尽管困难重重(威勒斯
受到了整个贵族政府的支持),但西塞罗成功地在该罪犯缺
席(*in absentia*)的情况下给他定了罪。[33] 威勒斯逃到马赛
(Marseilles)避难,他侵吞了如此之多的财宝,以致公元前43
年他被马可·安东尼治罪。据说,马可·安东尼把那些财宝
据为己有了。或许,他需要用它们来装饰他供奉伊希斯和奥
希里斯的神庙?的确,许多掠夺者受到了宗教虔诚的激励;
掠夺者们都想装饰对他们的信仰最有吸引力的神庙。[34] 公
元前43年,卡修斯·隆吉努斯对罗得岛的洗劫[35]并没有使

514

---

[33] 在乔治·朗(George Long)编辑的《演说集》(*Orationes*)中,第1卷(London,
1851)专门用来出版《七控威勒斯》(*Verrinarum libri VII*)。尤请参见第五篇《论预
兆》(*De signis*)的开篇部分。威勒斯是西西里岛最肆无忌惮和不择手段的希腊
艺术品的"收藏者"。他雇用了像特勒波勒摩斯(Tlēpolēmos)和希伦(Hierōn)那
样的密探和告密者。在麦西尼(现称墨西拿),他"收集了"米隆(活跃于公元前
480年—前455年)的《赫拉克勒斯》("Hēraclēs")、波利克里托斯(活跃于公元
前452年—前405年)的《提篮人》("Canēphorai")以及普拉克西特利斯(活跃于
公元前370年—前330年)的《埃诺斯》("Enōs",意为"爱神")。

[34] 不妨把基督教的狂热信徒盗取圣物的行为比较一下,这些宗教狂们为了增加他
们所喜爱的教堂的神圣性,毫不犹豫地进行了犯罪(参见《科学史导论》,第3
卷,第1044页、第269页和第291页)。

[35] 人们常常把卡修斯称作弑君者,因为他和布鲁图斯是一个反对凯撒的阴谋集团
的领导者,并且是导致凯撒于公元前44年3月13日遇刺身亡的主犯。

罗马的神庙更加富丽堂皇,但它对这个岛上的显赫艺术学派却是一记致命的打击。

在罗马,富有鉴赏力的希腊雕塑的爱好者倾向于支持新的杰作的创作,同时,仍设法活跃于雅典和其他希腊城邦的艺术家们已经认识到,罗马人也许会成为他们最好的赞助者。许多公元前最后两个世纪在雅典完成的作品,大概都受到了罗马人的创作委托的激励或鼓舞。例如,雅典人波利克勒斯(Polyclēs the Athenian)以及他的两个儿子蒂莫克勒斯(Timoclēs)和蒂马希德斯(Timarchidēs)在希腊获得了一定的名气;波利克勒斯的一件雕塑作品被安放在奥林匹亚,他的两个儿子则是埃拉蒂亚(Elateia)[36]的阿斯克勒皮俄斯的雕像的作者。他们也许依照马其顿征服者凯基利乌斯·梅特卢斯(Caecilius Metellus Macedonicus)的建议,定居于罗马。在其于公元前146年征服马其顿王国之后和公元前115年去世以前的这段时期,梅特卢斯在罗马建造了奥克塔维娅门廊,其中收入了他们父子三人的一些艺术作品,尤其是波利克勒斯的《手持三角竖琴的阿波罗》("Apollōn Holding a Cithara")。其他希腊雕塑家也效法他们,因为罗马现在是一个比雅典更好的希腊艺术品的市场。因此,例如,阿尔凯西劳(Arcesilaos)完成了富有的审美家卢库卢斯(大约公元前117年—前56年)、第一个公共图书馆的创办者阿西尼乌斯·波利奥以及瓦罗和凯撒等人委托的创作。他的《母神维纳斯》("Venus genetrix")被安放在凯撒于公元前46年

---

[36] 埃拉蒂亚在福基斯,是该国仅次于德尔斐的最重要的城市。

为之举行落成仪式的一座神庙之中。[37] 另一个很好的例子是帕西特勒斯(Pasitelēs),他大约于公元前 60 年—前 30 年活跃于罗马。不过,帕西特勒斯不是来自希腊,而是来自大希腊(Magna Graecia),因而,他是许多受益于《普劳蒂乌斯－帕皮里乌斯法》(Lex Plautia Papiria)[38] 的"意大利人"中的一员,该法律授予了阿尔卑斯山以南的所有意大利人罗马的公民权。帕西特勒斯不仅是一位雕塑家,而且还是希腊艺术的倡导者,他的工作与其他许多解释希腊文学的希腊人是类似的。他写过一部论希腊艺术的专论[《论著名艺术品(5卷)》(Quinque volumina nobilium operum in toto orbe)];这一著作失传了,由于它是古代最后一部由一名专业艺术家撰写的著作,因而非常可惜。他是一位艺术品鉴赏家,而且他的考证可能为收藏家们提供了帮助。他创建了一所学校,他的弟子有斯蒂芬诺斯(Stephanos)和米尼劳斯(Menelaos)。[39]

三、罗马雕塑

这就引入了罗马雕塑或者更确切地说是希腊－罗马雕塑这一话题。在希腊的雕塑家在雅典所创作的满足罗马人口味的作品和他们在罗马所创作的作品,与他们在罗马的弟子所创作的作品之间,很难划分出一条界限。在它们之间从未有过某种明显的中断。罗马的特点变得越来越普遍,但(至

---

[37] 参见普林尼:《博物志》,第 35 卷,156。

[38] 多亏了 M. 西尔瓦努斯·普劳蒂乌斯(M. Silvanus Plautius)和 C. 帕皮里乌斯·卡尔博(C. Papirius Carbo),这一法律于公元前 89 年得以制定,普劳蒂乌斯是当年的护民官,卡尔博在公元前 85 年—前 84 年期间以及公元前 82 年任执政官;该法由庞培于公元前 82 年开始施行。罗马的公民权并非授予每一个意大利人,而只授予满足了一定条件的那些人。

[39] 参见普林尼:《博物志》,第 35 卷,156。

少在奥古斯都时代以前）还不足以使希腊风格消失甚至取代后者而占据支配地位。罗马共和国的希腊–罗马雕塑家显然比卢克莱修、西塞罗和维吉尔这些作家更深地受到了希腊的影响。

的确，在罗马，希腊雕塑的影响是无处不在的，而且比希腊文学的影响更为实在。希腊文学对那些不懂希腊语或对它了解不够的人来说，根本没有什么影响。相反，罗马神庙和宫殿中的几乎每一座雕塑都是希腊风格的，它们所传达的信息可以立刻被任何一个有艺术感的人理解。

罗马变成了希腊艺术品最大的市场。在那里有正规的商人和经纪人，其中尤为引人注目的是西塞罗的朋友 C. 阿维亚努斯·埃万德罗（C. Avianus Evandros）。[40] 任何希望装饰他所喜爱的神庙或者他自己的房屋的富有的人，都能够很容易地在罗马的商店中满足他的需要。

肖像（胸像和雕像）的式样日益增多。正是在这一领域，罗马人的才华有了大出风头的最佳机会——这就是现实主义的兴起，无论它是有益或是无益。有可能，伊特鲁里亚的肖像有助于转移罗马雕塑家对希腊的迷恋。不过，直到奥古斯都时代末期甚至以后，最重要的罗马肖像才出现。

鉴于希腊艺术在罗马的集中程度超过了任何希腊城市，因而这一点并不奇怪，即我们关于希腊艺术的知识，大多是来自老普林尼（活动时期在 1 世纪下半叶）的《博物志》这一

---

〔40〕C. 阿维亚努斯·埃万德罗是 M. 埃米利乌斯·阿维亚努斯（M. Aemilius Avianus）的一个被解放的奴隶，西塞罗认识他时，他正在雅典从事古董生意。公元前 30 年，他作为一个囚犯被带到罗马。参见 C. 罗伯特（C. Robert）在《古典学专业百科全书》第 11 卷（1907）843 中的论述。

拉丁语资料,而不是来自诸如保萨尼阿斯(活动时期在 2 世纪下半叶)等人的希腊语资料。然而,这种集中的主要结果却是,推迟了一种真正的罗马艺术的发展。道德家倾向于评论说,这是对大量没收和输入希腊艺术品的应有惩罚。没收和输入的情况从未达到如此大的规模,也没有如此彻底,但在这一进程中,罗马的藏品也分散到欧洲和美洲各地了。[41]

516

大约与此同时,亦即公元前 2 世纪之初,罗马人还引进了两种新的建筑形式,这就是长方形会堂和凯旋门(triumphal arch)。

长方形会堂(basilica)[42]并不仅仅是一个柱廊,而是一个长方形的封闭的建筑,可用来作为法庭、商人交易的场所或政治家的会场。罗马的第一个长方形会堂是监察官加图于公元前 184 年建造的波尔恰会堂(the Basilica Porcia)。更多的长方形会堂,大约有 20 个,在罗马逐渐建了起来。其中有些是露天的,因此就像围着一个院子而建的柱廊。随着时间的推移,这些长方形会堂被改造成基督教堂,因而 basilica 这个名词现在会使人联想到按照这种模式建造的基督

---

[41] 可与之相比的外国艺术品大规模输入的例子仅有中国艺术品输入日本,以及欧洲和亚洲的艺术品输入美国。不过,美国的艺术品鉴赏家并没有窃取而是付出了很多,以至于把世界艺术品的价格大大提高。

[42] Basilica 是一个拉丁语词,在英语中保留了下来,它来源于希腊阴性形容词 *basilicē*(皇家的)。希腊人谈到过 *stoa basilicē*(皇家柱廊)。

教堂。[43]

　　凯旋门(*Arcus triumphalis*)是一种更简单的建筑——凯旋城门(*Porta triumphalis*)在罗马的发展,获胜的将军会穿过这道门进入城市。最早的凯旋门是名为 L. 斯特提尼乌斯(L. Stertinius)的人大约于公元前 196 年在罗马建造的,第二座是非洲征服者 P. 斯基皮奥于公元前 190 年建造的。最终,在罗马大约建了 38 座凯旋门,在罗马世界建的凯旋门就更多了;罗马的那些凯旋门中仅有 5 座保留下来,而且其中没有一座是前基督教时代的。

　　罗马雕塑最出色的例子大概是和平祭坛(*Ara pacis*),元老院于公元前 9 年为它举行了隆重的落成仪式,以此作为对奥古斯都给罗马世界带来的和平的纪念(参见图 112)。这座祭坛周围有一道大约 3 米高的大理石围墙,墙上以浅浮雕的形式再现了一队庄重的皇室人员和高级行政官员。从保存下来的部分来看,这一国家纪念碑是一个杰作;显然,它所表达的是罗马人的意向,但依然能使人想起希腊艺术,它是那个时代最高的罗马文化的完美象征:希腊文化的魅力被嫁接到罗马的各种树木上。

　　和平祭坛很久以前就已经被拆除了,但是,在不同时期发现的它的碎块可以在(佛罗伦萨的)乌菲齐美术馆、卢浮

----

[43] 例如,罗马的圣克雷芒教堂(St. Clemente)和米兰的圣安布罗焦教堂(St. Ambrogio)。现在,basilica 这个词有了一种与建筑无关的教堂的含义。有些教堂因为它们的显赫而被称作 basilica(大教堂),而且它们享有某些特殊待遇。在罗马有 7 座大教堂(圣克雷芒教堂不算)。在巴黎,圣克洛蒂尔德教堂(Ste. Clotilde)、圣女贞德教堂(Ste. Jeanne d'Arc)和圣心教堂(Sacré Coeur)都是大教堂;其中最老的圣克洛蒂尔德教堂早在 1846 年就开工建造,圣心教堂始建于 1876 年,圣女贞德教堂是 1932 年才开始兴建的。

图112　奥古斯都和平祭坛（*Ara pacis Augustae*）于公元前13年在罗马完工，元老院于公元前9年为它举行了落成仪式。保留下来的只有它的一些碎块，但人们进行了一些复原整体的尝试。这是檐壁之一；它再现了皇室成员；阿格里帕（公元前12年去世）站在中间，头上戴着大祭司的头巾。有关的说明和更多的照片，请参见何塞·皮霍安《艺术大全》（Madrid，1934）［佛罗伦萨乌菲齐美术馆］

宫、梵蒂冈尤其是在罗马的国家博物馆看到，罗马的国家博物馆不仅展出了其他一些碎片，而且还尝试着把它的整体复原了。

　　最出色的"塔纳格拉"小塑像制作于公元前3世纪（参见本卷第13章）；它们是在许多地方生产的，而且有可能，其中有些是由希腊艺术家在意大利焙制的。罗马人用赤陶土制作大型的塑像或者用来装饰建筑物（装饰性雕塑）；他们大概从伊特鲁里亚人的一些实物（骨灰坛、丧葬面具以及石棺上的群像等）获得了灵感。罗马的艺术是相当古老的，而它在建筑上的应用一直持续到罗马共和国的末期。公元前195年，监察官加图抱怨说，罗马神庙的赤陶瓦与希腊神庙的大理石瓦比起来似乎过于简陋和可笑了。

　　这种材料也被用作壁画装潢，或者覆盖横梁或檐口。赤陶浮雕是用模子制造的,西塞罗曾写信给阿提库斯寻找雅典式样的赤陶浮雕。在奥古斯都时代,它们的使用减少了,因为日趋增长的奢华之风所偏爱的大理石取代了焙烧黏土。

四、希腊化时代的绘画和罗马绘画[44]

我们关于希腊化时代的绘画和早期的罗马绘画的知识是不完善的,这很奇怪。我们关于更早和更晚的时期却有更丰富的信息。谈到更早的时期,古希腊的瓶饰画的发展是非常富有启示意义的,我们认识到了希腊图画的所有特质;至于更晚的时期,我们拥有了反映希腊化模式的庞培城和赫库兰尼姆城的壁画。[45]

只有几个"罗马"画家的名字留传了下来。其中最早的人是一位女性,基齐库斯的亚雅(Iaia of Cyzicos),[46]她在瓦罗年轻时(亦即大约公元前 100 年)活跃于罗马。她画过一些肖像,主要是妇女包括她本人的肖像,她收到的酬金比她的最佳女性对手索波利斯(Sopolis)和狄奥尼修(Dionysios)都高。她一生未婚。另外两个画家也值得提一下。一个是拜占庭的蒂莫马科斯(Timomachos of Byzantion),他活跃于凯撒时代,他表现了一些神话的主题,并创作了一些肖像。另一个是卢迪乌

[44] 有关的图例,请参见恩斯特·普富尔(Ernst Pfuhl):《希腊素描和绘画的杰作》[*Meisterwerke griechischer Zeichnung und Malerei*(160 幅插图),Munich,1924];英译本由 J. D. 比兹利(J. D. Beazley)翻译[152 页,126 幅另页纸插图(London:Chatto and Windus,1955)]。

[45] 庞培城和赫库兰尼姆城均在公元 79 年维苏威火山爆发时被毁掉了,但它们都是古老的城市。它们的壁画的创作年代从公元前 300 年到公元 79 年,可分为 3 大组:(1)最古老的,第一种风格;(2)苏拉(公元前 138 年—前 78 年)以后,第二种风格;(3)奥古斯都(公元 14 年去世)以后,埃及化的第三种风格。大部分画作都属于第二种或第三种风格,它们都是非常重要的作品。

[46] 亚雅或拉拉(Lala)、拉雅(Laia)、玛雅(Maia)? 参见普林尼:《博物志》,第 35 卷,147;《古典学专业百科全书》,第 17 卷(1914),612。

斯(Ludius)［或塔迪乌斯(Tadius)?］,他属于奥古斯都时代,
引入了"一种非常非常令人喜爱的壁画风格",以描绘"别墅、
门廊、园林、圣林、树木、山坡、鱼塘、海峡、河流、海岸"[47]以及
从事各种活动的不同人物。我们对他们作品的实例一无所
知,但是可以基于某些庞培城的绘画想象一下。

五、宝石雕刻艺术品

最重要的装饰艺术是宝石雕刻和浮雕宝石(Cameos)艺
术,[48]这种艺术是从希腊传到罗马的。这段历史与雕塑和绘
画的历史是类似的;最初输入的是艺术品,后来输入的是艺术
家,在最后阶段,那些艺术家在罗马教了一些徒弟。进入基督
时代时,这个最后阶段尚未到来,罗马最好的宝石都是希腊人
制作的。

米特拉达梯大帝是一位伟大的宝石收藏家,[49]在他于公
元前 63 年去世后,庞培把他的财宝捐赠给了卡皮托利诺山的
朱庇特神庙。罗马的第一位宝石收藏者是 M. 埃米利乌斯·
斯考鲁斯,他是米特拉达梯战争中庞培的财政官,后来(大约
公元前 61 年)成为纳巴泰国王阿雷塔斯(Nabatean king Are-
tas)的征服者。儒略·凯撒也是一位热心的收藏者;他把许多
宝石赠给了一座供奉母神维纳斯的神庙,他曾为这个神庙举

---

〔47〕 普林尼:《博物志》,第 35 卷,116。他的意思大概是说,卢迪乌斯把一种新的风格
　　　引入了罗马;希腊画家已经这样做过了(维特鲁威:《建筑十书》,第 7 卷,5)。

〔48〕 浮雕宝石是一种刻有浮雕的宝石,尤其是刻上了浮雕的带有不同颜色条纹的缟玛
　　　瑙或缠丝玛瑙。雕刻师试图用一种颜色来表现人物,而用另一种颜色来表现背景。

〔49〕 米特拉达梯收集了如此大量的藏品,以至于为了给保存在他的专用仓库中的这些
　　　藏品编制一个目录［该仓库位于塔劳拉(Talaura),我不知道这个地名是指哪里］,
　　　罗马人足足用了 30 天的时间。有关他作为艺术的赞助者和收藏者的更多信息,请
　　　参见泰奥多尔·雷纳克(Théodore Reinach):《米特拉达梯-尤帕托》(Mithride Eu-
　　　pator,Paris,1890),第 286 页和第 399 页。

行过落成仪式。人们肯定总会记得,宝石被认为具有某些神秘的特性,把它们赠送给某座神庙,有点类似于不仅把珍贵的物品(如祭坛帷幕或圣体盒)而且把圣骨赠送给教堂。

罗马的将军和统治者们以东方和希腊为榜样,他们以图章作为他们的命令的凭证。儒略·凯撒大概是第一个拥有专门的印章保管者(*custos anuli*)的人,这种保管者是后来的政府中类似官员(*Custos sigilli*,国玺大臣、御玺大臣、掌玺大臣等)的先驱。奥古斯都有 3 枚图章,第一枚图章上有斯芬克斯的像,第二枚图章上有皮尔戈特勒斯刻的亚历山大的头像,第三枚图章上有迪奥斯科里季斯(Dioscoridēs)刻的奥古斯都本人的头像。第一枚印章大概是埃及风格的,第二枚是希腊风格的,第三枚是希腊-罗马风格的。迪奥斯科里季斯活跃于罗马,是奥古斯都时代最伟大的雕刻师,他的三个儿子欧蒂齐斯(Eutychēs)、希罗费罗(Hērophilos)和希罗斯(Hyllos)继承了他的事业。

在附属于巴黎国家图书馆的徽章收藏馆(the Cabinet des Médailles)中,可以对许多古代的宝石和浮雕宝石以及类似的收藏品进行考察。对它们的描述是乏味的,而且如果没有图例,这样的描述是徒劳的。[50]

---

[50] 唯一的例外是"圣礼拜堂的大浮雕宝石"(Grand camée de la Sainte Chapelle),它是徽章收藏馆的著名的珍宝之一。它是古代最著名和最大的(30 厘米×26 厘米)浮雕宝石,并且被归于奥古斯都的雕刻师迪奥斯科里季斯的名下。它表现了对格马尼库斯的颂扬。儒略·凯撒·格马尼库斯(公元前 15 年—公元 19 年)于公元 4 年被提比略认作养子,并且因公元 17 年在罗马的大捷而受到颂扬。因此,这一浮雕宝石是基督纪元过后不久的产物。有关的复制品、描述和历史,请参见埃内斯特·巴伯隆(Ernest Babelon):《国家图书馆古代浮雕宝石目录》(*Catalogue des camées antiques de la Bibliothèque Nationale*,Paris,1897),2 卷本,第 1 卷,第 120 页—第 137 页,第 264 号;第 2 卷,插图 28。

第二十八章

公元前最后两个世纪的东方文化[1]

在希腊文明的最后两个世纪,东方文化的历史不像它最初那样令人惊讶,但我们应当记住,某些从公元前3世纪开始的活动一直持续到后来的诸世纪。例如,《七十子希腊文本圣经》的翻译就是如此。

一、边缘地带:帕提亚帝国与红海

希腊化世界有一半是属于东方的;希腊或马其顿的王子统治了希腊诸岛、埃及以及东亚的许多国家。一方面,在所有那些国家以及南至西拜德、东至奥克苏斯河和印度河的边远地区,都有强大的希腊殖民地或希腊化殖民地。另一方面,那些殖民地弥漫着东方的影响,不仅有当地的影响而且有起源于巴比伦、伊朗或印度等遥远地区的影响。

自公元前3世纪中叶以降,帕提亚帝国就成了东方与西方的重要边界。当西徐亚人的兄弟、巴克特里亚(Bactria)*的统治者阿萨息斯(Arsacēs)和泰里达泰斯(Tēridatēs)起来反抗他们的君主安条克二世塞奥斯(公元前261年—前246年在

---

[1] 这一章是本卷第十四章开始讨论的历史的续篇。在本卷第十六章中,我们讨论了东方的宗教、艾赛尼派的活动以及希伯来人的著作。

　* 中国史称大夏。——译者

位)时,帕提亚帝国作为分裂的塞琉西帝国的一个分支出现
了。大约公元前 250 年,阿萨息斯成为帕提亚帝国的第一位
独立的国王,并且定都和椟城＊(Hecatompylos)。[2] 他是帕提
亚帝国的奠基人,他的继任者们使这个帝国逐渐壮大,而他也
是阿萨息斯王朝的奠基人,该王朝持续了将近 5 个世纪(476
年),从公元前 250 年至 226 年一共出现了 30 位国王。[3]

帕提亚人不断侵占他们邻国的辖地,直到他们的帝国从
幼发拉底河[4]扩张到印度河,从北面的奥克苏斯河拓展到南
面的印度洋。这个帝国并没有以(一直延续到公元前 330 年
的)阿契美尼德帝国(Achaemenids)危害希腊的方式危及罗
马,但它是罗马通向东方道路上的一道坚固的屏障。帕提亚
人的胜利在一定程度上应归功于他们的骑兵战略;他们把杰
出的骑术与箭术结合在一起;在这方面,他们是蒙古入侵者的

521

＊ 或译为"番兜"。——译者

[2] Hecatompylos(意为"百门之城")由塞琉西诸王在里海东南端以南建立;现称达姆
甘(Damghan),在伊朗东北。

[3] 最后一位阿萨息斯国王阿尔达班四世(Artabanos Ⅳ)于 226 年被阿尔塔薛西斯
(阿尔达希尔)[Artaxerxes(Ardashir)]打败了,阿尔塔薛西斯是萨桑王朝的奠基人,
该王朝的统治一直延续到 651 年穆斯林对外征服时为止。请注意阿萨息斯王朝统
治帕提亚与汉代统治中国(公元前 206 年—公元 221 年)大约在同一时期。

[4] 他们的帝国向西扩张到如此之远,以至于他们在埃克塔巴纳(Ectabana)和泰西封
(Ctēsiphōn)以及底格里斯河畔［在现在的巴格达(Baghdād)的正南方］建立了新的
都市。埃克塔巴纳［现在的哈马丹(Hamadan)］曾经是米底(Media)诸国王以及后
来的阿契美尼德王朝(Achaemenids)的首都,阿萨息斯王朝就是来源于这一王朝。

先驱。[5] 大约公元前88年及其以后诸年,他们有时会在其西北边境受到提格兰大帝[6]的阻碍,但在公元前53年却使罗马人在卡莱(Carrai 或 Carrae)[7]遭到了惨败,那一年,克拉苏[8]失去了他的军队和他的性命。公元前39年—前38年,帕提亚人继续向西推进,因安东尼的代表文提蒂乌斯(Ventidius)的两次胜利和他们本国的分裂而停顿下来,由于这种情况,奥古斯都才能够大约于公元前20年在帕提亚的边疆重建和平。不过,在罗马帝国和帕提亚帝国之间,尤其是在对亚美尼亚王国的控制方面,依然存在着巨大的竞争,因为他们同样渴望对亚美尼亚王国进行"保护"。

　　帕提亚帝国与它在一定程度上所取代的塞琉西帝国的本

---

〔5〕 关于骑马的弓箭手,参见《科学史导论》,第3卷,第1865页。"帕提亚射手"和
　　 "帕提亚弓箭"这些(在维吉尔和贺拉斯的作品中业已出现的)短语使得帕提亚的
　　 这种战术名扬千古。帕提亚骑兵延续了这种久远的安纳托利亚传统。古代的赫梯
　　 人(Hittites)使用小型的战车,而一部公元前14世纪赫梯人关于驯马的专论已经流
　　 传至今(参见本书第1卷第64页、第85页和第125页)。相比之下,骑兵战术在希
　　 腊和罗马几乎没有多少发展,只有少数几名将军成为出色的骑兵领导者;我所能想
　　 到的只有色诺芬[活动时期在公元前4世纪下半叶(原文如此,与本卷第6章有较
　　 大出入。——译者)]和三执政官之一的马可·安东尼(大约公元前82年—前30
　　 年)。
〔6〕 提格兰一世大帝从公元前96年至公元前56年担任亚美尼亚国王。他使其版图
　　 扩张到如此之大,以至于他可以称自己为王中之王。他的首都是提格雷诺塞塔
　　 (Tigranocerta)[锡尔特(Siirt),在土耳其东南]。他虽感激帕提亚人使他有了最初
　　 的机会,但后来仍然击退了他们。他成为像米特拉达梯大帝那样实力雄厚的国王,
　　 并娶了米特拉达梯大帝之女克莱奥帕特拉为妻。他是米特拉达梯大帝的盟友,但
　　 后来又成了敌人。
〔7〕 卡莱(Carrai 或 Carrae)在奥斯罗伊那(Osroēnē)境内,位于美索不达米亚西北,埃
　　 德萨(Edessa)正南方。也许可以说公元前216年的坎尼战役和公元前53年的卡
　　 莱战役(the battle of Carrae)是罗马军队(在公元前)分别在西方和东方所经历的最
　　 可怕的灾难。埃德萨和卡莱现在分别被称作乌尔法(Urfa)和哈兰(Haran)。
〔8〕 马尔库斯·克拉苏被称作三执政官之一,因为他在公元前60年时成为与庞培和
　　 凯撒组成的第一次三头政治同盟的成员之一(第二次三头政治始于公元前43年,
　　 由安东尼、屋大维和李必达组成)。

质区别在于这一事实:塞琉西的统治者有希腊血统而且是希腊文化在亚洲的主要支持者,而阿萨息斯诸王是西徐亚人或亚洲人,他们一点也不迷恋希腊文化。至于国际贸易,很难弄清楚帕提亚人是否设法改进它以便使之有利于他们,因为我们对希腊化的贸易了解得太少了。正如塔恩评论的那样:"希腊化时期的贸易在很大程度上就像被罗马帝国贸易覆盖的重写本,因为希腊化时期的公路体系使罗马人得到了实惠;而人们不能仅从比较著名的罗马现象进行反向论证。"[9]在地中海地区,东方贸易的主要中心依然是亚历山大城,但亚历山大的仓库是通过帕提亚的公路得以补充的呢,还是通过其他途径? 至于阿拉伯贸易则无须考虑,因为这一贸易总是通过红海进行的,但印度和中国的商队是否受到了鼓舞去穿越帕提亚的领土呢? 印度贸易的一部分是穿过阿拉伯沙漠或者沿着红海进行的,从佩特拉(Petra)[10]的纳巴泰城(Nabataean city)的惊人发展中就可以断定它的重要性。

　　铁的主要来源是查利贝斯(Chalybes,位于黑海东部以南)地区;最便捷的把铁运到西方的路径是横渡黑海和博斯普鲁斯海峡,而主要仓库是马尔马拉海上的基齐库斯。一种更好

----

[9]　W. W. 塔恩和 G. T. 格里菲思:《希腊化文明》第 3 版(London:Arnold,1952),第249 页。

[10]　佩特拉在阿拉伯沙漠西北,在死海与亚喀巴湾(the Gulf of Aqaba)的途中。我非常荣幸地于 1932 年在佩特拉遗迹度过了几天。在沙漠的中部存在着如此巨大和美丽的遗迹,实在令人惊异。有关的详细论述,请参见米哈伊尔·伊万诺维奇·罗斯托夫采夫:《商队路过的城市》[Caravan Cities(248 页),Oxford,1932];所讨论的城市有佩特拉、杰拉什(Jerash)、帕尔米拉(Palmyra)和杜拉(Dura)。在罗斯托夫采夫的地图上(第 2 页),为佩特拉提供供给的商道来自泰西封;它也许更直接地来自波斯湾或亚喀巴湾。在朱利安·赫胥黎(Julian Huxley)的《来自古老的土地》(From an Antique Land,New York:Crown,1954)中有一些精美的彩色照片。

的来自中国的铁是穿过索格狄亚那*和帕提亚帝国的其余地方运去的。许多物资,例如棉织品(细棉布),是从印度进口的。中国政治家张骞(Chang Ch'ien,活动时期在公元前2世纪下半叶)向西旅行远至粟特(索格狄亚那)和大夏(巴克特里亚),公元前115年**,"他已经在中国与西方之间建立了规则的交往"。[11] 有可能,"中国的丝绸之路"在那个时代以前还没有发挥作用,中国丝绸的进口量直到很晚仍然较少;[12]的确,地中海世界喜欢丝的人相当多地使用的是科斯岛和叙利亚的野蚕丝[13]。

　　关于穿越帕提亚而不是穿过该帝国南部的其他道路的东西方贸易,很难提供更确切的信息。我们的疑惑延伸到文化交流。一方面,伊朗的影响,例如密特拉教(Mithraism),跨越亚美尼亚和黑海扩展到了高加索(Caucasus);不过,在帕提亚帝国建立以前,这些影响的大部分已经传到西方,并且在那里开始了新的生命。迦勒底天文学家的大部分研究都是在阿萨息斯王朝取代塞琉西帝国的统治以后完成的,但

---

　　* 中国史称粟特。——译者

　　** 即元鼎二年。——译者

[11] 引自《科学史导论》第1卷,第197页,在那里还可以找到许多参考文献。这里的所谓"西方"指帕提亚帝国,但是抵达那个帝国的中国货物也可以被运到米利都、佩特拉或亚历山大城,因而可以很容易地运到罗马。关于张骞,也可参见 W. W. 塔恩:《巴克特里亚和印度的希腊人》(Cambridge,1938)。

[12] 相关的详细论述,请参见弗洛伦斯·E. 戴(Florence E. Day):《东方艺术》(Ars Orientalis)1,232-245(1954),阿黛尔·库林·韦贝尔(Adele Coulin Weibel)详尽的评论《纺织品两千年》(Two Thousand Years of Textiles,New York:Pantheon,1952)。

[13] 这种丝类似于印度的柞蚕丝(参见弗洛伦斯·E. 戴的上述著作,第236页);它是由另一种蚕而不是由中国蚕生产的。关于科斯岛的蚕丝,请参见本书第1卷,第336页。

在我们这个时代以前,西方人对他们的研究毫无了解。[14] 另一方面,少量希腊艺术向东方传播,[15]但是来自远方的促进犍陀罗(Gandhara)以及更远地区之发展的希腊艺术的重要推动力,直到很晚(基督纪元以后)才出现。帕提亚艺术的最佳杰作是铸币;硬币的使用源于一种希腊思想,但它们变得越来越具有东方色彩。总体来看,帕提亚帝国似乎(至少在前基督教时代)是东方的希腊化和西方的东方化的一道屏障,而不是它们的渠道。不过,它并非一道实心的屏障,而是有格栅或阁架的屏障,从而使少量的丝绸以及桃和杏可以运送到西方,并使石榴得以输送到东方。

二、与印度和中国的贸易

到目前为止我们只考虑了东面的边缘地区,但东方的影响从未停止通过埃及输入。红海是埃及与阿拉伯半岛和所有印度群岛之间的纽带;尼罗河上游则是连接苏丹(Sudan)、埃塞俄比亚和西非的纽带。[16] 季风总会把船从马拉巴海岸送到阿拉伯半岛或索马里兰(Somaliland),在那些地方印度人、印度货物以及印度思想向北传播到地中海世界。

不过,我们关于东西方思想和货物交流的大部分知识所

---

[14] 参见 G. 萨顿:《公元前最后三个世纪的迦勒底天文学》("Chaldaean Astronomy of Last Three Centuries B. C."),载于《美国东方学会杂志》75,166−173(1955)。

[15] 奥雷尔·斯坦因爵士(Sir Aurel Stein)在帕提亚[更确切些说,在波斯(Persis)或法尔斯(Fārs)的法塞(Fasa)附近]发现了一座小型的大理石妇女头像,创作年代大约是公元前 3 世纪或公元前 2 世纪。参见他的《古波斯的考古旅行》("Archaeological Tour in the Ancient Persis"),载于《伊拉克》(Iraq)3,111−225(1936),第140 页。

[16] 参见安东尼·约翰·阿克尔(Anthony John Arkell):《梅罗伊岛与印度》("Meroe and India"),见于《考古学的诸方面——O. G. S. 克劳福德纪念文集》(Aspects of Archaeology Presented to O. G. S. Crawford,London:Edwards,1951),第 32 页—第 38 页。

涉及的都是比较晚的时期。例如,已经在印度发现了大量罗马硬币,但几乎所有这些硬币都属于基督以后的时代。[17]

　　1. **波利比奥斯**。有关东方国家的许多信息都来自希腊史学家,主要来自波利比奥斯(活动时期在公元前 2 世纪上半叶)。例如,在他关于安条克大帝与阿萨息斯的战争(公元前 212 年—前 205 年)的记述中,就有许多关于在伊朗平原修建的非同寻常的暗渠($qan\bar{a}t$)体系的说明;他还描述了埃克塔巴纳令人称奇的宫殿。[18] 他的《历史》为希腊和罗马的读者提供了有关东方的知识,这种知识即使不是全面的,至少也会给人留下生动的和令人难以忘怀的印象。

　　2. **托勒密五世埃皮法尼和罗塞塔石碑**(the Rosetta Stone)。我们应感谢年轻的国王托勒密五世埃皮法尼(公元前 210 年—前 180 年)为现代东方文化所做的贡献,这一贡献既是重要的和非凡的也是以前未被意识到的。埃及祭司于公元前 196 年在孟菲斯举行的一次大会通过了一项教令,向他表示敬意,这一教令用通俗字体(Demotic writing)刻在一块石碑上(45 英寸× 28 英寸),并附有古代象形文字和希腊语的译文。这一碑文几乎被人们遗忘了 2000 年,后来被

_524_

---

[17]　参见同一本克劳福德纪念文集,R. E. M. 惠勒(R. E. M. Wheeler):《罗马人与印度、巴基斯坦和阿富汗的联系》("Roman Contact with India, Pakistan and Afghanistan"),第 345 页—第 381 页,罗马硬币在印度的分布图,第 374 页。

[18]　参见波利比奥斯:《历史》第 10 卷,27-28。他对暗渠的描述在 A. V. 威廉斯·杰克逊(A. V. Williams Jackson)以下令人爱不释手的著作中也可以读到:《从君士坦丁堡到欧玛尔·海亚姆的故乡》(*From Constantinople to the Home of Omar Khayyam*, New York, 1911),第 159 页。直至今日,有些暗渠依然在发挥着作用。

征服埃及的法国人于 1799 年在拉希德[19]发现,它于 1801 年被交给英国人,并送往大英博物馆。它的巨大重要性立即被法国人尤其被波拿巴将军认识到了,他下令对它摹拓并且把拓片分送给欧洲的学者们;当它(于 1802 年)被送到英格兰后,英国人马上把拓片及其复制品进行了分发。这样,三种语言的文本就可以由许多学者来研究,而且这也使得他们逐渐揭示了象形文字的秘密;他们的解释最终由法国人让·弗朗索瓦·商博良(Jean François Champollion)于 1822 年完成。[20] 由于没有具有同样重要性的用两种语言雕刻的碑文,因而没有罗塞塔石碑,埃及学这门学科就无法确立。

罗塞塔石碑是理解古代最伟大的文明之一的关键。

3.**米特拉达梯六世大帝**。在这些段落中,我常常提到米特拉达梯六世大帝(公元前 1 世纪上半叶)的名字,而且我确信,这个名字会铭刻在我的读者的心中。在古代,他是非常知名的,而且他的一些钦佩者甚至把他与亚历山大相提并论;他不值得获得如此之多的赞誉,但他也不应被现代人遗忘。他是古代出类拔萃的统治者之一,是几个使恐惧一点点

---

[19] 拉希德或罗塞塔。这块刻有碑文的石碑被称作罗塞塔石碑。拉希德是阿布吉尔附近的那个三角洲,1798 年尼罗河战役(the Battle of the Nile)就是在它的附近展开的,在这次战役中,纳尔逊勋爵(Lord Nelson)摧毁了法国舰队。还是在阿布吉尔,波拿巴于 1799 年打败了土耳其军队,拉尔夫·艾伯克龙比爵士(Sir Ralph Abercromby)于 1801 年击溃了残余的法国军队,并且促成了从埃及的撤军。

[20] 参见 E. A. 沃利斯·巴奇:《罗塞塔石碑》[*The Rosetta Stone*(8 页,四开本),London,1913]商博良·勒热纳(Champollion le Jeune):《关于象形文字的音标致 M. 达西耶的信》[*Lettre à M. Dacier relative à l' alphabet des hiéroglyphes phonétiques*(52 页,4 幅另页纸插图),Paris,1822];附有亨利·索塔(Henri Sottas)所写的导言之摹本的重印本[84 页(Paris,1922)]。

渗入罗马人心灵的"野蛮人"之一。[21] 正如他的名字所暗示的那样,米特拉达梯有波斯血统,不过他接受了希腊式的教育,而且通晓多种东方语言。他是一位真正的东方学者,而且可能是其名字流传至今的第一位东方学者。当然,他不是最早的;因为东方诸国语言的差异如此之大,以至于一个聪明的人如果必须跟各种不同的人打交道,或者必须常常离开他的家乡外出旅行,他就不得不学习许多东方语言。米特拉达梯的国际交往并不仅仅限于东亚的许多国家;这些交往还向西扩展到希腊世界和罗马世界,而且如果我们像我们可以假设的那样设想,张骞的努力与他的努力会聚在一起了,那么,这些交往还向东扩展到中国。

三、公元前 3 世纪末叶

米特拉达梯大帝于公元前 63 年去世。在他去世的那个时代,越来越多的希腊人和罗马人开始对东方事物感兴趣了。

米利都的亚历山大有博学者之称,在他撰写的诸多著作中,有一些关于犹太人的专著 [如《论犹太人》(*Peri Iudaion*)],以及关于埃及、叙利亚、巴比伦和印度的专著。在苏拉时代,这个亚历山大作为战俘被带到罗马;他活跃于罗马和洛兰图姆(Laurentum),[22] 晚年时,他在洛兰图姆他家的一场火灾中丧生。在他被绑架之前,他可能就有了一些关

---

[21] 另外两个"野蛮人"已经提到过了,即汉尼拔和克莱奥帕特拉七世。这 3 个人最终都被罗马人制伏了,并且都被迫自杀了,汉尼拔于公元前 183 年自杀,米特拉达梯六世于公元前 68 年自杀,克莱奥帕特拉七世于公元前 30 年自杀。

[22] 洛兰图姆是拉丁姆地区最古老的城镇之一,它濒临大海,比邻拉维尼乌姆(Lavinium),是埃涅阿斯(?)建立的一个宗教中心。这两个地方后来合并为一个城市。

于东方问题的知识,但他在罗马的公共和私人图书馆可以获得也的确获得了更多的知识。

西西里岛的狄奥多罗在大约公元前30年完成的《历史论丛》(*Library of History*),对东方和西方都给予了许多关注。例如,以特洛伊战争为结尾的该书的第一部分,论述了埃及、亚述(Assyria)、米底、阿拉伯半岛以及印度洋中包括潘加耶(Panchaia)[23]在内的诸岛。

毛里塔尼亚国王朱巴二世用希腊语撰写了有关亚述和阿拉伯半岛的历史著作。

大马士革的尼古拉斯把他的民族学文集(《众民族综论》)题献给他的赞助者希律大帝,该著作描述了许多民族的生活方式和风俗习惯。他的通史著作论及了阿契美尼德帝国(the Achaemenidian empire)、米特拉达梯战争、犹太战争(the Jewish wars)等。

斯特拉波的《地理学》的下半部分涉及埃及和亚洲,在知识方面比上半部分更丰富。他的失传的历史著作更多涉及的是亚洲史而不是欧洲史。

显而易见,直到奥古斯都时代(而且在此几个世纪以后),人文学研究在很大程度上仍然是东方式的,因为学者们对他们的亚洲遗产依然有清醒的意识,就像他们对希腊或西方的遗产有清醒的意识一样。对于他们,埃及和巴比伦就像克里特岛、希腊或伊特鲁里亚一样是实实在在的;罗马人不是在罗马而是在特洛伊寻找到了他们民族传统的起源。

---

[23] 潘加耶是一个岛,在这里欧赫墨罗斯(活动时期在公元前4世纪下半叶)发现了"神的碑文"(参见《科学史导论》,第1卷,第136页)。

第二十九章
结　语

　　我们来问一下自己，在希腊化时代的那 3 个世纪期间所实现的目标是什么？我们可以轻而易举地对那段时光做出判断；这段时期与从清教徒前辈移民（the Pilgrim Fathers）1620 年登陆马萨诸塞州（Massachusetts）到我们这个时代之间所流逝的时间相当。在这一简短的回顾中，我们将只考虑科学活动。

　　首先可以看到，在亚历山大博物馆中，科学研究变得有组织了，而它以前从不是这样的，知识的积累和传播为亚历山大图书馆、佩加马图书馆以及后来的罗马图书馆提供了极好的工具。

　　那时主要的哲学学派有斯多亚学派，阿索斯的克莱安塞、索罗伊的克吕西波、巴比伦人第欧根尼、罗得岛的帕奈提乌和波西多纽都是它的见证。新学园最优秀的代表有卡尔尼德和西塞罗。伊壁鸠鲁花园（the Garden of Epicuros）最重要的捍卫者是另一个罗马人卢克莱修。兰普萨库斯的斯特拉托＊继承了吕克昂学园的传统，罗得岛的安德罗尼科编辑

　　＊　原文为斯特拉波（Strabōn），显然是笔误。——译者

了第一个科学版的亚里士多德和塞奥弗拉斯特的著作集。

这是一个数学的黄金时代,同样的时代直至 17 世纪才再次出现。想一想吧,这个时代有亚历山大的欧几里得、叙拉古的阿基米德、昔兰尼的埃拉托色尼、佩尔格的阿波罗尼奥斯、萨摩斯岛的科农、亚历山大的许普西克勒斯、尼西亚的喜帕恰斯、比提尼亚的狄奥多西以及罗得岛的杰米诺斯,真可谓群英荟萃,竞相争辉。

不仅希腊人而且迦勒底人进行了大量的天文学研究。杰出的天文学家有:萨摩斯岛的阿利斯塔克、巴比伦人塞琉古、喜帕恰斯、克莱奥迈季斯和杰米诺斯。喜帕恰斯是他们当中最伟大的天文学家,也是各个时代最伟大的天文学家之一。

斯特拉托、欧几里得、萨摩斯岛的阿利斯塔克、阿基米德、亚历山大的克特西比乌斯和拜占庭的斐洛进行了物理学方面的研究。尼多斯的索斯特拉托斯建造了法罗斯灯塔,它是古代世界的七大奇迹之一。希腊和罗马的工程师和建筑师修建了公路、引水渠、港口以及无数纪念性建筑物。维特鲁威撰写了古代最重要的建筑学专论。

农业方法得到了监察官加图、迦太基的马戈、雷特的瓦罗以及曼托瓦(Mantova) * 的维吉尔的阐释。克拉特瓦和大马士革的尼古拉斯推进了植物学研究。

卡尔西登的希罗费罗和凯奥斯岛的埃拉西斯特拉图斯是解剖学和生理学的创立者。虽然医学记录并不是很令人满意,但著名的医生有许多——罗马的阿查加托斯、亚历山

527

---

* 曼托瓦(Mantova)为意大利语,在英语中为曼图亚(Mantua)。——译者

大的塞拉皮翁、比提尼亚的阿斯克列皮阿德斯、劳迪塞亚的塞米松、他林敦的赫拉克利德、基蒂翁的阿波罗尼奥斯和安东尼乌斯·穆萨。

埃拉托色尼、马卢斯的克拉特斯、喜帕恰斯、波西多纽和查拉克斯的伊西多罗斯等人促进了地理学的研究。阿马西亚的斯特拉波创作了最详尽的描述世界的著作；凯撒和阿格里帕下令进行土地测量，这项工作于公元前 12 年完成。

这个时期主要的希腊史学家有阿卡迪亚人波利比奥斯和波西多纽；主要的拉丁史学家有凯撒、萨卢斯特和李维。维吉尔的《埃涅阿斯纪》重新构造了罗马史的传说背景。

以弗所的泽诺多托斯、拜占庭的阿里斯托芬、萨莫色雷斯的阿里斯塔科斯、马卢斯的克拉特斯、狄奥尼修·特拉克斯和哈利卡纳苏斯的狄奥尼修发明了希腊语法并奠定了希腊语言学的基础。瓦罗和维里乌斯·弗拉库斯（Verrius Flaccus）推进了拉丁语言学（Latin philology）的发展。

在世界文学和宗教领域，主要的成就是《七十子希腊文本圣经》，即从希伯来语翻译成希腊语的《旧约全书》。

这的确是一个令人惊讶的记录，它的价值和范围也同样令人惊讶。倘若从"五月花"号*到现在的 3 个世纪中我们也能有如此成就那就好了。如果我们想到几乎没有中断的各种大灾难、战争以及大变革危及了这一记录，那么，它甚至比它看起来更值得注意。

政治冲突和战争在这一时期以及以后，在本质上没有什

---

* "五月花"号是 1620 年一艘从英格兰的普利茅斯运送清教徒前往马萨诸塞州建立永久英格兰殖民地的船。——译者

么改变,而宗教冲突则有了深刻的变化。

　　在整个希腊化时代,活跃着三大类势均力敌、相互竞争的流行的宗教——第一类是古老的希腊异教;第二类是犹太教;第三类是各种东方的神秘崇拜,如对密特拉神、对库柏勒和阿提斯(Attis)*的崇拜以及对伊希斯和奥希里斯的崇拜。一个新的难以理解的神话亦即耶稣基督的神话的出现,以及它逐渐获得的成功,标志着一个全新的时代。

---

* 福律癸亚的自然之神。——译者

参考文献总目

Heath，Sir Thomas Little(托马斯·利特尔·希思爵士，1861
年—1940 年)：*History of Greek Mathematics*(《希腊数学
史》，2 vols.；Oxford，1921)[《伊希斯》*4*，532-535
(1921-1922)]。

——*Manual of Greek Mathematics*(《希腊数学手册》，568
pp.；Oxford，1931)[《伊希斯》*16*，450-451(1931)]。

——*Greek Astronomy*(《希腊天文学》，250 pp.；London，
1932)[《伊希斯》*22*，585(1934-1935)]。

*Isis. International Review Devoted to the History of Science and
Civilization*(《伊希斯——国际科学史与文明史评论》)，科
学史学会官方刊物，由乔治·萨顿创办并编辑(43 卷，
1913 年—1952 年)；第 44 卷—第 48 卷(1953 年—1957
年)由 I. 伯纳德·科恩编辑。

本卷中多次提到《伊希斯》，一般都是为了以最简洁的
方式使有关这一著作或那一报告的信息完整。如果读者愿
意，他可以从所提及的这些实例中快速获得有关对该书的批
评或其他附加信息，而对这些信息展开讨论需要相当多的
篇幅。

Klebs，Arnold C.（阿诺尔德·C. 克莱布斯，1870 年—1943
　　年）："Incunabula scientifica et medica"（《科学和医学古
　　版书》）[《奥希里斯》4，1-359（1938）]。

Osiris. Commentationes de scientiarum et eruditionis historia ra-
　　tioneque（《奥希里斯——科学与学术的理性史评论》），乔
　　治·萨顿编辑（12 vols. Bruges，1936-1956）；第 12 卷由
　　卡农·A. 罗姆（Canon A. Rome）和 J. 莫热内（Abbé J.
　　Mogenet）神父编辑。

Oxford Classical Dictionary（《牛津古典词典》，998 pp.；Ox-
　　ford：Clarendon Press，1949）。

Pauly-Wissowa（保利-维索瓦）：*Real-Encyclopädie der klassis-*
　　chen Altertumswissenschaft（《古典学专业百科全书》，Stutt-
　　gart，1894 ff.）。

Sarton，George（乔治·萨顿）：*Introduction to the History of Sci-*
　　ence（《科学史导论》，3 vols. in 5；Baltimore：Williams
　　and Wilkins，1927 - 1948）。提及时常称作 *Introduction*
　　（《导论》）。

——*The Appreciation of Ancient and Medieval Science during the*
　　Renaissance 1450-1600（《文艺复兴时期（1450 年—1600
　　年）对古代和中世纪科学的评价》，243 p.；Philadelphia：
　　University of Pennsylvania Press，1955）。简称为 *Apprecia-*
　　tion（《评价》）。

——*A History of Science. Ancient Science through the Golden Age*
　　of Greece（《希腊黄金时代的古代科学》，xxvi+646 pp. 103
　　ills.；Cambridge：Harvard University Press，1952）。提及
　　时常称作本书第 1 卷。

——*Horus*：*A Guide to the History of Science*（《何露斯：科学史指南》，Waltham，Mass.：Chronica Botanica，1952）。

Tannery，Paul（保罗·塔内里，1843 年—1904 年）：*Mémoires scientifiques*（《科学备忘录》，17 vols.；Paris，1912 - 1950）。参见《科学史导论》第 3 卷，第 1906 页。

Tarn，W. W.（W. W. 塔恩）：*Hellenistic Civilization*（《希腊化文明》），第三版由 G. T. 格里菲思修订（xi + 372 pp.；London：Edward Arnold，1952）。

索 引 *

---

* 条目后的数字均为原书页码,亦即本书边码。——译者

---

* 原文为 Birunguccio,与原文正文第 345 页不一致,现依据正文改为 Biringuccio。——
　译者

---

* 原文为 Gyrnaeus，与原文正文第 45 页和第 51 页不一致，现依据正文改为 Grynaeus。——译者

Q

---

* 原文为 Sopalis,与原文正文第 518 页不一致,现依据正文改为 Sopolis。——译者

---

* 原文为 Betitienus,与原文正文第 365 页不一致,现依据正文改为 Betilienus。——译者